普通高等院校"十二五"规划教材
高等院校工程训练教材

金工实训教程

主编　谭英杰
副主编　于松章　王国俊

国防工业出版社
·北京·

内 容 简 介

本书根据教育部颁布的金工实习教学要求，结合高校工程教育实践能力和学生创新活动的培养，力求面向实践教学，着重培养学生的基本操作技能，为后续课程和现代工程训练、创新训练提供内涵丰富的平台。

本书共分11章，内容包括机械工程材料及热处理、铸造、锻压、焊接、钳工和机械加工的基本知识及各工种新技术、新工艺等。

本书可作为高等工科院校机械类、机电类及近机类专业工程训练的教材，也可供有关工程技术人员参考。

图书在版编目（CIP）数据

金工实训教程 / 谭英杰主编. —北京：国防工业出版社，2011.4

普通高等院校“十二五”规划教材

ISBN 978-7-118-07297-6

Ⅰ. ①金… Ⅱ. ①谭… Ⅲ. ①金属加工-实习-高等学校-教材 Ⅳ. ①TG-45

中国版本图书馆 CIP 数据核字(2011)第032312号

※

国防工业出版社出版发行

（北京市海淀区紫竹院南路23号 邮政编码100048）

北京奥鑫印刷厂印刷

新华书店经售

*

开本 787×1092 1/16 **印张** 17¾ **字数** 412千字

2011年4月第1版第1次印刷 **印数** 1—4000册 **定价** 35.00元

国防书店：(010)68428422 发行邮购：(010)68414474

发行传真：(010)68411535 发行业务：(010)68472764

前　言

本书根据国家教育部颁布的“金工实习教学基本要求”，在认真总结了多年的金工实习教学改革和工程训练的基础上，为适应目前高等院校本科机械类专业工程训练和机械制造工程类教学内容与体系改革的需要，加强对学生工程能力和创新能力的培养，使学生获得工程背景下制造技术感性和理性知识，并具有初步的操作技能，为以后的专业学习和工作奠定必要的基础，我们编写了本教材。

本书的内容贯彻了易广不易深、易新不易旧、易精不宜多的原则，增加工艺实践内容，增强了实践动手能力的培养，充实了一些目前工业生产中使用的新工艺、新方法，尽量体现现代机械制造实践教学要求，既注重学生获取知识的能力，建立制造系统、制造过程的概念，又力求培养学生分析问题与解决工程技术实际能力和创新能力。我们力求通过本书的编写，推动高等院校课程教学的深化改革和建设，不断提高课程的教学质量，将机械制造工程基础实践训练建设成为一门高质量的实践性技术基础课。

本书可作为高等工科院校机械类、机电类、电子类、化工类、环境保护等工科类专业工程训练的教材，也可供有关工程技术人员参考。

本书由谭英杰副教授任主编，于松章、王国俊任副主编。其中王国俊编写第1～4章，于松章编写第5、6章，左义海编写第7、8章，李雅青编写第9、11章，谭英杰编写第10章。

仉志余教授担任主审、并统稿，对本教材的编写思想、结构和特色等均提出了很好的建议。

本书在编写过程中，参考了有关文献资料，在此对相关作者深表感谢。由于编者水平有限，书中难免有欠妥之处，敬请读者给予批评指正。

编　者

2010年5月

目　录

第 1 章　机械工程材料 …… 1
　第 1 节　概述 …… 1
　第 2 节　常用金属材料 …… 1
　第 3 节　常用的非金属材料和复合材料 …… 7
　第 4 节　钢的普通热处理 …… 9
　第 5 节　其他热处理方法 …… 15
　第 6 节　常用热处理设备 …… 21
第 2 章　铸造 …… 23
　第 1 节　概述 …… 23
　第 2 节　铸造基本原理 …… 23
　第 3 节　砂型铸造 …… 27
　第 4 节　砂型铸造工艺 …… 37
　第 5 节　特种铸造 …… 47
　第 6 节　金属的熔炼和浇注 …… 53
　第 7 节　铸件常见缺陷分析 …… 59
　第 8 节　铸造新技术、新工艺简介 …… 61
第 3 章　压力加工 …… 65
　第 1 节　概述 …… 65
　第 2 节　金属的塑性变形 …… 66
　第 3 节　锻造 …… 69
　第 4 节　冲压 …… 79
　第 5 节　锻压基础知识 …… 84
　第 6 节　锻造新工艺、新技术简介 …… 86
第 4 章　焊接 …… 88
　第 1 节　概述 …… 88
　第 2 节　金属材料的可焊性 …… 89
　第 3 节　常用的焊接方法 …… 91
　第 4 节　其他焊接方法 …… 102
　第 5 节　焊接工艺设计及质量缺陷分析 …… 111
　第 6 节　焊接新技术、新工艺简介 …… 114
第 5 章　钳工 …… 116

第 1 节　概述 …… 116
第 2 节　常用量具 …… 116
第 3 节　划线 …… 122
第 4 节　锯割 …… 127
第 5 节　锉削和刮削 …… 130
第 6 节　钻削加工 …… 135
第 7 节　攻螺纹和套螺纹 …… 140
第 8 节　錾削 …… 143
第 9 节　机器的装配和拆卸 …… 144
第 6 章　车削 …… 148
第 1 节　概述 …… 148
第 2 节　车削运动 …… 148
第 3 节　卧式车床 …… 149
第 4 节　车刀的结构、刃磨及其安装 …… 159
第 5 节　车削加工 …… 165
第 6 节　零件的车削 …… 168
第 7 节　典型零件的车削工艺 …… 181
第 8 节　其他车床 …… 186
第 7 章　铣削加工 …… 189
第 1 节　概述 …… 189
第 2 节　铣床及其附件 …… 190
第 3 节　铣刀种类及应用 …… 196
第 4 节　铣削运动及铣削用量 …… 199
第 5 节　铣削加工 …… 200
第 8 章　刨削、插削和拉削 …… 213
第 1 节　概述 …… 213
第 2 节　机床简介 …… 214
第 3 节　刨削加工 …… 219
第 4 节　插削 …… 223
第 5 节　拉削 …… 224
第 9 章　磨削加工 …… 227
第 1 节　概述 …… 227
第 2 节　砂轮 …… 228
第 3 节　常用磨削机床 …… 232
第 4 节　磨削加工 …… 236
第 10 章　塑料成型基础 …… 245
第 1 节　概述 …… 245

第 2 节　塑料的组成及分类 …… 245
第 3 节　塑料成型方法 …… 249
第 11 章　现代机械制造技术 …… 260
第 1 节　概述 …… 260
第 2 节　现代机械自动化制造技术 …… 260
第 3 节　现代机械制造特种加工技术 …… 264

第1章　机械工程材料

第1节　概　述

材料是发展国民经济和机械工业重要物质基础。工程材料主要是指制造机器零件使用的材料，主要包括金属材料、非金属材料和复合材料，在机械工程中，金属材料的发展悠久，因具有良好的物理、化学、力学和工艺性能，得到广泛的应用。随着科技的进步，推动了材料工业的发展，而且科技的进步也对材料的要求越来越高，非金属材料和复合材料得到了迅猛发展，新材料不断涌现。非金属材料如陶瓷、橡胶等的发展历史也十分悠久，因这些非金属材料具有某些金属材料不具备的性能，在现代生产领域已成为不可替代的材料，如陶瓷材料具备耐腐蚀、耐高温等特性，在化工、冶金、建筑及尖端技术等领域已成为主要用材。复合材料是将两种或两种以上的材料组合在一起，不仅兼有各组成材料的优良性能，而且形成了单一材料所不具备的特性，随着现代科学技术的发展，传统的单一的材料已不能满足高技术领域的使用要求，复合材料已成为一种新型的高科技材料，不仅应用于航天航空以及通信电子等高技术领域，而且广泛应用于建筑、石油化工及机械等各个领域，成为工程材料不可缺少的组成部分。

第2节　常用金属材料

金属材料是一种或几种金属元素，以极微小的晶体结构所组成的具有金属光泽的和良好导电导热性能以及一定力学性能的材料。通常指钢、铁、铝、铜等金属及其合金材料。

一、金属材料的性能

金属材料的性能分为使用性能和工艺性能。使用性能指材料的物理、化学及力学性能，而工艺性能指材料在加工制造中表现出来的可铸、可锻、可焊及切削加工等性能。

材料的力学性能是设计零件及选择材料的重要依据，任何机械零件或工具，在使用过程中，往往要受到各种形式外力的作用，如起重机上的钢索，受到悬吊物拉力的作用；柴油机上的连杆，在传递动力时，不仅受到拉力的作用，而且还受到冲击力的作用；轴类零件要受到弯矩、扭力的作用等，这就要求金属材料必须具有一种承受机械负荷而不超过许可变形或不破坏的能力，这种能力就是材料的力学性能。金属表现出来的诸如弹性、强度、硬度、塑性和韧性等特征就是用来衡量金属材料在外力作用下所表现出来的力学指标。

1. 金属材料的强度

强度是指金属材料在静载荷作用下抵抗变形和断裂的能力。强度指标一般用单位面积所承受的载荷表示，符号为σ，单位为MPa。工程中常用的强度指标有屈服强度和抗拉强度。屈服强度是指金属材料在外力作用下，产生屈服现象时的应力，或开始出现塑性变形时的最低应力值，用 σ_s 表示，对于大多数机械零件，工作时不允许产生塑性变形，所以屈服强度是零件强度设计的依据。抗拉强度是指金属材料在拉力的作用下，被拉断前所能承受的最大应力值，用 σ_b 表示，对于因断裂而失效的零件，用抗拉强度作为其强度设计的指标。

2. 塑性

塑性是指金属材料在外力作用下产生塑性变形而不断裂的能力。常用的塑性指标有伸长率和断面收缩率。伸长率和断面收缩率越大，其塑性越好；反之，塑性越差。良好的塑性是金属材料进行压力加工的必要条件，也是保证机械零件工作安全，不发生突然脆断的必要条件。伸长率指试样拉断后的伸长量与原来长度之比的百分率，用符号 δ 表示。断面收缩率指试样拉断后，断面缩小的面积与原来截面积之比，用 γ 表示。

3. 硬度

硬度是指材料表面抵抗比它更硬的物体压入的能力。硬度的测试方法很多，生产中常用的硬度测试方法有布氏硬度试验法和洛氏硬度试验法两种。

1）布氏硬度试验法

布氏硬度试验法是用一直径为 D 的淬火钢球或硬质合金球作为压头，在载荷 P 的作用下压入被测试金属表面，保持一定时间后卸载，测量金属表面形成的压痕直径 d，以压痕的单位面积所承受的平均压力作为被测金属的布氏硬度值。

布氏硬度指标有 HBS 和 HBW，前者所用压头为淬火钢球，适用于布氏硬度值低于 450 的金属材料，如退火钢、正火钢、调质钢及铸铁、有色金属等；后者压头为硬质合金，适用于布氏硬度值为 450 ~ 650 的金属材料，如淬火钢等。布氏硬度测试法，因压痕较大，故不宜测试成品件或薄片金属的硬度

2）洛氏硬度试验法

洛氏硬度试验法是用锥顶角为 120°的金刚石圆锥体或直径为 1/16 英寸①的淬火钢球为压头，以一不定的载荷压入被测试金属材料表面，根据压痕深度可直接在洛氏硬度计的指示盘上读出硬度值。常用的洛氏硬度指标有 HRA、HRB 和 HRC 3 种。洛氏硬度测试，操作迅速、简便，且压痕小不损伤工件表面，故适于成品检验。

采用 120°金刚石圆锥体为压头，施加压力为 600N 时，用 HRA 表示。其测量范围为 60 ~ 85，适于测量合金、表面硬化钢及较薄零件。

采用直径为 1/16 英寸①淬火钢球为压头，施加压力为 1000N 时，用 HRB 表示，其测量硬度值范围为 25 ~ 100，适于测量有色金属、退火和正火钢及锻件等。

采用 120°金刚石圆锥体为压头，施加压力为 1500N 时，用 HRC 表示，其测量硬度值范围为 20 ~ 67，适于测量淬火钢、调质钢等。

硬度是材料的重要力学性能指标。一般材料的硬度越高，其耐磨性越好。材料的强度越高，塑性变形抗力越大，硬度值也越高。

4. 冲击韧性

金属材料抵抗冲击载荷的能力称为冲击韧性，用 A_k 表示，单位为 J/cm^2。

---

① 1 英寸 = 2.54cm（厘米）。

冲击韧性常用一次摆锤冲击弯曲试验测定,即把被测材料做成标准冲击试样,用摆锤一次冲断,测出冲断试样所消耗的冲击功,然后用试样缺口处单位截面积 F 上所消耗的冲击功 A_k 表示冲击韧性。

A_k 值越大,则材料的韧性就越好。A_k 值低的材料叫做脆性材料,A_k 值高的材料叫做韧性材料。很多零件,如齿轮、连杆等,工作时受到很大的冲击载荷,因此要用 A_k 值高的材料制造。铸铁的 A_k 值很低,灰口铸铁 A_k 值近于零,不能用来制造承受冲击载荷的零件。

二、常用的金属材料分类

金属材料可分为钢铁金属和有色金属。钢铁金属又分为钢和铸铁两大类。

1. 钢

钢是含碳质量分数小于2.11%(实际上小于1.35%),并含有少量杂质元素的铁碳合金。钢具有良好的使用性能和工艺性能,而且产量大、价格低廉,因此应用非常广泛。

1) 钢的分类方法

(1) 按用途分: 结构钢(主要用于工程结构和机械零件用钢)、工具钢(主要用于制造刀具、模具和量具用钢)和特殊性能钢(如不锈钢、耐热钢等)。

(2) 按含碳量分: 低碳钢($w_C \leqslant 0.25\%$)、中碳钢($0.25\% < w_C \leqslant 0.6\%$)和高碳钢($w_C > 0.6\%$)。

(3) 按钢的质量分为普通钢、优质钢、高级优质钢等。

2) 碳素钢的牌号、性能及用途

碳素钢的熔炼过程比较简单,生产费用较低,价格便宜,主要用于工程结构,制成热轧钢板、钢带和棒钢等产品,广泛用于工程建筑、车辆、船舶以及桥梁、容器等构件。

常用的碳素钢的分类、牌号及应用如表1-1所列。

表1-1　常用的碳素钢的分类、牌号及应用

分类	牌号		应用举例
	牌号举例	符号说明	
碳素结构钢	Q235AF	Q: 表示屈服强度汉语拼音字首; 235: 表示 $\sigma_s \geqslant 235\text{MPa}$; A: 表示硫、磷含量的多少; F: 表示为沸腾钢	螺钉、螺母、螺栓、垫圈、手柄、小轴及型材等
优质碳素结构钢	20;40;45;65	两位数字代表钢中平均含碳量的万分数。例如: 45钢种的平均含碳量为0.45%	制造各类机械零件,例如: 轴、齿轮、连杆、各种弹簧等
碳素工具钢	T7;T8;T12;T12A	T: 表示碳素工具钢汉语拼音字首;数字编号: 表示钢的平均含碳量的千分数。例如,T7代表含碳量约等于0.7%的优质碳素工具钢; A: 表示高级优质碳素工具钢,钢中有害杂质(P、S)的含量较少	制造各类刀具、量具和模具。例如: 锤头、钻头、冲头、丝锥、板牙、锯条、刨刀、锉刀、量具、剃刀、小型冲模等

3）合金钢的牌号、性能及用途

为了改善钢的某些性能或使之具有某些特殊性能，在炼钢时有意加入一些元素，称为合金元素。含有合金元素的钢，称为合金钢。

钢中加入的合金元素主要有 Si、Mn、Cr、Ni、W、Mo、V、Ti、Al、B 及稀土元素 Re 等。这类钢比碳钢具有更高的机械性能和某些特殊性能，如耐热、耐蚀、耐磨性能等，常用做重要的机器零件和工具，或要求特殊性能的零件。

常用的合金钢的分类、牌号及应用如表 1-2 所列。

表 1-2　常用的合金钢的分类、牌号及应用

分类	牌号		应用举例
	牌号举例	符号说明	
合金结构钢	16Mn；40Cr；60Si2Mn	数字编号：表示钢的平均含碳量的万分数。 元素符号：表示加入的合金元素，当合金元素平均含量小于 1.5% 时，则只标出元素符号，而不标明其含量；若元素的平均含量为(1.5～2.5)%时，元素符号后面写数字 2；当元素的含量为(2.5～3.5)%时，元素符号后面写数字 3	制造各类重要的机械零件，例如：齿轮、活塞销、凸轮、气门顶杆、曲轴、机床主轴、板簧、卷簧、压力容器、汽车纵横梁、桥梁结构、船舶结构等
合金工具钢	5CrMnMo； W18Cr4V；9SiCr	数字编号：表示钢的平均含碳量的千分数。 元素符号：表示加入的合金元素，当合金元素平均含量小于 1.5% 时，只标出元素符号，而不标明其含量；若元素的平均含量为(1.5～2.5)%时，元素符号后面写数字 2；当元素的含量为(2.5～3.5)%时，元素符号后面写数字 3	制造各类重要的、大型复杂的刀具、量具和模具。例如：板牙、丝锥、形状复杂的冲模、块规、螺纹塞规、样板、铣刀、车刀、刨刀、钻头等
特殊性能钢	1Cr18Ni9Ti； 4Cr9Si2；ZGMn13	不锈钢：1Cr18Ni9Ti； 耐热钢：4Cr9Si2； 耐磨钢：ZGMn13	不锈钢：医疗器械、耐酸容器、管道等。 耐热钢：加热炉构件、过热器等。 耐磨钢：破碎机颚板、衬板、履带板等

4）铸钢

与铸铁相比，铸钢具有较高的综合机械性能，特别是塑性和韧性较好，使铸件在动载荷作用下安全可靠。此外，铸钢的焊接性较铸铁优良，这对于采用铸—焊联合工艺制造复杂零件和重要零件十分重要。但是，铸钢的铸造工艺性能差，为保证铸钢件的质量，还必须采取一些特殊的工艺措施，这就使铸钢件的生产成本高于铸铁。

我国碳素铸钢件的牌号根据 GB5613—85 规定，用铸钢汉语拼音字首“ZG”加两组数字组成，第一组数字代表屈服强度值，第二组数字代表抗拉强度值。铸钢的牌号有 ZG200-400、ZG230-450、ZG270-500、ZG310-570、ZG340-640 等。

2. 铸铁

铸铁是指含碳质量分数大于 2.11% 的铁碳合金。工业上常用铸铁的含碳量一般在 2.5%～4% 之间，此外，铸铁中还含有较多的锰、硅、磷、硫等元素。

铸铁与钢相比，铸铁强度低、塑性低、脆性大，虽然机械性能较低，但铸造工艺性好，切削加工性优良，同时还具有优良消振性和减磨性等，因此，铸铁在生产中仍获得普遍应用。

由于成分和凝固时冷却条件的不同，铸铁中的碳，可以呈化合状态（Fe_3C）或游离状态（石墨）存在，这就使铸铁的内部组织、性能、用途方面存在较大的差异。根据碳在铸铁中的不同组织结构，通常铸铁可分为白口铸铁（铁碳合金中的碳以 Fe_3 出现）、灰口铸铁（碳以片状石墨出现）、可锻铸铁（碳以团絮状石墨出现）、球墨铸铁（碳以球状石墨出现）等。

常用的铸铁的分类、牌号及应用如表 1－3 所列。

表 1－3　常用的铸铁的分类、牌号及应用

分类	牌号		应用举例
	牌号举例	符号说明	
灰口铸铁	HT100； HT150； HT200； HT250； HT300； HT350	HT：表示灰铁汉语拼音字首； 数字：表示该材料的最低抗拉强度值，单位是 MPa。例如：HT200，表示 $\sigma_b \geq 200$MPa 的灰口铸铁材料	制造各类机械零件，例如：机床床身、飞轮、机座、轴承座、气缸体、齿轮箱、液压泵体等
可锻铸铁	KT300－06； KT350－10； KT450－06； KT650－02； KT700－02	KT：表示可铁汉语拼音字首； 数字：分别表示材料的最低抗拉强度值（MPa）和最低伸长（δ%）。例如：KT450－06 表示抗拉强度 σ_b 不低于 450MPa，伸长率 δ 不低于 6% 的可锻铸铁材料	制造各类机械零件，例如：曲轴、连杆、凸轮轴、摇臂活塞环等
球墨铸铁	QT400－18； QT500－07； QT600－03； QT900－02	QT：表示球铁汉语拼音字首； 数字：分别表示材料的最低抗拉强度值（MPa）和最低伸长（δ%）。例如：QT400－18 表示抗拉强度 σ_b 不低于 400MPa，伸长率 δ 不低于 18% 的球墨铸铁材料	用它可以代替部分铸钢或锻钢件，制造承受较大载荷、受冲击和耐磨损的零件，例如：大功率柴油机的曲轴轧辊、中压阀门、汽车后桥等

3. 有色金属

除黑色金属钢铁以外的其他金属与合金，统称为有色金属或非铁金属。

有色金属具有许多与钢铁不同的特性，例如：高的导电性和导热性如银、铜、铝等；优异的化学稳定性如铅、钛等；高的导磁性如铁镍合金等；高的强度如铝合金、钛合金等；高的熔点如钨、铌、钽、锆等。由于有色金属具有这些优良的性质，所以，在现代工业中，除大量使用黑色金属外，还广泛使用有色金属。

常用的有色金属主要有铝及铝合金和铜及铜合金两类。

1）铝及铝合金

（1）工业纯铝。工业纯铝的加工产品，按纯度的高低，分为 L1，L2，…，L7 等 7 个牌号，其中，L 是"铝"字汉语拼音的首字母，数字表示编号，编号越大，纯度越低。

工业纯铝的 σ_b 为 80MPa～100MPa，经冷变形后可提高至 150MPa～250MPa，因为工业纯铝的抗拉强度较低，故工业纯铝难于满足零件结构的性能要求，主要用做配制铝合金

及代替铜制作导线、电器和散热器等。

(2) 铝合金。用于铸造生产中的铝合金称为铸造铝合金,它不仅具有较好的铸造性能和耐蚀性能,而且经过变质处理使强度进一步提高,应用较工业纯铝广泛,铝合金主要用做内燃机活塞、汽缸头、汽缸散热套等。

铝合金的牌号由铸铝两字汉语拼音字首“ZL”和3位数字组成,如ZL102表示铸造铝硅合金材料。其中第一位数字为主加元素的代号(1表示Al-Si系合金;2表示Al-Cu系合金;3表示Al-Mg系合金;4表示Al-Zn系合金),后两位数字表示顺序号。

除了铸造铝合金外,还有一类铝合金称为形变铝合金,主要有防锈铝、锻造铝、硬铝和超硬铝4种。它们大多通过塑性变形轧制成板、带、棒、线材等半成品使用。其中硬铝是一种应用较多的由铝-铜-镁等元素组成的铝合金材料。它除了具有良好的抗冲击性、焊接性和切削加工性外,经过热处理强化(淬火加时效)后强度和硬度能进一步提高,可以用做飞机结构支架、翼肋、螺旋桨、铆钉等零件。

2) 铜及铜合金

铜及铜合金的种类很多,一般分为紫铜(纯铜)、黄铜、青铜和白铜等。

(1) 纯铜。纯铜因其表面呈紫红色,故亦称紫铜。它具有极好的导电和导热性能,并在常温条件下暴露在大气中,具有较好的耐蚀性。紫铜大多用于电器元件或用做冷凝器、散热器和热交换器等零件。纯铜还具良好的塑性,通过冷、热态塑性变形可制成板材、带材和线材等半成品。

我国工业纯铜的牌号是用符号“T”(铜字汉语拼音字首)和顺序数字组成。如T1、T2、T3、T4,随着数字的增大,铜的纯度越低。

(2) 黄铜。铜和锌所组成的合金称为黄铜。当黄铜中含锌量小于39%时,锌能全部溶解在铜内。这类黄铜具有良好的塑性,可在冷态或热态下经压力加工(轧、锻、冲、拉、挤)成型。按其加工方式不同,可将黄铜分为压力加工黄铜和铸造黄铜两种。

压力加工黄铜的牌号是符号“H”(黄字汉语拼音字首)和数字组成。如H68黄铜,表示其含铜量为68%,含锌量为32%。

铸造黄铜其牌号前冠以ZCu+主加元素符号+主加元素平均含量+辅加元素符号+辅加元素平均含量组成。如ZCuZn38表示含锌量为38%的铸造黄铜,ZCuZn40Pb2表示含锌量为40%,含铅量为2%的铸造铅黄铜。

(3) 青铜。由于主加元素不同,青铜分为锡青铜、铍青铜、铝青铜、铅青铜及硅青铜等。除锡青铜外,其余均为无锡青铜。

青铜的牌号用符号“Q”(青字汉语拼音字首)和数字组成。如QSn4-3,表示其是含锡量为4%,含锌量为3%的锡青铜。QAl17,表示其是含铝量为17%的铝青铜。

铸造青铜其牌号表示法与铸造黄铜类似。如ZCuSn5Pb5Zn5表示含锡量为5%,含铅为5%,含锌量为5%的铸造锡青铜。

3) 钛及钛合金

钛及钛合金质量轻,具有良好的耐蚀性、耐热性,因而钛及钛合金已成为航空航天、机械工程、化工冶金工业中不可缺少的工程材料,如制造导弹的燃料罐、飞机发动机的压气机盘和叶片及其他飞机结构件等,但由于钛及钛合金在高温中异常活跃,且熔点高,熔炼、浇注工艺复杂,价格昂贵,因此使用受到一定的限制。

第 3 节　常用的非金属材料和复合材料

一、非金属材料

非金属材料是指除金属材料以外的其他材料。非金属材料是近年来发展非常迅速的工程材料，品种繁多，因其具有金属材料无法具备的某些性能（如电绝缘性、耐腐蚀性等），在工业生产中已成为不可替代的重要材料，如高分子材料和工业陶瓷。

1. 塑料

塑料是高分子化合物，其主要成分是合成树脂，再加入各种添加剂而制成，塑料在一定的温度、压力下可软化成型，是最主要的工程结构材料之一。由于塑料具有许多优良的性能，如具有良好的电绝缘性、耐腐蚀性、耐磨性、成形性，而且密度较小等，因此不仅在日常生活中到处可见，而且在工程结构中也得到广泛应用。

塑料的种类很多，按性能可分为热塑性塑料和热固性塑料两大类。

热塑性塑料通常为线型结构，在加热时软化和熔融，冷却后能保持一定的形状，再次加热时又可软化和熔融，具有可塑性并易于加工成型。此外，热塑性塑料能溶于有机溶剂，属于热塑性塑料的有聚乙烯（PE）、聚氯乙烯（PVC）、聚丙烯（PP）、聚苯乙烯（PS）和 ABS 等。

热固性塑料固化后再次加热时，不能像热塑性塑料那样再次软化和熔融，不再具有可塑性。热固性塑料通常为网型结构，不溶于有机溶剂。属热固性塑料的有酚醛树脂（PF）、环氧塑料（FP）等。

塑料按用途可分为通用塑料、工程塑料和其他塑料。通用塑料有酚醛塑料、聚乙烯（PF）、聚氯乙烯（PVC）、聚丙烯（PP）和聚苯乙烯（PS）等。工程塑料有聚酰胺（PA，尼龙）、聚碳酸酯（PC）、聚甲醛（POM）和 ABS 等。工程塑料具有良好的力学性能，能替代金属制造一些机械零件和工程结构件。还有一些有特殊性能的塑料，如聚四氟乙烯，它具有很好的耐蚀、耐磨和耐热性，有塑料王之称，但是其产量较少，价格较高，仅用于特殊用途。随着塑料工业的发展，新塑料品种的不断出现，这几种塑料之间已没有明显的界限了。

常用塑料名称、性能、用途如表 1－4、表 1－5 所列。

表 1－4　常用热塑性塑料名称、性能、用途

名称	性能	应用举例
聚乙烯（PE）	无毒无味，质地较软，比较耐磨、耐腐蚀，绝缘性较好	薄膜、软管；塑料管、塑料板、塑料绳等
聚丙烯（PP）	具有良好的耐腐蚀性、耐热性、耐折性、绝缘性	机械零件、医疗器械、生活用具，如齿轮、叶片、壳体、包装带等
聚苯乙烯（PS）	无色、透明；着色性好；耐腐蚀、耐绝缘但易燃、易脆裂	仪表零件、设备外壳及隔音、包装、救生等器材
ABS	具有良好的耐腐蚀性、耐磨性、加工工艺性、着色性等综合性能	轴承、齿轮、叶片、叶轮、管道、容器、方向盘等

（续）

名称	性能	应用举例
聚酰胺（PA）即尼龙	强度、韧性较高；耐磨性、自润滑性、成形工艺性、耐腐蚀性良好	仪表、机械零件、电缆护层，如油管、轴承、导轨
聚甲醛（POM）	优异的综合性能，如良好的耐磨性、自润滑性、耐疲劳性、冲击韧性及较高的强度、刚性等	齿轮、轴承、凸轮、制动闸瓦、阀门、化工容器、运输带等
聚碳酸脂（PC）	透明度高；耐冲击性突出，强度较高，抗蠕变性好；自润滑性能差	齿轮、涡轮、凸轮；防弹窗玻璃，安全帽、汽车挡风等
聚四氟乙烯（F-4）	耐热性、耐寒性极好；耐腐蚀性极高；耐磨、自润滑性优异等	化工用管道、泵、阀门；机械用密封圈、活塞环；医用人工心、肺等
PMMA，即有机玻璃	透明度、透光率很高；强度较高；耐酸、碱，不易老化；表面易擦伤	油标、窥镜、透明管道、仪器、仪表等

表1-5　常用热固性塑料的名称、性能、用途

名称	性能	应用举例
酚醛塑料（PF）	较高的强度、硬度、绝缘性、耐热性、耐磨性好	电器开关、插座、灯头；齿轮、轴承、汽车刹车片等
氨基塑料（UF）	表面硬度较高，颜色鲜艳，有光泽；绝缘性良好	仪表外壳、电话外壳、开关、插座等
环氧塑料（EP）	强度较高，韧性、化学稳定性、绝缘性、耐寒、耐热性较好；成型工艺性好	船体、电子工业零部件等

2. 橡胶

橡胶与塑料的不同之处是橡胶在室温下具有很高的弹性。经硫化处理和炭黑增强后，其抗拉强度达25MPa~35MPa，并具有良好的耐磨性。

表1-6所列为常见橡胶的名称、性能、用途。

表1-6　常见橡胶的名称、性能、用途

名称	性能	应用举例
天然橡胶	电绝缘性弹性很好，耐碱性较好；耐溶剂性差	轮胎、胶带、胶管等
合成橡胶	耐磨、耐热、耐老化性能较好	轮胎、胶带、减振器等
特种橡胶	耐油耐蚀、耐热耐磨、耐老化	输油管、储油箱、密封件

3. 陶瓷材料

陶瓷是各种无机非金属材料的统称，在现代工业中具有很好的发展前途。未来世界将是陶瓷材料、高分子材料、金属材料三足鼎立的时代，它们构成了固体材料的三大支柱。常见工业陶瓷的分类、性能、用途如表1-7所列。

表 1－7　常见工业陶瓷的分类、性能、用途

分类	性　能	应用举例
普通陶瓷	质地坚硬；有良好的抗氧化性、耐蚀性、绝缘性；强度较低；耐一定高温	日用、电气、化工、建筑用陶瓷
特种陶瓷	有自润滑性及良好的耐磨性、化学稳定性、绝缘性；耐腐蚀、耐高温；硬度高	切削工具、量具、高温轴承、拉丝模
金属陶瓷（硬质合金）	强度高；韧性好；耐腐蚀；高温强度好	刃具、模具、喷嘴、密封环、叶片、涡轮等

二、复合材料

复合材料是由两种或两种以上物理、化学性质不同的物质，经人工合成的材料。它保留了各组成材料的优良性能，从而得到单一材料所不具备的优良的综合性能。

复合材料一般由增强材料和基体材料两部分组成，增强材料均匀地分布在基体材料中。增强材料有纤维（玻璃纤维、碳纤维、硼纤维、碳化硅纤维等）、丝、颗粒、片材等。基体材料有金属基体材料和非金属基体材料两类，金属基体材料主要有铝合金、镁合金、钛合金等，非金属基体材料有合成树脂、陶瓷等。

复合材料区别于单一材料的显著特性是材料性能的可设计性，即可根据工程结构的载荷分布、环境条件和使用要求，选择相应的基体、增强材料和它们各自所占的比例以及选用不同的复合工艺，设计不同的排列方式、层数以满足构建的强度、刚度、耐热、耐腐蚀等要求，它的另一个特性是材料与结构一次成型，即在形成复合材料的同时也得到了设计结构。这一特性使零件数目减少，整体化程度高，同时由于取消或减少了接头，避免或减少了焊接、铆接等工艺。

复合材料种类繁多，性能各有特点。如玻璃纤维和合成树脂的合成材料具有优良的强度、可制造密封件及耐磨、减摩的机械零件。碳纤维复合材料密度小、强度高，可应用于航空、航天及原子能工业。

第 4 节　钢的普通热处理

一、热处理

钢的热处理在机械制造过程中占有重要的位置，是零件制造工艺的一道重要的工序。应用热处理工艺，在零件设计中可以实现对同一材质，经过不同的热处理形成不同的组织和性能的材质，来满足工件在加工和使用过程中对性能的要求，达到提高产品质量和延长使用寿命的目的。

钢的热处理指钢在固态下，通过加热、保温和冷却的方法改变它的内部组织结构，从而获得工件所要求的性能的一种热加工工艺。制定钢的热处理工艺的依据是钢在加热和冷却过程中的组织转变规律。热处理具有 3 个步骤。

(1) 加热：把要热处理的工件加热到预定的温度范围，加热温度常超过临界点，但不

宜过高以免工件的机械性能降低。

(2) 保温：根据工件的大小和性能在预定的温度下保温一定时间，目的是把工件热透，使其心部和表面的温度趋于一致。

(3) 冷却：在某种介质中，把工件冷却到一定温度。

根据加热温度、冷却方式及热处理后形成的组织和性能的不同，钢的热处理工艺可分为普通热处理、表面热处理。钢的普通热处理一般指退火、正火、淬火和回火；表面热处理有表面淬火和化学热处理等方法。按照热处理在零件整个生产工艺过程中位置和作用的不同，热处理工艺又可分为预备热处理和最终热处理。

热处理中的加热，就是将原始组织加热，使其转变为奥氏体，这个过程可以用钢在加热和冷却时的相变图表示，如图 1-1 所示。图中的临界点 A_1、A_3、A_{cm} 表示铁碳合金在接近平衡状态下相与成分和温度之间的关系。而在生产实践中，其相变是在非平衡状态下进行的，我们用 A_{c1}、A_{c3}、A_{ccm} 表示非平衡加热的临界点，用 A_{r1}、A_{r3}、A_{rcm} 表示非平衡冷却的临界点。

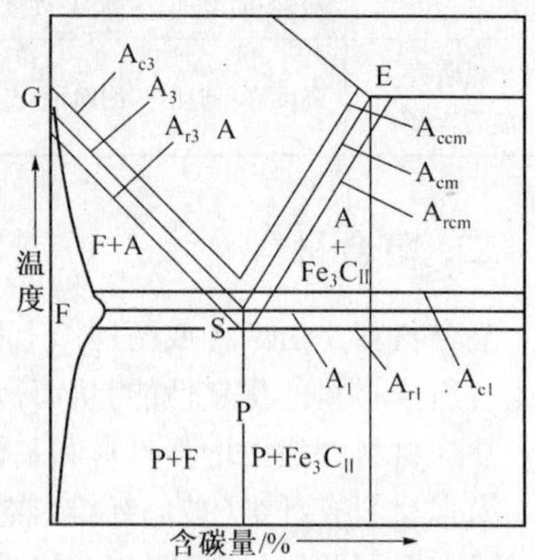

图 1-1　钢在加热和冷却时的相变临界点

钢的冷却转变是过冷奥氏体的冷却转变，它的转变产物的组织和性能随着转变温度区域的不同而不同，热处理就是利用上述原理达到工件要求的性能。

二、退火

在机械零件的加工过程中，退火是一种先行工艺，通过退火能改善和调整钢的机械性能和工艺性能，对于一些受力不大、性能要求不高的机械零件，退火也可作为最终的热处理，退火是将钢加热到临界点 A_{c1}（或 A_{c3}）温度（对于碳钢，退火的温度范围一般为 750℃～900℃），保温一段时间以后随炉缓慢冷却以获得平衡状态组织的热处理工艺，其主要目的是均匀钢的化学成分，细化晶粒、调整硬度，消除内应力，改善钢的成型及切削加工性能。将钢加热到临界点 A_{c1}（或 A_{c3}）以上的退火包括完全退火、扩散退火、不完全退火和球化退火；将钢加热到临界点 A_{c1}（或 A_{c3}）以下的退火包括再结晶退火和去应力退火。

1. 完全退火

完全退火是将钢加热到 A_{c3} 以上 20℃～30℃，保温一段时间，经完全奥氏体化后进行随炉缓慢冷却，以获得接近平衡组织的热处理工艺，它主要用于含碳量为 0.3%～0.5% 的亚共析钢，其目的是细化晶粒、均匀组织、消除内应力、降低硬度和改善钢的切削加工性。

完全退火采用随炉缓冷的方式来达到消除内应力、降低硬度和改善钢的切削加工性。工件在退火温度下的保温时间不仅要使工件烧透，使工件的中心部位达到要求的加热温度，而且要保证全部得到均匀化的奥氏体。在实践生产过程中完全退火需要的时间很长，为了提高生产率，退火冷却到 600℃左右即可出炉空冷。如果将奥氏体化后的钢较快地冷却到稍低于 A_{r1} 温度等温，使奥氏体转变为珠光体，再空冷至室温，可大大缩短退火时间,这种退火方法称为等温退火,等温退火适用于高碳钢、合金工具钢和高合金钢,经过等温退火的工件更能获得均匀的组织和性能,但对于大截面的工件,由于很难保证工件里外达到等温温度,因此不宜采用等温退火的热处理方法。

2. 不完全退火

不完全退火是将铁碳合金加热到 $A_{c1} \sim A_{c3}$ 之间温度,达到不完全奥氏体化,随之缓慢冷却的退火工艺。不完全退火主要适用于中、高碳钢和低合金钢锻轧件等,其目的是细化组织和降低硬度,加热温度为 $A_{c1}+(40 \sim 60)$℃,保温后缓慢冷却。

3. 球化退火

球化退火是使钢中碳化物球化而进行的退火工艺。将钢加热到 A_{c1} 以上 20℃ ~ 30℃,保温一段时间,然后缓慢冷却,得到在铁素体基体上均匀分布的球状或颗粒状碳化物的组织。

球化退火主要适用于共析钢和过共析钢,如碳素工具钢、合金工具钢、轴承钢等。这些钢经轧制、锻造后空冷,所得组织是片层状珠光体与网状渗碳体,这种组织硬而脆,不仅难以切削加工,且在以后淬火过程中也容易变形和开裂。而经球化退火得到的是球状珠光体组织,其中的渗碳体呈球状颗粒,弥散分布在铁素体基体上,和片状珠光体相比,不但硬度低,便于切削加工,而且在淬火加热时,奥氏体晶粒不易长大,冷却时工件变形和开裂倾向小。另外对于一些需要改善冷塑性变形(如冲压、冷镦等)的亚共析钢有时也可采用球化退火。

球化退火加热温度为 $A_{c1}+(20 \sim 40)$℃或 $A_{cm}-(20 \sim 30)$℃,保温后等温冷却或直接缓慢冷却。在球化退火时奥氏体化是“不完全”的,只是片状珠光体转变成奥氏体,及少量过剩碳化物溶解。因此,它不可能消除网状碳化物,如果过共析钢有网状碳化物存在,则在球化退火前须先进行正火,将其消除,才能保证球化退火正常进行。

球化退火工艺方法很多,最常用的两种工艺是普通球化退火和等温球化退火。普通球化退火是将钢加热到 A_{c1} 以上 20℃ ~ 30℃,保温适当时间,然后随炉缓慢冷却,冷到 500℃左右出炉空冷。等温球化退火是与普通球化退火工艺同样的加热保温后,随炉冷却到略低于 A_{r1} 的温度进行等温,等温时间为其加热保温时间的 1.5 倍。等温后随炉冷至 500℃左右出炉空冷。和普通球化退火相比,球化退火不仅可缩短周期,而且可使球化组织均匀,并能严格地控制退火后的硬度。

4. 扩散退火

扩散退火又称均匀化退火,它是将钢锭、铸件或锻坯加热至略低于固相线的温度下长时间保温,然后缓慢冷却以消除化学成分不均匀现象的热处理工艺。其目的是消除铸锭或铸件在凝固过程中产生的枝晶偏析及区域偏析,使成分和组织均匀化。为使各元素在奥氏体中充分扩散,扩散退火加热温度很高,通常为 A_{c3} 或 A_{ccm} 以上 150℃ ~300℃,具体加热温度视偏析程度和钢种而定。碳钢一般为 1100℃ ~1200℃,合金钢一般为 1200℃ ~ 1300℃。保温时间也与偏析程度和钢种有关,通常可按最大有效截面积,以每截面厚度 25mm 保温 30min ~60min 或按每毫米保温 1.5min ~2.5min 来计算。此外,还可视装炉量大小而定。

由于扩散退火需要在高温下长时间加热,因此奥氏体晶粒十分粗大,为了细化晶粒、消除过热缺陷,一般需要再进行一次正常的完全退火或正火。

高温扩散退火生产周期长，消耗能量大，成本很高，而且工件易氧化，脱碳严重，因此对优质合金钢及偏析较严重的合金钢铸件及钢锭才使用这种工艺。对于一般尺寸不大的铸件或碳钢铸件，因偏析程度较轻，可采用完全退火来细化晶粒，消除铸造应力。

5. 去应力退火和再结晶退火

去应力退火又称低温退火，其主要作用是消除零件在前期加工过程引起的残余内应力，防止工件在后续的加工中出现变形和开裂。其工艺是将工件缓慢加热到 A_{c1} 以下100℃～200℃（一般为500℃～600℃），保温一段时间，然后随炉缓慢冷却到200℃再出炉空冷，去应力退火后的冷却应尽量缓慢，以免产生新的应力。

再结晶退火热处理是将钢加热到再结晶温度以上150℃～250℃（碳钢再结晶退火温度为650℃～700℃），保温一定时间，然后缓慢冷却。再结晶退火特点是通过加热，增加了钢中的原子扩散能力，使冷加工后钢中的破碎和歪扭的晶粒发生再结晶，从而使金属的强度、硬度下降，而塑性提高。再结晶退火是使经过冷加工，如冷冲、冷拔、冷轧等发生加工硬化的钢材，降低硬度，提高塑性，以利加工继续进行，因此，再结晶退火是冷压力加工后钢的中间退火。

在退火时必须根据工艺及性能要求选择合适的加热温度及控温过程，要注意工件的保温时间及排布方式，还要根据材料的热处理要求控制好降温过程及降温速度。

退火工艺主要用于铸造、锻件、焊接零件的处理，这是由于退火工艺不仅使这些零件的组织均匀、晶粒细化，降低工件硬度，还能消除这些零件的内应力。

三、正火

正火是将工件加热至 A_{c3} 或 A_{ccm} 以上30℃～50℃，保温一段时间后，从炉中取出在空气中或喷水、喷雾、吹风冷却的金属热处理工艺。正火与退火的不同点是正火冷却速度比退火冷却速度稍快，因而正火组织要比退火组织更细一些，其机械性能也有所提高。另外，正火炉外冷却不占用设备，生产率较高，因此生产中尽可能采用正火来代替退火。

由于正火比退火冷却速度块，因而正火组织比退火组织细，强度和硬度也比退火组织高。当碳钢的含碳量 $<0.6\%$ 时，正火后组织为铁素体加索氏体，当含碳量 $\geq 0.6\%$ 时，正火后组织为索氏体。

对于低、中碳的亚共析钢而言，正火的目的与退火目的相同，即调整硬度，便于切削加工，细化晶粒，消除残余内应力，为淬火作组织准备。对于过共析钢，正火是为了消除网状二次渗碳体，为球化退火作组织准备。对于普通结构件，正火可增加珠光体量并细化晶粒，提高强度、硬度和韧性，作为最终热处理。

从改善切削加工性能的角度出发，低碳钢宜采用正火；中碳钢既可采用退火，也可采用正火；过共析钢在消除网状渗碳体后采用球化退火。

正火既可以作为预备热处理工艺，也可以作为最终热处理工艺。此外正火还可以消除一些缺陷，如消除粗大铁素体块。正火一般采用热炉装料。而且采用的是空冷，这与一些退火工艺不同。

正火时应注意以下几点：

(1) 低碳钢正火的目的之一是为了提高切削性能。但是对于含碳量低于0.2%的钢，应适当提高加热温度，以增大过冷奥氏体的稳定性，而且应该增大冷却速度，以获得较细的珠光体和分散度较大的铁素体。

(2) 中碳钢的正火应该根据钢的成分及工件尺寸来确定冷却方式,含碳量较高,含有合金元素,可采用较缓慢的冷却速度,如在静止的空气中或成堆堆放冷却,反之采用较快的冷却速度。

(3) 过共析钢正火,一般是为了消除网状碳化物,加热时要保证碳化物全部溶入奥氏体中,为了抑制自由碳化物的析出,必须采用较大的冷却速度,如鼓风冷却,喷雾冷却,甚至油冷或者水冷至 A_{r1} 点以下的温度取出空冷。

(4) 双重正火。有些锻件的过热组织或铸件存在粗大铸造组织,一次正火不能达到细化组织的目的,应采用二次正火,可获得良好的效果。第一次正火在高于 A_{C3} 点以上150℃~200℃的温度加热,用扩散办法消除粗大组织,使成分均匀;第二次正火以普通条件进行,其目的是细化组织。

四、钢的淬火

钢的淬火和回火一般是配合进行的热处理方法,为了消除淬火钢的内应力,达到强度、韧性和硬度合适的工件。淬火后一般要对工件进行不同温度的回火,使材料获得良好的使用性能,从而发挥材料的潜力。

淬火是指将钢加热到临界点以上,保温一定时间后以大于淬火临界冷却速度 V_k 的速度冷却,使奥氏体转变为马氏体的热处理工艺。因此,淬火的目的就是为了获得马氏体,提高钢的力学性能。淬火是钢的最重要的强化方法,也是应用最广的热处理工艺之一。

1. 淬火温度

淬火温度即钢奥氏体化温度,是淬火的主要工艺参数之一。碳钢的淬火温度可利用合金相图来选择,如图1-2所示。

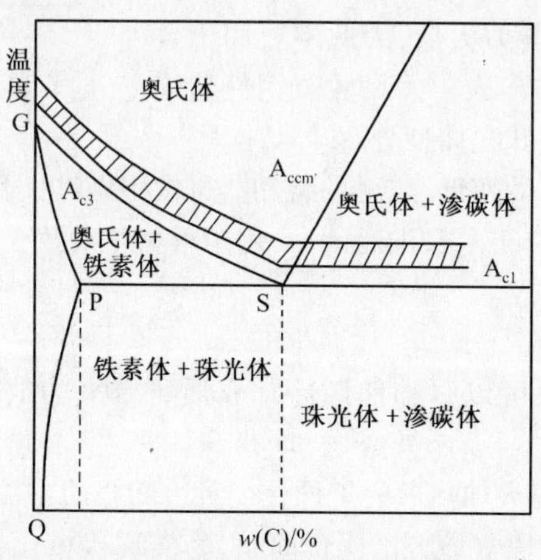

图1-2 钢的淬火温度范围

对于亚共析钢,淬火温度为 A_{c3}+(30~50)℃。当含碳量不高于0.5%时,淬火后组织为马氏体,当含碳量大于0.5%时,淬火后组织为马氏体与少量残余奥氏体。

亚共析钢在 A_{c1}~A_{c3} 湿度之间加热淬火后的组织为马氏体加铁素体,由于组织中有自由铁素体存在,使钢的强度和硬度降低,但可改善韧性,这种淬火称为亚温淬火,如处理得当,亚温淬火也可作为一种强韧化处理方法。

对于共析钢和过共析钢,淬火温度为 A_{c1} +(30~50)℃。共析钢淬火后的组织为马氏体和少量残余奥氏体。过共析钢由于淬火前经过球化退火,因而淬火后组织为细马氏体加颗粒状的渗碳体和少量残余奥氏体。分散分布的颗粒状渗碳体对提高钢的硬度和耐磨性有利。如果将过共析钢加热到 A_{ccm} 以上,则由于奥氏体晶粒粗大,含碳量提高,使淬火后马氏体晶粒也粗大,且残余奥氏体量增多,这将使钢的硬度、耐磨性下降,脆性和变形开裂倾向增加。

对于合金钢,由于大多数合金元素(Mn、P 除外)有阻碍奥氏体晶粒长大的作用,因而淬火温度比碳钢高,一般为临界点以上 50℃~100℃。

2. 淬火介质

理想淬火介质的冷却曲线(图1-3)应只在 *C* 曲线"鼻尖"处快冷,而在 M_s 附近尽量缓冷,以达到既获得马氏体组织,又减小内应力的目的,但目前还没有找到这种理想介质。

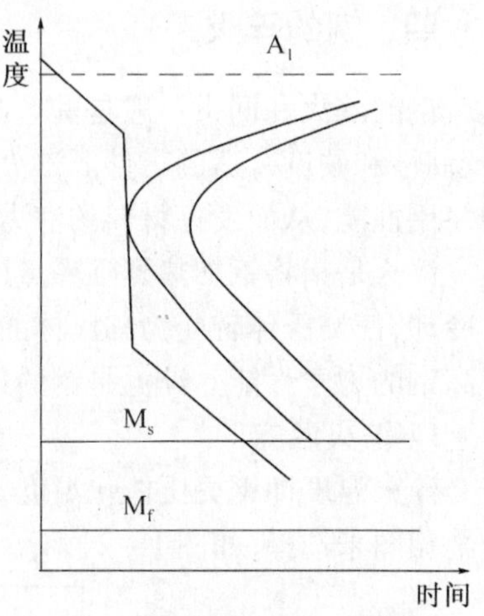

图1-3 钢的理想淬火冷却温度

常用的淬火介质是水、油和盐浴。

水是经济且冷却能力较强的淬火介质,水的缺点是在650℃~550℃范围内的冷却能力不够强,而在300℃~200℃范围内冷却能力又太大,所以极易引起工件的变形和开裂,这是水作为淬火冷却介质的最大缺点,因此生产上主要用于形状简单、截面较大的碳钢件的淬火。

油也是最常用的的淬火介质,生产上多用各种矿物油,在低温区冷却能力较理想,有利于减少工件的变形,但在高温区冷却能力太低,因此主要用于合金钢和小尺寸的碳钢件的淬火。大尺寸碳钢件油淬时,由于冷却不足,会出现珠光体型分解。

为了减少工件淬火时的变形,熔融的碱和盐也常用做淬火介质,称为盐浴或碱浴。这类介质沸点高,冷却能力介于水和油之间,常用于形状复杂及变形要求严格的小型工件的分级淬火和等温淬火。

3. 淬火方法

采用适当的淬火方法可以弥补使用冷却介质所带来的缺陷,常用的淬火方法如下所述。

1) 单介质淬火:将淬火加热后的工件在一种冷却介质中冷却到室温的淬火方法,如水淬和油淬都属于这种方法。该方法操作简单,易实现机械化,应用较广,其缺点是工件易变形或开裂。

2) 双介质淬火:将工件先在一种冷却能力较强的介质中冷却,避免珠光体转变,然后转入另一种冷却能力较弱的介质中发生马氏体转变的方法。常用的方法是水淬油冷或油淬空冷。其优点是冷却比较理想,减少变形,防止开裂,缺点是第一种介质中停留时间不易控制,需要有丰富的实践操作经验。该方法主要用于形状复杂的碳钢工件及大型合金钢工件。

3）分级淬火：将奥氏体化的工件淬入稍高于 M_s 点的盐浴或碱浴中保温，待工件表面和心部温度接近盐浴温度时取出来空冷的淬火方法。分级淬火可以很好地消除淬火工件表面和心部的温差问题，有效地减少工件变形开裂倾向。

4）等温淬火：加热工件在高于 M_s 温度的盐浴或碱浴中冷却并保温足够时间，获得下贝体组织后再空冷的淬火方法。经等温淬火的零件具有良好的综合力学性能，淬火应力小，适用于形状复杂及要求较高的小型件。

五、回火

回火是将淬火钢加热到 A_1 以下的某一温度，保温一定时间后冷却到室温的热处理工艺。

回火的目的是消除或减少淬火内应力，防止工件变形或开裂，获得工艺所要求的力学性能和稳定的工件尺寸。淬火马氏体和残余奥氏体都是非平衡组织，有自发向平衡组织铁素体加渗碳体转变的倾向。回火可使马氏体和残余奥氏体转变为平衡或接近平衡的组织，防止使用时变形；对于某些高淬透性的钢，空冷即可淬火，如采用退火则软化周期太长，可采用回火软化就能降低硬度，又能缩短软化周期。

对于未经淬火的钢，回火是没有意义的，而淬火钢不经回火一般也不能直接使用，为避免淬火件在放置过程中发生变形或开裂，钢件经淬火后应及时回火。

根据钢的回火温度范围，可将回火分为低温回火、中温回火和高温回火3类。

1. 低温回火

回火温度为150℃～250℃。低温回火时发生如下变化，得到回火马氏体组织，低温回火的目的是在保留淬火后高硬度、高耐磨性的同时，降低内应力，提高韧性。主要用于处理各种工具、模具、轴承及经渗碳和表面淬火的工件。

2. 中温回火

回火温度为350℃～500℃。中温回火时发生如下变化，得到回火托氏体组织，即为在保持马氏体形态的铁素体基体上分布着细粒状渗碳体的组织。

3. 高温回火

回火温度为500℃～650℃。高温回火时发生变化，得到回火索氏体组织，即在多边形铁素体基体上分布着颗粒状 Fe_3C 的组织，回火后的组织具有强度、硬度、塑性和韧性都较好的综合力学性能。

通常把淬火加高温回火的热处理工艺称为“调质处理”，简称“调质”。调质广泛用于各种重要结构件，如连杆、轴、齿轮等的处理，也可作为某些要求较高的精密零件、量具等的预备热处理。

第5节　其他热处理方法

不同的机械零件在不同的工作条件下工作，其性能和要求也不同，为了保证这些零件在复杂的条件下工作时，能满足各种性能的要求，如一些机械零件在工作时承受弯曲、扭转、摩擦等载荷，它们要求表面硬度高，耐磨，而中心比较有塑性，能抗冲击力的特征，仅靠钢的普通热处理还不够，还必须对这些工件辅以其他热处理方法。这些热处理的方法主要是对钢的表面热处理。钢的表面热处理有两大类：一类是表面加热淬火热处理，通过对零件表面快速加热及快速冷却使零件表层获得马氏体组织，从而增强零件的表层硬度，提高其抗磨损性能；另一类是化学热处理，通过改变零件表层的化学成分，从而改变表层的组织，使其表层的机械性能发生变化。

一、表面淬火

仅对钢的表面加热、冷却而不改变成分的淬火热处理工艺称为表面淬火。按加热方式可分为感应加热、火焰加热、电接触加热和电解加热等。最常用的是前两种。

1. 感应加热表面淬火

感应加热表面淬火是利用感应电流通过工件表面所产生的热效应，使表面加热并进行快速冷却的淬火工艺。

根据电流频率的不同，可将感应加热表面淬火分为3类：

第一类是高频感应加热淬火，常用电流频率范围为200kHz～300kHz，一般淬硬层深度为0.5mm～2.0mm。适用于中小模数的齿轮及中小尺寸的轴类零件等。

第二类是中频感应加热淬火，常用电流频率范围为2500Hz～800Hz，一般淬硬层深度为2mm～10mm。适用于较大尺寸的轴和大中模数的齿轮等。

第三类是工频感应加热淬火，电流频率为50Hz，不需要变频设备，淬硬层深度可达10mm～15mm。适用于较大直径零件的穿透加热及大直径零件如轧辊、火车车轮等的表面淬火。

1）感应加热的基本原理

感应线圈通以交流电时，就会在它的内部和周围产生与交流频率相同的交变磁场。若把工件置于感应磁场中，则其内部将产生感应电流并由于电阻的作用被加热。感应电流在工件表层密度最大，而心部几乎为零，这种现象称为集肤效应。当表层加热到淬火温度时，快速冷却，使工件表面淬硬。电流透入工件表层的深度主要与电流频率有关。电流频率越高，感应电流透入深度越浅，加热层也越薄。因此，通过频率的选用可以得到不同工件所要求的淬硬层深度。图1-4所示为工件与感应器的位置及工件截面上电流密度的分布。加热器通入电流，工件表面在几秒钟之内迅速加热到远高于A_{c3}以上的温度，接着迅速冷却工件（例如向加热的工件喷水冷却）表面，在零件表面获得一定深度的硬化层。

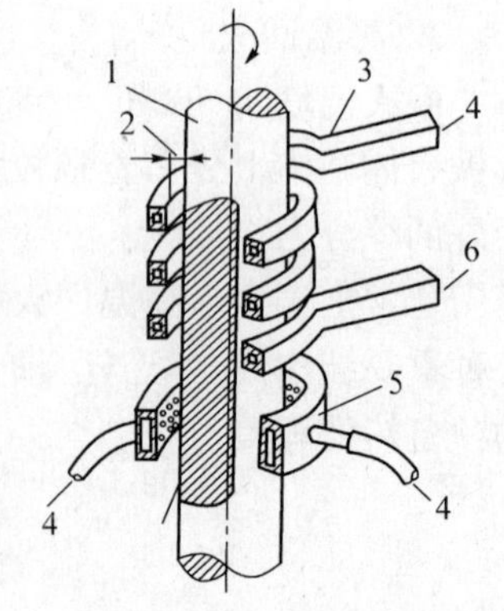

图1-4 感应加热表面淬火示意图

1—工件；2—间隙；3—加热感应圈；4—进水口；5—淬火喷水套；6—出水口。

2）感应加热适用的材料

表面淬火一般适用于中碳钢和中碳低合金钢，如45、40Cr、40MnB等。这些钢经预先热处理（正火或调质处理）后再表面淬火，心部有较高的综合机械性能，表面也有较高的硬度和耐磨性。另外，铸铁也是适合于表面淬火的材料。

3）感应加热表面淬火的特点

与普通淬火相比，感应加热表面淬火具有以下特点：一是加热温度高，加热速度快，这是由于感应加热速度很快，因而过热度大；二是工件表层易得到细小的马氏体，因而硬度比普通淬火提高(2 ~ 3)HRC,且脆性较低;三是工件表层存在残余压应力,因而疲劳强度较高;四是工件表面质量好,这是由于加热速度快,没有保温时间,工件不易氧化和脱碳,且由于内部未被加热,淬火变形小;五是生产效率高,便于实现机械化、自动化,淬硬层深度也易于控制。

2. 火焰加热表面淬火

火焰加热淬火是用乙炔—氧或煤气—氧等高温火焰直接加热工件表面,然后立即喷水冷却,以获得表面硬化效果的淬火方法。火焰加热温度很高(约 3000℃以上),能将工件迅速加热到淬火温度,通过调节烧嘴的位置和移动速度,可以获得不同厚度的淬硬层,通常火焰加热表面淬火的淬硬层达 2mm ~ 8mm。若要获得更深的淬硬层,往往会引起零件表面的过热,极易产生淬火裂纹。

火焰加热表面淬火常用于中碳钢及中碳合金结构钢,如果含碳量较低,淬火后的硬度较低,若碳和合金元素含量过高,零件淬火后易淬碎。

火焰加热表面淬火的方法简单,无需特殊设备,可适用单件或小批生产的大型零件,如大型轴类、大模数齿轮等。但火焰加热温度不宜控制,极易过热,淬火的质量不够稳定。图 1 - 5 所示为火焰加热表面淬火的示意图。

3. 其他类型的表面淬火

1) 电接触加热表面淬火

电接触加热表面淬火是利用触头和工件间的接触电阻在通以大电流时产生的电阻热,将工件表面迅速加热到淬火温度,当电极移开,借工件本身加热来淬火冷却的热处理工艺。电接触加热表面淬火的原理如图 1 - 6 所示。

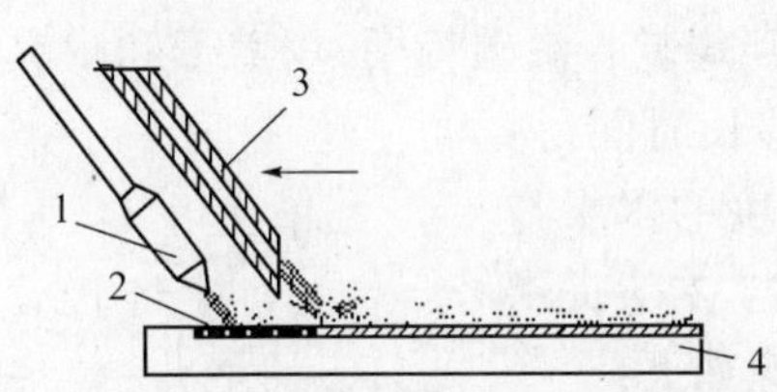

图 1 - 5　火焰加热表面淬火示意图

1—喷嘴; 2—淬硬层; 3—喷水管; 4—工件。

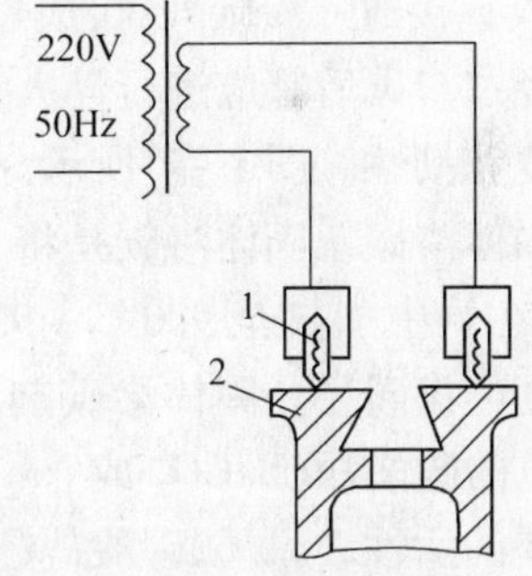

图 1 - 6　电接触加热表面淬火的原理

1—触头; 2—工件。

电接触加热表面淬火可显著提高工件表面的耐磨性,设备及工艺简单,硬化层厚,适用于表面形状简单的零件,目前广泛用于机床导轨、汽缸套等表面淬火。

2) 激光热处理

激光热处理开始于 20 世纪 70 年代,它是将激光器发射出的激光对准处理工件进行扫描加热,使工件迅速加热到钢的临界点之上,当激光束离开工件表面时,工件在空气中冷却。

激光淬火硬化层深度一般小于 0. 75mm,宽度小于 1. 2mm,激光淬火后可获得硬度高且耐磨性好的表层。激光淬火能对形状复杂特别是某些部位用其他方法极难处理的工件进行淬火。

二、化学热处理

化学热处理是将钢件置于一定温度的活性介质中加热和保温，使一种或几种元素渗入它的表面，改变工件化学成分和组织，达到改进表面性能、满足技术要求的热处理过程。常用的化学热处理有渗碳、渗氮（俗称氮化）、碳氮共渗（俗称氰化和软氮化）等，还有渗硫、渗硼、渗铝、渗钒、渗铬等。化学热处理过程包括分解、吸收、扩散3个基本过程。目前生产中最常用的化学热处理工艺是渗碳、氮化和氰化。

1. 渗碳

渗碳就是将低碳钢放入高碳介质中加热、保温，以获得高碳表层的化学热处理工艺。渗碳的主要目的是提高零件表层的含碳量，以便大大提高表层硬度，增强零件的抗磨损能力，同时保持心部的良好韧性。与表面淬火相比，渗碳主要用于表面有较高耐磨性要求，并承受较大冲击载荷的零件。

渗碳用钢为低碳钢及低碳合金钢，如20、20Cr、20CrMnTi、20CrMnMo、18Cr2Ni4W等。含碳量提高，将降低工件心部的韧性。

1）渗碳方法

根据使用时渗碳剂的不同状态，渗碳方法可以分为气体渗碳、固体渗碳和液体渗碳3种，常用的是前两种，尤其是气体渗碳。

（1）气体渗碳。气体渗碳是将工件置于密封的气体渗碳炉内，加热到900℃以上（一般900℃～950℃），使钢奥氏体化，向炉内滴入易分解的有机液体（如煤油、苯、甲醇、乙酸乙酯等），或直接通入渗碳气氛，通过在钢的表面上发生反应，形成活性碳原子。

工件经过渗碳后都应进行淬火加低温回火，使表面的硬度和耐磨性加强，而心部具有较高的强度和韧性。图1-7所示为气体渗碳的示意图。

（2）固体渗碳。固体渗碳是将工件和固体渗碳剂装入渗碳箱中，用盖子和耐火泥封好，然后放在炉中加热至900℃～950℃，保温足够长时间，得到一定厚度的渗碳层。固体渗碳剂通常是一定粒度的木炭与15%～20%的碳酸盐（$BaCO_3$或Na_2CO_3）的混合物。木炭提供渗碳所需要的活性碳原子，碳酸盐起催化作用，反应如下：

$$C + O_2 \rightarrow CO_2$$

$$BaCO_3 \rightarrow BaO + CO_2$$

$$CO_2 + C \rightarrow 2CO$$

2）渗碳工艺及组织

渗碳处理的工艺参数是渗碳温度和渗碳时间。由于奥氏体的溶碳能力较大，因此渗碳温度必须高于A_{c3}温度。加热温度越高，则渗碳速度越快，渗碳层越厚，生产率也越高。但为了避免奥氏体晶粒过分长大，所以渗碳温度不能太高，通常为900℃～950℃。在温度一定的情况下，渗碳时间取决于渗碳层的厚度。表1-8所列为不同渗碳温度下，不同渗碳时间的渗层厚度。

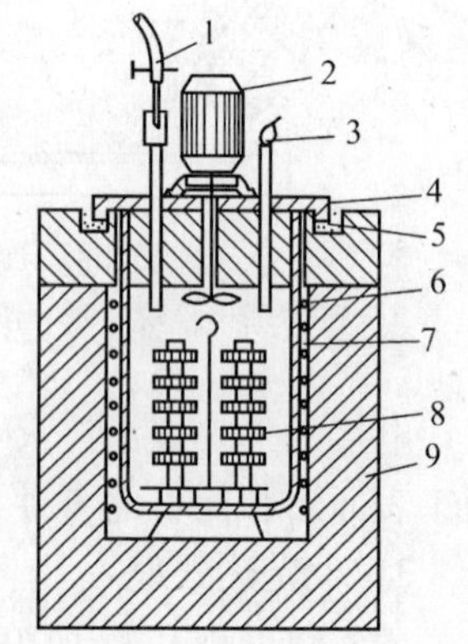

图1-7　气体渗碳的示意图

1—有机液体入口；2—电动机；3—废气火焰；4—炉盖；5—砂衬；6—电阻丝；7—耐热罐；8—工件；9—炉体。

表1-8 气体渗碳渗层厚度与保温时间的关系

保温时间/h	温度/℃				保温时间/h	温度/℃			
	850	900	950	1000		850	900	950	1000
	渗层厚度					渗层厚度			
1	0.4	0.53	0.74	1.00	9	1.12	1.60	2.23	3.05
2	0.53	0.76	1.04	1.42	10	1.17	1.70	2.36	3.20
3	0.63	0.94	1.30	1.75	11	1.22	1.78	2.46	3.35
4	0.77	1.07	1.50	2.00	12	1.30	1.85	2.50	3.35
5	0.84	1.24	1.68	2.26	13	1.35	1.93	2.61	3.68
6	0.91	1.32	1.83	2.46	14	1.40	2.00	2.77	3.81
7	1.00	1.42	1.98	2.55	15	1.45	2.10	2.81	3.92
8	1.04	1.52	2.11	2.80	16	1.50	2.13	2.87	4.06

3）渗碳后的热处理

渗碳工艺的加热温度高，时间较长，还需淬火才能达到硬度要求，所以钢渗碳以后必须进行热处理才能达到预期目的。如汽车、机车、矿山机械、起重机械等用的大量传动齿轮都采用渗碳热处理工艺提高其耐磨损性能。

2. 渗氮（氮化）

渗氮工艺又称氮化，其主要目的是提高零件表层含氮量以增强表面硬度和耐磨性，提高疲劳强度和抗蚀性。

1）氮化工艺

（1）气体氮化。气体氮化是向密闭的渗氮炉中通入氨气，利用氨气受热分解，来提供活性氮原子进行氮化的方法，氮化温度一般为550℃～570℃，气体氮化的工件变形小，但是气体氮化的生产周期较长，成本较高，且氮化层较脆，不能承受冲击，在使用上受到一定的限制。

（2）离子氮化。离子氮化是将工件放到低于一个大气压的容器中，通入氨气或氮、氢混合气体，以容器为阳极，工具为阴极，在两极间加直流高压，使电离后的氮离子中的正离子高速冲向工件，使其深入工件表面，并向内扩散形成氮化层。

与气体氮化相比，离子氮化的特点是处理周期短，仅为气体氮化的1/3～1/4（例如38CrMoAl钢，氮化层深度若达到0.35mm～0.7mm，气体氮化一般需70h，而离子氮化仅需15h～20h），氮化层质量好，零件的表面不易形成连续的白色脆性层，但是当工件的形状复杂，由于温度均匀性不够，很难达到硬度相同或渗层深度。

2）氮化后的组织和性能

氮化后零件表面硬度比渗碳后还高，耐磨损性能很好，同时渗层一般处于压应力，疲劳强度高，但脆性较大。氮化层还具有一定的抗蚀性能。氮化后零件变形很小，通常无需再加工，也不必再热处理强化。渗氮处理适用于要求精度高、冲击载荷小、抗磨损能力强的零件，如一些精密零件、精密齿轮都可用氮化工艺处理。

3）快速深层氮化新工艺

近年来发展出来一种快速深层氮化的新工艺，它是利用离子氮化的轰击效应和快速扩散的作用提高氮化速度。它采用周期性渗氮和时效的方法，可以大大提高渗氮速度和渗氮层深。如25Cr2MoVA钢渗氮10h，离子氮化渗氮层深只有0.4mm，而快速深层氮化层深达到1mm，且性能也得到提高。

3. 碳氮共渗

碳氮共渗是同时向零件渗入碳、氮两种元素的化学热处理工艺，也称为氰化处理。氰化主要有液体氰化和气体氰化两种。液体氰化有毒，污染环境，劳动条件差，已很少应用。气体氰化包括高温氰化和低温氰化两种。

4. 其他化学热处理

在900℃左右采用固体或液体方式向钢渗入硼（B）元素，使钢表面形成几百微米厚以上的Fe_2B或FeB化合物层，其硬度较氮化的还要高，一般为1300HV以上，有的高达1800HV，抗磨损能力很高。

渗铬、渗钒等渗金属后，钢表层一般形成一层碳的金属化合物，如Cr_7C_3、V_4C_3等，硬度很高，如渗钒后硬度可高达1800HV～2000HV，增强抗磨损能力，适合于工具、模具的制造。

5. 热处理新工艺、新技术简介

1）激光热处理

激光热处理是以高能量激光作为能源以极快速度加热工件并自冷强化的热处理工艺，目前多采用二氧化碳激光发生器，它的能量密度高，加热区域较小，加热速度很快。处理后的工件晶粒细小，变形较小。这种热处理方法适用于紧密零件的局部淬火。

2）真空热处理

真空热处理是真空技术与热处理技术相结合的新型热处理技术，真空热处理所处的真空环境指的是低于一个大气压的气氛环境，包括低真空、中等真空、高真空和超高真空。真空热处理是指热处理工艺的全部和部分在真空状态下进行的，真空热处理可以实现几乎所有的常规热处理所能涉及的热处理工艺，热处理质量得到很大的提高。此外，真空热处理可实现无氧化、无脱碳、无渗碳，可去掉工件表面的磷屑，并有脱脂除气等作用，从而达到表面光亮净化的效果。

3）电子束表面淬火

电子束加热表面淬火是将零件放置在高能密度的电子枪下，保持一定的真空度（0.1Pa～1Pa），用电子流轰击零件表面，在极短时间内，使其加热到钢的相变温度以上，靠自身激烈冷却进行淬火。目前，利用电子束加热装置对零件进行局部淬火，已经达到相当精确与高效率水平。

4）形变热处理是将塑性变形同热处理有机结合在一起，获得形变强化和相变强化综合效果的工艺方法。这种工艺方法不仅可以提高钢的强度和韧性，还可以大大简化金属材料或工件的生产流程。

5）可控气氛热处理

可控气氛热处理是指炉中气体混合物成分可以控制在预定的范围内的热处理，这种热处理可以防止氧化、脱碳,提高工件的质量。

第 6 节　常用热处理设备

根据热处理的基本过程,热处理设备有加热设备、冷却设备和检验设备等。

一、加热设备

加热炉是热处理车间的主要设备,通常的分类方法为:按热源分为电阻炉、燃料炉;按工作温度分为高温炉(>1000℃)、中温炉(650℃~1000℃)、低温炉(<600℃);按工艺用途分为正火炉、退火炉、淬火炉、回火炉、渗碳炉等;按形状结构分为箱式炉、井式炉等。常用的热处理加热炉有电阻炉和盐浴炉。

1. 箱式电阻炉

箱式电阻炉是由耐火砖砌成的炉膛,其侧面和底面布置有电热元件。通电后,电能转化为热能,通过热传导、热对流、热辐射达到对工件的加热。一般根据工件的大小和装炉量的多少选择箱式电阻炉,中温箱式电阻炉应用最为广泛,常用于碳素钢、合金钢零件的退火、正火、淬火及渗碳等。图 1-8 所示为中温箱式电阻炉的结构。

2. 井式电阻炉

图 1-9 所示为井式电阻炉结构。井式电阻炉的特点是炉身如井状置于地面以下。炉口向上,特别适宜于长轴类零件的垂直悬挂加热,可以减少工件的弯曲变形。另外,井式炉可用吊车装卸工件,故应用较为广泛。

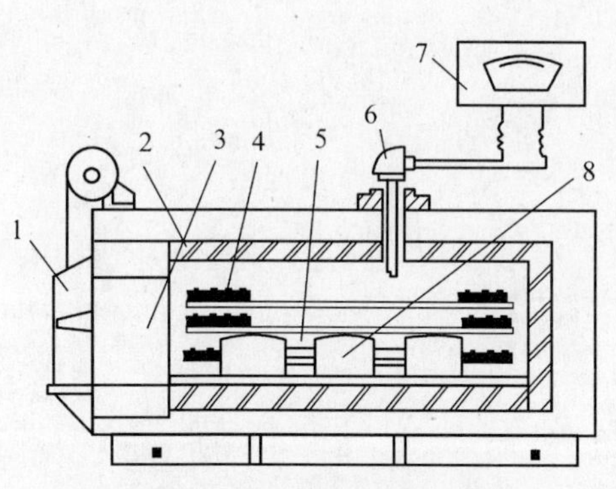

图 1-8　中温箱式电阻炉

1—炉门;2—炉体;3—炉膛前部;4—电热元件;5—耐热钢炉底板;6—测温热电偶;7—电子控温仪表;8—工件。

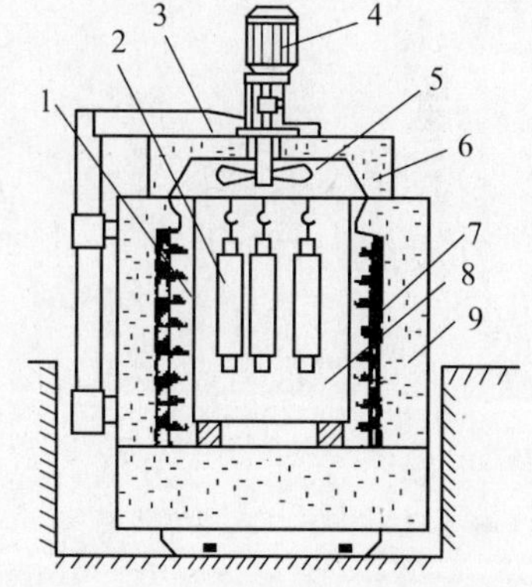

图 1-9　井式电阻炉

1—装料筐;2—工件;3—炉盖升降机构;4—电动机;5—风扇;6—炉盖;7—电热元件;8—炉膛;9—炉体。

3. 盐浴炉

盐浴炉是用液态的熔盐作为加热介质对工件进行加热,特点是加热速度快而均匀,工件氧化、脱碳少,可以减少零件的变形,适宜于细长工件悬挂加热或局部加热。如图 1-10 所示为插入式电极盐浴炉。

盐浴炉可以进行正火、淬火、局部淬火、回火、化学热处理等热处理工艺。

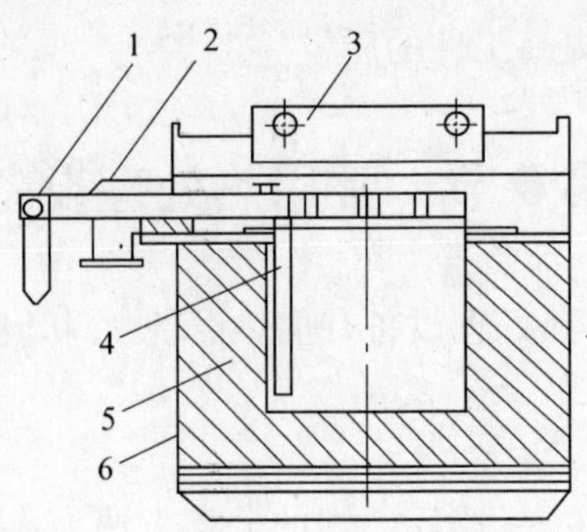

图1－10　盐浴炉

1—连接变压器的铜排；2—风管；3—炉盖；4—电极；5—炉衬；6—炉壳。

二、冷却设备

常用的冷却设备有水槽、油槽、浴炉、缓冷坑等。介质包括自来水、盐水、机油、硝酸盐溶液等。

三、检验设备

常用的检验设备有洛氏硬度计、布氏硬度计、金相显微镜、物理性能测试仪、游标卡尺、量具、无损探伤设备等。

第2章　铸　造

第1节　概　述

铸造是将液体金属浇入到具有与零件形状相适应的铸型空腔中，待其冷却凝固后，以获得零件和毛坯的方法。铸件表面粗糙，尺寸精度不高，通常作为零件的毛坯，经过切削加工后才能成为零件。

由于铸造生产有许多优点，在工业生产中得到广泛应用，尤其是在机械设备中，铸件占的比例很大。在铸造生产中，砂型铸造是最基本的铸造方法，除砂型铸造外的其他铸造方法，如熔模铸造、金属模铸造、压力铸造、离心铸造等，统称为特种铸造。无论采用何种铸造方法，都必须把金属材料熔化成液态，因此铸造工艺实质是液态成型，由于液态金属易流动，因此用铸造的方法可制成形状复杂的毛坯，特别是具有复杂内腔的毛坯，使其形状和尺寸尽量与零件接近，也因为是液态成型，铸造的适应性很广，生产中常用的金属材料，如碳钢、铸铁、合金钢、青铜、黄铜、铝合金等都可以用于铸造。

但铸造在目前的生产中还存在一些问题，如在砂型铸造中工人的劳动条件差，劳动强度大，铸件的质量不稳定，废品率较高，铸件的组织粗大，且易产生缩孔、缩松、气孔、砂眼等缺陷。

近年来，由于特种铸造和砂型铸造的迅速发展，技术的成熟，铸件的机械性能大幅度提高，铸件的表面质量和尺寸精度也有了显著的提高，铸件只需少切削或不切削就可直接使用，此外，电子技术在铸造生产的应用为进一步提高生产率和改善劳动条件提供了支持。

第2节　铸造基本原理

在铸造生产中，铸件的质量与合金的铸造性能密切相关。合金的铸造性能实质是合金在铸造生产中表现出来的工艺性能，如流动性、收缩性、偏析和吸气性。合金从固态熔化到液态，由液态形成铸件，在这个过程中，合金受周围环境的影响，会发生一些复杂的物理化学变化，了解合金的铸造性能是提高铸件质量的关键问题。

一、合金的流动性

合金的流动性是指熔融金属的流动能力。合金流动性的好坏，通常以“螺旋形流动性试样”的长度来衡量，如图2-1所示。将金属液体浇入螺旋形试样铸型中，在相同的浇注条件下，合金的流动性愈好，所浇出的试样愈长。

影响铸造液体流动性的因素有以下几点：

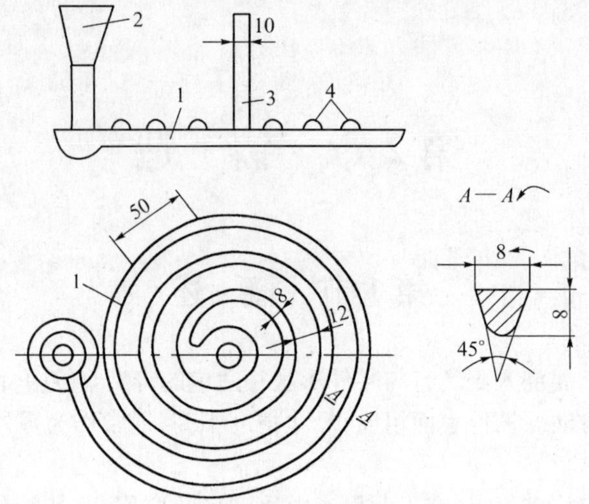

图 2-1　测定金属流动性的螺旋试样

1—试样；2—浇口杯；3—冒口；4—试样凸点。

(1) 合金的种类的影响。不同种类的合金,会形成不同的螺旋线长度,即具有不同的流动性。常用合金中,灰铸铁的流动性最好,硅黄铜、铝硅合金次之,而铸钢的流动性最差。

(2) 化学成分和结晶特征的影响。纯金属和共晶成分的合金,凝固是由铸件壁表面向中心逐渐推进,凝固后的表面比较光滑,对未凝固液体的流动阻力较小,所以流动性好。在一定凝固温度范围内结晶的亚共晶合金,凝固时铸件内存在一个较宽的既有液体又有树枝状晶体的两相区。凝固温度范围越宽,则枝状晶越发达,对金属流动的阻力越大,金属的流动性就越差。

二、合金的充型能力

考虑铸型及工艺因素影响时熔融金属的流动性称为合金样的充型能力。合金的流动性是金属本身的属性,不随外界条件的改变而变化,而合金的充型能力不仅和金属的流动性相关,而且也受外界因素的影响。

充型能力的影响因素有以下几点:

(1) 铸型的蓄热能力。即铸型从金属液中吸收和存储热量的能力。铸型的热导率和热容越大,对液态合金的激冷作用就越强,合金的充型能力就越差。

(2) 铸型温度。提高铸型温度,可以降低铸型和金属液之间的温差,从而减缓了铸型中液体的冷却速度,可提高合金液的充型能力。

(3) 铸型中的气体。铸型中气体越多,合金的充型能力就越差。

三、铸件的凝固方式及影响因素

铸件的凝固有 3 种方式:

(1) 逐层凝固方式。合金在凝固过程中其断面上固相和液相由一条界线清楚地分开,这种凝固方式称为逐层凝固。常见合金如灰铸铁、低碳钢、工业纯铜、工业纯铝、共晶铝硅合金及某些黄铜都属于逐层凝固的合金。

(2) 糊状凝固方式。合金在凝固过程中先呈糊状而后凝固,这种凝固方式称为糊状凝固。球墨铸铁、高碳钢、锡青铜和某些黄铜等都是糊状凝固的合金。

(3) 中间凝固方式。大多数合金的凝固介于逐层凝固和糊状凝固之间,称为中间凝固方式。中碳钢、高锰钢、白口铸铁等属于中间凝固方式。

主要有两个因素影响凝固方式:一是合金凝固温度范围的影响,合金的液相线和固相交叉在一起,或间距很小,则金属趋于逐层凝固;如两条相线之间的距离很大,则趋于糊状凝固;如两条相线间距离较小,则趋于中间凝固方式。二是铸件温度梯度的影响,增大温度梯度,可以使合金的凝固方式向逐层凝固转化;反之,铸件的凝固方式向糊状凝固转化。

四、铸造合金的收缩

铸造合金从液态冷却到室温的过程中,其体积和尺寸缩减的现象称为收缩。它主要包括以下3个阶段:第一阶段是液态收缩阶段,金属在液态时由于温度降低而发生的体积收缩。第二阶段是凝固收缩阶段,熔融金属在凝固阶段的体积收缩。液态收缩和凝固收缩是铸件产生缩孔和缩松的基本原因。第三阶段是固态收缩阶段,金属在固态时由于温度降低而发生的体积收缩。固态收缩对铸件的形状和尺寸精度影响很大,是铸造应力、变形和裂纹等缺陷产生的基本原因。

影响合金收缩的因素主要是合金的化学成分、铸件结构与铸型条件和浇注温度的影响。化学成分不同的合金其收缩率一般也不相同。在常用铸造合金中铸钢的收缩最大,灰铸铁最小。合金浇注温度越高,过热度越大,液体收缩越大。铸件结构与铸型条件的影响表现在当铸件冷却收缩时,因其形状、尺寸的不同,各部分的冷却速度不同,导致收缩不一致,且互相阻碍,又加之铸型和型芯对铸件收缩的阻力,故铸件的实际收缩率总是小于其自由收缩率,这种阻力越大,铸件的实际收缩率就越小。

五、铸造合金的偏析和吸气性

1. 偏析

铸造中的合金液在铸型中凝固以后,铸件断面各个部分,以及晶粒内部,往往存在化学成分不均匀的现象,这种现象就是偏析。偏析是一种铸造缺陷。由于铸件各部分化学成分不一致,势必使其机械及物理性能也不一样,这样就会影响铸件的工作效果和使用寿命。因此,在铸造生产中,必须防止合金在凝固过程中产生偏析。

偏析可分为3种类型,即晶内偏析、区域偏析和比重偏析。对于某一种合金而言,所产生的偏析往往有一种主要形式,但有时,由于铸造条件的影响,几种偏析也可能同时出现。

晶内偏析又称树枝状晶偏析,简称枝晶偏析。其特征是同一个晶粒内,各部分化学成分不一致,并且往往在初晶轴线上含有熔点较高的成分多。如锡青铜在晶粒轴线上往往含铜较多,含锡较少,而枝晶边缘则相反,这就是晶内偏析。

铸件产生晶内偏析,一般有两个先决条件,第一,合金的凝固有一定的温度范围;第二,合金结晶凝固过程中原子扩散速度小于结晶生长速度。一般的情况下,合金的凝固温度范围愈大，铸件结晶及冷却速度愈快，则原子扩散愈难于进行完全，晶内偏析现象愈严重。因此，晶内偏析多产生于凝固温度范围较大，能形成固熔体的合金中。为了防止某些合金的晶内偏析，可以采取细化晶粒措施，以缩短原子扩散距离，或适当提高浇注温度，延缓冷却速度等方式，以延长原子扩散时间。但是浇注温度也不能过高，否则会造成氧化、吸气、晶粒粗大等弊病。当铸件内已存在晶内偏析时，可考虑采用长时间的扩散退火热处理，以求改善枝晶偏析的出现。

区域偏析即在整个铸件断面上，各部分化学成分不一致的现象，它主要由于合金进行选择凝固所引起的。区域偏析可分为正向偏析和逆向偏析。正向偏析是熔点较低的成分或合金元素熔质集中在铸件的中心和上部，其含量从铸件边缘至中心逐渐增加。逆向偏析则相反，熔点较低的成分或合金元素熔质集聚在铸件边缘。如在铜合金中，硅黄铜易出现正向偏析现象，即铸件中心含硅较多；锡青铜则易产生逆向偏析现象，即铸件表面层含锡较多。合金在一定温度范围内结晶，是产生区域偏析的基本原因。当凝固温度范围较小时，一般倾向产生正向偏析；当凝固温度范围较大时，树枝状晶又很发达时，较易产生逆向偏析。铸件表面常出现的一种含熔质元素较多的"汗珠"、"偏析疤"，是一种逆向偏析现象，如锡青铜铸件表面的"锡汗"就是这种情形。这是当合金表面形成一层硬壳以后，因为内部合金液析出气体的压力作用，或是硬壳的固态收缩承受不了内部合金液的静压力的作用，也可能因为铸件本身产生热应力等缘故而使其硬壳断裂，未凝固的液体含熔质较多，熔点较低流出硬壳以外并表现在铸件表面的结果。对此情况，常需加强对合金的除气精炼等措施加以防止。对于区域偏析，不能以均匀化扩散退火去消除，因为偏析区域较广，要求偏析元素的扩散距离较长，在实施的退火温度和时间内不可能均匀扩散。故应以预防为主的原则加以避免。

为此，第一，要正确选择合金；第二，要有合理的铸件结构如避免肥厚断面以防止硅黄铜铸件出现区域偏析；第三，要正确控制冷却速度，如使冷却速度很慢，结晶过程按稳定系统进行，或使冷却速度很快，整个结晶过程在很短时间内完成。

比重偏析是由于合金中两组元比重不同，而在同一铸件中出现上下部分成分不一致的现象。出现这种偏析时，铸件上部合金中某一成分较多，而下部另一成分较多。比重偏析的形成情况也有不同。有的是因为合金中两组元在液态下互不相溶，如钢铅合金，当合金液放置过久时，便形成互不渗合的分层，比重大的合金组元沉在下面，而比重小的浮在上面；有的是因为在搅拌不均的情况下，当合金进行选择凝固时，在生长着的晶体四周，所形成的含合金元素较多的液体，由于比重与母液不同而上浮或下沉。如果初晶形状简单，分叉很少，则合金比重偏析现象很容易发生。轴承合金中，铅基或锡基巴氏合金最易产生这后一类偏析。铸件的凝固方向对比重偏析影响很大。如果凝固次序是自下而上，则对于初生晶体比重较大的合金来说，其中比重较小的低熔点相很容易上浮，加剧比重偏析；反之，初生晶体比重较小时，则会减轻比重偏析。

对于易产生比重偏析的合金，必须采取措施，防止缺陷的形成。通常的做法是认真控制熔炼工艺，尤其在熔炼中和浇注前要充分搅匀，尽量减少合金液放置时间，加入某种合金元素，改变初晶形状，加大冷却速度，如在冷水喷射器冷却下，浇注铅青铜轴瓦，合理控制铸件凝固方向等措施。较严重的铸件偏析缺陷，通过宏观分析即可发现。轻微偏析者，则需经金相检验及化学成分分析才能发现。

2. 吸气性

吸气性是指合金在熔炼和浇注时吸收气体的性能。合金吸收的气体有可能和合金中的一些元素形成化合物，在铸件中形成夹杂物。合金的吸气性随着温度的升高而加大，气体在铸件中有 3 种形式，即固熔体、化合物和气孔。气孔破坏了合金的铸造性能，降低了铸件的力学性能，并且在气孔附近易引起应力集中，降低了铸件的机械性能，影响铸件的使用寿命。

第 3 节　砂型铸造

砂型铸造是指以型砂为材料进行造型的。型砂作为造型材料来源广泛，价格低廉，适应性强，能够造出各种形状和尺寸的铸件型腔，在生产上得到广泛的运用。造型可采用手工操作或机器造型，在单件小批量生产中通常采用手工造型，机器造型则主要运用在大批量生产中。

砂型铸造的生产过程主要有造型（芯）、熔炼金属、浇注和铸件的清理等几个部分。图 2－2 所示为砂型铸造的基本工艺过程。

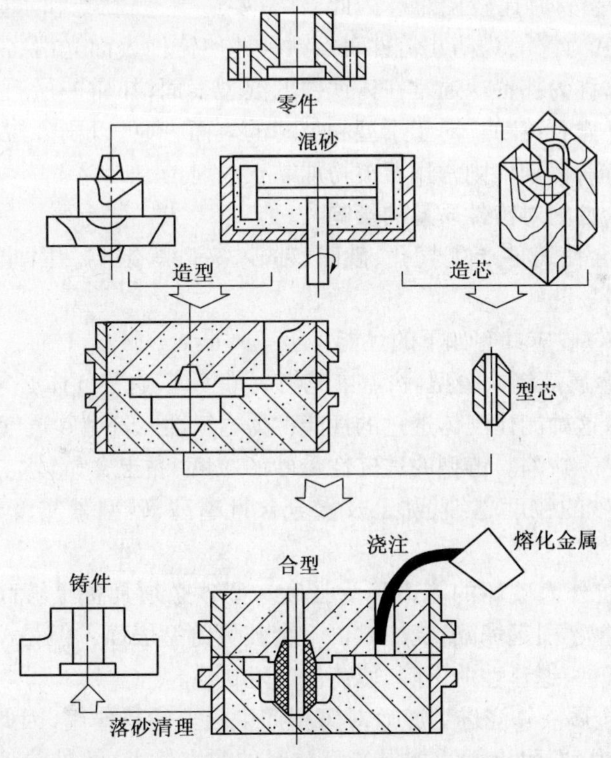

图 2－2　砂型铸造的基本工艺过程示意图

一、型砂、型芯砂及砂型

1. 型（芯）砂的组成

砂型和型芯是用型砂和芯砂制造的。型（芯）砂是由原砂、粘结剂、水和附加物按一定比例混合制成。

型砂：原砂(即新砂)的主要成分是石英(SiO_2)。铸造用砂,要求原砂中二氧化硅含量为85%～97%,砂的颗粒为圆形,大小要均匀。在实际生产过程中,为了降低成本,对于已用过的旧砂,经过适当处理后,可以掺在型砂中使用。对一般手工生产的小型铸造车间,则往往只将旧砂过筛以去除砂团、铁块、铁钉、木片等杂物,便可重复使用。

粘结剂：能使砂粒相互粘结的物质称为粘结剂,常用的粘结剂有黏土、水玻璃、桐油、合成树脂等,应用最广的是价廉而丰富的黏土。用黏土作为粘结剂的型(芯)砂称为黏土砂。用其他粘结剂的型(芯)砂则分别称为水玻璃砂、油砂、合成树脂砂。黏土主要分为普通黏土和膨润土两类。湿型(造型后砂型不烘干)型砂普遍采用粘结性能较好的膨润土,而干型(造型后将砂型烘干)型砂多用普通黏土。

附加物：为了改善型(芯)砂性能而加入的物质称为附加物。常用的附加物有煤粉、木屑等。加入煤粉能防止铸件粘砂,使铸件表面光洁,加入木屑可改善铸型和型芯的透气性。

水：通过水使黏土和原砂混成一体,并具有一定的强度和透气性。加入的水要适量,水分过多,易使型砂湿度过大,强度降低,造型时易粘模,使造型操作困难；水分过少,型砂则干而脆,造型、起模时比较困难。因此,水分要适当,当黏土和水分的重量比为3∶1时,强度可达最大值。此外,为防止铸件表面粘砂并使铸件表面光滑,常在铸型型腔表面覆盖一层耐火材料,称为扑料。通常在铸铁件的湿型表面,扑撒一层石墨粉或滑石粉,铸钢件的湿型表面,扑撒石英粉。对于干型和型芯的表面,则可以刷一层涂料,而铸铁件可用石墨粉加黏土水剂,铸钢件则常用石英粉加黏土水剂。

2. 型(芯)砂的性能对铸件质量的影响

型砂质量不好会使铸件产生气孔、砂眼、粘砂、夹砂等缺陷。因此合理选用型(芯)砂,可提高铸件质量。

高质量的型(芯)砂应具有如下的性能：

透气性：高温金属液浇入铸型后,型内充满大量气体,这些气体必须通过型砂由铸型内顺利排出去,型砂这种能让气体透过的性能称为透气性。若型砂透气性不好,将会使铸件产生气孔、浇不足等缺陷。铸型的透气性受砂的粒度、黏土含量、水分含量及砂型紧实度等因素的影响。砂的粒度越细、黏土及水分含量越高、砂型紧实度越高,透气性就越差。

强度：型砂抵抗外力破坏的能力称为强度。型砂必须具备足够高的强度才能在造型、搬运、合箱过程中不引起塌陷,浇注时也不会破坏铸型表面。但是型砂的强度也不宜过高,否则会因透气性、退让性的下降,使铸件产生缺陷。

耐火性：高温金属液体浇进型腔后对铸型产生强烈的热作用,因此型砂要具有抵抗高温高热作用的能力,即耐火性。如果造型材料的耐火性差,铸件易产生粘砂。型砂中SiO_2含量越多,型砂颗粒越大,耐火性越好。

可塑性：型砂在外力作用下变形,去除外力后能完整地保持已有形状的能力称为可塑性。造型材料的可塑性好,造型操作方便,制成的砂型形状准确、轮廓清晰。

退让性：铸件在冷凝时,体积发生收缩,型砂应具有一定的被压缩的能力,称为退让性。型砂的退让性不好,铸件易产生内应力或开裂。型砂越紧实,退让性越差。为了提高型砂的退让性,可在型砂中加入木屑等物。

3. 砂型组成简介

砂型是用型砂作为造型材料制成的铸型,砂型包括铸件形状的空腔、型芯和浇冒口系统。图2-3所示为合型后的砂型。

上、下砂型——型砂填充形成铸件型腔。

型腔——砂型中取出模样后留下的空腔。

分型面——上下砂型间的结合面。

芯头——型芯的外伸部分,其作用是安放和固定型芯。

型芯——为了获得铸件的内孔,用型芯砂按内孔的形状制作的芯子。

芯座——铸型中专为放置型芯芯头的空腔。

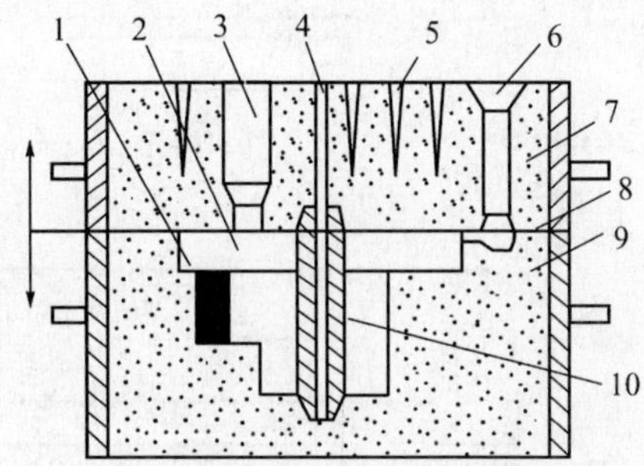

图2-3　合型后的砂型

1—冷铁; 2—型腔; 3—冒口; 4—排气孔; 5—出气孔; 6—浇注系统; 7—上型; 8—分型面; 9—下型; 10—型芯。

二、手工造型

用造型材料、木模和砂箱等装备制造铸型的过程称为造型,造型是铸造生产中最基本的工序。

常用的手工造型方法有整模两箱造型、分模造型、挖沙造型、活块模造型及刮板造型等。

1. 整模两箱造型

整模两箱造型适用于最大截面在端部的铸件。造型时,把这个最大截面作为分型面,造型时整个模样全部置于一个砂箱内的造型方法,对于形状简单,端部为平面且又是最大截面的铸件采用整模造型,不会出现错箱缺陷,尺寸精度较高。整模造型操作简便,适用于形状简单各种批量、各种大小的铸件,如齿轮坯、轴承座、机罩、机壳等。图2-4所示为整模两箱造型的示意图。

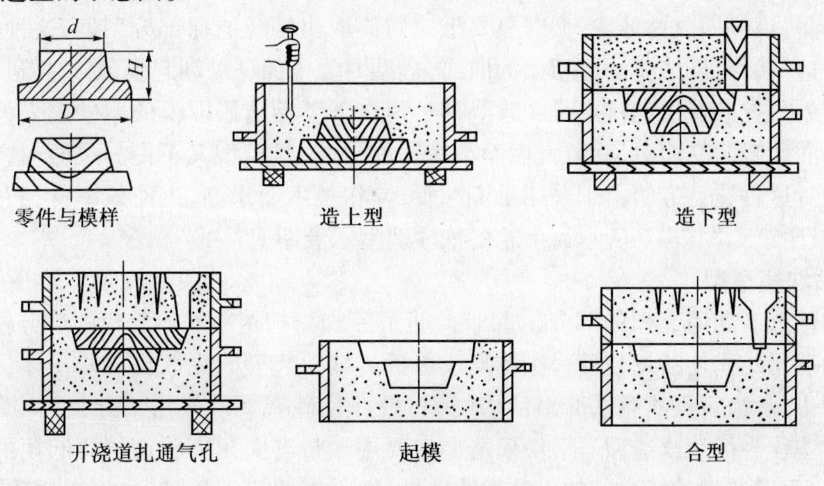

图2-4　整模两箱造型

2. 分模造型

图2-5所示为套筒的分模造型示意图。

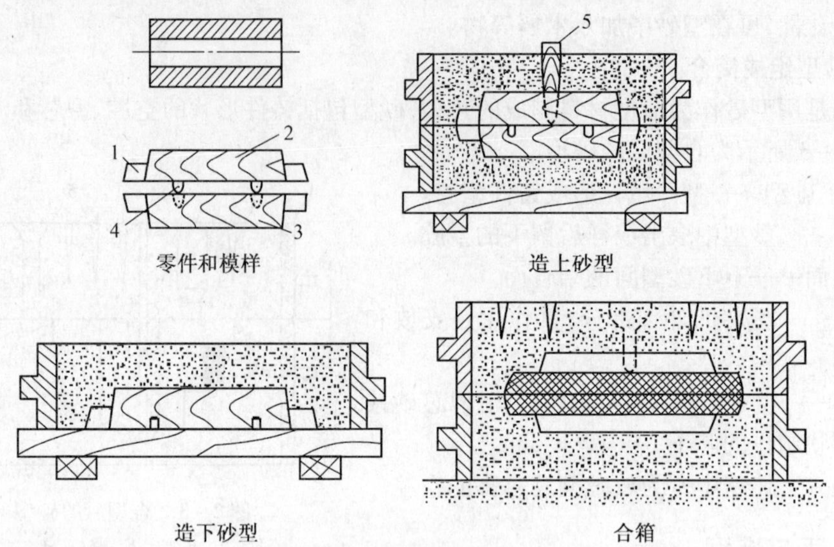

图 2-5　套管的分模两箱造型过程

1—型芯头；2—上半模；3—下半模；4—销钉；5—浇口棒。

当铸件的最大截面不在铸件的端部时，为了便于造型和起模，模样要分成两半或几部分，造型时分别在上、下两箱内，分型面一般也是平面。这种造型称为分模造型。

当铸件的最大截面不在端部而在铸件的中间时，应采用两箱分模造型，模样从最大截面处分为两半部分（用销钉定位）。造型时，先造下砂型，分模面（模样与模样间的接合面）也是分型面（砂型与砂型间的接合面）。两箱分模造型广泛用于形状比较复杂的铸件生产，适用于生产各种批量的套筒、管子、阀体类形状较复杂的铸件。

3. 挖砂造型

当铸件的外部轮廓为曲面（如手轮等），其最大截面既不在端部，且模样又不宜分成两半时，应将模样做成一体，造型时只要挖掉妨碍取出模样的那部分型砂，这种造型方法称为挖砂造型。挖砂造型的分型面为曲面，造型时为了保证顺利起模，必须把砂挖到模样最大截面处。挖砂造型的特点是：造型时必须将下砂箱防碍取模的型砂挖去，当铸件外型轮廓为曲面或阶梯面时，其最大截面不在铸件一端，且模型又不便分成两半，常采用挖砂造型法。这种造型方法由于采用手工挖砂，操作技术要求高，生产效率低，只适用于单件、小批量生产。图 2-6 所示为手轮的挖沙造型示意图。

4. 活块模造型

当铸件上有妨碍起模的部分（如凸台、筋条等）时，把这些妨碍起模的部分做成活块，用销子或燕尾结构使活块与模样主体形成可拆连接。起模时先取出模样主体，活块模仍留在铸型中，起模后再从侧面取出活块（销钉要在型砂塞紧后拨出，否则主体模取不出）的造型方法称为活块模造型。活块模造型主要用于带有突出部分而妨碍起模的铸件、单件小批量、手工造型的场合。如果这类铸件批量大，需要机器造型时，可以用砂芯形成妨碍起模的那部分轮廓。活块模造型法，对工人操作技术要求较高，生产率低，所以设计铸件时尽量避免用活块。采用此法，要注意活块的厚度，不能大于主体模的厚度，深度也不能太大。图 2-7 所示为弯板的活块模造型。

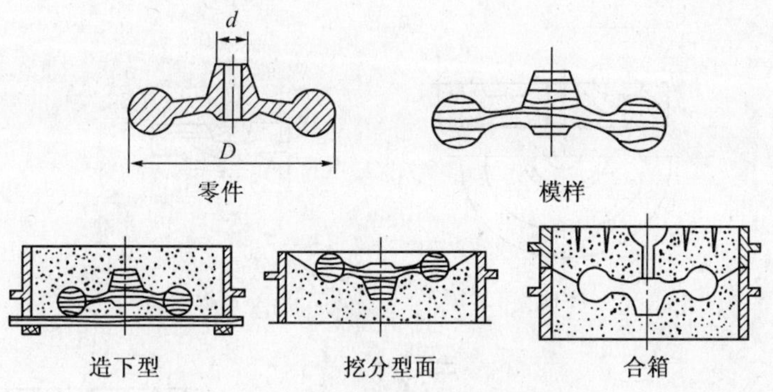

图2-6 手轮的挖砂造型工艺过程

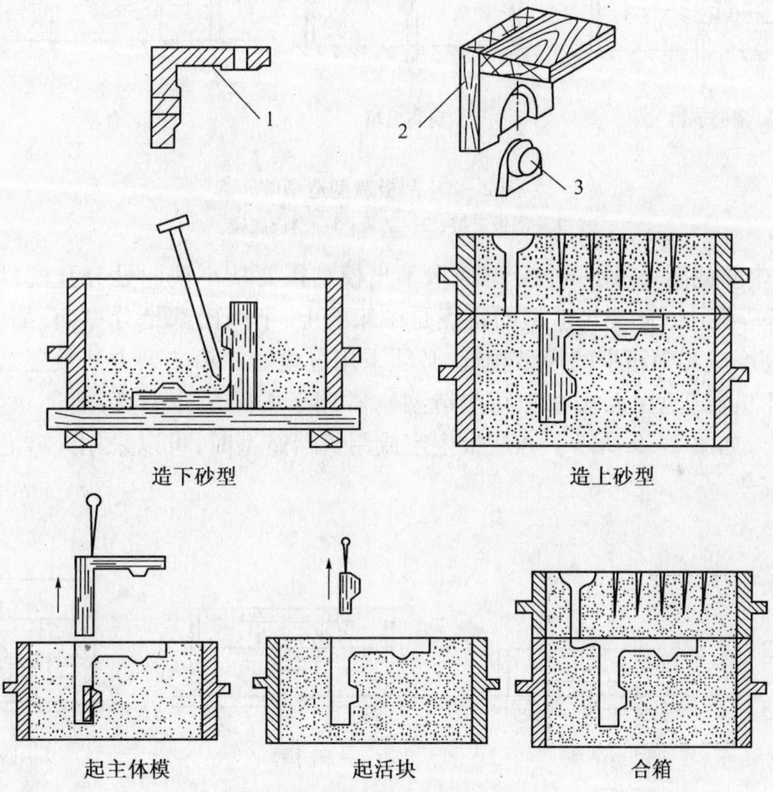

图2-7 弯板的活块模造型

1—零件；2—模样；3—活块。

5. 刮板造型

刮板造型示意图如图2-8所示。

对大、中型具有等截面或回转体铸件造型时，为了操作的简单，不用模样，采用一个与铸件或砂芯截面形状一致的木板（称为刮板）代替模样，根据砂型型腔或砂芯表面形状，引导刮板做旋转、直线或曲线运动，以形成型腔。

6. 三箱造型

采用2个分型面和3个砂箱的造型方法称三箱造型。形状较复杂的铸件，如铸件两

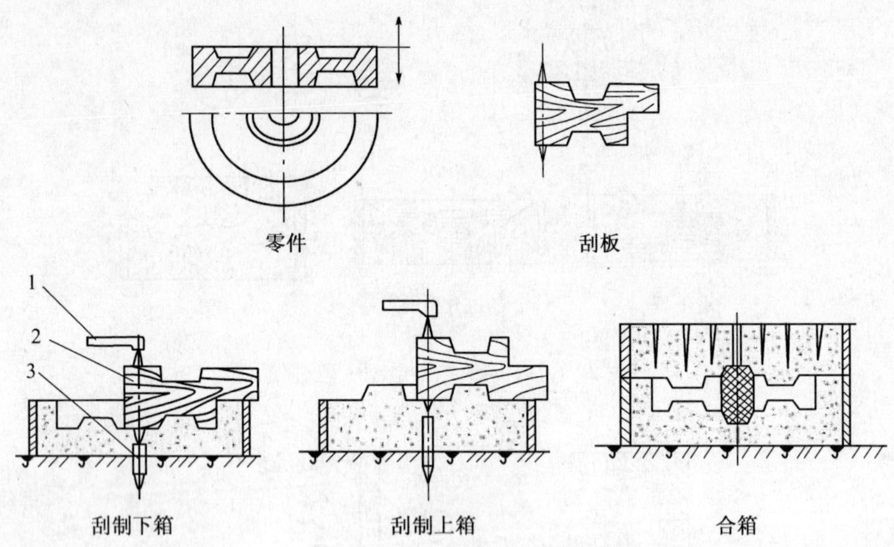

图 2-8 刮板造型造型腔

1—刮板支架；2—刮板；3—刮板底座。

头截面大而中间截面小，用一个分型面取不出模型需要从小截面处分开模，用 2 个分型面，3 个砂箱造型。因此三箱造型的特点是中箱的上、下两面都是分型面，都要求光滑平整，中箱的高度应与中箱中的模型相近，必须采用分模。三箱造型方法较复杂，生产效率低，不能用于机器造型（无法在中箱中造型），常用于中间尺寸小，两端尺寸大的零件单件、小批生产，如图 2-9 所示。在成批生产或用机器造型时，可以采用外砂芯，将三箱引为两箱造型。

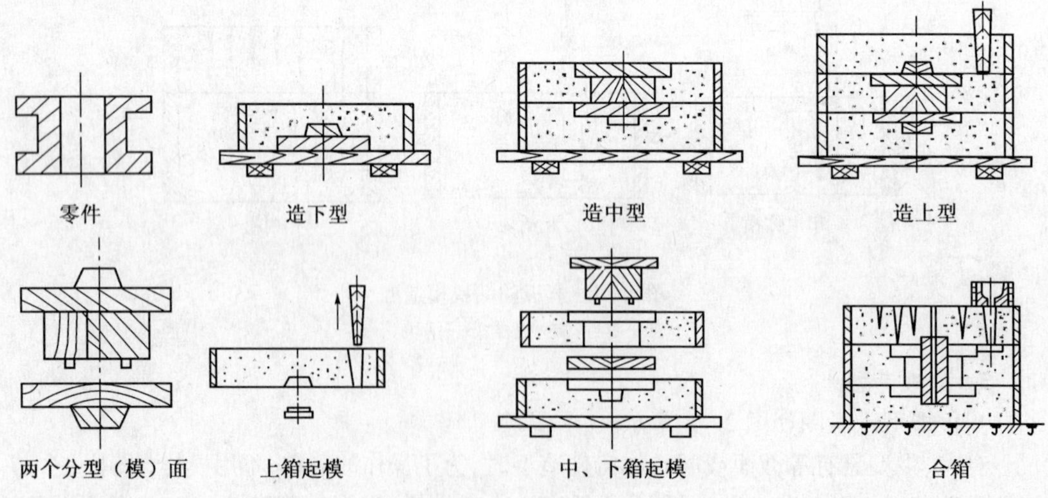

图 2-9 三箱造型

在图 2-9 中，零件的中心孔使用了型芯。型芯主要用来形成铸件的内腔和孔等。有时也用于形状凹陷部分铸件的外形和很复杂零件的细小部位。

由于型芯的四面被高温金属液所包围,冲刷及烘烤比砂型要厉害,因此造型芯用的型芯砂必须具有比型砂更高的强度、耐火性、透气性及退让性等性能。

型芯可用手工制造,也可用机器制造。型芯是用型芯盒制成的,型芯盒分为整体式芯盒、对开式芯盒和可拆式芯盒,如图 2-10 所示。对开式芯盒是从最大截面分开的,称为对开式型芯盒,是最常用的造芯工具。

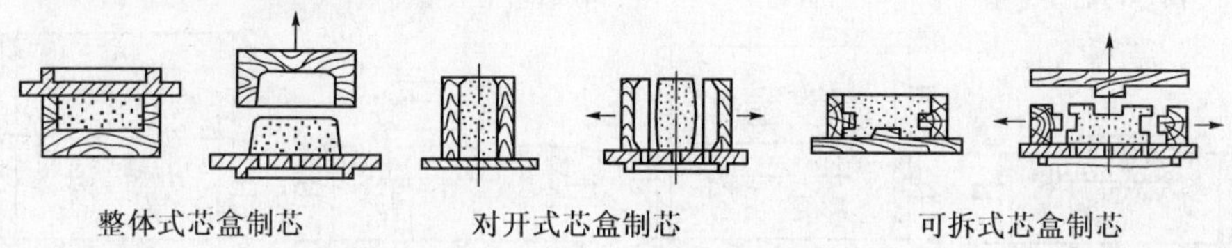

图 2-10 手工造芯的示意图

用对开式芯盒造芯时,将两半型芯盒合上,用夹具夹紧,放芯骨,小型芯的芯骨大多是用铁丝和铁钉。将夹紧的型芯盒竖着分几次装入型芯砂,并反复紧实。再用气孔针在型芯的中间扎通气孔,取下夹具,轻轻地振动几下型砂盒,使型芯盒与型芯分开,修光刷上涂料并烘干型芯,便可使用,铸钢件涂料多用石墨粉,铸钢件则用石英粉等调成糊状刷在型芯的表面。

图 2-11 所示为手工制造型芯过程的示意图。

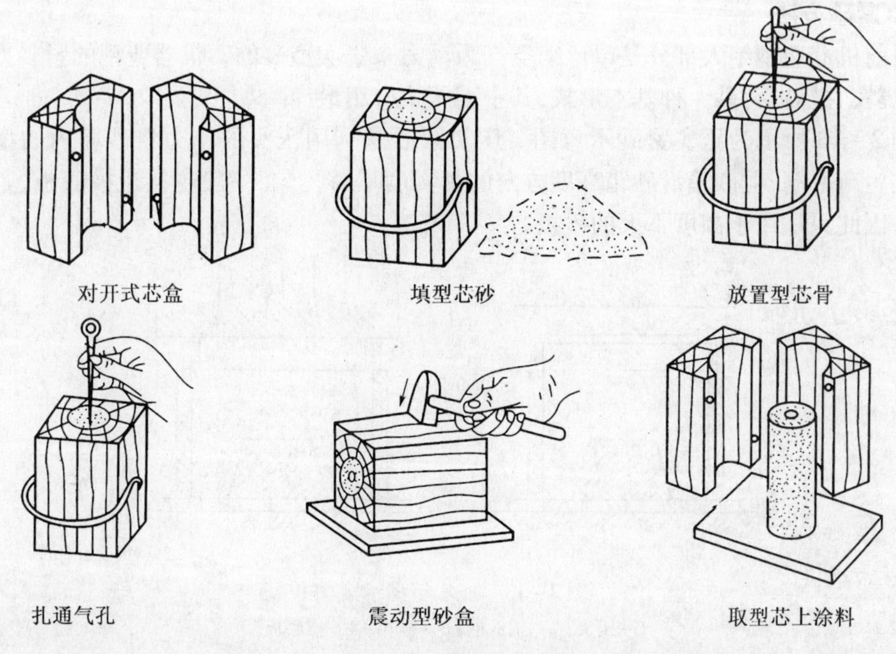

图 2-11 手工制造型芯

7. 假箱造型

当分型面不是单一平面且生产批量较大时,为避免挖砂,预先制备好强度较高的半个铸型来适应其分型面。由于该铸型只用于造型,不参与浇注,故称为假箱,如图 2-12 所示。生产中可采用木材或金属制成成型底板来代替假箱。

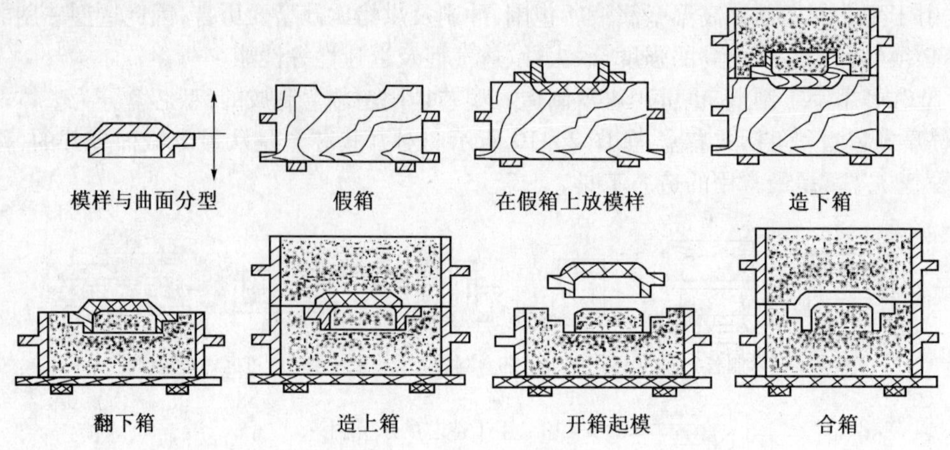

图 2-12　假箱造型

三、机器造型

用机器全部完成或至少完成紧砂操作的造型工序称为机器造型。机器造型生产效率高,改善了工人的劳动条件。机器造型铸件的尺寸精度和表面质量高,加工余量小。但设备和工艺装备费用高,生产准备时间较长,适用于中、小型铸件成批或大批量生产。

1. 紧砂方法

目前机器造型绝大部分是以压缩空气为动力来紧实型砂的。机器造型的紧砂方法分压实、震实、抛砂、射砂 4 种基本形式,其中震压式应用最广。

图 2-13 所示为压实紧砂示意图。压实紧砂是利用压头的压力将砂箱内的型砂紧实。它生产率高,但砂箱沿砂箱高度方向的紧实度不够均匀,一般越接近模底板,紧实度越差。因此只适用于高度不大的砂箱。

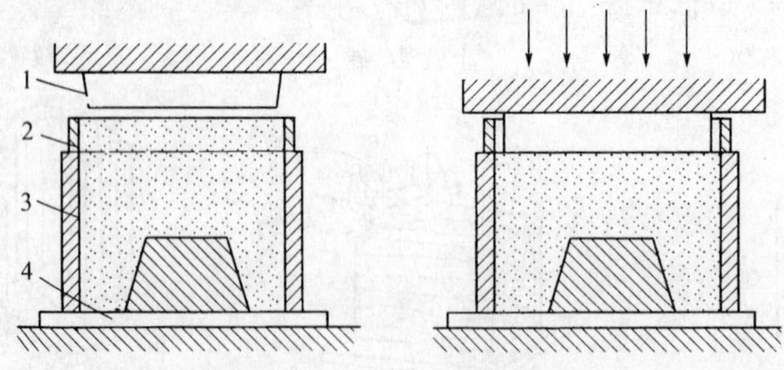

图 2-13　压实造型示意图

1—压头; 2—辅助框; 3—砂箱; 4—模底板。

图 2-14 所示为震压紧砂示意图。震压紧砂机构工作时,首先将压缩空气自震实进气口引入震实汽缸,使震实活塞带动工作台及砂箱上升,震动活塞上升使震实汽缸的排气孔露出压气排出,工作台便下落,完成一次振动。如此反复多次,将型砂紧实。然后气体从下部的进气孔进入压实汽缸推动压实汽缸向上运动,压头将紧实的砂型再一次压实,这种紧砂方法,使型砂紧实度均匀。

图2－15所示为抛砂紧实示意图，它是利用抛砂机头的电动机驱动高速叶片(900r/min～1500r/min)连续地将传送带送来的型砂在机头内初步紧实，并在离心力的作用下，型砂呈团状被高速(30m/s～60m/s)抛到砂箱中，使型砂逐层地紧实。同时完成填砂和紧实，生产效率高，型砂紧实密度均匀。抛砂机适应性强，可用于任何批量的大、中型铸型或大型芯的生产。

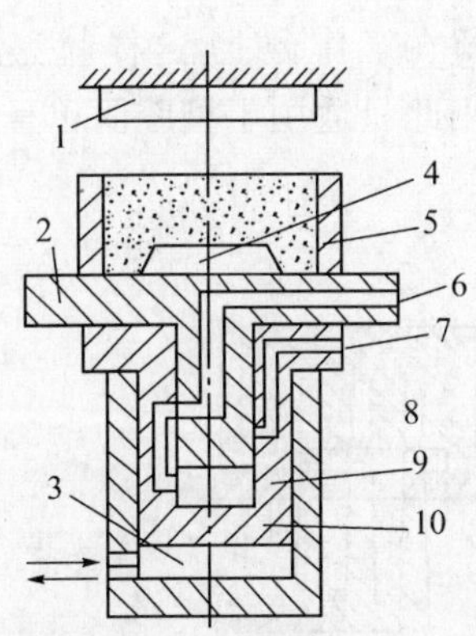

图2－14 震压紧砂机构示意图

1—压头；2—工作台；3—压实汽缸；4—模板；5—砂箱；6—震实进气口；7—震实出气口；8—震实活塞；9—震实汽缸；10—压实汽缸活塞。

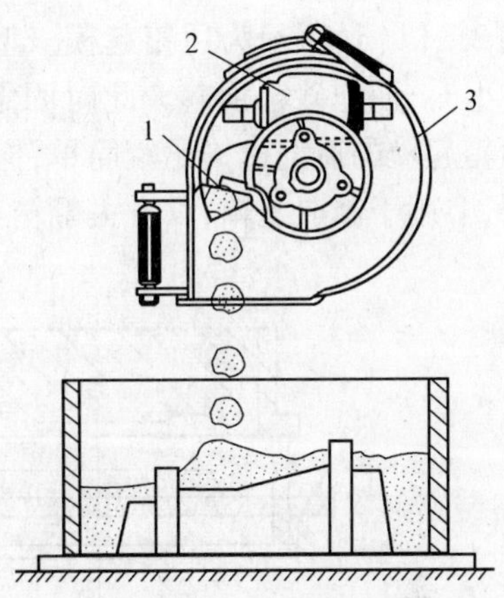

图2－15 抛砂紧实图

1—铁勺；2—皮带轮；3—抛砂头。

图2－16所示为射砂紧实示意图，打开进气阀6，储气包中的高压气体迅速通过射砂筒壁的气孔进入射砂筒，将型砂由射砂孔射入芯盒的空腔中，压缩空气则由芯盒上的排气孔或射头中的排气孔排出。射砂过程在极短的时间内同时完成填砂和紧实，生产率极高。射砂紧实主要用于造芯。

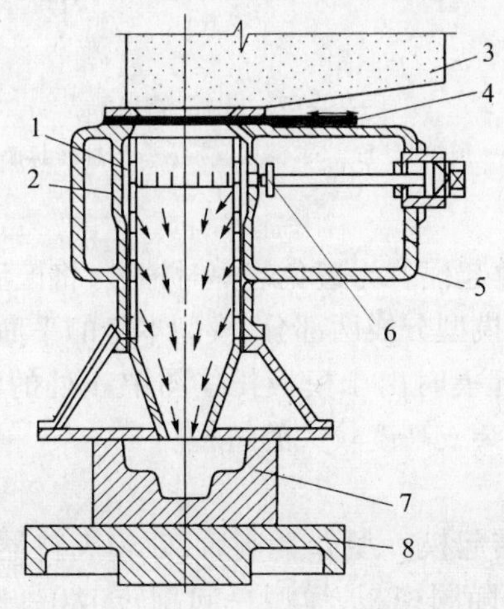

图2－16 射砂机工作原理图

1—进气孔；2—射砂筒；3—砂斗；4—砂闸板；5—储气筒；6—进气阀；7—芯盒；8—工作台。

2. 起模方法

型砂紧实以后，就要从型砂中正确地把模样起出，使砂箱内留下完整的型腔。造型机大都装有起模机构，其动力也多半是应用压缩空气，目前应用最广泛的起模机构有顶箱、漏模、翻转3种。

1）顶箱起模

图2－17(a)所示为顶箱起模。型砂紧实后，开动顶箱机构，使4根顶杆自模板四角的孔中上升，而把砂箱顶起。此时固定模型的模板仍留在工作台上，这样就完成起模工序。顶箱起模的造型机构比较简单，但起模时易漏砂，因此只适用于型腔简单且高度较小的铸型，多用于制造上箱，以省去翻箱工序。

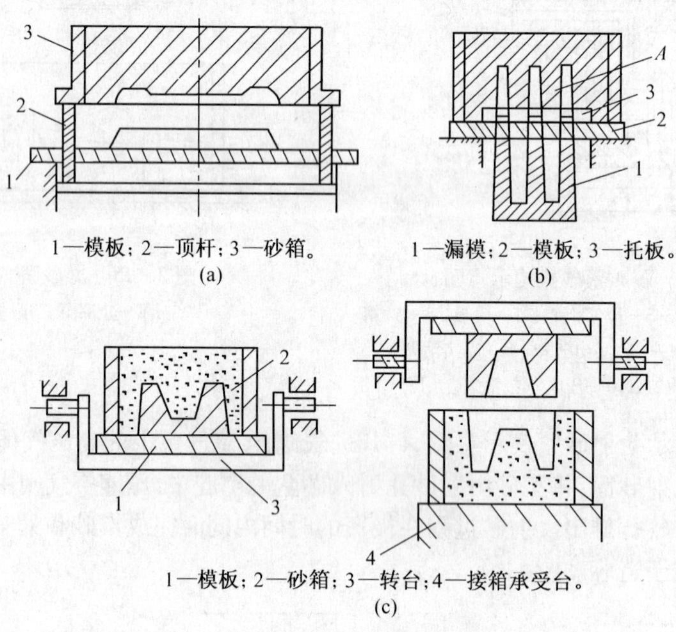

图2－17 起模方法
(a) 顶箱起模；(b) 漏模起模；(c) 翻转起模。

2）漏模起模

图2－17(b)所示为漏模起模。为避免起模时掉砂，将模型上难以起模的部分做成可以从漏板的孔中漏下。即将模型分成两部分，模型本身的平面部分固定在模板上，模型上各凸起部分可向下抽出，在起模时由于模板托住图中 A 处的型砂，因而可避免掉砂。漏模起模机构一般用于形状复杂或高度较大的铸型。

3）翻转起模

图2－17(c)所示为翻转起模。型砂紧实后，砂箱夹持器将砂箱夹持在造型机转板上，在翻转汽缸推动下，砂箱随同模板、模型一起翻转180°，然后承受台上升，接住砂箱后，夹持器打开，砂箱随承受台下降，与模板脱离而起模。这种起模方法不易掉砂。适用于型腔较深、形状复杂的铸型。由于下箱通常比较复杂些，且本身为了合箱的需要，也需翻转180°，因此翻转起模多用来制造下箱。

第 4 节　砂型铸造工艺

砂型铸造基本工艺是首先根据零件的形状和尺寸设计并制造出模样和芯盒,配制好型砂和芯砂。然后用型砂和模样在砂箱中制造砂型,用芯砂在芯盒中制造型芯,并把砂芯装入砂型中,合箱得到完整的铸型。将金属液浇入铸型型腔,冷却凝固后落砂清理,即得所需铸件。

一、浇注位置的选择

浇注位置是指浇注时铸件所处的位置。分型面是指两半个铸型相互接触的表面。一般先从保证铸件的质量出发来确定浇注位置,然后从工艺操作方便出发确定分型面。

铸件浇注位置要符合铸件的凝固方式,保证铸件的充型。浇注位置的选择要注意以下几个原则。

(1) 一般情况下,铸件浇注位置的上面比下面铸造缺陷多,所以应将铸件的重要加工面或主要受力面等要求较高的部位放到下面,若有困难,则可放到侧面或斜面。例如圆锥齿轮,因为牙齿部分要求高,所以应将其放到下面,如图 2 - 18(a)所示。图 2 - 18(b)为筒形铸件,表面要求均匀一致,关键部位是内或外圆柱面,多采用立浇方案。

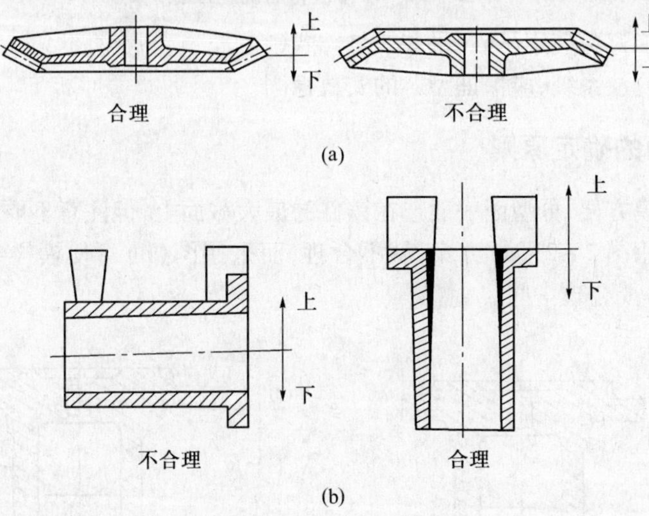

图 2 - 18　圆锥齿轮浇注位置(a),起重机卷筒的浇注位置(b)

(2) 浇注位置的选择应有利于铸型的充填和型腔中气体的排出,所以,薄壁铸件将薄而大的平面放到下面或侧立、倾斜,以防止出现浇不足或冷隔等缺陷。图 2 - 19 所示为电

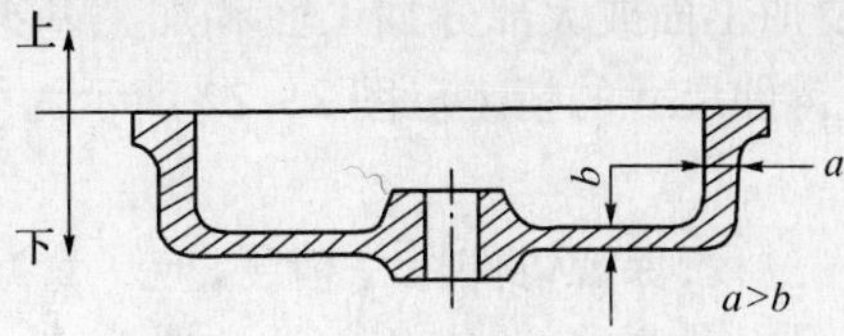

图 2 - 19　电动机端盖的浇注位置图

机机端盖的浇注位置。对于有大平面的铸铁件,应将大平面放在下面。

(3) 当铸件壁厚不匀,应从顺序凝固的原则出发,将厚大部分放在上面或侧面,以便于安放补缩冒口和冷铁,如图 2-20 所示。对于收缩小的铸件,则应将厚实部分放在下面,依靠上面的金属液补缩。

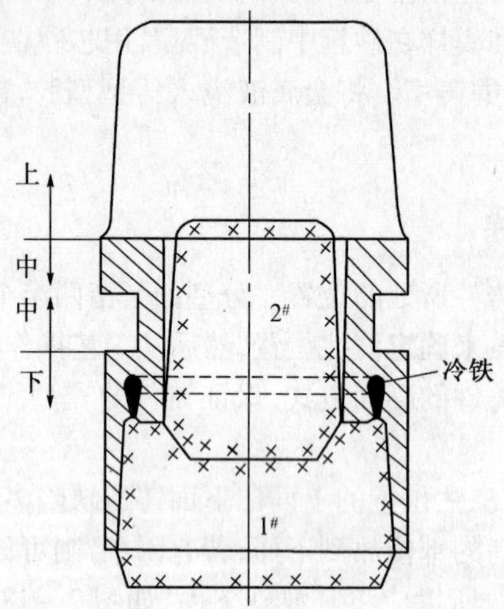

图 2-20 双排链轮的浇注位置

(4) 应尽可能避免使用吊砂、吊芯或悬臂式砂芯。

(5) 合理的浇注系统,应保证型芯的安放稳固。

二、分型面的确定原则

(1) 为了起模方便,分型面一般选在铸件的最大截面上,但注意不要使模样在一个砂型内过高。若采用图 2-21(a)方案,就不合理,而采用图(b)可使模样在下型的高度减少,相对比,图(a)要合理一些。

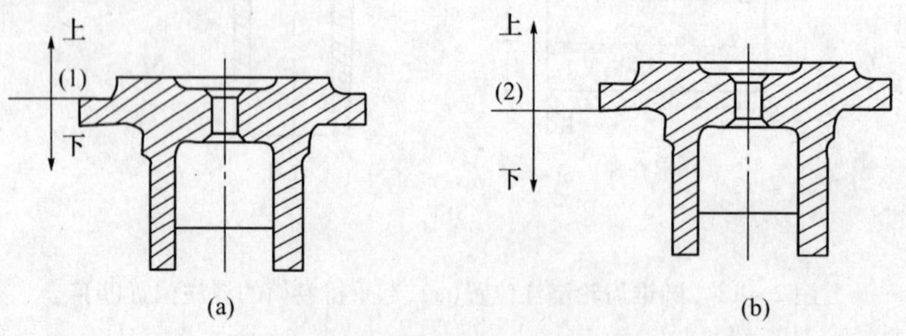

图 2-21 合理选择分型面

(2) 尽量将铸件的重要加工面或大部分加工面和加工基准面放在同一砂型中,而且尽可能放在下型,以便保证铸件尺寸的精度。图 2-22 所示为为了保证支架上、下两孔的位置,而将其放于一型中。

(3) 为了便于简化操作过程,保证铸件尺寸精度,应尽量减少分型面的数目,减少活块的数目,如图 2-23 所示采用砂芯芯环,使此零件的造型由三箱造型改为两箱造型,减少一个分型面,便于机器造型和大批生产,图 2-24 所示为使用砂芯 2,造型时就减少了

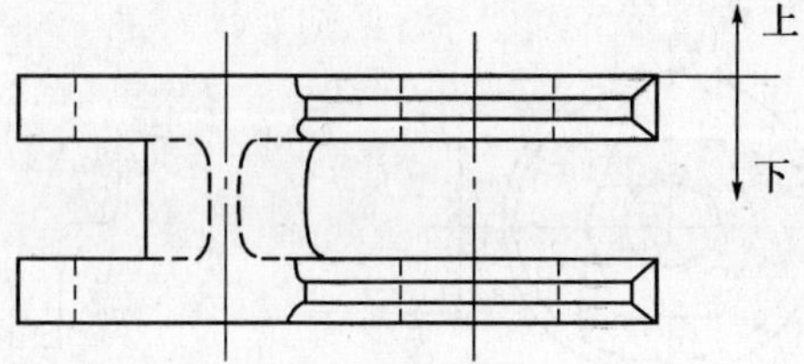

图 2－22　支架的工艺方案

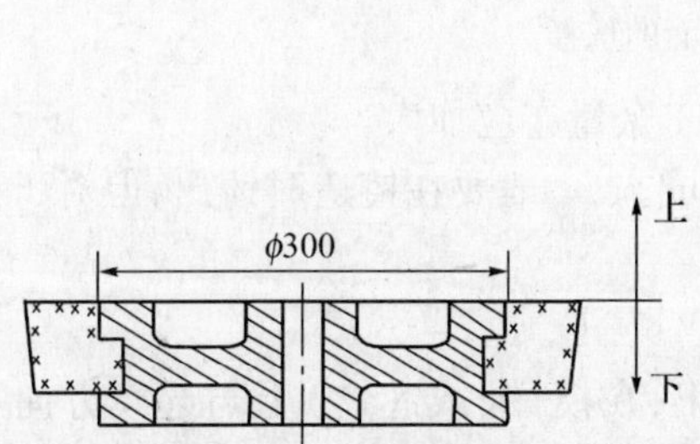

图 2－23　绳轮采用砂芯

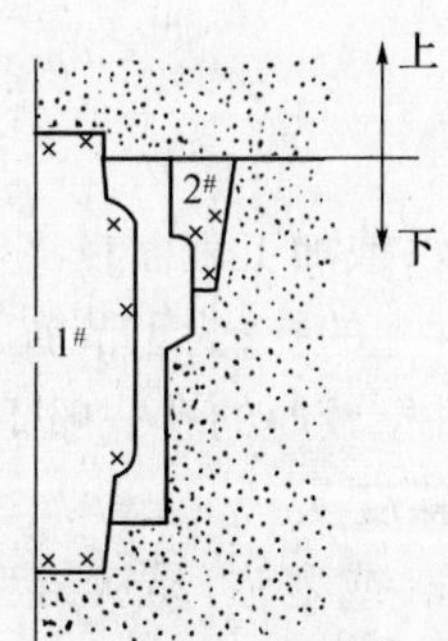

图 2－24　以砂芯代替活块的方案

活块。但是对一些大而复杂的铸件，有时往往需要采用两个或两个以上的分型面，这样反而对保证铸件质量和简化工艺操作有利。

(4) 分型面应尽量采用平直面，这样使操作方便，如图 2－25 所示。

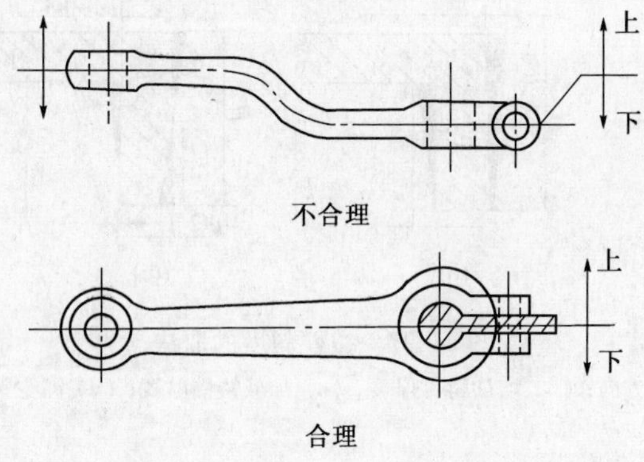

图 2－25　起重臂分型面的选择

(5) 应尽量减少砂芯的数目，并使型芯固定可靠，图 2－26 所示为一接头，若按图(a)所示对称分型，则必须制作砂芯；若按图(b)分型，内孔可以用堆吊砂（亦称自带砂芯），这样图(b)不仅铸件不另制砂芯，而且落砂易清理。

三、工艺参数的选择

1. 机械加工余量

机械加工余量是指铸件加工面上预留的、准备切除的金属层厚度。加工余量取决于铸件的精度等级，与铸件材料、铸造方法、生产批量、铸件尺寸、浇注位置因素有关。一般非铁金属的价格贵、表面光洁，加工余量应小些；而铸钢件表面粗糙、加工余量应大些。铸

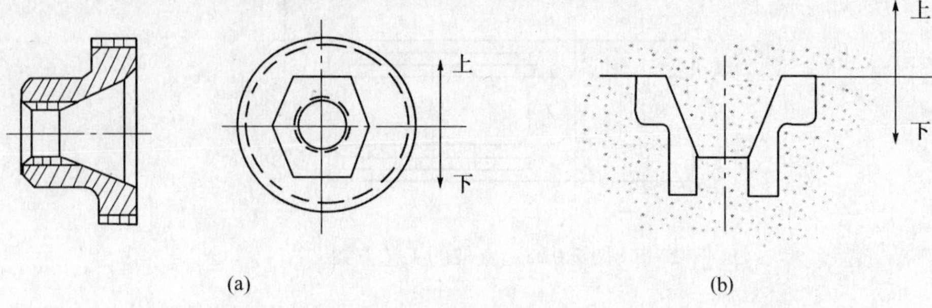

图 2－26　接头分型面的选择

件的尺寸越大，或加工表面在浇注时处于顶面，加工余量亦应加大。

对于铸件上的孔，为了节省金属液，减少加工成本，一般要在铸造时铸出，但对于孔径较小的而铸件壁较厚的孔一般不铸出。

2. 拔模斜度

为使模样（或型芯）易从铸型（或芯盒）中取出，在模样（或芯盒）上与起模方向平行的壁的斜度称为拔模斜度，如果零件图上没有结构斜度，则应在制造模型和型芯盒时作出拔模斜度。拔模斜度的大小应根据造型方法、垂直壁的高度、模型的种类决定。木模的拔模斜度一般为 0.5°~3°，模样的拔模斜度可采用增加壁厚法。拔模斜度需要增减的数值可按有关标准选择。图 2－27 所示为拔模斜度的取法。

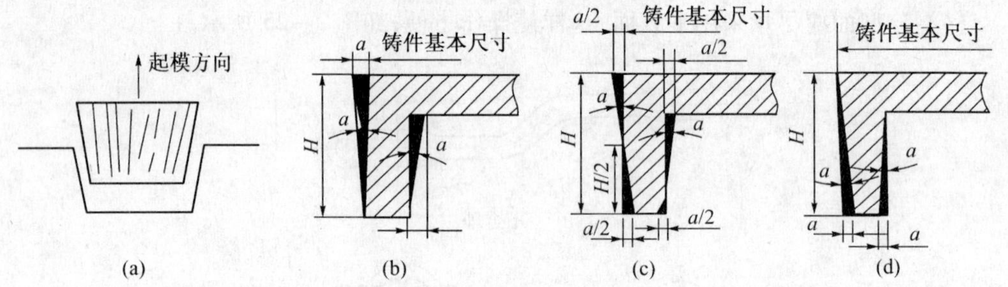

图 2－27　拔模斜度的取法

（a）起模方向；（b）增加铸件厚度；（c）加减铸件厚度；（d）减少铸件厚度。

3. 收缩率

铸件在冷却过程中产生收缩而使铸件的尺寸减小，为使冷却后的铸件符合图样的要求，需要放大模样的尺寸，放大量取决于铸件的尺寸和该合金的线收缩率。一般情况下，小型灰铸铁件的线收缩率约取 1%；非铁金属的铸造收缩率约取 1.5%；铸钢件的铸造收缩率约取 2%。在制造模型时，常用缩尺来测量模型，例如收缩率是 1% 的缩尺，刻度是 100mm 时，实际尺寸是 101mm。

4. 铸造圆角

模样壁与壁的连接和转角处要做成圆弧过渡，称为铸造圆角。铸造圆角可减少或避免砂型尖角损坏，防止产生粘砂、缩孔、裂纹。但铸件分型面的转角处不能有圆角。铸造内圆角的大小可按相邻两壁平均壁厚的 1/3~1/5 选取，外圆角的半径取内圆角的 1/2。

5. 芯头

芯头是指伸出铸件以外不与金属液接触的砂芯部分，其作用是定位、支撑和排气。如

图 2－28 所示，芯头有垂直芯头和水平芯头两种。

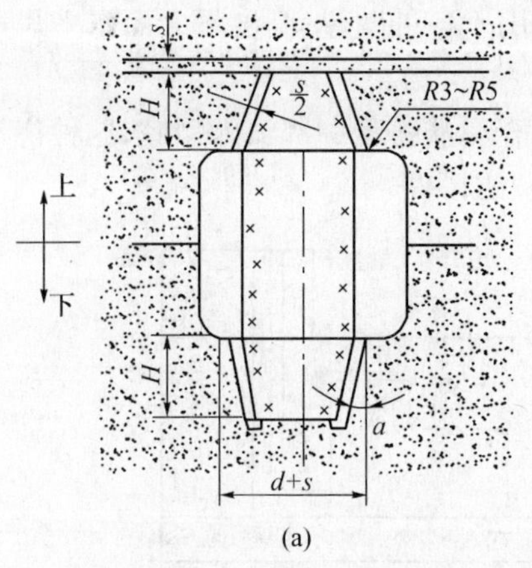

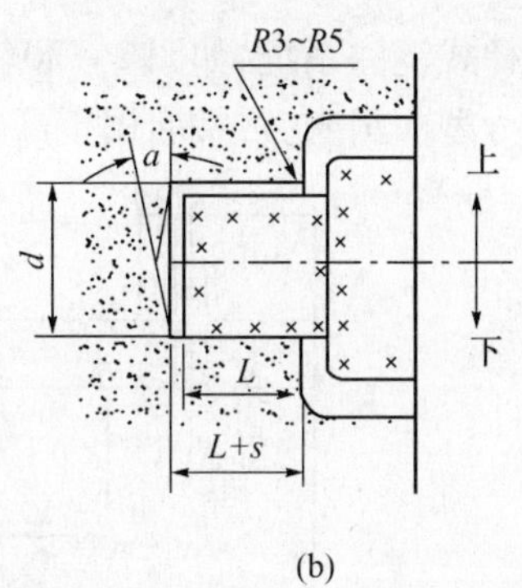

图 2－28　芯头的结构

（a）垂直芯头；（b）水平芯头。

四、浇注系统类型

浇注系统是指液态金属流入铸型空腔的通道。浇注系统包括内浇道、直浇道、横浇道、浇口杯，如图 2－29 所示。

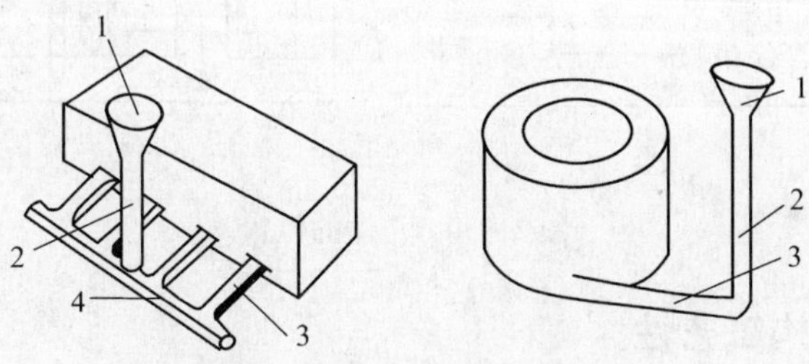

图 2－29　浇注系统示意图

1—浇口杯；2—直浇道；3—内浇道；4—横浇道。

浇口杯，也称外浇口，是承接浇包倒进来的金属液。直浇道是联接外浇口和横浇道的通道，作用是将金属液由铸型外面引入铸型内部。横浇道，联接直浇道，分配由直浇道来的金属液流。内浇道，联接横浇道，向铸型型腔灌输金属液。浇注系统的作用为挡渣、排除型腔中气体、调节铸型及铸件各部分温度、控制铸件的凝固顺序、保证液态金属有合适的上升速度、保证液态金属在铸型内有合适的运动等。

根据内浇道所在位置的不同，可以将浇注的方式分为顶注式浇注系统、中注式浇注系统、阶梯式浇注系统，如图 2－30 所示。

顶注式浇注系统，如图 2－30（a）所示，内浇道在铸件的顶部，液态金属从铸型上部流入型腔，这种浇注方式易于补缩，但充型不平稳，当铸型过高时，金属液的飞溅、氧化、冲砂较严重，适用于重量小、高度小和形状简单的薄壁铸件，也适用于顶部补缩的中、小型厚壁铸件。

底注式浇注系统，如图 2－30（b）所示，液态金属从铸型下部流入型腔，这种浇注方式充型平稳，利于排气、排渣，适用于大、中型高度不大的厚壁铸件。也常用于容易氧化的有色金属材料,因为金属液能平稳地上升而无飞溅现象。

中注式浇注系统,如图 2-30(c)所示,广泛用于各种壁厚、高度不大而水平尺寸较大的铸件。

阶梯式浇注系统,如图 2-30(d)所示,液态金属从铸型中部流入型腔,这种浇注方式一般从分型面引入,常常应用于高大、复杂的大型的铸件。

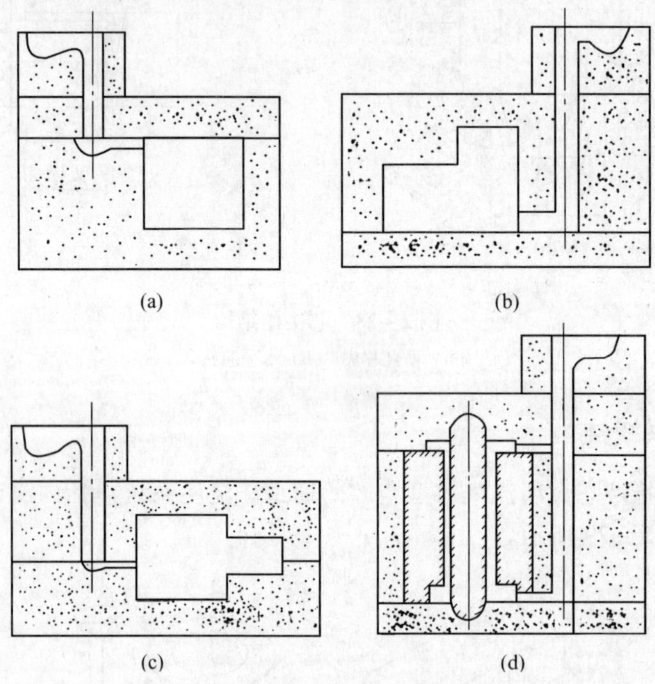

图 2-30　浇注的位置

五、铸件的结构工艺性

铸件的结构工艺性是指所设计的零件在满足使用要求的前提下,铸造成型的可行性和经济性,即铸造成型的难易程度。良好的铸件结构应适应金属的铸造性能和铸造工艺性。

1. 合金铸造性能对铸件结构的要求

(1) 铸件的壁厚应合理。首先保证合金流动性的要求,然后再考虑尽量不使铸件的壁厚过大,过厚的腔壁因收缩量过大而引起铸造缺陷(如缩松、裂纹等)。此外铸件各处壁厚应尽量均匀,防止热节产生,避免形成缩孔、缩松、晶粒粗大、裂纹等缺陷。若零件壁厚不均匀或存在过厚的壁厚,在造型时,应把这些易形成热节处放置于分型面附近的上部或侧面,以便安放冒口,实现定向凝固,便于补缩。如图 2-31 中把易形成热节处放置于分型面附近的上部。

(2) 铸件的内壁厚度应略小于外壁厚度。外壁的散热比内壁散热要快,减薄内壁厚度可使整个铸件的散热均匀,如图 2-32 所示。

(3) 壁间连接要合理。不同壁厚的壁连接时要逐渐过渡,避免突变过渡,交界处应合理过渡,一般使用圆角、斜面、圆锥逐步过渡,如图 2-33 所示。

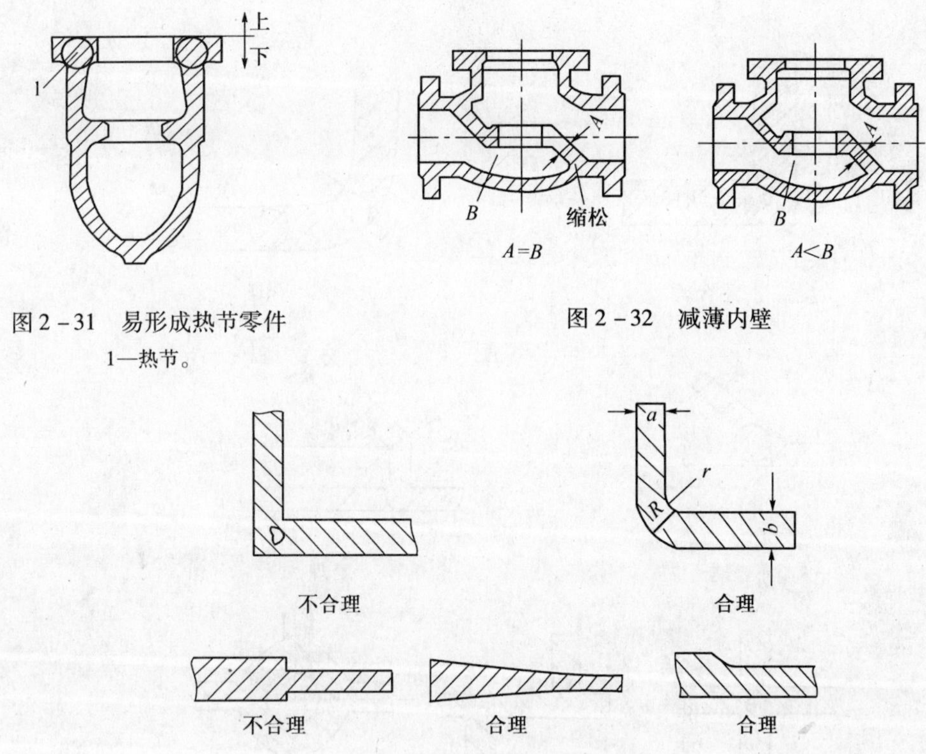

图2-31　易形成热节零件

1—热节。

图2-32　减薄内壁

图2-33　壁连接的过渡

相同壁厚的壁连接时要有结构圆角,并且圆角的大小要与壁厚相适应。壁间连接应避免交叉和锐角,尽量使用交错接头和环形接头,避免使用十字接头和锐角连接。这些措施都是为了防止造成金属聚集(热节)和应力集中,而产生缩孔和开裂等铸造缺陷。如图2-34是合理结构和不合理结构的对比。

(4) 轮辐的设计。图2-35所示为不同的轮辐结构,一般来讲,为了模型的制造方便,将轮辐设计为直的结构,如图(a)所示。但是当铸件的收缩性较大时,则要将轮辐设计为如图(b)和(c)的结构,将偶数轮辐改为奇数轮辐或将直条轮辐改为弯曲轮辐,借轮辐的微量变形以减少内应力,从而避免在逐渐冷却时产生拉裂。

2. 铸造工艺对铸件结构的要求

(1) 铸件的外形必须力求简单、造型方便,铸件应具有最少的分型面且尽量使分型面平直,从而避免多箱造型和不必要的型芯,如图2-36所示。

(2) 铸件应尽量避免大的水平面,大平面要设计为斜面,以利于排气,垂直壁应考虑结构斜度,如图2-37所示。

(3) 铸件加强肋的布置应有利于取模,若肋条的布置与起模方向不平行也不垂直,会影响起模、填砂和紧砂。

(4) 应考虑型芯的固定、出气和清理的方便,如图2-38所示。

(5) 减少型芯。型芯太多,成本就高、而且不便排气和清理。铸件侧面的凹槽、凸台的设计应有利于取模,尽量避免不必要的型芯和活块。

凹槽设计为凸面,节省外芯,铸件设计应注意避免不必要的曲线和圆角结构,否则会

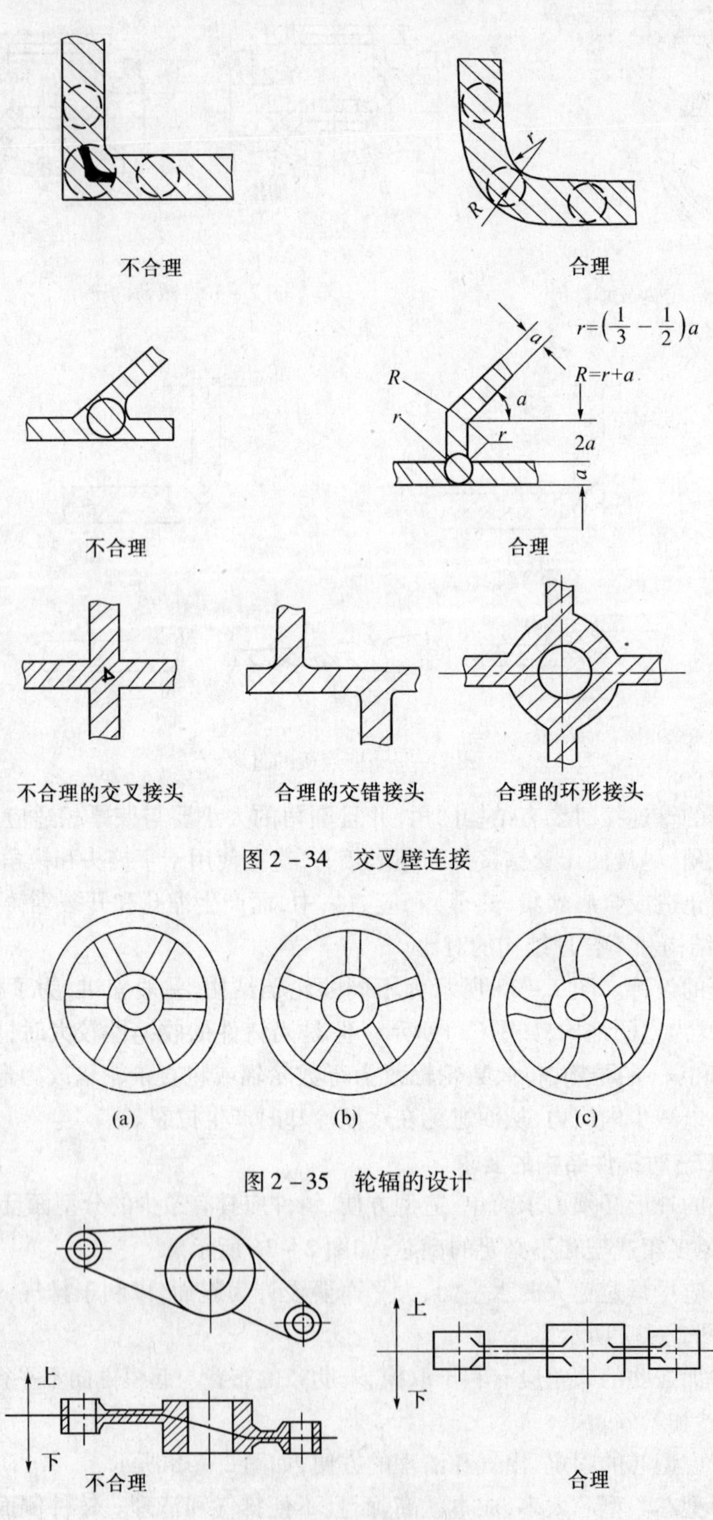

图 2－34　交叉壁连接

图 2－35　轮辐的设计

图 2－36　减少分型面

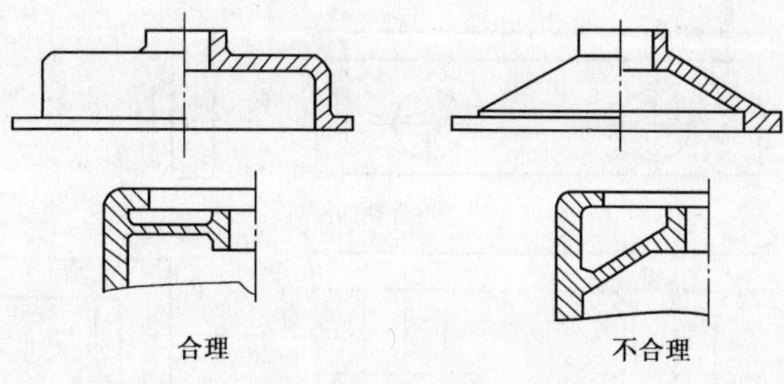

图 2－37　避免大水平面

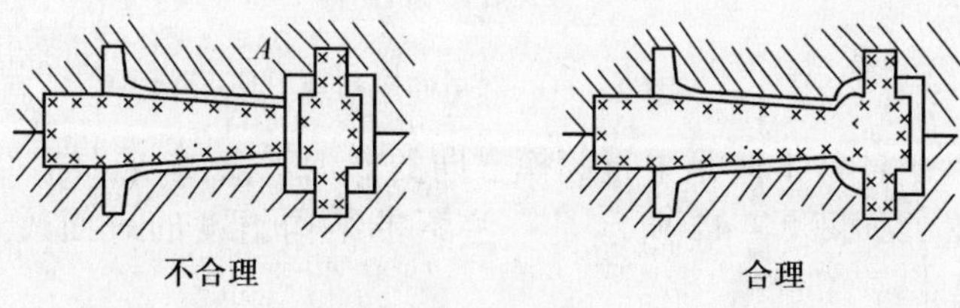

图 2－38　轴承支架

使制模、造型等工序复杂化，如图 2－39 所示。

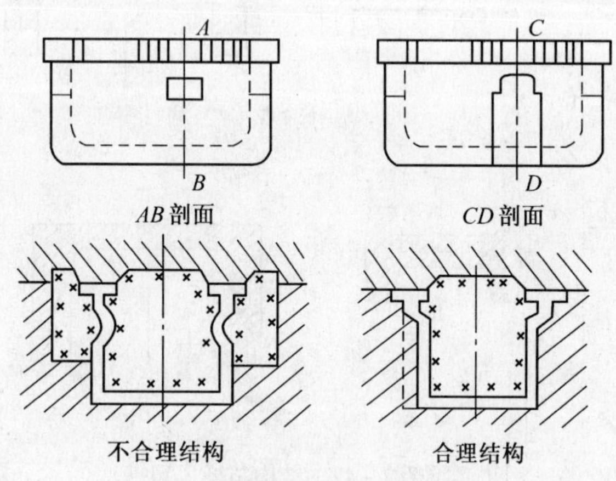

图 2－39　凹槽设计为凸面

凸缘内伸设计为外伸，如图 2－40 所示。

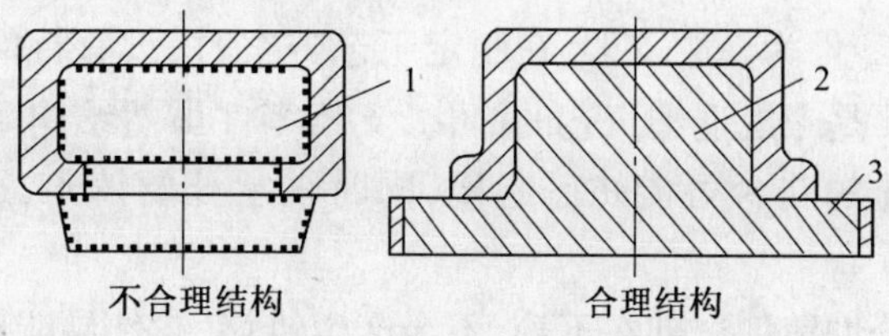

图 2－40　凸缘内伸设计为外伸

1—芯子；2—砂跺；3—下型。

(6) 避免使用活块,活块的使用使铸件在造型时增加难度,如图 2－41 所示。

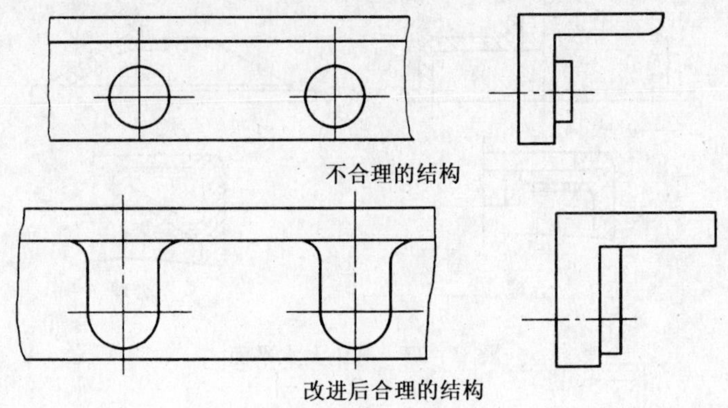

图 2－41 避免使用活块

(7) 结构斜度。铸件上凡是平行起模方向的非加工表面,应具有结构斜度,以便起模和简化铸造工艺,如图 2－42 所示是一些不带结构斜度的表面改为带结构斜度的表面。

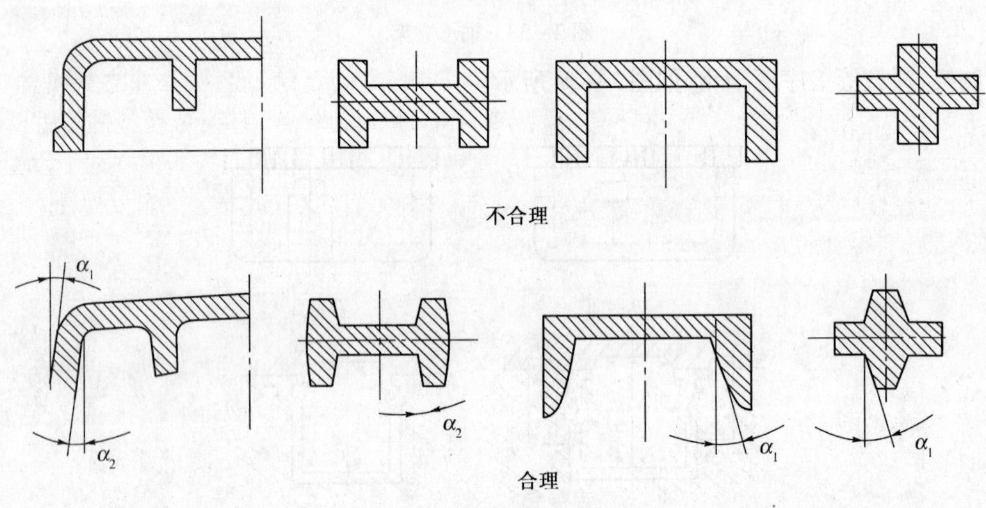

图 2－42 结构斜度

六、综合分析举例

图 2－43 所示的零件为一个支架,在制定工艺方案时,没有特殊质量要求的表面,不必考虑浇注位置,主要是考虑造型工艺的简化,支架零件虽然结构简单,但低板上的 4 个凸台及 $\phi60$ 的轴承孔的凸台可能妨碍起模,同时轴承孔要铸出,还必须考虑下芯的可能性。

方案 1: 沿底面分型铸件全部在下箱,不会产生错箱,铸件易清理,但轴孔凸台妨碍起模,必须采用活块或下芯,并且轴孔难以铸出。

方案 2: 沿底板中心线分型,采用分模造型,轴孔下芯方便,轴孔凸台不妨碍起模,但缺点是低板上 4 个凸台必须要采用活块,同时铸件易产生错箱等铸造缺陷。

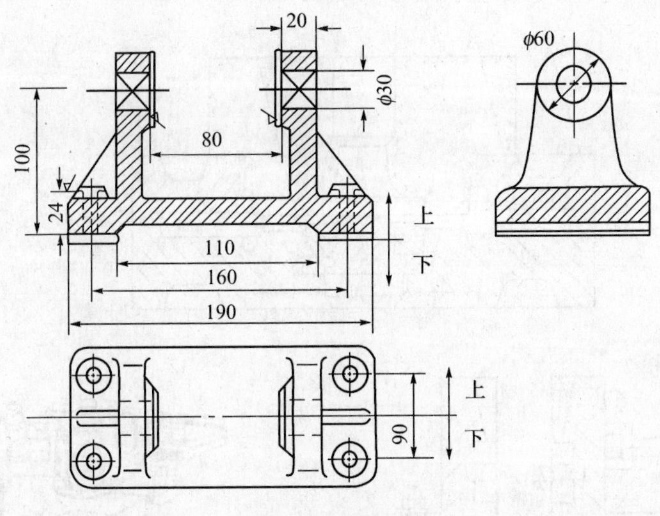

图 2－43 支架

第 5 节 特种铸造

砂型铸造具有尺寸精度不高，表面粗糙，生产率低，质量不稳定，劳动强度大等缺点。随着科学技术的发展和生产水平的提高，对铸件质量、劳动生产效率、劳动条件和生产成本有了进一步的要求，因而铸造方法有了长足的发展。所谓特种铸造，是指有别于砂型铸造方法的其他铸造工艺，克服砂型铸造的缺陷。特种铸造能获得如此迅速的发展，主要是由于这些方法一般能提高铸件的尺寸精度和表面质量；提高铸件的物理及力学性能；提高金属的利用率（工艺出品率）；减少原砂消耗量；适宜高熔点、低流动性、易氧化合金铸造；改善劳动条件，便于实现机械化和自动化，提高生产率。

目前特种铸造方法已发展到几十种，常用的有熔模铸造、金属型铸造、离心铸造、压力铸造、低压铸造、陶瓷型铸造，另外还有实型铸造、磁型铸造、石墨型铸造、反压铸造、连续铸造和挤压铸造等。

本节主要介绍几种常用的特种铸造方法，如金属型铸造、熔模铸造、压力铸造、低压铸造和离心铸造等。

1. 金属型铸造（永久型铸造）

金属型铸造是将液态金属浇入到金属铸型，凝固后获得铸件的成型方法。由于铸型是由金属材料制成，可反复使用，所以又称为永久型铸造，如图 2－44 所示。金属型铸造较砂型铸造有很多优点，目前主要用于铜、铝、镁等有色金属的大批量生产。

金属型铸造生产过程中需要预热金属型，其生产过程为：首先，浇注前预热金属型，预热温度一般在 200℃ ~300℃，温度过低会使铸件冷却过快使组织不均匀，造成裂纹、气孔、浇不足等缺陷；温度过高，会降低金属型的寿命，使铸件的晶粒粗大，机械性能降低，因此必须保证温度在规定的范围。其次，在浇注前还应在金属型内部喷刷涂料，以保护铸型的工作表面，获得表面质量较高的光滑的铸件。由于金属型无退让性，应尽快从铸型中取出铸件。停留时间过久，铸件温度越低，收缩越大，则铸件内应力增大，易产生裂纹，造成

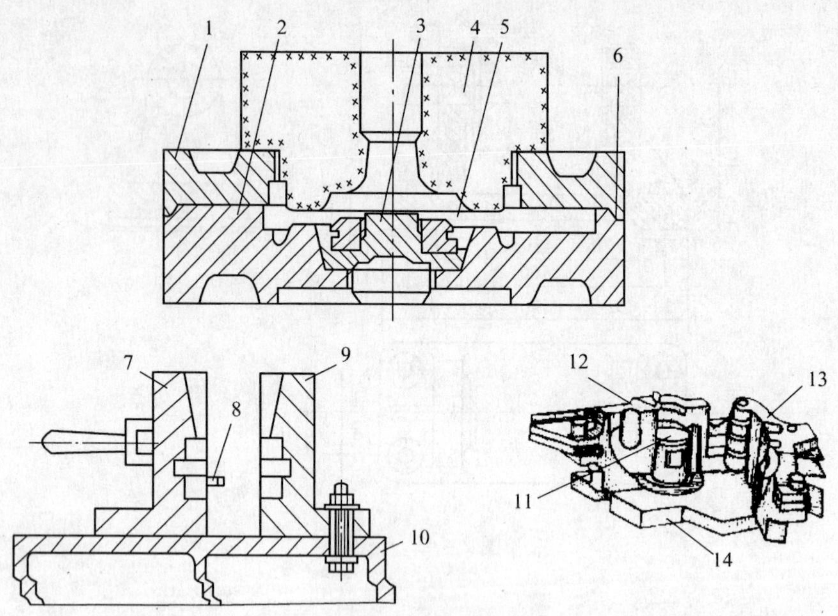

图 2-44 金属型铸造

1—上型；2—下型；3—型块；4—砂芯；5—型腔；6—止口定位；7—动型；8—定位销；9—定型；10—底座；11—铸件；12—左半型；13—右半型；14—底座。

铸件取出困难。

金属型铸造的种类按分型面的不同，可分为整体式金属型、垂直分型式金属型、水平分型式金属型、复合式金属型4种，如图2-45所示。

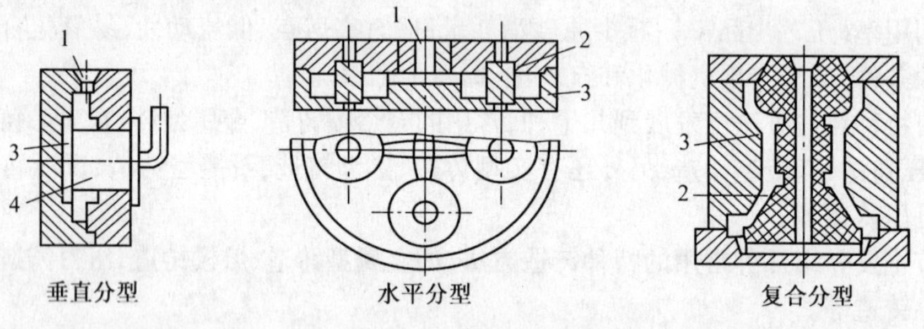

图 2-45 金属型的结构和类型

1—浇口；2—砂芯；3—型腔；4—金属型芯。

金属型可“一型多铸”。与砂型铸造相比少了配砂、造型、落砂等烦琐工序，生产率较高，易于实现机械化和自动化，大大改善了劳动条件，金属型铸件冷却速度快，铸件组织致密，力学性能高，尺寸精度及表面质量均优于砂型铸造，主要适用于大批量生产中小型有色金属合金铸件，如铝合金、镁合金、铜合金等。也可用金属型生产形状简单的黑色金属铸件。耐热铸铁或耐热钢，浇注低熔点的合金（如锡合金、镁合金等）时，可选用灰铸铁金属型。浇注铝合金、铜合金时，可选用合金铸铁金属型。浇注铸铁和钢时，必须选用碳钢和合金钢金属型等。

金属型也有不足之处。如金属型制造成本高;金属型不透气,铸件容易产生气孔;金属型的导热快,而且无退让性,易造成铸件浇不足、开裂等缺陷;金属型铸造时,铸型的工作温度、合金的浇注温度和浇注速度,铸件在铸型中停留的时间,以及所用的涂料等,对铸件的质量的影响甚为敏感,需要严格控制。

为了克服这些缺点,金属型铸造一般采取一些措施,如为了加强金属型的排气,常在金属型上做出通气槽,在型腔难以排气的部位开设出气口;为了减慢铸件的冷却速度,常将金属型在工作前预热并保持一定的工作温度,有利于液体金属充填型腔,在工作中,当金属型因吸热而超过工作温度,应进行强制冷却;金属型的型腔应喷涂涂料,以防止液体金属和型腔直接接触;在铸件凝固后有足够的强度时,应从金属性中取出。

2. 熔模铸造

熔模铸造是用易熔材料制成精确的铸模,并组装成蜡模组,然后在模样表面上用涂挂法制成由耐火材料及高强度黏结剂组成的多层型壳,待模壳硬化和干燥后将蜡模熔去,模壳再经高温焙烧后浇注获得铸件的一种铸造方法。熔模铸造工艺过程,如图2-46所示。由于易熔铸模广泛采用石蜡-硬脂酸模料,所以熔模铸造又称为失蜡铸造。

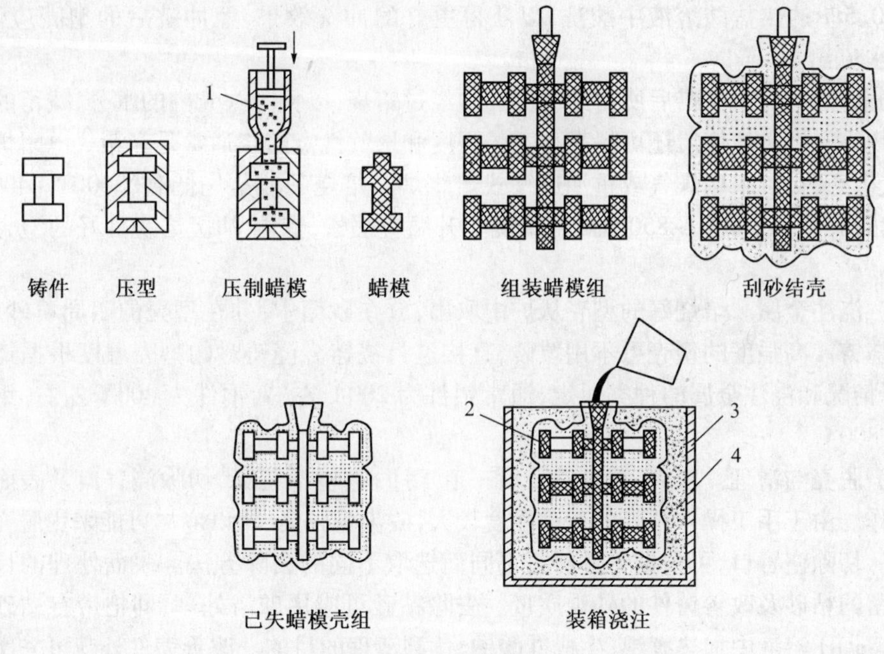

图2-46　熔模铸造

1—糊状蜡料;2—模壳;3—砂箱;4—填砂。

熔模铸造的基本工艺过程:

(1) 制造压型。制取蜡模的模具称为压型。它是熔模铸造的重要工艺装备。它一般由钢或铝合金制成,小批量生产可用低熔点合金、环氧树脂或石膏等制成。由于铸件的表面质量主要取决于蜡模,故压型必须有很高的尺寸精度和很好的表面粗糙度。

(2) 制造蜡模。蜡模材料常用50%的石蜡和50%硬脂酸配制而成,在压蜡前,须擦净压型,涂上一层稀薄均匀的分模剂,一般由蓖麻油、酒精配成,或变压器油。制模时首先用手动或气动压蜡设备,将45℃~48℃的糊状蜡料压入压型,冷凝后取出即为单个蜡模,压射时，注蜡压力为2.5kg/cm^2 ~3.5kg/cm^2。蜡模取出，要经过修整，便可粘焊在预先制好的浇口棒上，构成蜡模组。

为了提高生产率，减少辅助运输，目前国内已将化蜡、搅蜡、送蜡、压蜡等工序联合起来。组成石蜡—硬脂酸模料的气动压蜡，由气动压蜡机联合装置。

(3) 制造型壳。在熔模铸造中，型壳制备也是重要的环节之一，型壳质量的好坏将直接影响铸件的质量。目前型壳一般用涂挂法制取，在蜡模组表面浸挂一层以水玻璃和石英粉配制的涂料，然后在上面撒一层石英砂，并放入20%的氯化铵水溶液中进行硬化处理。如此反复多次，一般小件4~5层，大件7~8层，使蜡模组外面形成由多层耐火材料组成的坚硬外壳，结壳厚度5mm~10mm。

(4) 熔失蜡模。蜡模组经结壳干燥后，就可进行失蜡，形成铸型。失蜡方法有蒸汽失蜡、热水失蜡、加热炉失蜡等。目前应用最广泛的是热水法，水中加入2%~3%的氯化铵及10%的硼酸，氯化铵的作用是补充硬化，硼酸的作用是清除型壳中的皂化物。把型壳浸入80℃~90℃的热水中15min~20min之间，时间不可过长，一般视铸件壁厚和形状而定，以免使型壳变酥。失蜡后，型壳要用热水冲洗，如果条件许可，还可把型壳浸入0.5%的热盐酸溶液中酸洗，以获得更好的冲洗效果，经冲洗后的型壳应倒置，以便积水流出。

(5) 焙烧型壳。失蜡后所得到的型壳须经过焙烧，以便除去壳内的水分、残留的蜡料及皂化物等。经过焙烧后还可提高型壳的强度和透气性。焙烧通常是在箱式电阻炉内进行，大量生产时，可采用煤气或重油连续式焙烧炉。焙烧一般是先低温(300℃~400℃)干燥，然后升温到800℃~850℃高温焙烧。升温应缓慢，保温2h。焙烧良好的型壳通常呈白色。

(6) 浇注金属。焙烧好的型壳从炉中取出，放在砂箱中，并在型壳的四周填砂后，便可进行浇铸。高强度的型壳可不用填砂，直接进行浇铸。浇铸时的型壳温度根据铸件大小，壁厚情况和浇注金属的种类而定，通常铝件为200℃左右，铜件为400℃左右，钢件为650℃~800℃。

(7) 脱壳与清理。脱壳、清理是最后一道工序，它包括脱壳，切除浇冒口及表面处理等项工作。由于手工操作脱壳的劳动强度较大，矽尘量较高，所以应尽可能采用脱壳机进行脱壳。切除浇冒口，可根据铸件材料不同而选取不同的去除方法。表面处理的目的是去除残留的粘砂及改善铸件的外观质量。去除粘砂可应用碱浴处理，即把带有粘砂的铸件放在NaOH溶液中加热煮沸，生成硅酸钠，达到清理的目的。改善铸件外观可采用喷砂处理。

熔模铸造因为没有分型面，故可生产出尺寸精度高、表面质量好、形状复杂的铸件。熔模铸造尺寸精度可达IT7~IT4，表面粗糙度可达R_a12.5~1.6，最小壁厚为0.3mm，最小孔径为0.5mm。但是熔模铸造工序繁多，生产周期长，原材料较贵，生产成本较高。另外，由于蜡模刚度限制，不宜铸太大、太长的工件。

目前，熔模铸造主要用于汽轮机及燃气轮机的叶片、泵的叶片、仪器元件、切削刀具、风动工具等的生产。

3. 压力铸造

金属液在高压下高速充填铸模型腔，并在压力下凝固成形的办法，称为压力铸造，简称压铸。压力铸造是在压铸机上进行的。压力铸造的充型压力一般在几兆帕到几十兆帕。铸型材料一般使用耐热合金钢。图2－47所示为压铸机工艺过程示意图。

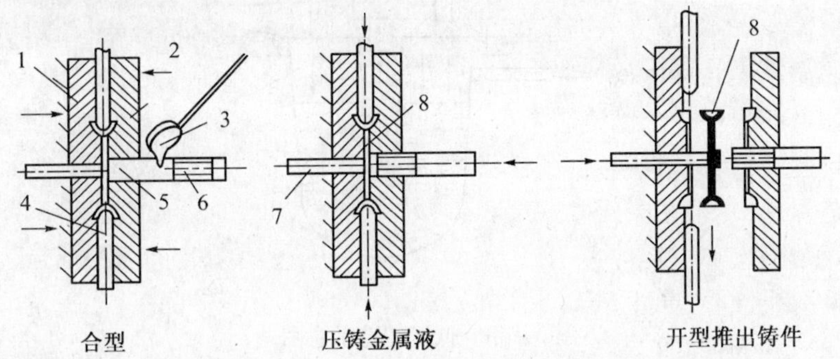

图2－47 压铸机工艺过程示意图

1—定型；2—定型；3—金属液；4—芯棒；5—压室；6—柱塞；7—推出杆；8—铸件。

压力铸造方法主要用于铝、镁、锌、铜等有色金属的大批量生产，广泛应用于汽车、仪表、电子、航空、电子计算机等部门，随着近年来真空压铸等新技术、新工艺，以及双冲头压铸机、水平分型全立式压铸机等新设备的不断涌现，铸件质量得到了很大的改善，气孔、缩孔、缩松等铸件缺陷得到了有效控制，铸件的力学性能得到了提高。同时由于新型压铸材料的不断出现，压力铸造的适用范围不断扩大。

高速、高压、金属铸型是生产的主要特点。压力铸造大大提高了液态金属的充型能力，可铸造出形状复杂的薄壁铸件，并能直接铸造出细小的螺纹、孔、齿、等，铸件的尺寸精度及表面质量较高，生产效率高，铸件不需机械加工便可直接使用，真正实现少切削或无切削。由于液态金属是在高压作用下结晶，铸件组织较密，表层紧实，因此铸件的强度和表面硬度较高，抗拉强度比砂铸件提高25%～30%。但是由于液态金属充型速度快，凝固快，补缩困难，型腔内的气体难以排出，常在铸件的表层下充满高压气体的小孔和缩松等缺陷，所以，一般情况，压铸件不能进行热处理，也不建议进行机械加工，以避免铸件表面显示出铸造缺陷。

4. 低压铸造

金属液在在比较低的压力(一般为20kPa～60kPa)下充填铸模型腔，并在该压力下凝固成型的方法称为低压铸造。与前面所述的压铸方法所不同的是，除了压力较低外，铸造所用的铸型可以是金属型、砂型、石膏型、石墨型等，但一般采用金属型、或金属型与砂芯组合型。

图2－48所示为低压铸造示意图，铸型安置于密闭的坩埚上，浇注口与密封盖上的开液管相通。将低压干燥气体或惰性气体通往密闭坩埚，液态金属随即在低压气体的作用下，由开液管压入铸型，铸件凝固后，放掉坩埚内的气体，多余的液态金属由开液管和浇注口流回坩埚，最后打开上型，用顶杆顶出铸件。

低压铸造充型平衡，并且金属液的流向与气流方向一致，因此可有效减少气孔、夹渣等铸造缺陷，符合定向凝固原则。铸件组织致密，力学性能高。由于补缩效果好，铸件省去了浇冒口，金属的利用率提高到95%以上。缺点是坩埚和升液管长期受金属液的浸蚀，使用寿命较短。

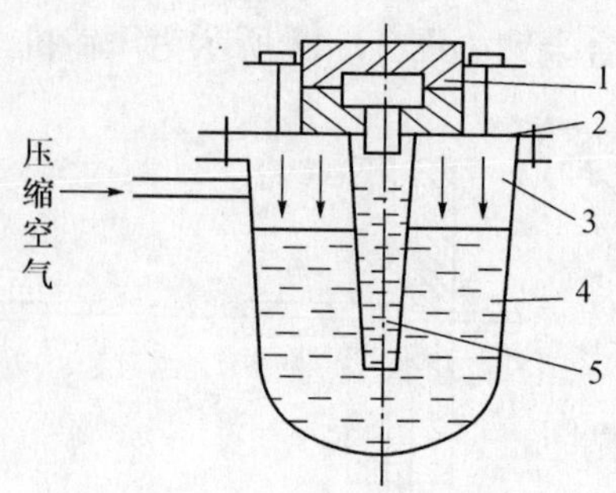

图2-48 低压铸造示意图

1—铸型；2—密封盖；3—坩埚；4—金属液；5—升液管。

低压铸造广泛应用于铝合金铸件，如汽车发动机缸体、缸盖、活塞、叶轮等。

5. 离心铸造

将金属液浇入旋转的铸型中，使之在离心力作用下充填铸型并凝固成形的铸造方法，称为离心铸造。

根据铸型旋转空间位置的不同，常用的离心铸造机有立式和卧式两类。铸型绕垂直轴旋转的称为立式离心铸造，铸型绕水平轴旋转的称为卧式离心铸造。如图2-49所示为离心铸造的铸件成形过程。将熔融金属浇入绕水平、倾斜或立轴旋转的铸型，在离心力作用下，凝固成型的铸件轴线与旋转铸型轴线重合的铸造方法。

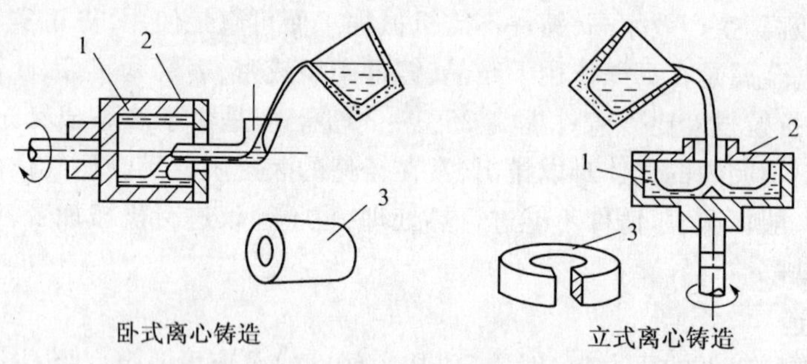

图2-49 离心铸造及铸件成型过程

1—成型金属液；2—铸型；3—铸件。

用离心铸造生产空心旋转体铸件，不需要型芯和浇注系统，省工省料，生产率较高。铸件在离心力的作用下凝固成型，致密性好，铸件内部不易产生缩孔、气孔、渣气孔等缺陷。金属型冷却快，铸件晶粒细小，因而力学性能较高。金属液的充型能力好，可以铸造薄壁铸件和流动性差的合金铸件。

缺点是铸件的表面质量较差，铸件内孔直径尺寸不准确，内表面粗糙，加工余量大，在浇注冷凝过程中，密度较大的组织容易集中于表层，产生化学成分不均匀的缺陷，容易产生偏析的合金如铅青铜就不能用离心铸造法生产铸件。

离心铸造多用于浇注各种金属的圆管状铸件，如各种套、环、管等铸件，以及可以铸造各种组织要求致密、强度要求较高的成型铸件，如小叶轮、成型刃具等。

第6节 金属的熔炼和浇注

一、金属的熔炼

金属熔炼的目的主要是熔化金属，获得符合铸件性能要求和确保浇注流动性的金属液。金属熔炼的质量对能否获得优质铸件有直接影响，熔炼时应尽量减少金属液中的气体和夹杂物，提高熔炼设备的熔化率，降低燃料消耗，减少对环境的污染，以达到最佳的技术、经济和环保指标。

1. 铸铁的熔炼

熔炼铸铁的设备有冲天炉、电弧炉、感应炉等，其中冲天炉由于污染严重，在中、小型铸件熔炼时，由电弧炉、感应炉代替。

冲天炉的构造如图2-50所示。炉壳由钢板焊成，内砌耐火砖炉衬，上部有加料口，下部有环形风带。从鼓风机鼓出的空气经风带、风口进入炉内。炉缸底部与前炉相通。前炉下部是出铁口，侧面上方有出渣口。

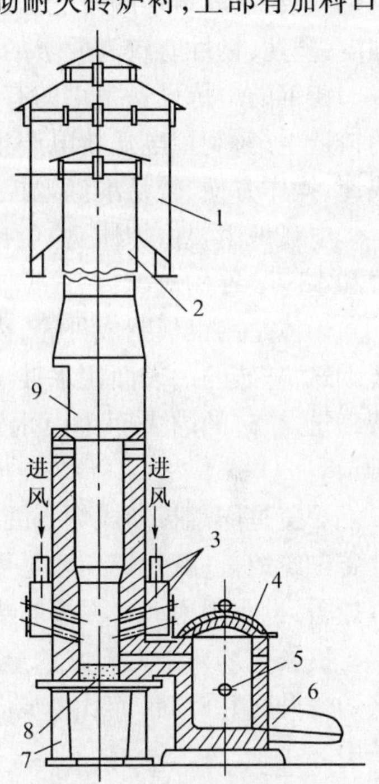

图2-50 冲天炉结构

1—除尘器；2—烟囱；3—送风系统；4—前炉；5—出渣口；6—出铁口；7—支柱；8—炉底板；9—加料口。

冲天炉熔炼用的炉料包括金属料、燃料和熔剂。

金属料主要是高炉生铁、回炉铁、废钢和铁合金等。其中废钢的作用是降低铁水的含碳量，提高铸铁的力学性能；铁合金用来调整铁水的化学成分，如硅、锰、铬等元素的含量。

冲天炉的燃料为焦炭。焦炭要求灰分少，发热值高，硫磷含量低，并有一定块度要求。每批炉料中金属料与焦炭的质量之比称为铁焦比。铁焦比反映冲天炉的熔炼效率，一般冲天炉的铁焦比为8:1~12:1，即消耗1吨焦炭可熔炼8~12吨铁水。

熔剂主要采用石灰石($CaCO_3$)和萤石(CaF_2)。它们在熔炼过程中与铁水中的有害成分反应，产生熔点低、比重小、易流动的溶渣，便于和铁水分离。

冲天炉是间歇工作的。每次开炉前需补耐火炉衬，填砌炉底和烘干预热。熔炼时先用木炭引火，然后加入底焦直到第一排风口以上0.5m~1.5m高度。当底焦烧旺后，按金属料、焦炭、熔剂的次序加入炉料，反复按序加料至加料口后进行鼓风，随着炉料的下降，应不断加入新的炉料。鼓风5min~10min后，金属料在熔化区开始熔化，熔化区的温度约1200℃。金属液滴沿赤热的焦炭间隙下落，在下落的过程中铁液被进一步加热，直到落入炉缸，此时温度可达1600℃，然后流入前炉中。金属液在前炉不断聚集，液面达到出渣口高度后，从出渣口出渣，然后从出铁口出铁，对铸型进行集中浇注，出铁温度1350℃~1450℃。熔炼结束前，先停止加料，后停止鼓风，出完铁液，打开炉底门，对落下的炉料喷水浇灭，整个熔炼结束。一般每次连续熔炼时间为4h~8h。

冲天炉熔炼的铸铁具有良好的铸造性能,操作方便,熔化率高,成本低,应用较广泛。其缺点是炉况不稳定,铁水化学成分波动大,热效率低,污染较大。目前感应电炉和电弧炉应用的比例逐步增加。

对于质量要求高的铸铁件,应选用感应电炉熔化。电炉熔化的铁水出炉温度高、便于铁水成分控制和炉前处理,被广泛应用于生产球墨铸铁和合金铸铁。

电炉熔化虽然铁水出炉温度高、便于铁水成分控制和炉前处理,但耗电量大,需要大量冷却水,铸件成本高,生产率低。因此,生产球墨铸铁和合金铸铁时往往采用冲天炉与电炉双联熔化,即利用冲天炉熔化铁水,再通过感应电炉提高铁水温度和调整铁水成分,以达到既保证铁水温度、铁水成分,又提高生产率和降低铸件成本的目的。

2. 钢的熔炼

铸钢的熔点比较高(大于1400℃),流动性差,收缩也大,易产生偏析,高温液态时易氧化和吸气,故铸钢的铸造性能比铸铁差。但铸钢的力学性能比铸铁好,一般用来制造对强度、塑性、韧性有较高要求的、形状复杂的铸件。

铸钢的熔炼设备常用的有感应电炉、电弧炉等。电弧炉(图2-51)多用于批量较大的铸造生产,利用电弧放电产生高温熔化钢料。以上两种电炉熔炼的共同特点是:加热快速、操作方便、较易准确地控制钢的合金成分,利于生产优质的钢铸件。

电弧炉主要由炉体、炉盖、装料机构、电极升降机构、倾炉机构、炉盖旋转机构、电气装置和水冷装置构成。

炉体是用钢板制成外壳,内部用耐火材料砌筑而成。酸性电弧炉的炉体内部是用硅砖砌筑,硅砖的内表面用水玻璃硅砂打结炉衬。碱性电弧炉的炉体内部是用黏土砖和镁砖砌筑,镁砖的内表面用卤水镁砂打结炉衬。砌好的碱性电炉炉体的剖面如图2-52所示。

炉盖是用钢板制成炉盖圈(空心的,内部通水冷却),圈内砌耐火砖。酸性炉一般用硅砖砌筑炉盖;碱性炉一般是用高铝砖砌筑炉盖。图2-53所示为用高铝砖砌成的电弧炉炉盖,也有用耐火水泥捣制或钢板焊制、中空通水冷却的。

机械化装料是将配好的全部炉料,先用电磁吊车装入开底式加料罐内,在加料时,先将炉盖升起并旋转,露出炉膛,用吊车将加料罐吊到炉体内,打开料罐底,将炉料卸在炉中。

在炼钢过程中,使用电极升降机构使电极能灵敏频繁地上下运动,以便随时调节通电板的电流,达到稳定电弧的目的。电极的升降是靠自动控制实现的,由自动电器系统操纵液压阀来驱动,从而使电极作向上或向下运动。

感应电炉的基本原理如图2-54所示,金属炉料置于坩埚中,坩埚外面绕有通水冷却的感应线圈,当感应线圈通过交变电流时,在感应线圈周围就产生交变磁场,交变磁场使金属炉料中产生感应电动热并引起涡流使金属炉料加热和熔化。

钢料加热熔化在经过炉前理化检验确定钢的成分符合要求后,去气除渣,出钢浇注。

3. 有色金属的熔炼

铸造有色金属主要有铸造铜合金、铝合金、镁合金、锌合金、钛合金等。有色金属的熔点低,其常用的熔化用炉有坩埚炉和反射炉两类,用电、油、煤气或焦炭等作为燃料。中、

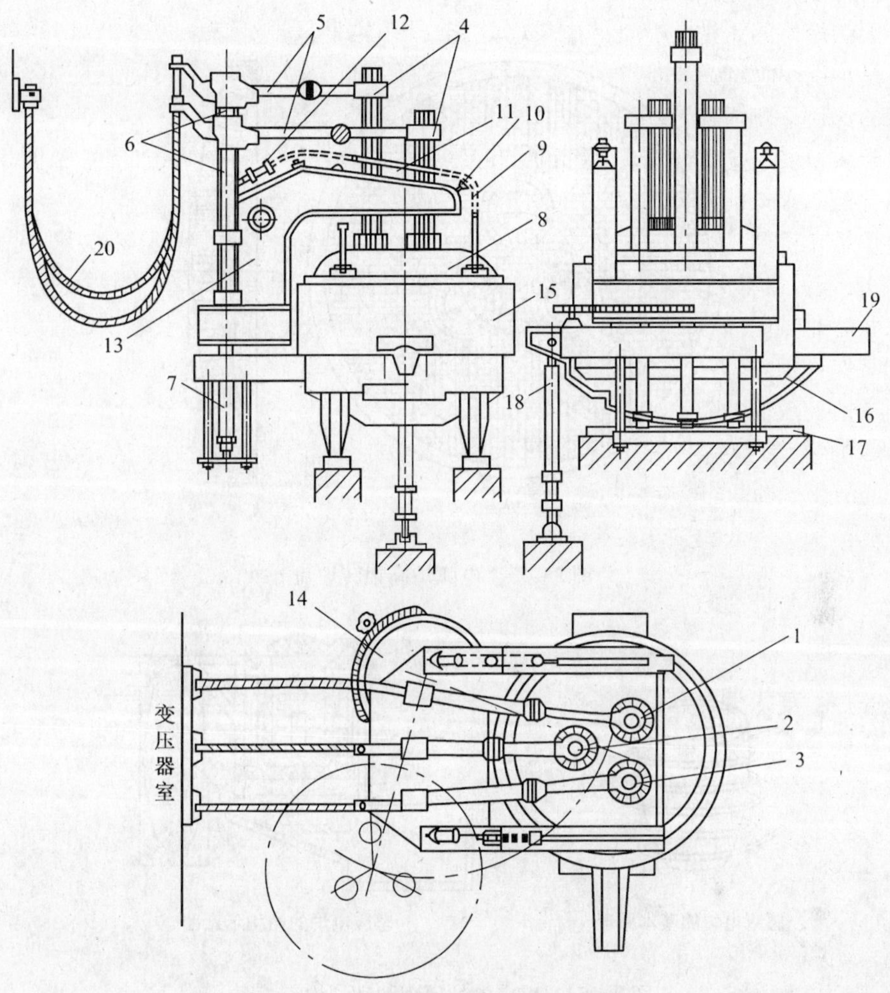

图 2-51 px 型三相电弧炉结构简图

1,2,3—电极；4—电极夹持器；5—电极支承横臂；6—升降电动机立柱；7—升降电动机液压缸；8—炉盖；9—提升炉盖链条；10—滑竿；11—拉杆；12—提升炉盖液压缸；13—提升炉盖支撑臂；14—转动炉盖机构；15—炉体；16—月牙板；17—支承轨道；18—倾倒液压缸；19—出钢槽；20—电缆。

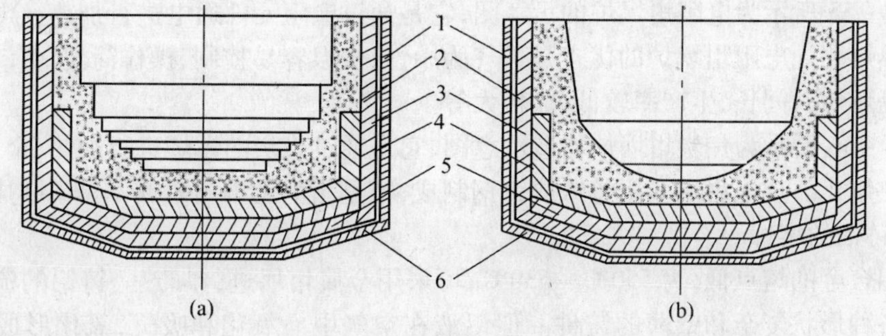

图 2-52 碱性电炉炉体剖面

1—炉壳盖板；2—石棉板；3—后侧砌镁砖；4—后直砌镁砖；5—后平砌黏土砖；6—打结镁砖。

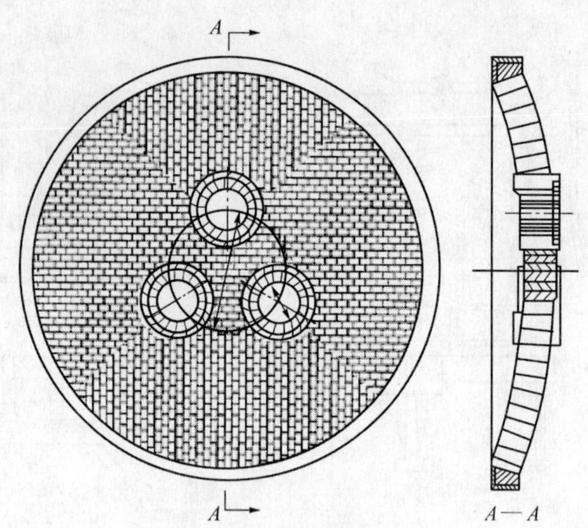

图 2-53 电弧炉高铝转炉盖

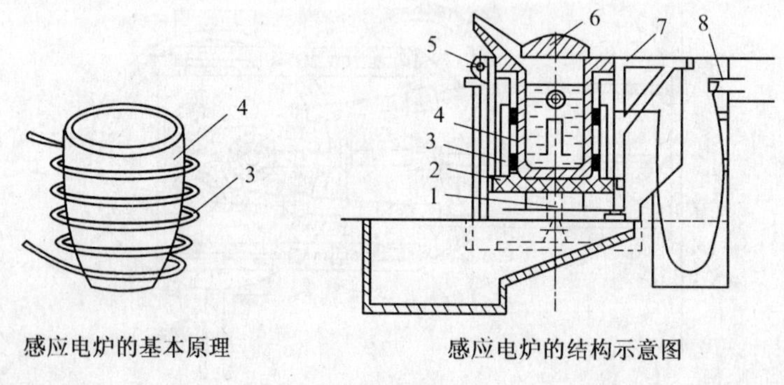

图 2-54 感应电炉原理图和结构示意图

1—液压倾倒装置；2—隔热砖；3—线圈；4—坩埚；5—转动轴；6—炉盖；7—作业板；8—水电引入系统。

小工厂普遍采用坩埚炉熔化，如电阻坩埚炉、焦炭坩埚炉等，生产大型铸件时一般使用反射炉熔化，如重油反射炉、煤气反射炉等。

图 2-55 所示为电阻坩埚炉的示意图，它是通过电阻元件通电进行加热，金属料在坩埚内受热熔化。电阻坩埚炉的优点是炉气为中性，炉温容易控制，操作简便，劳动条件好。其缺点是熔炼时间长、生产率较低，能耗大等。

图 2-56 所示为焦炭坩埚炉构造示意图，它是通过焦炭的燃烧进行加热，金属料在坩埚内受热熔化。金属坩埚多用铸铁或铸钢制成，小型坩埚也可用耐热不锈钢制成。

1）铸铝的熔炼

铸铝合金的熔点低，为 550℃ ~630℃，可采用金属坩埚进行加热。铸铝的流动性好，可浇注各种形状复杂和壁薄的铸件。但铝液在空气中易氧化和吸气，氧化形成的 Al_2O_3 的密度与铝液相近，易混入合金铝液内在铸件中形成夹渣，高温铝液溶入的气体，特别是氢气，常在铸件中形成气孔。因此，在合金熔化后，须及时进行造渣，在出铝前进行除气精炼。

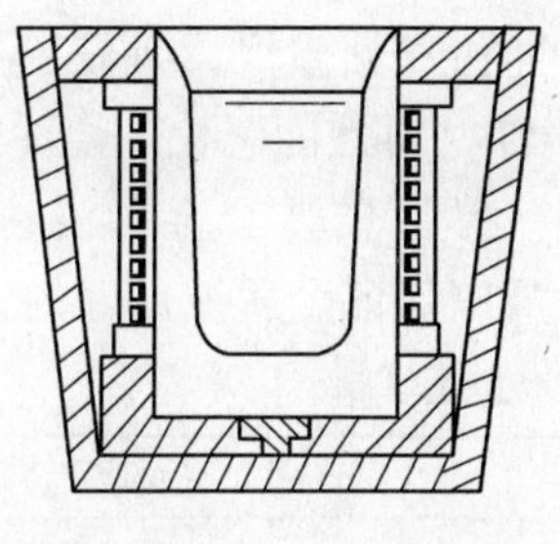

图 2-55　电阻坩埚炉

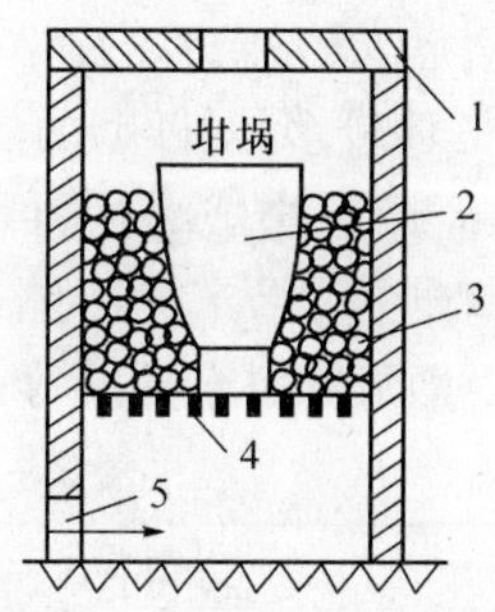

图 2-56　焦炭坩埚炉构造示意图

1—炉盖；2—坩埚；3—焦炭；4—炉栅；5—进气口。

（1）造渣。当铝料熔化后，向坩埚内加入 KCl 和 NaCl 等熔剂（KCl 和 NaCl 各 50%），以溶解和吸附铝液中的氧化物，形成熔渣漂浮在铝液表面，以隔绝炉气对铝液的作用。

（2）除气精炼。当熔融铝液加热至浇注温度时（约 650℃），向铝液中加入 $ZnCl_2$ 等精炼剂。精炼剂与铝液中的氢气发生反应，此时铝液呈沸腾状，气体被排出。

另外，在每次熔炼前必须对金属料、坩埚、所用工具进行清理和预热烘干，以减少夹渣和发气量。加热时，为减少元素烧损，应尽量进行快速熔化。装料后应将易烧损的合金（如 Mg、Zn 等）后加入。精炼时加入 NaF、NaCl 等盐类混合物，进行变质处理，细化晶粒，提高铝铸件材料的力学性能。出铝前，除气要充分，尽量去除铝液表面熔渣和夹杂物质，确保得到纯净优质的合金铝液。停炉时倒出剩余金属液，趁热将坩埚、工具等清理干净，以便下次熔炼时使用。

2）铜合金的熔炼

铜合金的熔点比铸铝高，一般用石墨坩埚进行熔炼。铜在高温液态时极易氧化，形成溶于铜的 Cu_2O，使合金力学性能下降。熔炼青铜时，常用熔剂（如玻璃、硼砂等）覆盖铜液表面，以防氧化，出炉前加 0.3% ~0.6% 的磷铜脱氧。黄铜（铜锌合金）所含的锌元素是良好的脱氧剂，熔炼时形成氧化锌覆盖在铜液表面，隔绝了空气的氧化，同时也能抑制锌的挥发，故一般不需要另加熔剂和脱氧剂。

二、浇注

将熔融金属浇入铸型的过程称为浇注。浇注是铸造生产的一个重要环节，如果操作不当，会使铸件产生浇不足、冷隔、缩孔、气孔、夹渣等缺陷，甚至会发生炸包等较严重的安全事故。

1. 浇注工具

浇包是浇注时用来盛接、搬运、注浇金属液的基本工具。浇注温度不同的金属用不同的浇包进行浇注，不同大小和批量的铸件，使用不同容量、不同浇注方式的浇包。浇注较高熔点金属的浇包须内衬耐火材料。大、中型铸件或大批量生产多使用容量大的吊包进行浇倒或底注。浇注时还要使用一些勾、挡等工具，浇包和工具在浇注前都应进行清理、修整、预热、烘干。

2. 浇注工艺

浇注工艺是指浇注时必须把握的技术参数和措施，其重点是指浇注温度和浇注速度。

（1）浇注温度。保证金属液满足各项性能要求，顺利完成浇注。浇注温度过高，金属液中溶解的气体较多，对砂型的热作用高，使铸件产生气孔和粘砂严重等缺陷。同时，金属凝固时收缩量大，造成缩孔和缩松，金属晶粒粗大，铸件材料性能恶化。浇注温度过低，金属液的流动性差，易产生冷隔、浇不足、气孔等缺陷。常用铸造合金的浇注温度如表2-1所列。一般形状复杂的壁薄铸件浇注温度略高一些，以保证金属液良好的充型能力。

表2-1　常用铸造合金的浇注温度

合金种类	铸件形状	浇注温度/℃
灰口铸铁	小型、复杂	1360～1390
	中型	1320～1350
	大型	1260～1320
碳钢		1520～1600
铸铝合金		650～750

（2）浇注速度。单位时间浇入铸型的液态金属量称为浇注速度。浇注速度是浇注操作时重要的参数。根据铸件的形状大小，金属液的流动特点以及浇注系统的型式，采用适当的浇注速度，不间断地连续浇注。浇注速度过快，金属液对铸型的冲击力大，型腔中的气体来不及逸出，造成砂型毁损、偏芯、气孔等，甚至产生假充满现象。浇注速度太慢，易产生夹砂、冷隔、浇不足等缺陷。一般薄壁铸件要用较快的浇注速度，厚壁铸件可按慢—快—慢的原则控制。

3. 浇注安全注意要点

浇注作业是砂铸操作中最危险的工序，操作者和现场其他人员必须十分注意作业安全事项的落实。浇注时主要注意以下几方面：

（1）操作人员和现场其他人员应严格按浇注防护要求穿戴好防护服和防护用具。

（2）浇注前仔细检查铸型的紧实度、干湿度、排气孔是否符合要求，合型压箱是否正确、可靠，浇注工具是否彻底烘干。

（3）根据现场情况划定操作区域，并按浇注操作位置要求整齐排放好待浇铸型。

（4）浇注时操作者和协助者严格按操作规程进行操作，其他人员退至安全线外并注意观察。

（5）浇注产生的烟气应及时引燃，以减少污染和毒气伤害，并时刻注意防火。

（6）浇注后须等铸件低于落砂温度方能开箱，并禁止用手抓取铸件。

三、落砂与清理

1. 落砂

将铸件与型砂、砂箱分开的操作称为落砂。铸件在砂型中冷却至一定温度（<400℃）以后方可进行落砂。落砂过早，易造成铸件变形，表面氧化，内部组织冷却过快形成白口，甚至开裂。落砂过迟，铸件收缩受阻增大，产生变形和裂纹，铸件冷速过慢而内部组织晶粒粗大，同时还会延误后续生产，故应根据合金种类、铸件形状和体积大小合理掌握落砂时机，保证铸件质量。

大批量生产时，常采用振动、抛丸、高压水力、水爆等机械落砂方法进行落砂，以节省人力，提高生产效率。

2. 清理

落砂后从铸件上清除表面粘砂、多余金属（包括浇注系统、冒口、飞翅和氧化皮）的过程称为清理。

手工清理常用一些手工工具，如锤、锯、锉、錾、手提砂轮机等进行清理操作。铸铁件较脆，可用锤击清除浇冒口，但应注意锤击方向。铸钢件强度高、韧性好，一般用氧气切割去除浇冒口。有色金属较软，多用锯、锉、錾等方法却除浇冒口和飞边。

大批量生产时，可用清理滚筒，喷砂、抛丸、浸渍等方法，清理铸件表面氧化、粘砂、毛刺等，顽固残迹用手提砂轮、风铲等去除干净。

清理工作结束后要对铸件进行修补。砂型铸造由于种种原因会产生一些缺陷，只要缺陷不影响铸件主要结构和性能，都应进行修补。修补通常是将缺陷部分铲磨干净后进行补焊、修整。变形的铸件应进行矫正并及时进行去应力退火。铸件清理完毕后还要进行退火等热处理或进行自然时效，以使铸件材料满足性能要求。

第7节 铸件常见缺陷分析

铸造生产是较复杂的工艺过程，往往由于原材料质量不合格、工艺方案不合理、生产操作不恰当等原因，容易造成铸件产生各种各样缺陷，如气孔、缩孔、砂眼、裂纹、偏析等。

常见的铸件缺陷特征及产生的原因分析如下：

1. 孔洞类缺陷

（1）气孔。如图2－57(a)所示，多位于铸件内部，内壁光滑，呈椭圆形、圆形等。析出性气孔尺寸小、分散在铸件各断面上。浸入性气孔较大，集中在局部。产生原因一般是熔炼工艺不合理，浇注温度过高，浇注工具烘干不彻底。金属液吸入较多气体，易产生析出性气孔。砂型透气性差，排气不畅，型（芯）砂太湿，浇注温度偏低，易产生浸入性气孔。防止方法是改进熔炼和浇注工艺，减少金属液含气量。改进造型工艺，提高砂型透气性，减少铸型发气量。改进浇注系统，增加明冒口和排气口，提高金属流动性，提高浇注排气能力。

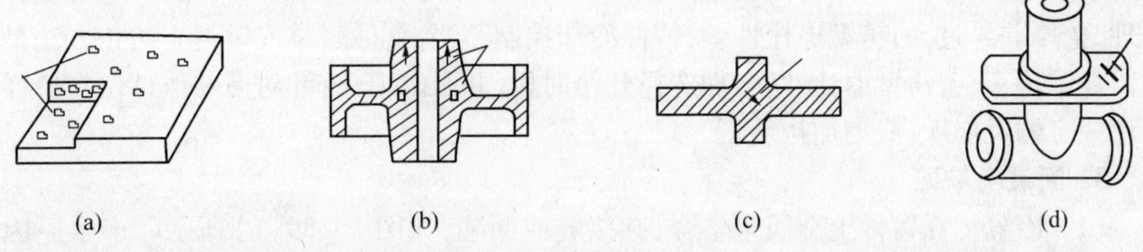

图2－57 孔洞类缺陷

（2）缩孔和缩松。图2－57(b)所示为缩孔，图2－57(c)所示为缩松。这类缺陷主要位于铸件厚大部位，形状不规则，内壁粗糙并带有枝状晶。铸件结构不合理，局部过于厚大，壁厚不均匀，浇注系统、冒口、冷铁等设置不合理，补缩和凝固顺序控制不当以及金属化学成分影响和浇注温度过高，使金属收缩量偏大是产生这类缺陷的主要原因。防止的方法是改进铸件设计结构,调整浇注系统、冒口、冷铁的设置和补缩能力,调整合金成分,适当降低浇注温度。

(3) 砂眼。分布在铸件表面或内部,孔眼内带有砂粒,形状不规则。产生原因一般是砂型强度不足,结构不合理,有尖角等易损部位,在金属液冲刷下损坏。型腔和浇口内散砂未吹净,合箱时铸型局部损坏,型(芯)砂散落。防止方法是改进铸件结构设计,增强砂型强度或加强易损部位局部强度,改进合型动作,认真检查型腔和浇口是否吹净。如图2-57(d)所示。

(4) 渣眼。多在铸件上表面,孔眼内有熔渣,形状不规则。产生原因一般是砂型强度不足,结构不合理,有矢角等易损部位,在金属液冲刷下这些部位极易损坏。型腔和浇口内散砂未吹净,合箱时铸型局部损坏,型(芯)砂散落。防止的方法是改进铸件结构设计,增强砂型强度或加强易损部位局部强度。认真检查型腔和浇口是否吹净。

2. 形状类缺陷

(1) 浇不足。铸件形状残缺、不完整,边角轮廓不清晰,多出现在浇口远端。产生原因一般是浇注温度过低。浇注速度过快、合金流动性不能满足铸件设计壁厚。直浇道过低,充型压力不足。局部排气不畅造成气堵。防止的方法是改进浇注工艺、改进铸件设计或选用流动性好的合金,改进浇口结构、提高充型压力,增强铸型排气能力,增设局部排气口。如图2-58(a)所示。

(2) 错型。铸件在分型面处错位、偏差,如图2-58(b)所示。产生原因一般是合型时未对准标记。模样定位销、孔间隙过大,定位不准确。上、下型未夹紧,搬动砂型时有错移。防止方法是合型标记准确定位切实;改进模样定位精度;固定和夹紧上下型,搬动时小心;改用整模、活砂等造型方法,使铸件在同一砂箱内。

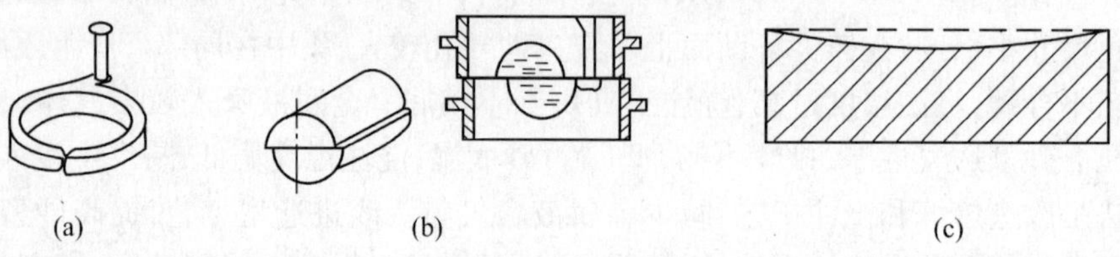

图2-58 形状类缺陷

(3) 变形。铸件形状弯曲或扭曲,如图2-58(c)所示。产生原因一般是结构设计不合理,壁厚差异过大;铸型退让性差;铸件冷却控制不当,落砂过早或过迟。防止方法是改进铸件结构;改善铸型退让性;合理选择开箱时机,并及时退火;针对易变形部位在模样上设计一定的反挠度,或增加拉筋。

3. 断裂类缺陷

(1) 冷隔。在铸件上金属未熔合,有接缝或凹陷,如图2-59(a)所示。产生原因一般是浇注温度过低;浇注速度过慢或断流;充型压力不足;浇口位置不当或太小;合金流动性差。防止的方法是改进浇注工艺;改进浇注系统提高充型压力和金属流量;选择流动性较好的合金。

(2) 裂纹。热裂断面氧化无光泽,纹缝曲折不规则,如图2-59(b)所示。冷裂断面无氧化或边缘少氧化,纹缝较平直,如图2-59(c)所示。产生原因一般是铸件结构不合理;厚薄不均匀;尖角应力集中;砂型退让性差;浇注温度过高合金收缩过大;落砂时机不

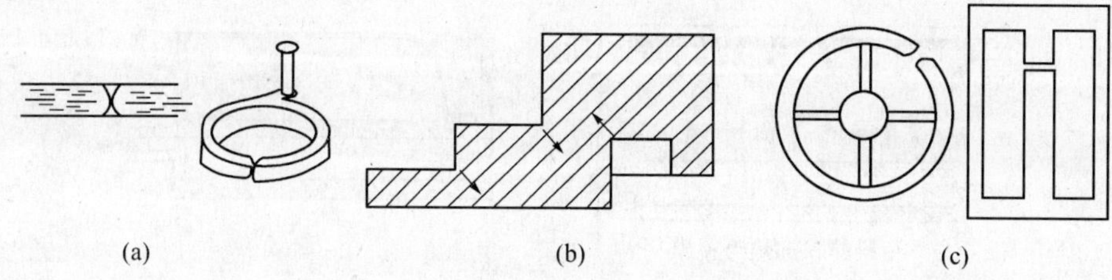

图2-59 断裂类缺陷

当,过早或过迟;合金化学成分中硫磷含量过高。防止的方法是改进铸件结构;增加圆角;改善砂型退让性;改进浇注工艺;选择合适落砂时机并及时退火;严格控制合金成分。

4. 表面缺陷和组织缺陷

(1) 粘砂。铸件表面结附一层砂粒与金属混合物。产生原因一般是浇注温度过高;型(芯)砂耐火性差;未刷涂料或涂料太薄;型腔表面过粗不致密。防止的方法是改进浇注工艺;提高型(芯)砂耐火性;合理刷涂料;提高面砂质量;改进造型工艺。

(2) 白口。铸铁件硬脆难以加工,断口呈银白色。产生原因一般是合金成分不当;落砂过早;铸件冷却过快;铸件壁过薄。防止的方法是合理控制合金成分;合理选择落砂时机,并对铸件及时进行退火。

第8节 铸造新技术、新工艺简介

随着机械制造技术的不断提高,机械制造对铸造技术要求也有了更高的要求。目前铸造技术正朝着优质、高效、自动化、节能、低耗能和低污染的方向发展,下面介绍几种铸造新技术。

一、真空密封造型

真空密封造型将真空技术与砂型铸造结合,靠塑料薄膜将砂型的型腔面和背面密封起来,借助真空泵抽气产生负压,造成砂型内、外压差使型砂紧固成型,经下芯、合箱、浇注,待铸件凝固,解除负压或停止抽气,型砂便随之溃散而获得铸件。真空密封造型法有利于金属液的充型,生产的铸件尺寸精度高、轮廓清晰、表面光洁,适合于铸造薄壁铸件,是目前较先进又非常具有发展前途的铸造方法。在航空、冶金、机械加工等领域,配合使用计算机技术进行辅助模拟,预测铸造缺陷的产生,能大幅度节约时间,降低生产费用,提高铸件的生产效率。

真空密封造型法工艺原理,如图2-60所示。

(1) 模型:把模型放在一块中空的型板上。

(2) 薄膜:将薄膜用加热器加热软化。

(3) 薄膜成型:将软化的薄膜覆盖在模样表层,使薄膜紧贴在模型表面。

(4) 放砂箱:将专用砂箱放在覆有薄膜的模型上。

(5) 加砂振实:将干砂放在覆有薄膜的模型上。

(6) 盖膜:开浇口杯刮平砂表面,盖膜,以封闭砂箱。

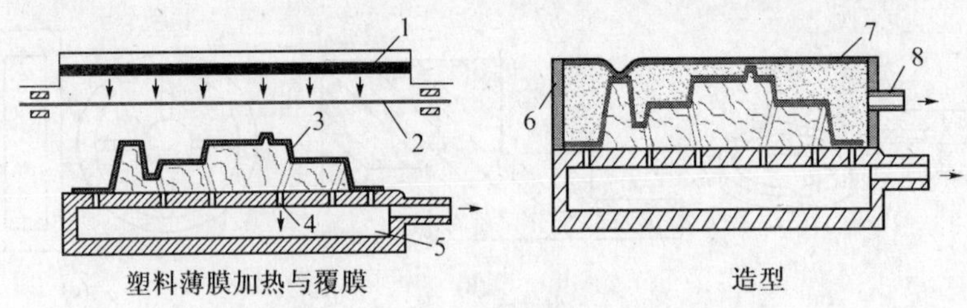

图 2－60 真空密封造型法原理

1—发热元件；2—塑料薄膜及加热位置；3,7—塑料薄膜；4,8—抽气孔；5—抽气箱；6—砂箱。

(7) 起模：砂箱抽真空，借助于盖在砂箱表面的薄膜在大气压力作用下使铸型硬化，起模时解除真空，顶箱起模，完成一个铸型。

(8) 合箱浇注：将上下箱合起来，在真空状态下浇注，如图 2－61 所示。

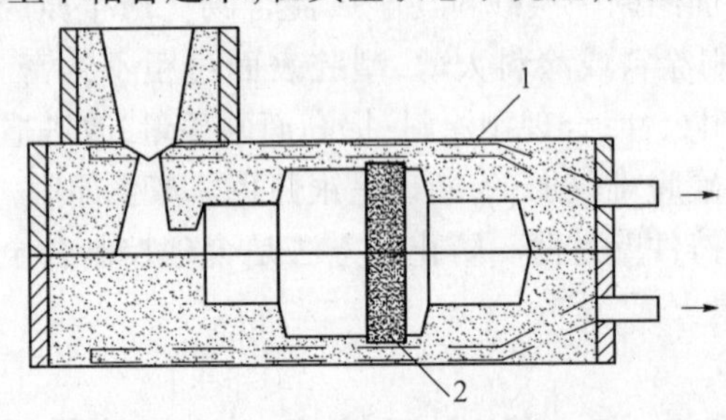

图 2－61 下芯、合箱

1—砂型；2—型芯。

(9) 脱箱落砂：经适当的冷却时间后取消真空，使自由流动的砂流出，存在一个没有砂块，无机械粘砂的清洁铸件，砂子经冷却后方可使用。

二、气流冲击造型

气流冲击造型简称气冲造型，是一种新的造型方法。其原理是利用气流冲击，使预填在砂箱内的型砂在极短的时间内完成冲击紧实过程，即先将型砂填入砂箱内，然后快速开启压缩空气阀门，气体产生很强的冲击压力，作用在松散的型砂上，使型砂迅速向模板方向运动，在很短的时间（约 0.25ms）内被冲压紧实。气冲造型分低压气冲造型和高压气冲造型两种，低压气冲造型应用较多。气冲造型的优点是砂型紧实度高且分布合理，透气性好、铸件精度高、表面粗糙度低、工作安全、可靠、方便。缺点是砂型最上部约 30mm 的型砂达不到紧实要求，因而不适用于高度小于 150mm 的矮砂箱造型，工装要求严格，砂箱强度要求高。

三、消失模铸造

消失模铸造又称实型铸造和气化模铸造，其原理是用泡沫聚苯乙烯塑料模样（包括浇冒口）代替普通模样，造好型后不取出模样就浇入金属液，在灼热液态金属的热作用下，泡沫塑料气化、燃烧而消失，金属液取代了原来泡沫塑料模所占的空间位置，冷却凝固后即可获得所需要的铸件。

消失模铸造典型的应用是无粘结剂干砂的实型铸造、磁型铸造和实型负压造型等方法。

1. 无粘结剂干砂的实型铸造

铸造工艺过程如图2-62所示。在带有浇冒口的泡沫塑料模样表面均匀覆盖一层耐火涂料,然后再上端开口的砂箱内,填入部分干砂,将覆盖耐火涂料的泡沫塑料模样放入砂箱,继续填砂到砂箱顶端,在填砂的同时振动砂箱,使铸型具有一定的紧实度,刮去砂箱顶部多余的砂子,在铸型的顶部放多孔的盖板或压铁,放置浇口盆浇注,当模样被金属液逐步取代,砂型靠耐火涂料层、金属液、残存的模样和气体压力及汽化渗入干砂颗粒空隙的凝结物共同支撑,使其保持紧实的铸型结构,带铸件冷凝后,落砂使铸件和干砂分离。

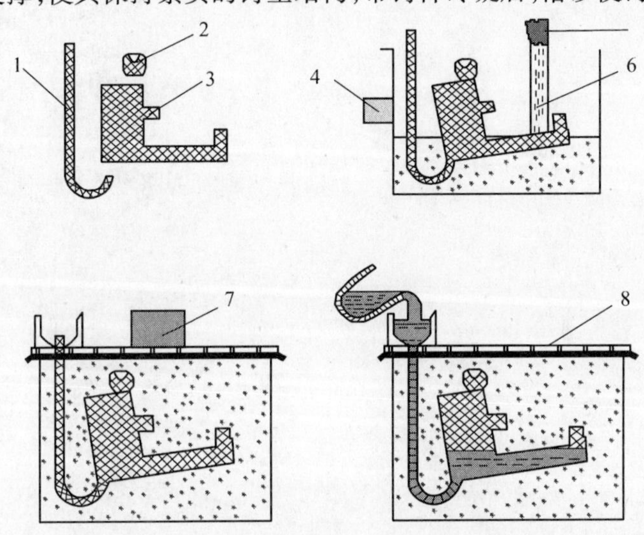

图2-62 无粘结剂干砂的实型铸造

1—浇道;2—冒口;3—模型;4—振动器;5—砂斗;6—干砂;7—压铁;8—带孔的盖板。

2. 磁型铸造

干砂法的铸型强度和紧实度较低,极易溃散。为了克服这些不足,人们开发了用磁化的造型材料(如铁丸)代替干砂作为造型材料,借助磁场力,形成一个牢固的、透气性能良好的整体铸型,这就是磁型造型。

磁型铸造工艺过程如图2-63所示,泡沫塑料模样表面均匀覆盖一层耐火涂料,放入上端开口的导磁砂箱内,填入粒状磁性材料,经微振实后,置入固定的磁型机内,在浇注前

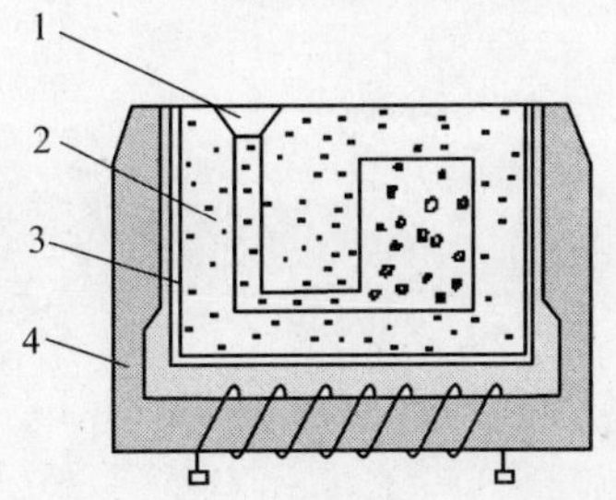

图2-63 磁性铸造原理图

1—泡沫塑料模样;2—粒状磁性材料;3—砂箱;4—磁型机。

通磁,浇注后待铸件冷却凝固后即可去磁落砂。

消失模铸造主要用于形状结构复杂,难以起模或活块和外型芯较多的铸件。与普通铸造相比,具有以下优点:工序简单、生产周期短、效率高,铸件尺寸精度高(造型后不起模、不分型,没有铸造斜度和活块),精度达 IT8 级,增大了铸件设计的自由度,简化了铸造生产工序,降低了劳动强度。

第3章 压力加工

第1节 概 述

金属的压力加工是借助外力的作用,使金属坯料产生塑性变形,从而获得具有一定形状、尺寸和机械性能的原材料、毛坯或零件的加工方法。

压力加工的主要方式有轧制、挤压、拉拔、锻造、板料冲压。凡具有一定塑性的金属材料,如钢和大多数有色金属,都可以进行压力加工。

压力加工应用广泛,经过压力加工的机械零件组织致密,并能修复铸造组织的缺陷,显著提高金属的机械性能,由于提高了金属的机械性能,在同样的工作条件下,可以减小零件的尺寸,减轻重量。

(1) 轧制。金属坯料靠摩擦力的作用在回转轧辊的空隙中通过,在轧辊的压力下而变形的加工方法就是轧制,如图3-1所示。在轧制过程中,坯料截面发生变化,长度增加,从而获得各种形状的材料。轧制可以生产钢板和无缝钢管及各种型钢。

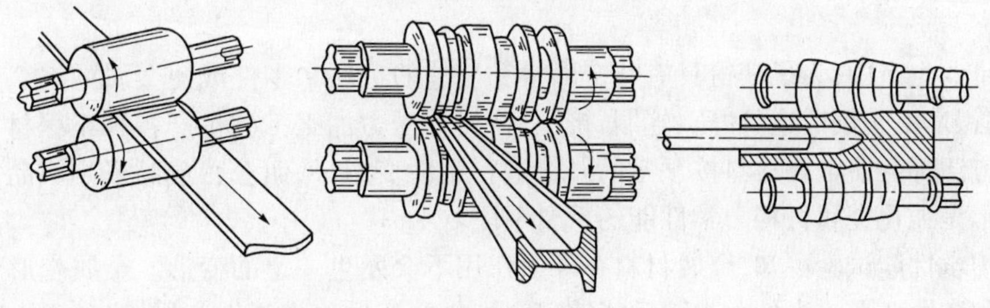

图3-1 轧制

(2) 挤压。将金属坯料放在挤压筒内,用加压的方式将金属坯料从模孔的一端挤出而变形的加工方法,如图3-2(a)所示。

挤压的方法有3种,金属流动方向与凸模运动方向一致的叫正挤压,如图3-2(b)所示。金属流动方向与凸模运动方向相反的叫反挤压,如图3-2(c)所示。图3-2(d)所

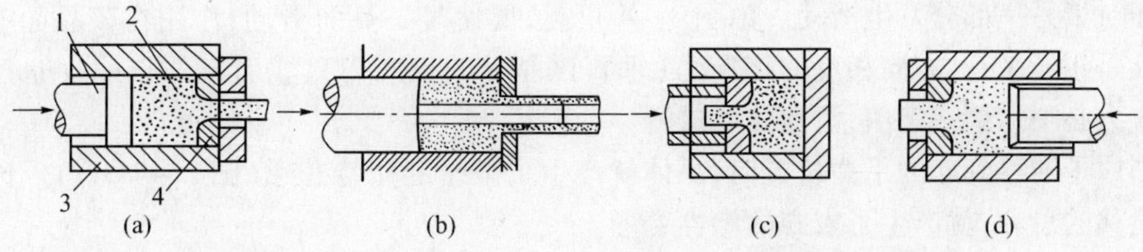

图3-2 挤压

1—凸模;2—坯料;3—挤压筒;4—挤压模。

示为复合挤压。在挤压过程中,金属坯料的截面依照模孔的形状减小,长度增加,从而得到各种形状复杂的等截面型材和零件。挤压适用于加工低碳钢、有色金属及其合金。

(3) 拉拔。将金属坯料拉过拉拔模的模孔而变形的加工方法称为拉拔,如图 3-3 所示。拉拔生产主要用来制造各种细线材、薄壁管和各种特殊几何形状的型材。拉拔所获得的产品具有较高的精度和表面粗糙度,低碳钢和大多数有色金属及其合金都可以拉拔成型。

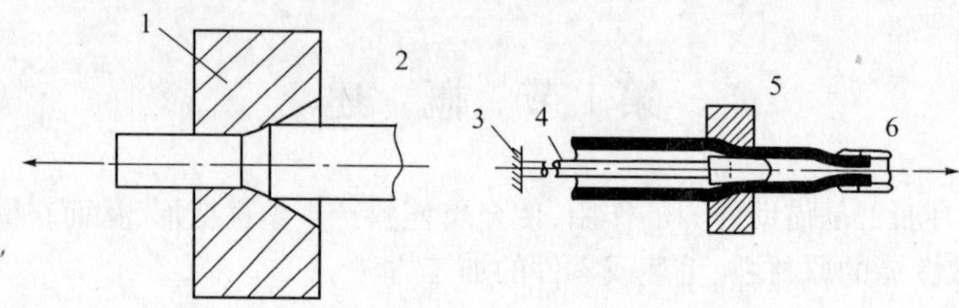

图 3-3 拉拔
1—拉拔模; 2—坯料; 3—保持台; 4—芯棒; 5—拉拔模; 6—夹钳。

锻造、板料冲压将在后面章节中详细讲解。

压力加工能获得机械结构组织致密的零件,但是也有不足之处,例如不能获得形状较为复杂的零件。

第 2 节 金属的塑性变形

在工业生产中,为了获得具有一定形状和尺寸的毛坯和零件或使金属的组织和性能得到改善,广泛采用锻造、冲压、轧制、挤压、拉拔等压力加工工艺生产各种工程材料。压力加工方法都会使金属材料按预定的要求进行塑性变形,从而获得成品或半成品。所以塑性变形是强化金属材料力学性能的重要手段。

从力学性能试验可知,金属材料在外力作用下会发生一定的变形。金属变形包括塑性变形和弹性变形。当外力去除后能够完全恢复的变形称为弹性变形,当外力去除后不能完全恢复的变形称为塑性变形。通过塑性变形可以改善金属材料的各种性能,这是和变形过程中其内部结构的变化分不开的。

一、单晶体的塑性变形

单晶体的塑性变形主要是以滑移的方式进行的,即晶体的一部分沿着一定的晶面和晶向相对于另一部分发生滑动。由图 3-4 可见,要使某一晶面滑动,作用在该晶面上的力必须是相互平行、方向相反的切应力(垂直该晶面的正应力只能引起伸长或收缩),而且切应力必须达到一定值,滑移才能进行。

当原子滑移到新的平衡位置时,晶体就产生了微量的塑性变形(图 3-4(d))。许多晶面滑移的总和,就产生了宏观的塑性变形。

研究表明,滑移优先沿晶体中一定的晶面和晶向发生,晶体中能够发生滑移的晶面和晶向称为滑移面和滑移方向。不同晶格类型的金属,其滑移面和滑移方向的数目是不同的,一般来说,滑移面和滑移方向越多,金属的塑性越好。

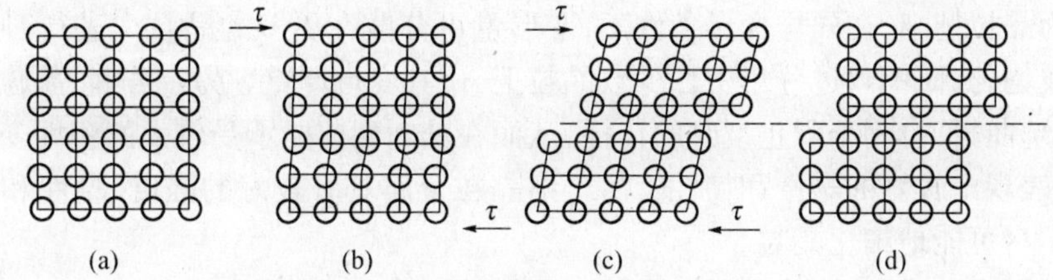

图3－4　晶体在切应力作用力的变形

（a）未变形；（b）弹性变形；（c）弹、塑性变形；（d）塑性变形。

晶体滑移时，并不是整个滑移面上的全部原子一起移动，因为那么多原子同时移动，需要克服的滑移阻力十分巨大。实际上滑移是借助位错的移动来实现的，如图3－5所示。

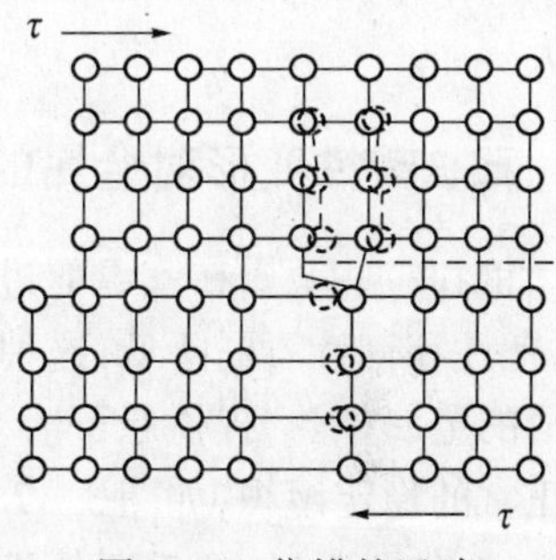

图3－5　位错的运动

位错的原子面受到前后两边原子的排斥，处于不稳定的平衡位置。只须加上很小的力就能打破力的平衡，使位错前进一个原子间距。在切应力作用下，位错继续移动到晶体表面，就形成了一个原子间距的滑移量，大量位错移出晶体表面，就产生了宏观的塑性变形。

二、多晶体的塑性变形

常用金属材料都是多晶体。多晶体中各相邻晶粒的位向不同，并且各晶粒之间由晶界相连接，因此，多晶体的塑性变形主要具有下列一些特点。

1. 晶粒位向的影响

由于多晶体中各个晶粒的位向不同，在外力的作用下，有的晶粒处于有利于滑移的位置，有的晶粒处于不利于滑移的位置。当处于有利于滑移位置的晶粒要进行滑移时，必然受到周围位向不同的其他晶粒的约束，使滑移的阻力增加，从而提高了塑性变形的抗力。同时，多晶体各晶粒在塑性变形时，受到周围位向不同的晶粒与晶界的影响，使多晶体的塑性变形呈逐步扩展和不均匀形式，其结果之一就是产生内应力。

2. 晶界的作用

晶界对塑性变形有较大的阻碍作用。图3－6所示是一个只包含两个晶粒的试样经受拉伸时的变形情况。由图可见，试样在晶界附近不易发生变形，出现了所谓的“竹节”现象。这是因为晶界处原子排列比较紊乱，阻碍位错的移动，因而阻碍了滑移。很显然，晶界越多，晶体的塑性变形抗力越大。

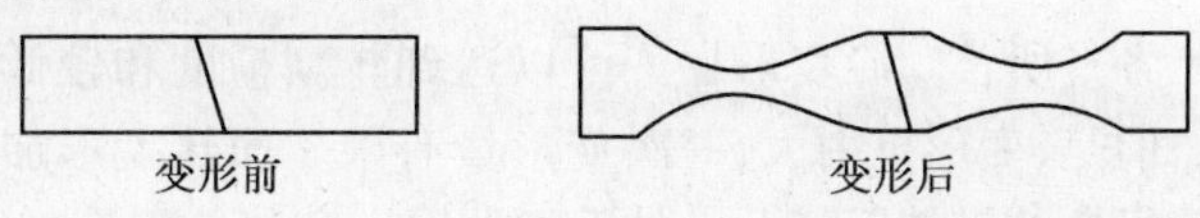

图3－6　两个晶粒试样在拉伸时的变形

3. 晶粒大小的影响

在一定体积的晶体内，晶粒的数目越多，晶界就越多，晶粒就越细，并且不同位向的晶粒也越多，因而塑性变形抗力也越大。细晶粒的多晶体不仅强度较高，而且塑性和韧性也较好。因为晶粒越细，在同样变形条件下，变形量可分散在更多的晶粒内进行，使各晶粒的变形比较均匀，而不致过分集中在少数晶粒上，使其变形严重。另一方面，晶粒越细，晶界就越多，越曲折，有利于阻止裂纹的传播，从而在其断裂前能承受较大的塑性变形，吸收较多的功，表现出较好的塑性和韧性。由于细晶粒金属具有较好的强度、塑性和韧性，故生产中总是尽可能地细化晶粒。

晶界上原子的排列是不规则的，不同的晶粒的滑移会受到相互的阻碍，因此多晶体的强度大于单晶体的强度，由于晶粒愈小，多晶体的宏观变形的总量就可以分散到更多的晶粒中进行，使每个晶粒所承担的变形量相对减小，变形更均匀。另外晶界对裂纹的扩展有阻挡的作用，所以压力加工希望金属坯料具有细晶粒组织，因此在加热时要避免晶粒粗大。

三、塑性变形对金属的组织和性能的影响

钢和一些金属在室温下进行塑性变形时，随着变形程度的增加，强度和硬度不断提高，塑性和韧性不断降低，这种现象称为加工硬化。加工硬化是不稳定的，只要对塑性变形后的金属加热，提供原子活动所必须的能量，不稳定的组织就经过回复和再结晶，转变为正常的稳定组织，如图 3－7 所示。当温度继续升高，则新生晶粒之间还会大晶粒吞并小晶粒，使晶粒长大，反而使机械性能降低。

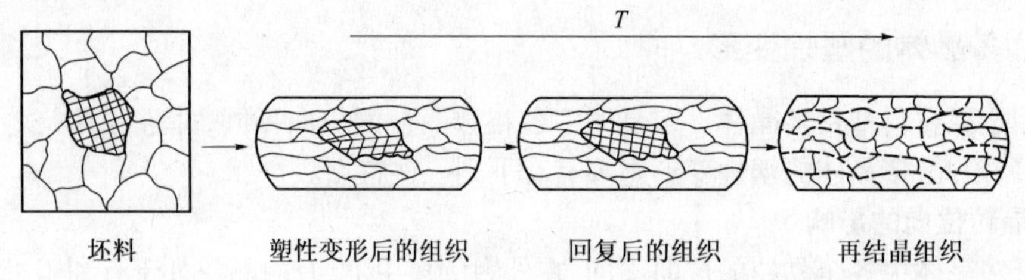

图 3－7　金属的回复和再结晶示意图

变形后有明显加工硬化现象的金属称为冷变形金属，变形后没有加工硬化的金属称为热变形金属。

冷变形过程没有再结晶现象，变形后有硬化现象，因此冷变形时需要很大的变形力，变形程度也不能太大，以免工件开裂。

热变形加工与冷变形加工分界线是再结晶温度。在再结晶温度之下进行的变形加工，变形的同时没有再结晶发生，这种变形加工称为冷变形加工。在变形的同时也进行着动态的再结晶，在变形后的冷却过程中，也继续发生再结晶，这种变形加工称为热变形加工。

这两种变形加工各有所长。冷变形加工可以达到较高精度和较低的表面粗糙度，并有加工硬化的效果。但是，变形抗力大，一次变形量有限。而热变形加工与此相反，热变形加工多用于形状较复杂的零件毛坯及大件毛坯的锻造和热轧钢锭成钢材等。而冷变形加工多用于截面尺寸较小，要求表面粗糙度值低的零件和坯料。

热变形加工对金属组织与性能有很大的影响，由于热变形加工在变形的同时伴随着动态再结晶，变形停止后在冷到室温过程中继续有再结晶发生。所以热变形加工基本没有加工硬化现象，但是，也会使金属的组织和性能发生很大变化，主要表现在以下几点：

(1) 热变形加工可以焊合铸态金属中的气孔、显微裂纹等。从而提高材料的致密度和力学性能。

(2) 热变形加工可以破坏掉铸态的大枝晶和柱状晶。并发生再结晶使晶粒细化,从而也提高材料的力学性能。

(3) 热变形加工中可以使铸态金属的偏析和非金属夹杂沿着变形的方向拉长,形成所谓的“流线”,也称热变形加工的纤维组织。流线的存在使金属材料产生各向异性。沿流线方向的强度、塑性、韧性大于垂直流线的方向。图3-8(a)所示流线分布合理,承载能力大。图3-8(b)所示流线分布不好,承载能力小。

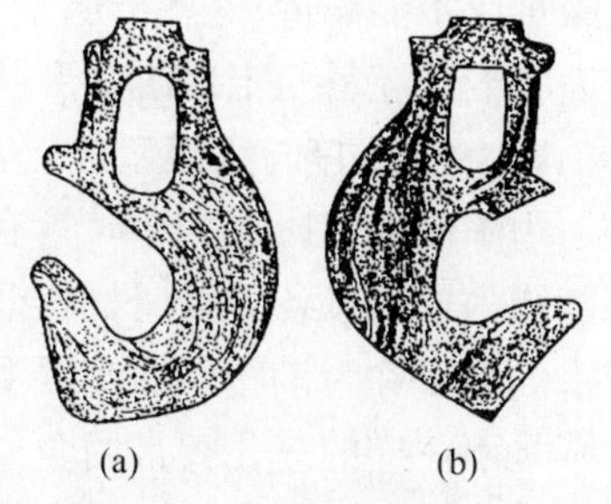

图3-8　挂钩的流线分布

只要热变形加工的工艺条件适当,热变形加工的工件力学性能要高于铸件,所以,受力复杂、负荷较大的重要工件一般都是选用锻件,不用铸件。但是,热变形加工工艺参数不当,也会降低热变形加工工件的性能。例如,加热温度过高可能使热变形后的工件晶粒粗大、强度和塑性下降,若热变形加工停止的温度过低可能带来加工硬化、残余应力加大,甚至出现裂纹等问题。

第3节　锻　造

一、金属的锻造性能

金属的锻造性能以其塑性和变形抗力综合衡量。金属的塑性越好,变形抗力越小,它的锻压性能就越好。

金属的锻造性能首先取决于其化学成分和组织结构,不同化学成分的金属锻造性能不同,一般纯金属的锻造性能优于合金,钢中的碳质量分数越低,锻造性能越好。金属内部的组织结构不同,其锻造性能差别也很大,均匀细小的组织结构比粗晶粒组织锻造性能好。金属的锻造性同时还与金属的温度状态、变形时内部的应力状态及变形速度等加工条件有关。钢、铜、铝可用来锻造而铸铁则不能。锻造的特点是:锻件质量高、节约金属、生产率比较高,但锻造劳动强度大,也不能像铸造那样,生产出形状极其复杂的毛坯。目前锻件的精度,表面粗糙度都比加工高,所以大多数的锻件都要经过机械加工后才能成为装配使用的零件。锻造可分为自由锻和模锻。

(1) 自由锻。适用于单件和小批量生产,其中手工自由锻在现代工业生产中已被机器自由锻取代。一般中、小型锻件采用锤上自由锻,大型锻件要在液压机上锻造。液压机是以液体产生的静压力使坯料变形的。

(2) 模锻。生产每一种锻件都要制造一副至几副专用的模具,因而模锻只适用大批量生产。目前在我国,锤上模锻是模锻的主要方法,而压力机上模锻具有更高的生产率和更好的模锻质量,但设备投资较高。胎膜锻是一种介于自由锻和模锻之间的锻造方法,即采用简单模具,在自由锻设备上生产小型模锻件,适用于中、小批量的生产条件。

二、坯料的加热

加热的目的是提高金属的塑性和降低变形抗力,即提高金属的锻造性能。除少数具有良好塑性的金属可在常温下锻造成形外,大多数金属在常温下的锻造性能较差,造成锻造困难或不能锻造,这些金属随温度的上升其塑性会提高,变形抗力会下降,用较小的变形力就能使坯料稳定地改变形状而不出现破裂,所以锻造时要对工件加热。

1. 始锻温度与终锻温度

为了保证金属在变形时具有良好的塑性,又不致产生加热缺陷,锻造必须在合理的温度范围内进行。各种金属材料锻造时允许的最高加热温度称为该材料的始锻温度,终止锻造的温度称为该材料的终锻温度。由于化学成分的不同,每种金属材料始锻和终锻温度都是不一样的。几种常用金属材料的锻造温度范围如表3-1所列。

表3-1 常用金属材料的锻造温度范围

材料种类	始锻温度/℃	终锻温度/℃
低碳钢	1200~1250	800
中碳钢	1150~1200	800
合金结构钢	1100~1180	850

锻件的温度可用仪表测定,在生产中也可根据被加热金属的火焰颜色来判别,碳钢的加热温度与火焰颜色的关系如表3-2所列。

表3-2 碳钢的加热温度与火色的关系

温度/℃	1300	1200	1100	900	800	700	小于600
火色	白色	亮黄	黄色	樱红	赤红	暗红	黑色

2. 加热缺陷

对锻件加热不当,则会产生以下缺陷:

(1) 过热。加热温度超过该材料的始锻温度,或在高温下保温过久,金属材料内部的晶粒会变得粗大,这种现象称为过热。过热使锻坯的塑性下降,可锻性变差。可通过重结晶退火的方法使晶粒重新细化。

(2) 过烧。加热温度远远高于始锻温度,接近该材料的熔点,晶粒边界发生严重氧化而使晶粒间失去结合力,这种现象称为过烧。过烧的坯料一经锻打即会碎裂,是不可修复的缺陷。

(3) 氧化和脱碳。加热时钢料与高温的氧、二氧化碳和水蒸气接触,使坯料表面产生氧化皮和脱碳层。每次加热的氧化烧损量约占坯料总重量的2%~3%,下料计算时必须加上这个烧损量。

3. 加热炉

锻造加热炉按热源的不同,分为火焰加热炉和电加热炉两大类。

1) 火焰加热炉

采用烟煤、焦炭、重油、煤气等作为燃料。当燃料燃烧时,产生含有大量热能的高温火焰将金属加热。下面介绍几种火焰加热炉。

(1) 明火炉。将金属坯料置于以煤为燃料的火焰中加热的炉子,称为明火炉,又称为手锻炉,其结构如图3-9(a)所示,由炉膛、炉罩、烟筒、风门和风管等组成。其结构简单,操作方便,但生产率低,热效率不高,加热温度不均匀且速度慢。在小件生产和维修工作中应用较多,锻工实习常使用这种炉子。因此,常用来加热手工自由锻及小型空气锤自由锻的坯料,也可用于杆形坯料的局部加热。

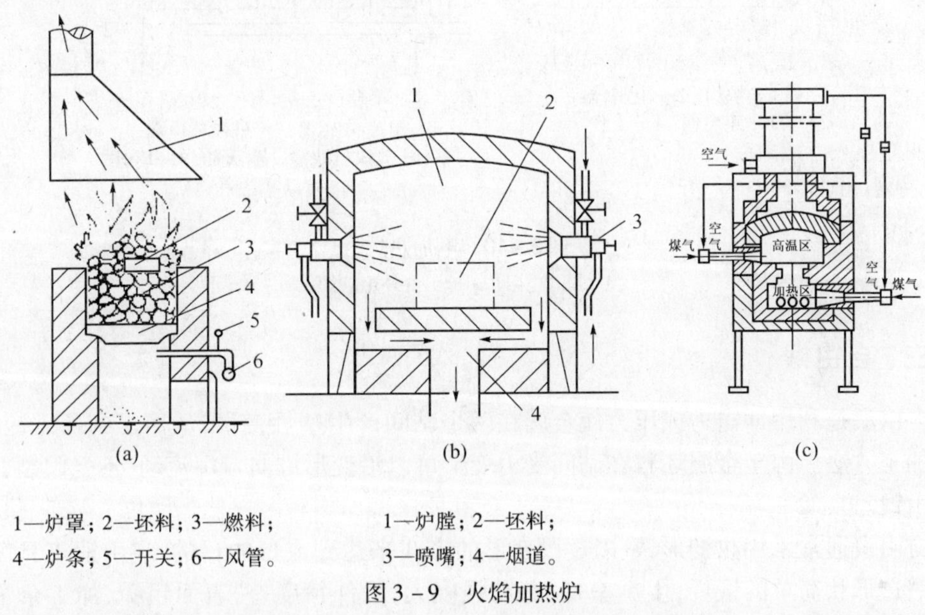

1—炉罩;2—坯料;3—燃料;
4—炉条;5—开关;6—风管。

1—炉膛;2—坯料;
3—喷嘴;4—烟道。

图3-9 火焰加热炉

(2) 油炉和煤气炉。这两种炉分别以重油和煤气为燃料,结构基本相同,仅喷嘴结构不同。油炉和煤气炉的结构形式很多,有室式炉、开隙式炉、推杆式连续炉和转底炉等。图3-9(b)所示为室式重油加热炉,由炉膛、喷嘴、炉门和烟道组成。其燃烧室和加热室合为一体,即炉膛。坯料码放在炉底板上。喷嘴布置在炉膛两侧,燃油和压缩空气分别进入喷嘴。压缩空气由喷嘴喷出时,将燃油带出并喷成雾状,与空气均匀混合并燃烧以加热坯料。用调节喷油量及压缩空气的方法来控制炉温的变化。这种加热炉用于自由锻,尤其是大型坯料和钢锭的加热,它的炉体结构比反射炉简单、紧凑,热效率高。

近年来,为提高锻件表面质量,通过控制燃烧炉气的性质,实现坯料的少或无氧化加热。图3-9(c)所示为一室二区敞焰少无氧化加热炉示意图。

2) 电加热炉

电加热炉有电阻加热炉、接触电加热炉和感应加热炉等。

(1) 电阻炉。电阻炉是利用电流通过布置在炉膛围壁上的电热元件产生的电阻热为热源,通过辐射和对流将坯料加热的。炉子通常做成箱形,分为中温箱式电阻炉(图3-10(a))和高温箱式电阻炉图3-10(b))。

(2) 红外箱式炉。红外箱式炉采用硅碳棒为发热元件,并在内壁涂有高温烧结的辐射涂料,加热时炉内形成高辐射均匀温度场,因此升温快,单位耗电低,达到节能目的。红外炉采用无级调压控制柜与其配套,具有快速启动,精密控温,送电功率和炉温可任意调节的特点。

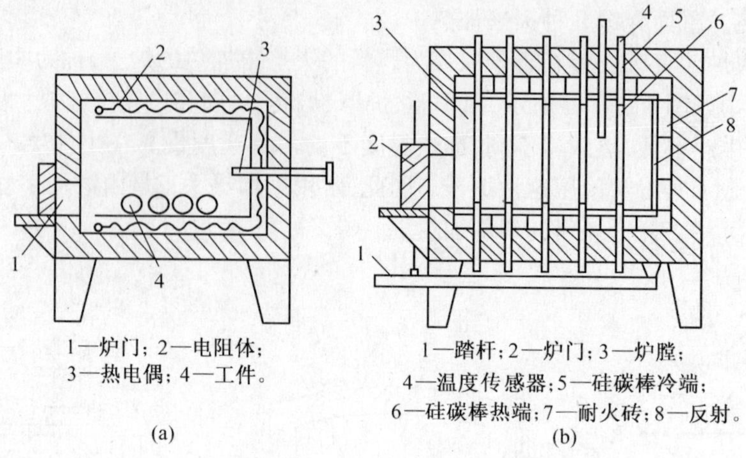

1—炉门；2—电阻体；
3—热电偶；4—工件。

(a)

1—踏杆；2—炉门；3—炉膛；
4—温度传感器；5—硅碳棒冷端；
6—硅碳棒热端；7—耐火砖；8—反射。

(b)

图3-10 电加热炉

(a)箱式电阻炉；(b)红外箱式炉。

三、自由锻

自由锻是利用冲击力或压力使金属在两个砧间产生塑性变形，从而得到所需锻件的压力加工方法。由于金属坯料在砧间受力变形可以沿变形方向自由流动，不受限制，因此称自由锻。

自由锻通常采用热变形，常以逐段变形的方式来达到成形的目的，自由锻工具简单，只能锻造形状简单的锻件，生产率低，劳动强度大，锻件精度差、表面粗糙、加工余量大。自由锻只适用于单件、小批量生产。自由锻是大型锻件唯一可能的锻造方法。

1. 自由锻设备

根据对锻件的作用力分为锻锤和液压机。锻锤通过冲击力使金属变形。液压机是以静压力使金属变形的，工作时无振动，变形速度低（水压机上砧速度约为0.1m/s~0.3m/s；锻锤锤头速度可达7m/s~8m/s），有利于改善材料的可锻性，并容易达到较大的锻透深度；常用于大型锻件的生产，所锻钢锭质量可达几百吨。液压机的吨位是用所能产生的最大压力来表示，一般为5MN~150MN。

小型锻件常采用的设备为空气锤，它的工作原理如图3-11(a)所示，图3-11(b)所示为空气锤的外形图。

空气锤的工作原理是电动机的转动通过减速系统带动曲柄转动，曲柄转动使连杆推动压缩汽缸内的活塞做上下往复运动，活塞把空气压缩，通过上下气阀使压缩空气交替进入工作气缸的上部，上部空气推动活塞连同锤杆和上砧作上下往复运动进行工作。工作时，通过操纵脚踏杆（或操纵手柄）控制旋阀的位置，可以获得连续的打击或单次打击、上悬、下压等动作。空气锤的吨位是以其下落部分即工作活塞、锤杆、上砧的重量来表示，通常为55kg~1000kg，锤头的行程和打击能量的大小可以通过改变旋阀转角的大小来控制。空气锤的下砧是安装在砧垫上的，工件放置在上下砧间靠上砧的冲击力成型。

由于空气锤的锻及能量较小，生产中对于大、中型锻件常用蒸汽—空气锤进行锻造，蒸汽—空气锤既可用做自由锻，又可用做模锻。蒸汽—空气锤的外形和结构有单柱式和

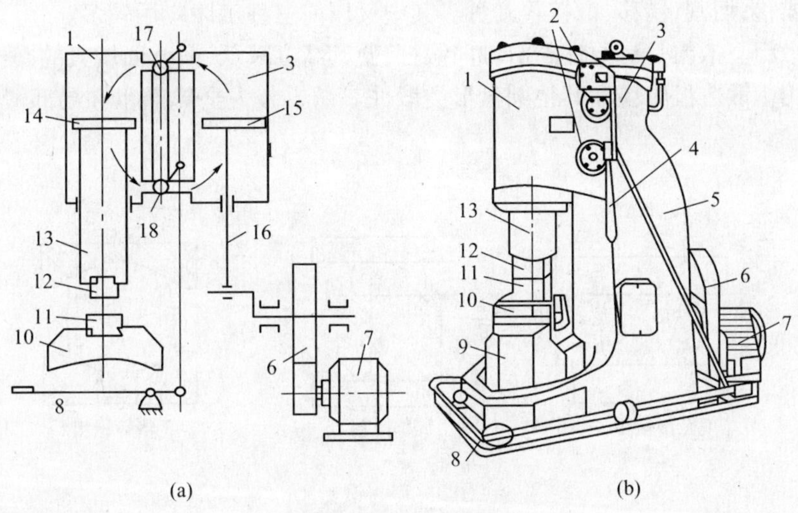

图3-11 空气锤

1—工作缸；2—旋阀；3—压缩缸；4—手柄；5—锤身；6—减速机构；7—电动机；8—脚踏杆；9—砧座；10—砧垫；11—下砧块；12—上砧块；13—锤杆；14—工作活塞；15—压缩活塞；16—连杆；17—上旋阀；18—下旋阀。

双柱式两种，双柱式蒸汽—空气锤的外形和结构如图3-12所示。

蒸汽—空气锤的工作原理是进气管的蒸汽进入滑阀，通过上气道进入工作缸上部，使活塞、锤杆和锤头向下运动进行锤击，而工作缸下部的气体由下气管排出。当滑阀一到下面位置时，锤头上升。

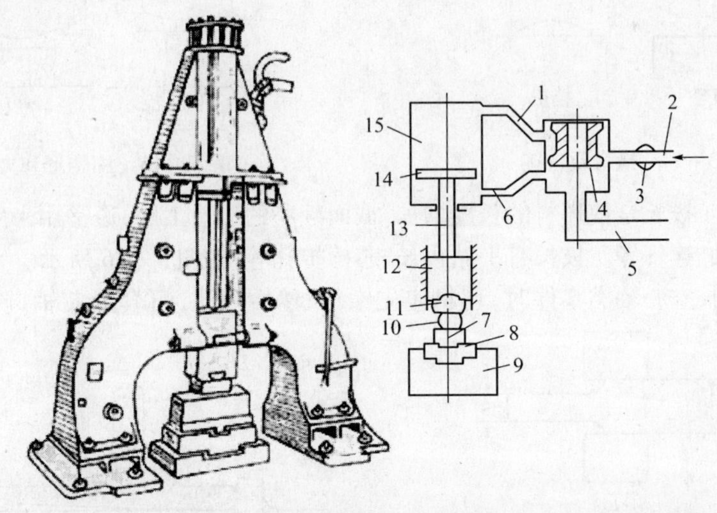

图3-12 蒸汽—空气锤

1—上气道；2—进气管；3—节气阀；4—滑阀；5—排气管；6—下气道；7—下砧；8—砧垫；9—砧座；10—坯料；11—上砧；12—锤头；13—锤杆；14—活塞；15—工作缸。

2. 自由锻的基本工序

根据锻件的变形性质和变形程度的不同，自由锻的基本工序有墩粗，拔长，冲孔，弯曲，扭转，错移，切割，错移、锻接等几种。其中又以前三种工序应用较多。

(1) 镦粗。镦粗是对原坯料沿轴向锻打，使其高度减低、横截面增大的操作过程。这种工序常用于锻造齿轮坯和其他圆盘形类锻件。镦粗分为全部镦粗和局部锻粗等，如图3-13所示。

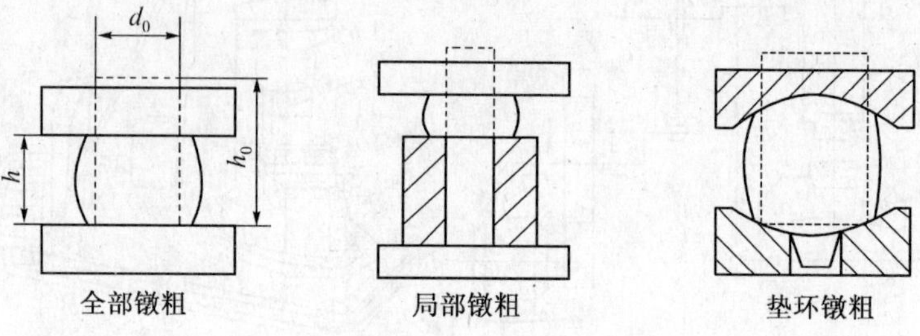

图3-13 镦粗

镦粗时应注意下列几点：

① 镦粗部分的长度 h_0 与直径 d_0 之比应小于2.5，否则容易镦弯，如图3-14所示。

② 镦粗力要足够大，否则会形成细腰形或夹层，如图3-15所示。图3-15(a)为形成细腰形，图3-15(b)为形成夹层。

③ 坯料端面要平整且与轴线垂直，锻打用力要正，否则容易锻歪。

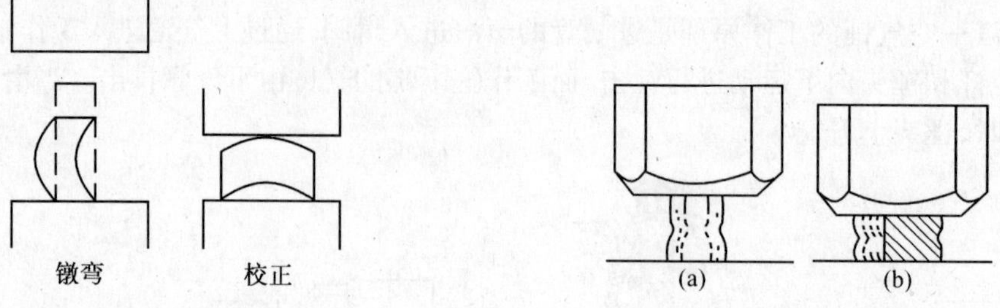

图3-14 镦弯及校正

图3-15 细腰形和夹层

(2) 拔长。拔长是使坯料的长度增加，截面减小的锻造工序，通常用来生产轴类件毛坯，如车床主轴、连杆等。拔长有平砧拔长、芯棒扩孔等，如图3-16所示。

如果是拔长空心轴类零件时，坯料应先镦粗，然后冲孔，再套上芯轴进行拔长，如图

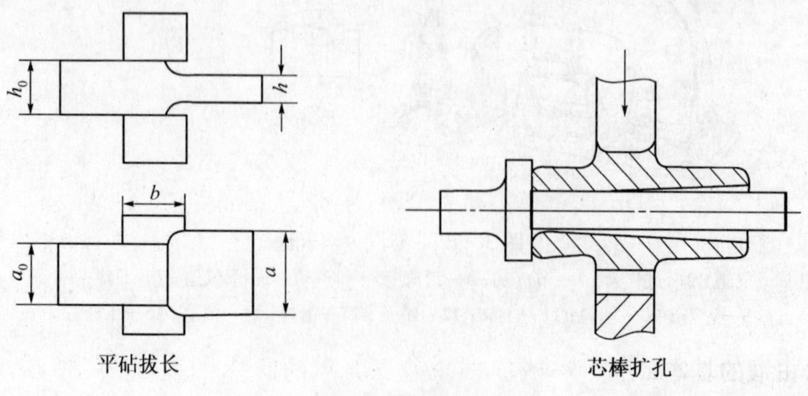

图3-16 拔长

3－17所示。

拔长时，每次的送进量应为砧宽的0.3倍～0.7倍，若送进量太大，则金属横向流动多，纵向流动少，拔长效率反而下降。若送进量太小，又易产生夹层，如图3－18所示。图3－18(a)为合适的送进量，图3－18(b)送进量太大，效率较低，图3－18(c)送进量太小，易产生夹层。

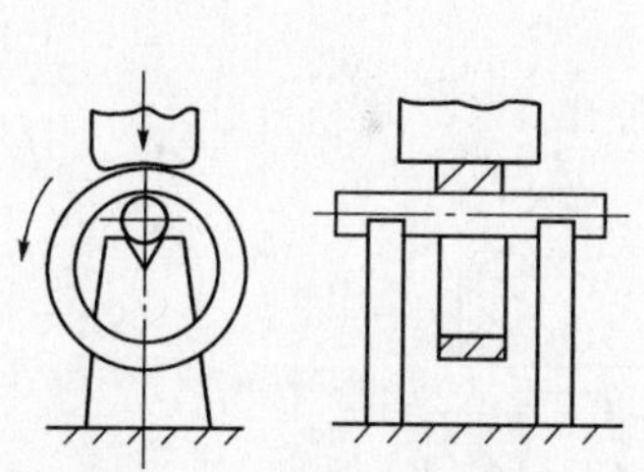

图3－17 中空零件的拔长

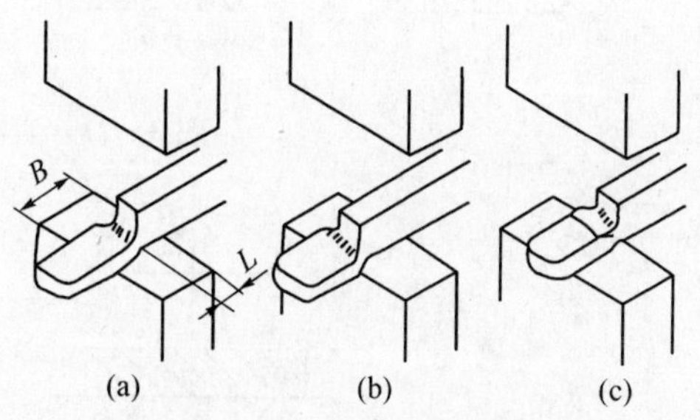

图3－18 拔长的送进量

拔长过程中应作90°翻转，如图3－19所示，较重锻件(图(a))常采用锻打完一面再翻转90°锻打另一面的方法；较小锻件(图(b))则采用来回翻转90°的锻打方法。

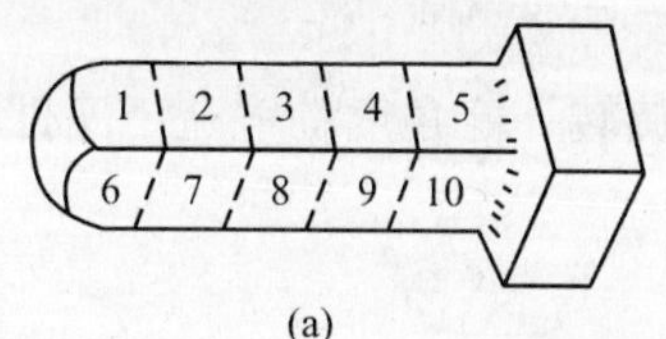

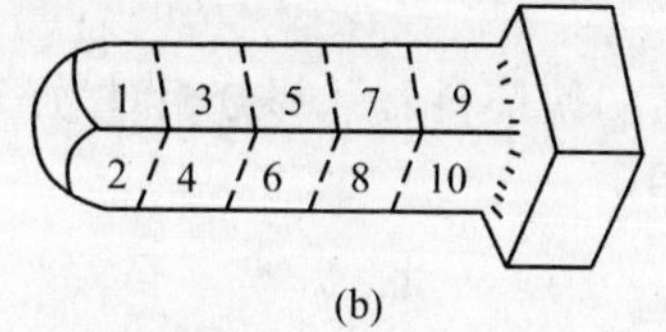

图3－19 拔长时坯料的翻转方法

(a) 打完一面后翻转90°；(b) 来回翻转90°锻打。

图3－20所示圆形截面坯料拔长时，先锻成方形截面，在拔长到边长直径接近锻件直径时，锻成八角形截面，最后倒棱滚打成圆形截面。这样拔长效率高，且能避免引起中心裂纹。

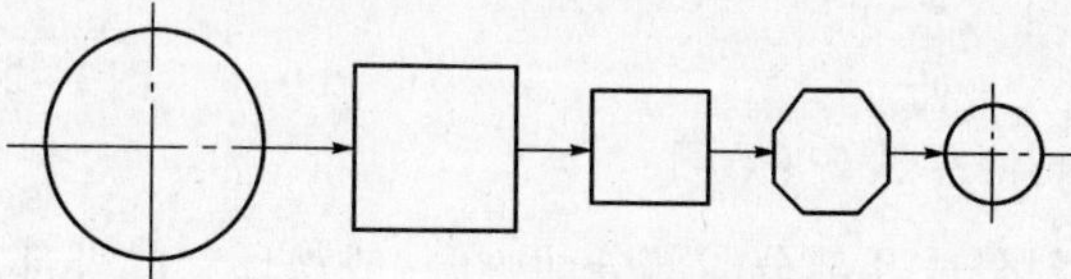

图3－20 圆形截面拔长

(3) 冲孔。用冲子在坯料上冲出通孔或不通孔的锻造工序。实心冲子双面冲孔如图3－21所示，在镦粗平整的坯料表面上先预冲一凹坑，放稍许煤粉，再继续冲至约3/4深度时，借助于煤粉燃烧的膨胀气体取出冲子，翻转坯料，从反面将孔冲透。

单面冲孔法。厚度小的坯料可采用单面冲孔法，冲孔时，坯料置于垫环上，将一略带锥度的冲头大端对准冲孔位置，用锤击方法打入坯料，直至孔穿透为止，图3－22所示为单面冲孔示意图。

(4) 弯曲。弯曲是使坯料弯曲成一定角度或形状的锻造工序，图3－23所示为弯曲示意图。

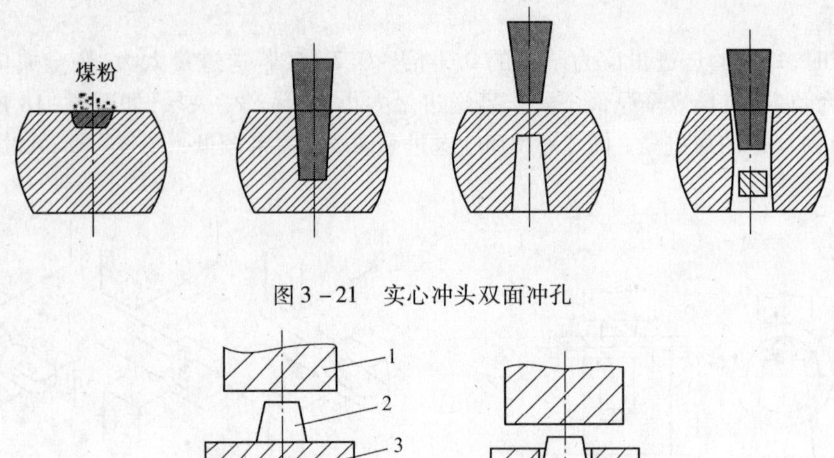

图 3－21　实心冲头双面冲孔

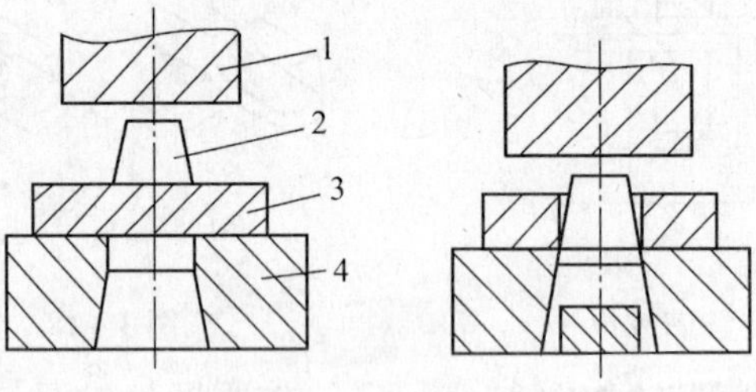

图 3－22　单面冲孔

1—冲头；2—冲子；3—工件；4—漏盘。

（5）扭转。使坯料的一部分相对另一部分旋转一定角度的锻造工序，图 3－24 所示为扭转示意图。

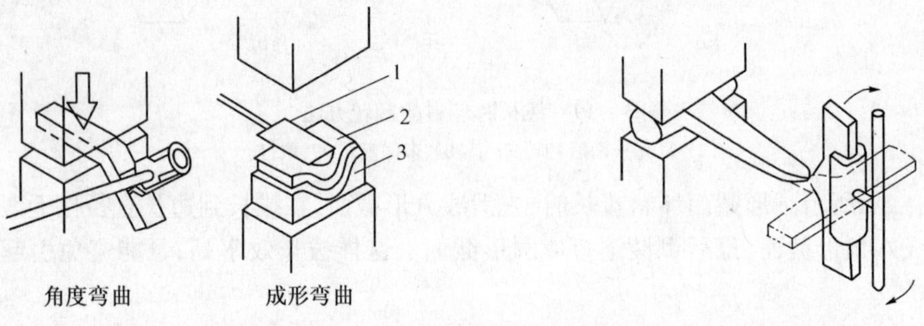

角度弯曲　　成形弯曲

图 3－23　弯曲

1—成型压铁；2—工件；3—成型垫铁。

图 3－24　扭转

（6）切割。将坯料分成几部分或部分地割开，或从坯料的外部割掉一部分，或从内部割出一部分的锻造工序，图 3－25 所示为切割示意图。

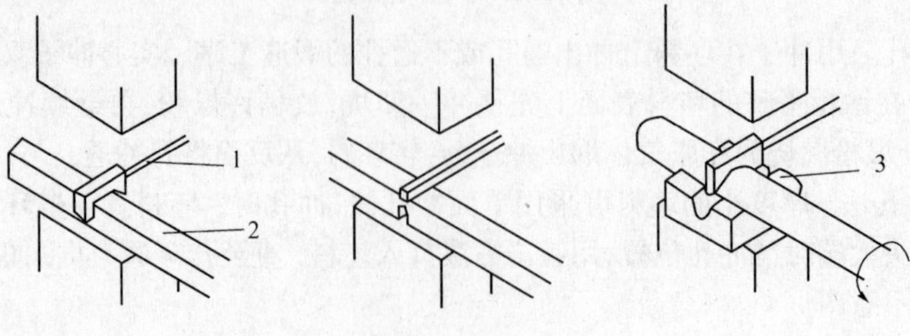

图 3－25　切割

1—剁刀；2—工件；3—剁垫。

（7）错移。将坯料的一部分相对另一部分平行错开一段距离，但仍保持轴心平行的的锻造工序（图3－26），常用于锻造曲轴零件。错移时，先对坯料进行局部切割，然后在切口两侧分别施加大小相等、方法相反且垂直于轴线的冲击力或压力，使坯料实现错移。

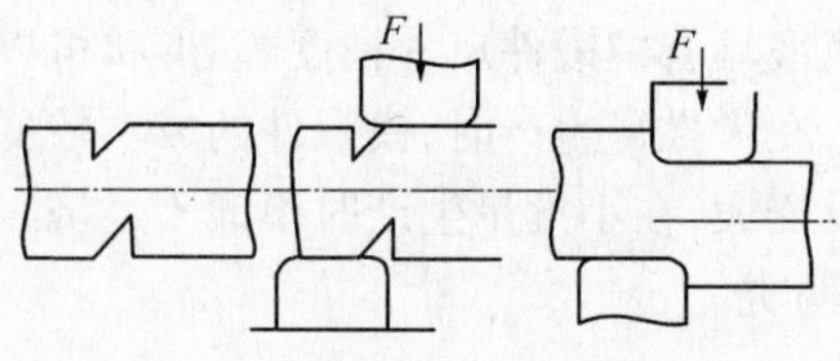

图3－26　错移

（8）锻接。坯料在炉内加热至高温后，用锤快击，使两者在固态结合在一起的锻造工序。锻接的方法有搭接、对接、咬接等，锻接后的接缝强度可达被连接材料强度的70%～80%，如图3－27所示。

3. 典型零件的自由锻实例

在实际生产中，应根据具体的锻件形状，采用合适的自由锻的基本工序，图3－28所示为齿轮零件，齿轮坯自由锻的的工艺方案如图3－29所示。

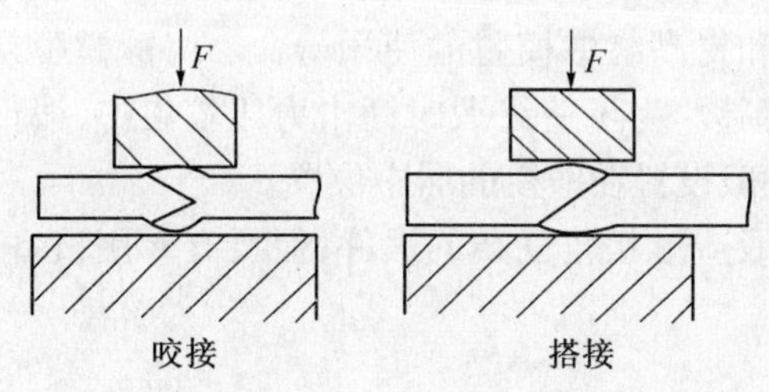

图3－27　锻接

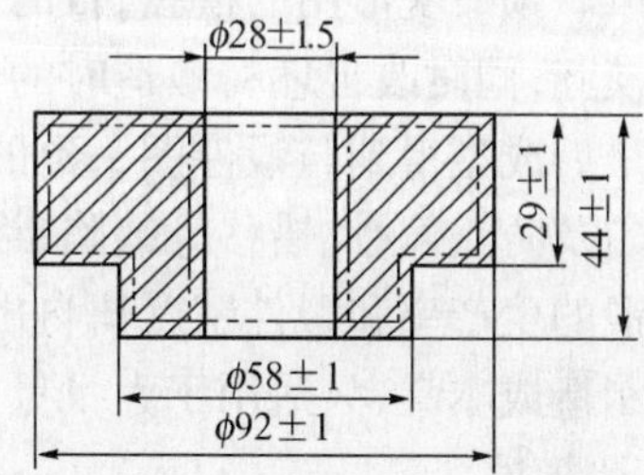

图3－28　齿轮零件的锻造图

选择合适的圆钢坯料，先将坯料使用镦粗漏盘局部镦粗，使镦粗后的高度为45mm，如图3－29(a)所示，然后将镦粗的坯料采用双面冲孔的方法冲孔，如图3－29(b)所示，修整外圆，使外圆的直径达到$\phi92\pm1$，如图3－29(c)所示，最后修整平面，使锻件的厚度达到44 ± 1，如图3－29(d)所示。

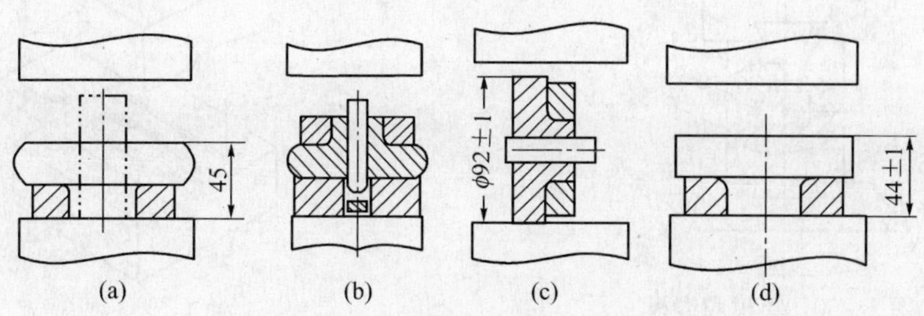

图3－29　齿轮坯自由锻的工艺方案

(a) 局部镦粗；(b) 双面冲孔；(c) 修整外圆；(d) 修整平面。

四、模锻

模锻全称为模型锻造,将加热后的坯料放置在固定于模锻设备上的锻模内,使坯料受压锻造成形的方法。模锻可以在多种设备上进行。在工业生产中,锤上模锻大都采用蒸汽-空气锤。压力机上的模锻常用热模锻压力机。

模锻与自由锻比较,模锻具有模锻件尺寸精度高、形状可以很复杂、质量好、节省金属和生产率高等优点。此外,在大批量生产时,模锻件的成本较低。其不足之处是只能锻造质量较小锻件,模锻设备投资大,在小批量生产时模锻不经济,工艺灵活性不如自由锻。

模锻分胎模锻和模锻两类。

1. 模锻

模锻时使坯料成型而获得模锻件的工具称为锻模。锻模由上模和下模组成。由于锻件从坯料到成型须经多次变形才能得到符合要求的形状和尺寸,所以锻模通常有多个模膛。根据作用不同,模锻的锻模结构有单模膛锻模和多模膛锻模。图3-30所示为单模膛锻模,它用燕尾槽和斜楔配合使锻模固定,以防止锻模脱出和左右移动,用键和键槽的配合使锻模定位准确,并防止前后移动。单模膛一般为终锻模膛,锻造时常需空气锤制坯,再经终锻模膛的多次锤击成型,最后取出锻件切除飞边。

模锻模膛是锻件最终成型的模膛,它包括预锻模膛和终锻模膛。预锻模膛是复杂锻件制坯以后预锻变形用的模膛,目的是使毛坯形状和尺寸更接近锻件,在终锻时更容易充填终锻模膛,同时改善坯料锻造时的流动条件和提高终锻模膛的使用寿命。终锻模膛是使坯料最后成型得到与锻件图一致的锻件的模膛。为了使终锻时锤击力比较集中,锻件受力均匀及防止偏心、错移等缺陷,终锻模膛一般设置在锻模的居中位置。

模锻的生产率和锻件精度比自由锻高,可锻造形状较复杂的锻件,但要有专用设备,且模具制造成本高,只适用于大批量生产。

2. 胎模锻

胎模锻是在自由锻设备上使用可移动的模具(称为胎模)生产模锻件的方法,它是介于自由锻和模锻之间的一种锻造方法。常采用自由锻的镦粗或拔长等工序初步制坯,然后在胎模内终锻成型。

胎模的结构简单且形式较多,图3-31所示为其中一种合模,它由上、下模块组成,模

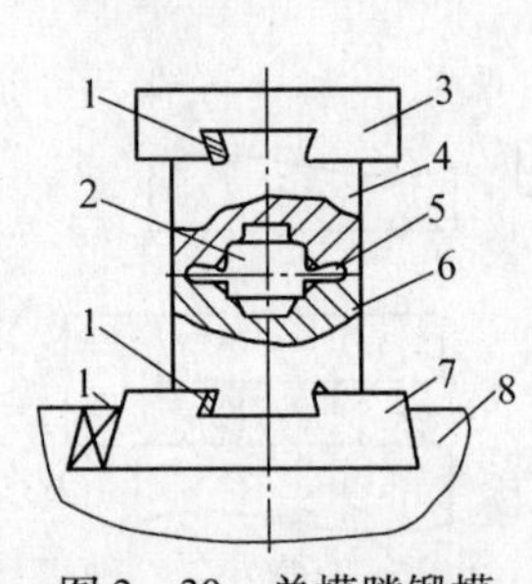

图3-30 单模膛锻模

1—锲铁;2—模膛;3—锤头;4—上模;5—毛边槽;6—下模;7—模垫;8—砧座。

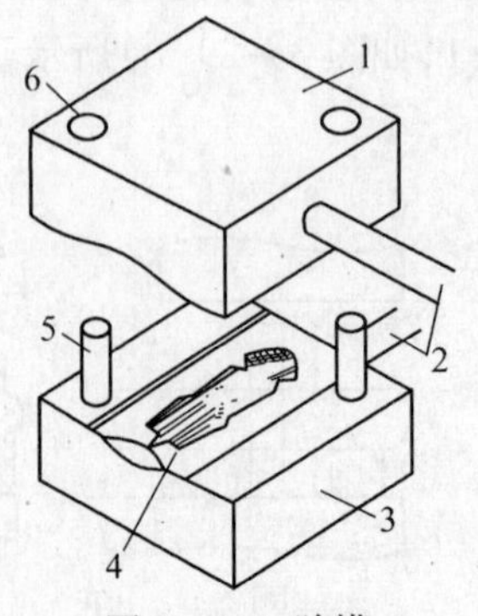

图3-31 胎模

1—上模块;2—手柄;3—下模块;4—模膛;5—导销;6—销孔。

块间的空腔称为模膛，模块上的导销和销孔可使上、下模膛对准，手柄供搬动模块用。

胎模锻同时具有自由锻和模锻的某些特点。与模锻相比，不需昂贵的模锻设备，模具制造简单且成本较低，但不如模锻精度高，且劳动强度大、胎膜寿命低、生产率低。与自由锻相比，坯料最终是在胎膜的模膛内成型，可以获得形状较复杂，锻造质量和生产率较高的锻件。由于胎膜锻所用的设备和模具比较简单、工艺灵活多变，在小型锻件的中、小批生产得到广泛应用。

常用的胎膜结构有扣模、合模、套筒模、摔模和弯模等。

(1) 扣模。用于对坯料进行全部或局部扣形，如图3-32(a)所示，主要生产长杆非回转体锻件，也可为合模锻造制坯。用扣模锻造时毛坯不转动。

(2) 合模。通常由上模和下模组成，如图3-32(b)所示。主要用于生产形状复杂的非回转体锻件，如连杆、叉形锻件等。

(3) 套筒模。简称筒模或套模，锻模呈套筒形，可分为开式筒模(图3-33(a))和闭式筒模(图3-33(b))两种。主要用于锻造法兰盘、齿轮等回转体锻件的锻造。

胎模锻造所用胎模不固定在锤头或砧座上，按加工过程需要，可随时放在上下砥铁上进行锻造，也可随时搬下来。锻造时，先把下模放在下砧铁上，再把加热的坯料放在模膛内，然后合上上模，用锻锤锻打上模背部。待上、下模接触，坯料便在模膛内锻成锻件。

胎模锻一般先采用自由锻制坯，然后再在胎模锻模中终锻成型，锻件的形状和尺寸主要靠胎模的型槽来保证。

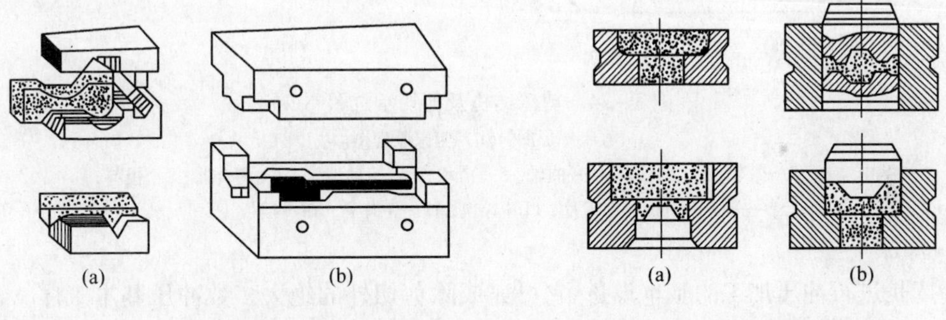

图3-32 扣模和合模的结构　　图3-33 套筒模的结构

第4节 冲 压

利用冲压设备和冲模使金属或非金属板料产生分离或成形而得到制品的工艺方法称为板料冲压，简称冲压。这种加工方法通常是在常温下进行的，所以又称冷冲压。

冲压的原材料是具有较高塑性的金属薄板，如低碳钢、铜及其合金、镁合金等。非金属板料，如石棉板、硬橡胶、胶木板、纤维板、绝缘纸、皮革等也适于冲压加工。用于冲压加工的板料厚度一般小于6mm，当板厚超过8mm~10mm时则采用热冲压。

冲压可以生产形状复杂的零件或毛坯且冲压制品具有尺寸精确、表面光洁、质量稳定、互换性好、材料消耗少、重量轻、强度高以及刚度好等优点，一般不再进行切削加工即可装配使用。此外冲压操作简单，生产率高，易于实现机械化和自动化，但是冲压时的冲模精度要求高，结构较复杂，生产周期较长，制造成本较高，故只适用于大批量生产场合，在汽车、航空、电器、机电和仪表等工业生产部门,应用尤为广泛。

一、冲压主要设备

冲压所用的设备种类有多种,主要设备有剪床和冲床。

1. 剪床

剪床是下料用的基本设备,它是将板料切成一定宽度的条料或块料,以供给冲压所用。反映剪床的主要技术参数是它所能剪板料的厚度和长度,如 Q11 -2×1000 型剪床,表示能剪厚度为2mm、长度为1000mm 的板材。图3-34 所示为剪床的传动机构。

电动机带动带轮和齿轮转动,离合器闭合使曲轴旋转,带动装有上刀片的滑块沿导轨作上下运动,与装在工作台上的下刀片相剪切而进行工作。为了减小剪切力和利于剪切宽而薄的板料,一般将上刀片制成具有斜度为6°~9°的斜刃,对于窄而厚的板料则用平刃剪切,剪床的挡铁起定位作用,便于控制下料尺寸,制动器控制滑块的运动,使上刀片剪切后停在最高位置上,便于下次剪切。

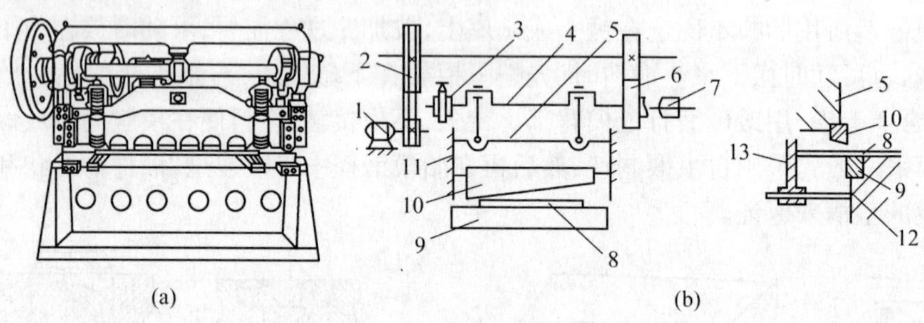

图3-34 剪床结构及剪切示意图

(a) 剪床外形图; (b) 剪床原理图。

1—电动机; 2—带轮; 3—制动器; 4—曲轴; 5—滑块; 6—传动齿轮; 7—离合器; 8—板料;
9—下刀片; 10—上刀片; 11—导轨; 12—工作台; 13—挡板。

2. 冲床

冲床是进行冲压加工的基本设备,它可完成除剪切外的绝大多数冲压基本工序。冲床按其结构可分为单柱式和双柱式、开式和闭式等;按滑块的驱动方式分为液压驱动和机械驱动两类。机械式冲床的工作机构主要由滑块驱动机构、连杆和滑块组成,驱动机构由曲柄、偏心齿轮、凸轮等组成。

图3-35 所示为开式双柱式冲床的外形和传动简图。

冲床的工作原理是电动机通过减速系统带动大带轮转动。当踩下踏板后,离合器闭合并带动曲轴旋转,再经连杆带动滑块沿导轨作上、下往复运动,完成冲压动作。冲模的上模装在滑块的下端,随滑块上、下运动,下模固定在工作台上,上、下模闭合一次即完成一次冲压过程。踏板踩下后立即抬起,滑块冲压一次后便在制动器作用下,停止在最高位置上,以便进行下一次冲压。若踏板不抬起,滑块进行连续冲压。

表示冲床性能的几个主要参数有:公称压力(N 或 t)、滑块行程(mm)和闭合高度(mm)。公称压力即冲床的吨位,它是滑块运行至最下位置时所产生的最大压力。滑块行程是指曲轴旋转时,滑块从最上位置到最下位置所走过的距离,它等于曲柄回转半径的两倍。闭合高度是指滑块在行程至最下位置时,其下表面到工作台面的距离,冲床的闭合

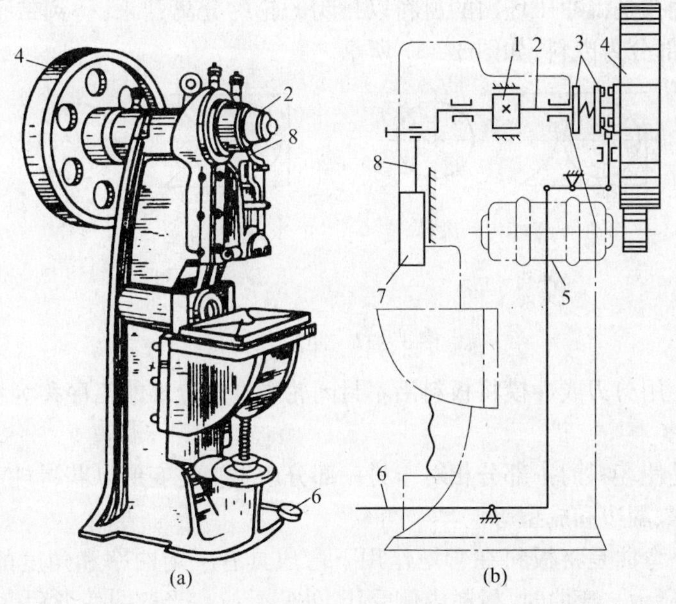

图3-35 冲床

(a) 外观图; (b) 传动简图。

1—制动器; 2—曲柄; 3—离合器; 4—飞轮; 5—电动机; 6—踏板; 7—滑块; 8—连杆。

高度应与冲模的高度相适应,冲床连杆的长度一般都是可调的,调整连杆的长度即可对冲床的闭合高度进行调整。

二、板料冲压的基本工序

板料冲压工序可分为分离工序和成形工序两大类。

1. 分离工序

分离工序是将坯料的一部分和另一部分切断分离的工序,包括冲裁和切断。

(1) 冲裁。冲裁是利用冲模将板料以封闭的轮廓与坯料分离的一种冲压方法。冲裁时板料的变形和分离过程如图3-36所示,凸模和凹模的边缘都带有锋利的刃口,当凸模向下运动压住板料时,板料受到挤压,产生弹性变形,并进而产生塑性变形,当上下刃口附近的材料应力超过一定限度时,开始出现裂纹,随着压力的不断增大,上下裂纹逐渐扩展,直到板料被切离。

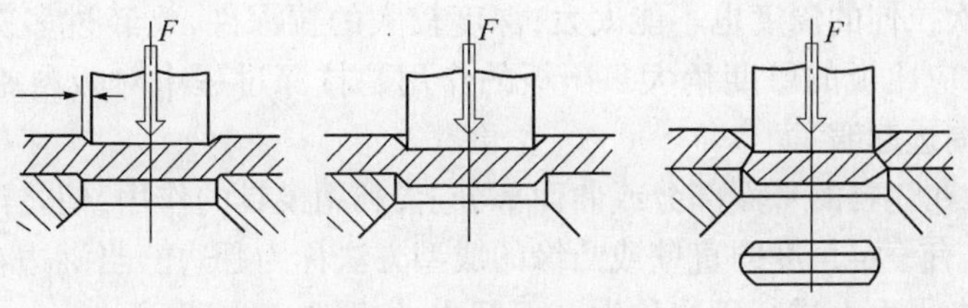

图3-36 冲裁工艺

常见的冲裁有落料和冲孔,这两个工序的模具结构与坯料变形过程基本相同。落料是利用冲裁取得一定外形的制件或坯料的冲压方法,被分离的材料中间部分为成品,周边部分是废料。冲孔是将冲压坯内的材料以封闭的轮廓分离开来，得到带孔制件的一种冲压方法，其冲落部分为废料，如图 3－37 所示。

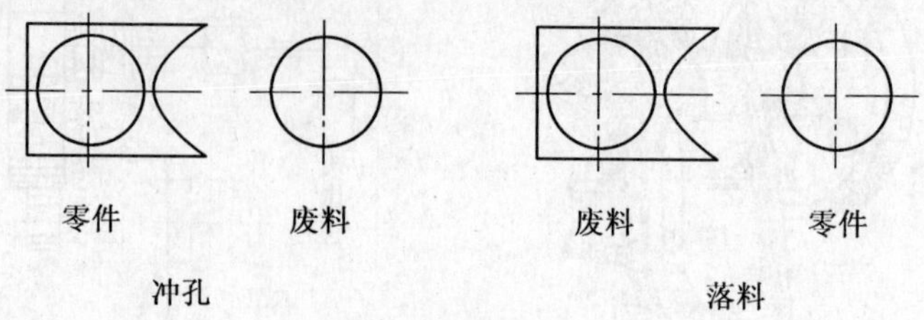

图 3－37 冲裁工序

（2）切断。用剪刃或冲模将板料沿不封闭轮廓进行分离的工序称为切断。

2. 成型工序

成型工序是使坯料的一部分相对于另一部分产生塑性变形以获得规定形状工件的工序，如弯曲、拉深、翻边和成型等。

（1）弯曲。弯曲是将板料在弯矩作用下弯成具有一定曲率和角度的制品的成形方法，如图 3－38 所示。弯曲时，板料内侧受压，外侧受拉。当弯曲变形程度过大时，弯曲件外侧易被拉裂。为防止工件拉裂，凸模和凹模的工作部分应有合理的圆角，图 3－39 所示为板料经多次弯曲后制成的圆筒状制件的成形过程。弯曲结束载荷去除后，被弯曲材料的形状和尺寸发生与加载时变形方向相反的变化，从而消去一部分弯曲变形的效果，这种现象称为回弹，对于回弹现象，可在设计弯曲模具时，使模具角度比成品角度小一个回弹角。

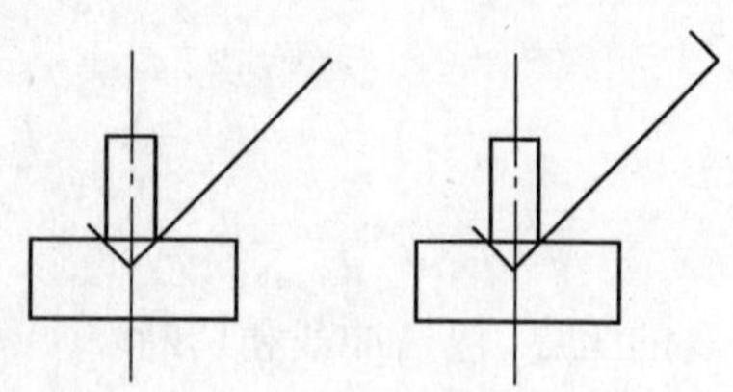

图 3－38 弯曲

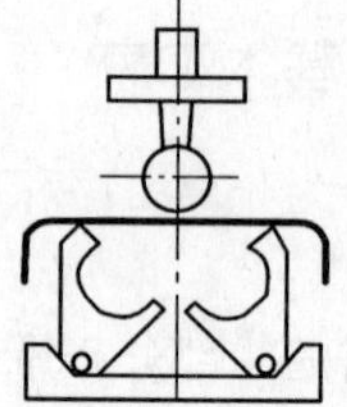

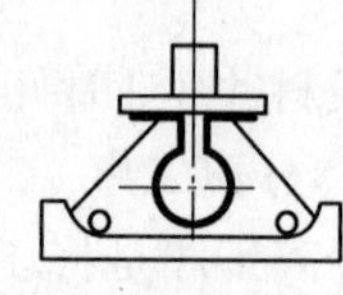

图 3－39 圆筒制件弯曲成型过程

（2）拉深。拉深是将平板坯料加工成中空零件的成型工艺，如图 3－40 所示。平板坯料在拉深模作用下，成为杯状或盒形工件，拉深用的坯料一般由落料工序获得。

在拉深工序中为避免拉裂，拉深凸模（冲头）和凹模的工作部分的棱角应加工成圆角，而且板料每次拉伸的深度也不能太大，深度较大的拉深件，要经过多次拉深完成。凸模和凹间的间隙应比板的厚度稍大。压板的作用是拉深过程中对板料施以一定的压紧力，以防止板料周边起皱。

（3）翻边。在坯料的平面部分或曲面部分上，利用模具的作用，使之沿封闭或不封闭的曲线边缘形成有一定角度的直壁或凸缘的成型方法称为翻边。当翻边在曲面上进行时称为曲面翻边，在平面上进行翻边称为平面翻边，如图 3－41 所示。

孔的翻边是平面翻边的一种形式，又称翻孔，如图 3－42 所示。

（4）成型。成型是使板料或半成品改变局部形状，使工件具有更好的刚度和更合理的空间形状，如图 3－43 所示。

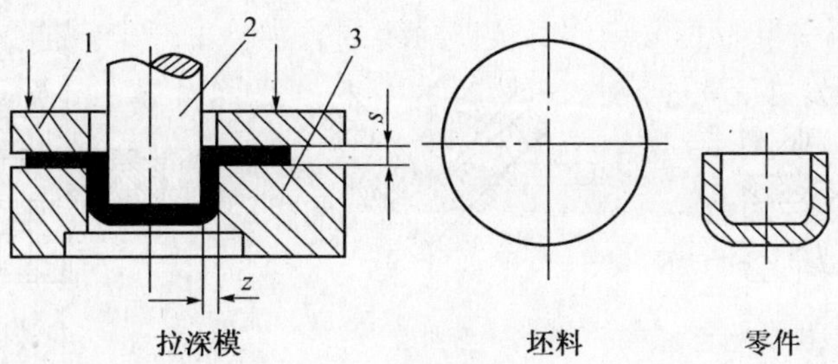

图3－40 拉深

1—压板；2—冲头；3—凹模。

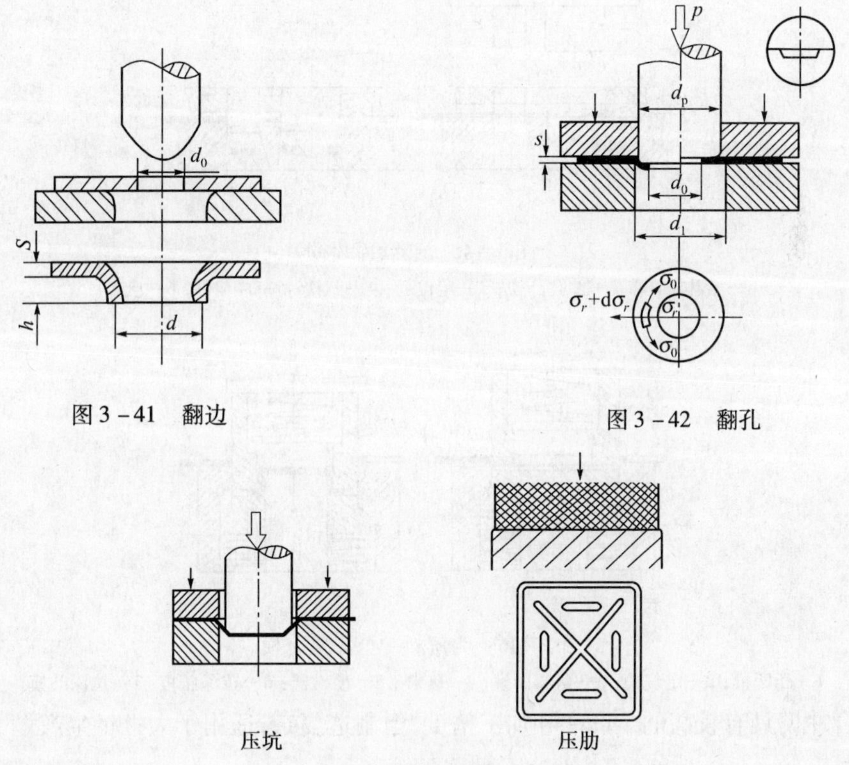

图3－41 翻边

图3－42 翻孔

图3－43 成型

3. 冲压模具

冲压模具简称冲模，由上模（凸模）和下模（凹模）两部分组成。冲模有简单冲模、连续冲模和复合冲模。冲模一般由上模和下模两部分组成，上模固定在冲床滑块上随着滑块上下运动，下模用螺钉固定在工作台上。图3－44所示为简单冲模的冲裁模、弯曲模和拉深模等。

连续冲模是在滑块的一次行程中，在模具的不同部位同时完成两个或多个冲压工序的冲模，图3－45所示为冲孔－落料连续冲模示意图。连续冲模生产效率高，易于实现自动化，但定位精度高，制造成本较高。

复合冲模是在滑块的一次行程中，模具的同一位置完成两个或两个以上工序的冲模，图3－46所示为落料－拉深复合模，这种模具的上模的外缘为落料的凸模，内孔为拉深凹

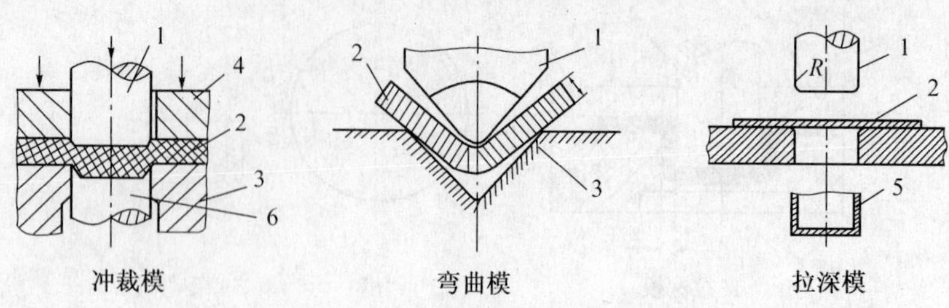

图 3-44 简单冲压模

1—上模；2—坯料；3—下模；4—压板；5—工件；6—顶杆。

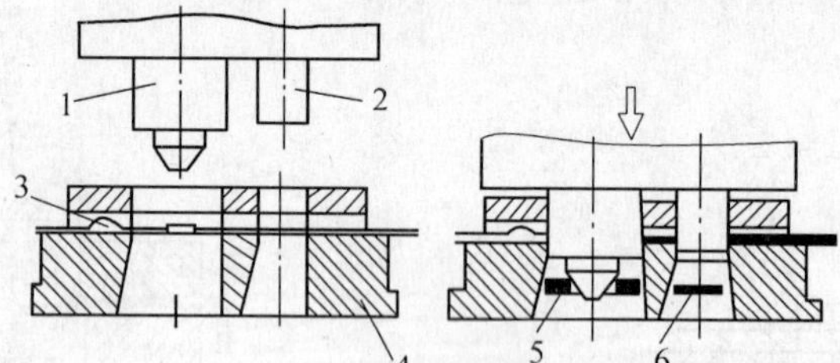

图 3-45 连续冲裁模

1—落料凸模；2—冲孔凸模；3—定位销；4—凹模；5—冲裁件；6—废料。

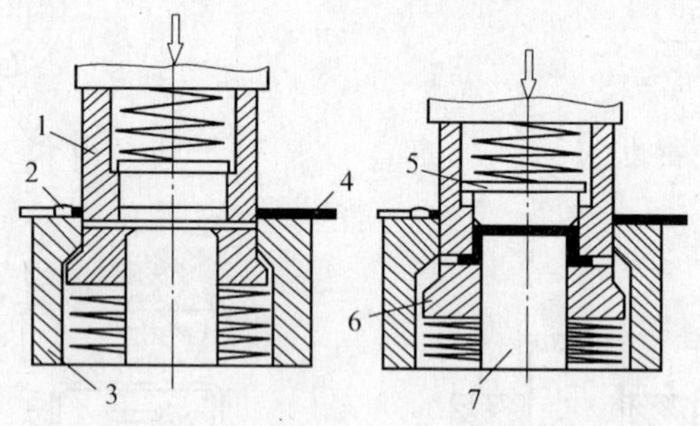

图 3-46 为落料-拉深复合模

1—凸凹模；2—定位销；3—落料凹模；4—坯料；5—顶出器；6—拉深压板；7—拉深凸模。

模。复合冲模具有较高的生产率和加工精度，但制造复杂，适用于大批量生产。

第5节 锻压基础知识

一、金属的锻压性能

金属的锻压性能是金属适应锻压加工的能力，金属的塑性越好，变形抗力越小，则越容易加工。

金属的化学成分、组织结构的不同，其锻压性能也不同，一般来说，纯金属的锻压性能比合金好。低碳钢的锻压性能比高碳钢好。金属的晶粒越细，塑性越好，但变形抗力越大。

另外，变形条件对锻压性能也有很大的影响。变形温度升高时，塑性提高，变形抗力降低，利于锻压成型；变形速度对锻压也有一定的影响，较低的变形速度或很高的变形速度都有利于锻压成型；金属的变形方式不同，塑性变形的应力也不同，金属在静压力作用下塑性较好,变形容易并且不易开裂,而在拉应力作用下,内部缺陷容易扩大而开裂。因此,应根据金属坯料的材质和成型要求选择最有利的变形条件进行锻压加工。

二、锻压件结构工艺性

为了适应锻压成型工艺的要求,提高锻压件的成型质量和生产率,必须合理设计锻压件。

1. 自由锻零件的工艺设计

圆锥体形状的锻件和具有斜面的锻件,在锻造是比较困难,需用专用工具,因此要尽量避免设计这样的形状,如图 3-47 所示。

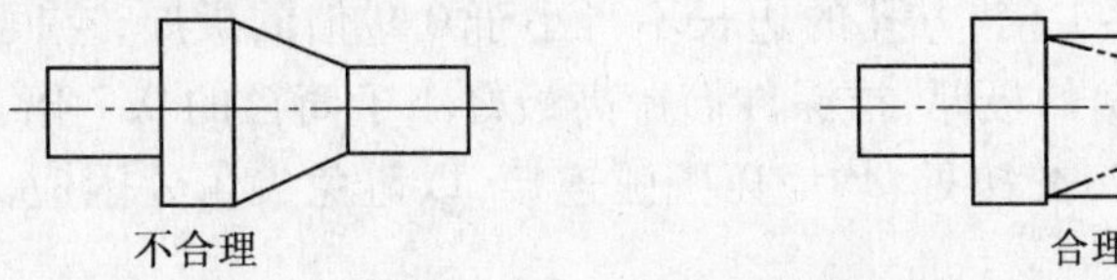

图 3-47 避免有斜面的锻件

锻件上不允许有肋、小凸台和相贯线,圆柱体与圆柱体交界处的锻造也有很大困难,改进方法为把有肋的地方加大外径,增加壁厚,小凸台改为沉头孔,圆柱体与圆柱体交界改为平面与圆柱体交接或平面与平面交接,如图 3-48 所示。

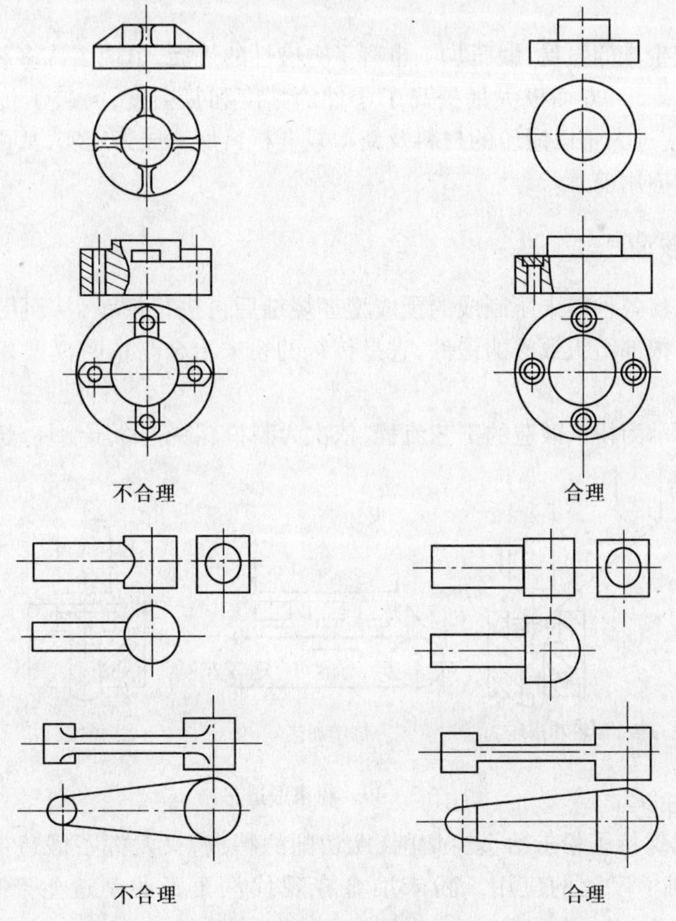

图 3-48 避免在锻件上设计肋、小凸台及相贯线

2. 模锻件结构工艺

模锻件必须有一个合理的分模面,以保证锻件易于从锻模中取出,模锻件是在锻模膛中成型的,所以锻件形状可以比自由锻复杂一些,如圆锥面、工字形截面,但在模锻件结构设计时,要注意避免壁薄、高肋等难以采用末端成型的结构。

3. 板料冲压件结构工艺性

对落料和冲孔的孔型应力求简单、对称,尽可能采用圆形和矩形等规则形状,并应使在排样时将废料降低到最少。在冲裁件的设计时,应避免长而窄的结构,以有利于提高冲裁模的使用寿命。为了得到质量良好的冲压件和改善冲压的工作条件,一般能冲孔的最小孔径为板厚的0.7倍~1倍,方孔的边长不得小于0.9倍的板厚,空间距、孔与工件的边缘的距离不得低于1倍的板厚,拉深件筒壁高最好小于筒径的0.7倍。落料和冲孔的直线和直线(曲线和直线)交接处,均应以圆弧连接,以避免尖角处因应力集中而被冲模冲裂。

锻压件的结构设计很重要,合理的锻压件结构不但易于成型,还能保证锻件质量,提高模具的使用寿命,取得良好的经济效益。

第6节 锻造新工艺、新技术简介

随着工业化生产的发展,锻压加工也有了突破性的进展,出现了许多新工艺、新技术,这些新技术的出现,一方面极大地提高了零件的精度和复杂度,突破了传统锻压的局限性,另一方面又使过去难以锻压的材料及新型复合材料加工成为现实,从而为塑性成型提供了更为广阔的应用前景。

一、粉末锻造

粉末锻造是将各种粉末压制成的预成型坯烧结后再进行模锻,从而得到尺寸精度较高、表面质量好、内部组织致密的锻件,它是传统的粉末冶金与精密模锻相接合的一种新工艺。

图3-49所示为粉末锻造的工艺流程,依次为制粉、混粉、冷压制坯、烧结加热、模锻。

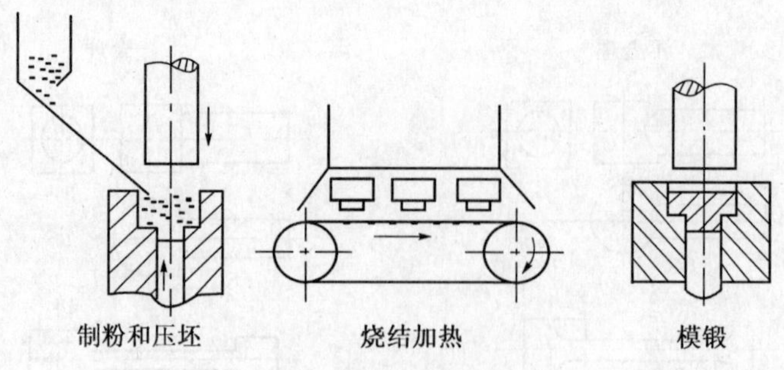

图3-49 粉末锻造

粉末锻造既保持了粉末冶金少切削、无切削的特点,又发挥了锻造成型的优点,在现代工业上得到了广泛的应用。粉末冶金在现代汽车工业制造生产中的应用尤为广泛。

二、液态模锻

将熔融金属直接浇入金属模的型腔内，然后以一定的压力作用于液态或半固态的金属上，使之在压力下流动充型和结晶，从而获得的锻件的方法称为液态模锻，其工艺流程如图3－50所示。

液态模锻是一种介于铸造和锻造间的新工艺，这种工艺方法兼有铸造和锻造的优点，且工艺过程简单，易实现自动化，锻件的尺寸精度高、力学性能好，适用于大批生产各种金属、非金属及复合材料形状复杂具有高强度、高致密性的中小型零件。液态模锻主要应用在油泵壳、仪表壳、衬套、柴油机活塞等机械零件。

三、铸轧

铸轧是使金属液通过铸轧辊的辊缝，使之凝固并产生塑性变形，从而获得所需产品的加工方法。铸轧主要用于生产各种金属板带坯。

铸轧工艺过程如图3－51所示。

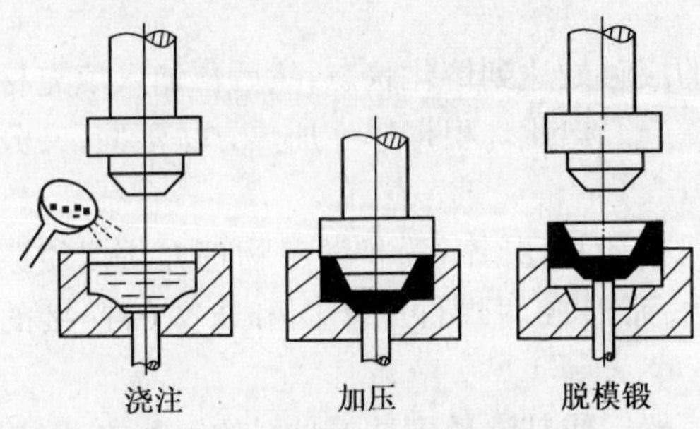

图3－50　液态模锻

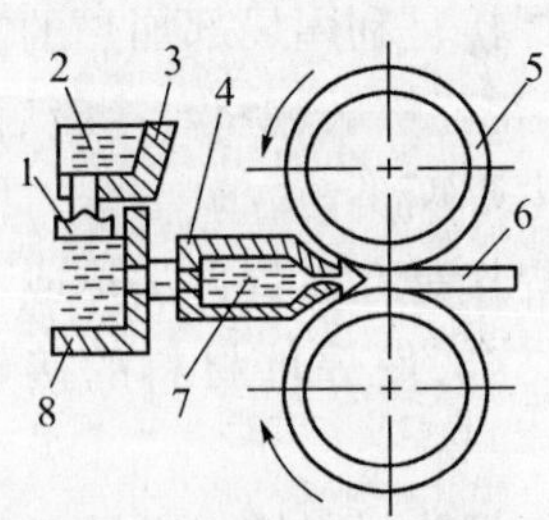

图3－51　铸轧工艺

1—浮漂；2，7—金属液；3—流槽；4—轧嘴；5—铸轧辊；6—铸轧带坯；8—前箱。

第4章 焊 接

第1节 概 述

焊接是两种或两种以上同种或异种材质,通过加热或加压或同时使用加热和加压,使这些材料达到原子之间永久结合的加工方法。

一、焊接的分类

焊接的方法很多,按焊接过程中被焊金属所处状态不同,可分为熔化焊、固相焊和钎焊三大类。

熔化焊接是利用局部加热的方法,使焊件的接触处达到熔化状态,然后再加入填充材料,使焊件相互扩散、融合,冷凝后彼此结合在一起。熔化焊根据焊件加热方法不同,又分成气焊和电焊两类。

固相焊接是在对焊件加热或不加热的同时,采用加压、摩擦、扩散等物理方法促使原子间产生结合,使焊件材料的接触面紧密接触,而形成两焊件的牢固和永久的连接的方法。

钎焊是把比材料熔点低的钎料熔化到液态,然后使其渗透到被焊材料的间隙中,使被焊材料连接在一起的焊接方法,它与熔化焊接熔化连接方式不同,例如车刀的刀头焊接就是通过钎焊的方法焊接的。

此外,焊接成型加工方法还包括气割,表面喷涂、镀膜、有机粘结等成型方法。

二、焊接的特点和应用

焊接具有下列特点:

(1) 焊接可节约金属材料,且工序简单,生产周期短,容易实现机械化和自动化,有利于产品更新。

(2) 可用型材等拼焊成焊接结构件,以代替大型复杂的铸件,使制造的工艺简单化,劳动强度低,达到降低成本的目的。

(3) 设备简单,操作方便,产品刚度大,成本低,整体性好。接头密封性好,容易保证气密性和水密性。

(4) 焊接是一种不可拆连接,它不仅可以连接各种同质金属,也可以连接不同质的金属,如麻花钻头的工作部分和柄部的连接、硬质合金刀片和刀杆的焊接,焊接还可以使一些非金属材料达到永久结合的目的,如塑料焊接和玻璃焊接及陶瓷焊接。

但是,目前焊接技术尚存在一些不足的地方,如对某些材料的焊接有一定困难,影响焊件质量的因素较多,焊接接头组织不均匀,容易产生应力和变形。

在现代材料加工技术中，焊接已成为制造金属合金结构和机械零件不可缺少的工艺方法。近年来，随着空间技术的发展，一些新开发的高合金材料，如铌合金、铝锂合金和特种金属陶瓷，以及运载火箭需要的各种耐热、耐腐蚀的材料、具有特殊功能的膜材料，核动力装置需要的钛-不锈钢、锆合金等的相继使用，给焊接技术提供了广泛的发展空间，随着焊接技术的不断发展，在未来的工业领域，焊接技术更有着无限的发展前景。

第2节　金属材料的可焊性

一、金属材料的可焊性

可焊性是指金属材料在一定的焊接工艺条件下，获得优质焊接接头的性能。

现代工业用金属材料大部分能进行焊接，焊接性反映金属材料在一定的焊接工艺条件下获得优质焊接接头的难易程度。衡量可焊性的主要指标一是焊接接头产生缺陷的倾向性，尤其是产生裂缝的倾向性，二是焊接接头使用的机械性能和可靠性。焊接过程中，焊件经历焊接热过程、冶金反应，以及焊接应力和变形的作用，因而带来化学成分、金相组织、尺寸和形状的变化，使焊接接头的性能往往不同于母材，有时甚至不能满足使用要求。如果一种材料只需用一般的焊接工艺就能获得优质焊接接头，则该种材料具有良好的可焊性，如果需用很特殊或者很复杂的焊接工艺才能获得优质接头，则该种材料的可焊性较差。

金属材料的可焊性不是一成不变的，同一种金属材料，采用不同的焊接方法和焊接材料，其可焊性可能有很大差别。如铸铁用普通焊条不容易保证质量，但用镍基焊条则质量较好，钛的化学活泼性极强，使用一般的焊接方法也不易保证焊接质量，但是使用氩弧焊使钛及其合金的焊接结构已在工业中广泛采用。此外离子焊、电子束焊、激光焊等新的焊接方法，使高熔点的金属（钨、钼、钽、铌和锆等）及其合金的焊接性已变得很容易了。

钢材的可焊性，通常用含碳量多少和合金元素的种类与含量来评价。含碳量或合金元素较高时则可焊性较差，可根据钢材化学成分对焊接热影响区淬硬性的影响程度，通过碳当量计算来评价焊接时产生冷裂纹的倾向。

金属材料的可焊性是一项极其重要的工艺性能，焊接产品或构件时，必须首先评定所用材料的焊接性，以判断所选用的产品材料、焊接材料和焊接方法等是否适当。

二、碳钢的焊接特点

1. 低碳钢的焊接

低碳钢的含碳量≤0.25%，低碳钢的含碳量及含其他合金元素较少，因而焊接性好，塑性好，一般没有淬硬倾向，所以对焊接热过程不敏感。低碳钢几乎用各种焊接方法都能进行焊接，一般不需采用特殊工艺措施即可得到优质的焊接接头。

低碳钢焊件在焊后一般不需要热处理。但是在焊接厚度大于50mm的低碳钢结构，焊后应进行热处理以消除残余应力，焊后常进行去应力退火和正火处理。在低温下焊接刚性结构，一般不需要预热，但如板厚及构件刚度较大或焊接环境温度较低，仍需考虑应焊前预热。例如焊接母材板厚大于30mm，焊接温度低于-10℃，需要在100℃~150℃下预热，如试验时发现焊缝下存在裂纹，还应采用热处理去除接头中的氢。选用填充金属时应考虑母材金属的稀释，应保证接头与母材等强度。当母材含碳量偏高，或母材、焊接材料成分（如S、P）不合格时，焊接时有可能产生热裂纹，应调整焊缝成型系数或采用碱性低氢焊条加以防止。有的低碳钢，应采用碱性低氢焊接材料或低氢焊接工艺焊接这类钢，以使焊缝和热影响区的韧性大致与母材相同，预热与层间温度不应过高，以免晶粒过于粗大影响韧性。有时还用焊后热处理来恢复塑性、韧性。

2. 中碳钢的焊接

中碳钢的含碳量为0.25%～0.6%，含碳量较高，在焊接时容易产生硬而脆的淬火组织和裂缝，热影响区易产生低塑性、高硬度的淬硬组织，材料的含碳量越高、板厚越大，淬硬倾向越大。当焊接工件的刚性大或所选择的焊接材料与工艺规范不当，则易在淬硬区产生冷裂纹，使接头的塑性韧性及疲劳强度不高。中碳钢的含碳量较高也易产生热裂纹。由于母材含碳量较高，焊接时有一部分母材会溶化到焊缝中去，使焊缝中碳含量显著增加，加之硫等杂质的影响，易在焊缝中引起热裂纹。

因此，焊接中碳钢时应采取一些措施。大多数中碳钢焊前应预热，预热可以降低冷却速度，降低淬硬倾向，以有效地防止冷裂纹的产生。预热还可以改善接头的塑性，减少焊接残余应力。预热温度根据碳当量、接头厚度、结构刚性和焊条类型及焊接规范而定。对35钢和45钢预热温度在150℃～250℃，钢材含碳量更高时，可将温度再提高一些。此外，用小直径焊条，小电流慢速度焊接第一层焊缝，也可以防止出现裂纹。一般局部预热的范围是在坡口两侧150mm～200mm左右。

中碳钢的焊接，焊条的选择也很重要，选用抗冷裂纹和热裂纹能力较强的碱性低氢焊条，如结507、结607等；如果不要求焊缝与母材等强度，则可选强度较低的碱性低氢焊条，如结426、结427等，这类焊条的塑性好，抗热裂纹和冷裂纹能力更强。在工件不允许预热的特殊情况下，可选用铬、镍奥氏体不锈钢焊条，如奥102、奥107、奥302、奥307或奥707（Cr17Mn13MoN不锈钢）等焊条，此类焊条塑性好但成本较高，焊前不预热也不易产生冷裂纹，但应采用小电流，多层焊。对于一些不重要的结构件，也可选用非碱性低氢焊条。如采用铁粉钛钙型或钛钙型焊条，但需要控制好预热温度，尽量降低母材的稀释率，减少焊缝中的含碳量，也有可能得到合格的焊接接头。同时焊后要注意保温缓冷，条件允许时应进行整件消除应力回火处理；也可在焊后将接头温度维持在比规定预热温度稍高一些的温度下保温后（2h/25mm～3h/25mm），使氢从接头区扩散出去，以防止出现冷裂纹。

降低焊缝中金属的含碳量，填充金属一般采用优质低碳钢，焊接时要防止基本金属过多地融入焊缝以降低焊缝中的含碳量，使焊缝具有较好的塑性，防止裂缝的产生。

此外，中碳钢的焊接，由于含碳量高，会增加焊件焊缝中的气孔，因此对焊接材料要求脱氧性好，烘干和坡口清理要求都比较严格，坡口附近的油、锈应去除干净，此外为减少热裂纹和消除气孔，一般采用U形坡口，也可用V形坡口，以降低母材熔化比。

3. 高碳钢的焊接

高碳钢的焊接由于含碳量高，焊接性差，淬硬性强，因此焊缝与热影响区的裂纹敏感性大，应采用低氢焊接工艺，并要求100℃或更高些的预热温度与层间温度，以防止在焊缝与热影响区中出现脆性的高碳马氏体。高碳钢一般用于制作高硬度与耐磨的零部件。应在退火条件下焊接这类钢，然后再进行热处理。

4. 低合金钢的焊接特点

合金钢的种类繁多,可焊性差别较大,但其可焊性一般都比低碳钢差,尤其是中、高合金钢的可焊性更差。合金钢的焊接特点一般指低合金钢的焊接特点。低合金钢按屈服强度分为 6 个级别,强度等级较低的普通低合金钢,可焊性较好,只比低碳钢稍差,一般在焊前不需要预热,焊接时不采用特殊的工艺措施;强度等级较高的低合金钢,特别是焊件厚度较大,其可焊性与中碳钢相当,焊前需要预热,焊接时应调整焊接工艺严格控制热影响区的冷却速度,焊后要进行热处理。

第 3 节　常用的焊接方法

常用的焊接方法有熔化焊、固相焊和钎焊。而常用的熔化焊方法有电弧焊、气焊、电渣焊等,其中电弧焊设备简单,使用方便,是目前应用最广泛的熔化焊方法,主要包括手工焊条电弧焊、埋弧自动焊、CO_2 气体保护焊、氩弧焊等。

一、手工电弧焊方法

手工电弧焊亦称焊条电弧焊,是利用焊条和焊件之间的稳定燃烧产生的电弧热使金属和母材熔化凝固后形成牢固的焊接接头的一种焊接方法。如图 4-1 所示,焊接过程中,在电弧高热作用下,焊条和被焊金属局部熔化。由于电弧的吹力作用,在被焊金属上形成了一个椭圆形的充满液体金属的熔池。同时熔化了的焊条金属向熔池过渡。焊条药皮熔化过程中产生一定量的保护气体和液态熔渣,产生的气体充满在电弧和熔池周围,起隔绝大气的作用。液态熔渣浮起盖在液体金属上面,也起着保护液体金属的作用。

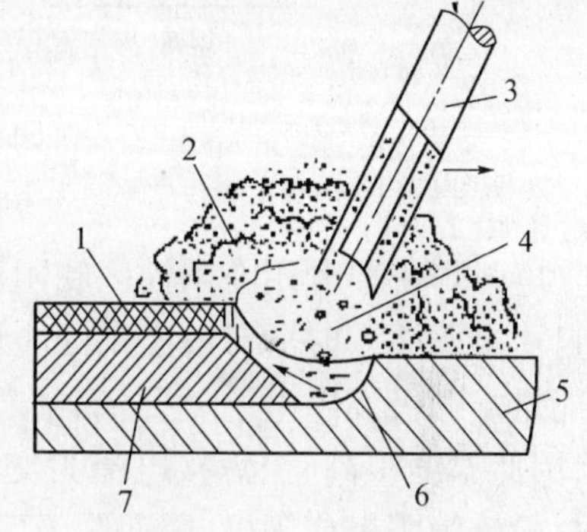

图 4-1　手工电弧焊

1—熔渣; 2—保护气体; 3—焊条; 4—熔滴; 5—母材; 6—熔池; 7—焊缝。

在熔池中液态金属、液态熔渣和气体间进行着复杂的物理、化学反应,这种反应称为冶金反应,冶金反应起着精炼焊缝金属的作用,能够提高焊缝的质量。焊条芯棒也在电弧热作用下不断熔化,进入熔池,构成焊缝的填充金属。随着电弧的前移,熔池后方的液体金属温度逐渐下降,渐次冷凝形成焊缝。

手工电弧焊具有操作灵活,设备简单,焊接材料广泛等优点,在生产中广泛应用。

二、焊接电弧

1. 焊接电弧的产生

在两个电极之间的气体介质中,强烈而持久的气体放电现象称为电弧,发生在焊接电极与工件间隙电离后的放电现象称为焊接电弧。

电弧建立需要具备有合适的空载电压和导电离子。使气体产生导电离子的办法主要有两种:一种是在电极和工件之间加上很高的电压,在所形成的强电场的作用下使气体电离,就是击穿这部分气体,使它变成导体;另一种办法是使电极本身发射电子,这些发射电子撞击气体原子,使自由电子脱离原子核,形成自由电子和正离子,从而使气体电离。焊接时,先将焊条和焊件瞬时接触,发生短路,短路电流流经几个接触点,使接触点的温度急剧升高,并熔化,当焊条迅速提起时,高温的两电极间产生热电子,在电场的作用下,电子撞击焊条和焊件间的空气,使之电离成正、负离子并流向两极,这些带电离子的定向移动形成焊接电弧。

为了易于产生和维持电极间的导电离子,在焊条药皮中加入易于电离的碱金属和碱土金属元素及其化合物。根据这两种电离原理,在电弧焊中有相应的两种引弧方法,即非接触引弧法和接触引弧法。在非熔化极电弧焊中,广泛采用非接触引弧法,如钨极氩弧焊常用高频振荡器引弧,其电压高达2000V以上。在熔化极电弧焊中,如手工电弧焊、埋弧焊和熔化极气体保护焊中都采用接触引弧法。电弧的引燃过程如图4-2所示。沿着电弧长度方向,焊接电弧由阴极区、弧柱区和阳极区三部分组成。

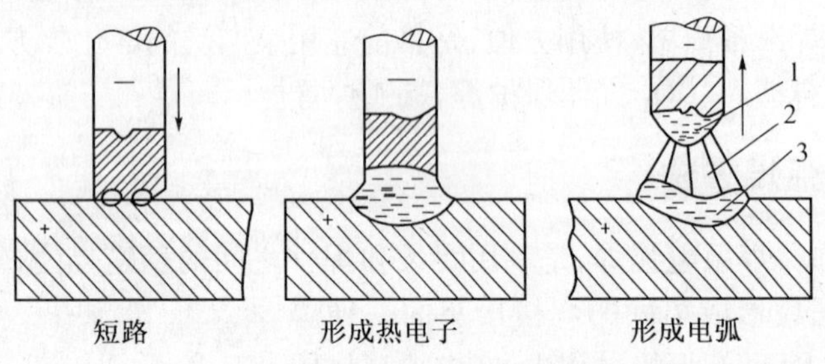

图4-2 焊接电弧的形成

1—阴极区; 2—弧柱区; 3—阳极区。

电弧焊主要利用在阳极区和阴极区所产生的热量来熔化金属。阳极区的热量主要来自自由电子撞入时所释放出来的能量。阴极区的热量主要来自正离子撞入时所释放出来的能量。阴极发射电子就要消耗一部分能量。弧柱区因散热条件比阳极区和阴极区都差,因此温度很高,当焊接电流为交流电时,由于电流在1s内要变换100次方向,电极和母材轮流为阴极或阳极,因而阴极区和阳极区的温度相同,等于其平均值。

2. 影响焊接电弧稳定的因素

实际生产中,焊接电弧可能由于各种原因而发生燃烧不稳定的现象,如电弧经常间断,不能连续燃烧,电弧偏离焊条轴线方向或电弧摇摆不稳等。而焊接电弧能否稳定,直接影响到焊接质量的优劣和焊接过程的正常进行。

影响电弧稳定的因素,除操作者技术不熟练外,大致可归为以下几个方面。

(1) 焊接电源的种类、极性及性能的影响。一般来说,用直流焊机比用交流焊机电弧稳定,反接法比正接法电弧稳定,空载电压较高的焊机较之空载电压较低的焊机电弧稳定。

(2) 焊条药皮的影响。药皮中含有易电离的元素,如钾、钠、钙和它们的化合物越多,电弧稳定性越好。含有难于电离的物质,如氟的化合物越多,电弧稳定性就越差。

此外,焊条药皮偏心,熔点过高和焊条保存不好,造成药皮局部脱落等都会造成电弧不稳。

(3) 焊接区清洁度和气流影响。焊接区若油漆、油脂、水分及污物过多时,会影响电弧的稳定性。在风较大的情况下露天作业,或在气流速度大的管道中焊接,气流能把电弧吹偏而拉长，也会降低电弧的稳定性。

(4) 磁偏吹的影响。在焊接时，会发生电弧不能保持在焊条轴线方向，而偏向一边，这种现象称为电弧的偏吹。

引起电弧偏吹原因除焊条偏心、电弧周围气流影响外，在采用直流电焊接时，还会发生因焊接电流磁场所引起的磁偏吹。磁偏吹导致电弧对接缝处的集中加热，使焊缝焊偏，严重时会使电弧熄灭。

引起磁偏吹的根本原因是由于电磁周围磁场分布不均匀所致。造成磁场不均匀有两方面：一是焊接电缆接在焊件的一侧，焊接电流只从焊件的一边流过；一是在靠近直流电弧的地方有较大的铁磁物体存在时，引起电弧两侧磁场分布不均匀。在焊接过程中，可采用短弧、调整焊条倾角（将焊条朝着偏吹方向倾斜）或选择恰当的接线部位等措施来克服磁偏吹。

三、弧焊电源

手工电弧焊时，为使电弧稳定燃烧，对电源有一定的要求。

1. 对电源静特性的要求

电源静特性是指弧焊电源在电弧稳定燃烧时，电弧电压和焊接电流的关系。当焊接电流过小时，焊件与焊条间的气体电离不充分，电弧电阻大，这时要求电源提供较高的电压以维持必要的电离程度，随着电流的增大，气体电离程度增加，电弧电阻减小，电弧电压降低，当气体充分电离，电弧电阻降到最低，只要维持一定的电弧电压即可，此时电弧电压与焊接电流大小无关，如果弧长增加，则所需的电弧电压相应增加。

2. 对电源动特性要求

电源对负载状态突然变化的反应能力，即焊接电源适应焊接电弧变化的特性称为电源的动特性。

动特性好的电源，弧长的变化能很快地提供所需要的电流与电压，使电弧从一个稳定工作点过渡到另一个稳定工作点，此外，电源的动特性好，引弧容易，即使弧长有变化，电弧仍能稳定燃烧，焊接飞溅小，焊缝成型好。

3. 对电源空载电压的要求

为保证顺利引弧和电弧稳定，要求电源有较高的空载电压，一般选空载电压在1.5倍~2.4工作电压间。但为保障焊接工作电压和焊机容量设计不太大，希望$U_{空}$尽量低，一般不超过100V，各种弧焊电源的空载电压要求如表4-1所列。

表4-1 焊接电源的空载电压 （单位：V）

<table>
<tr><td rowspan="4">手工电弧焊</td><td>变压器</td><td colspan="2">≤80</td><td rowspan="4">氩弧焊</td><td rowspan="2">手工</td><td>交流70~90</td><td rowspan="4">CO_2保护焊≤90</td></tr>
<tr><td>整流器</td><td colspan="2">≤85</td><td>直流65~80</td></tr>
<tr><td rowspan="2">发电机</td><td>双头</td><td>≤100</td><td rowspan="2">自动</td><td>交流70~100</td></tr>
<tr><td>单头</td><td>≤60</td><td>直流65~100</td></tr>
</table>

四、手工弧焊设备

手工弧焊设备主要是弧焊机，弧焊机有交、直流弧焊机。直流弧焊机又有焊接发电机和焊接整流器。

1. 交流弧焊机

交流弧焊机是一种特殊的降压变压器，它将电网输入的交流电变成适宜于电弧焊的交流电。交流弧焊机的结构简单，使用可靠，维修方便，但在电弧稳定性方面有些不足。

交流弧焊机由固定铁芯、可移动铁芯和饶在铁芯上的线圈组成。其工作原理是当焊机空载时，将电压降至60V~80V，当引弧开始，焊条与工件接触形成短路，电压近于零，当焊机引弧后，电压会下降到正常工作所需的20V~30V，形成稳定的电流。交流弧焊机还可根据焊接的需要调整电流的大小，当需要大范围调整电流时，可以通过改变线圈抽头的接法去实现，当需要小范围调整电流时，可通过调节手柄来改变电焊机内可动铁芯的位置来实现。交流弧焊机的外形如图4-3所示。

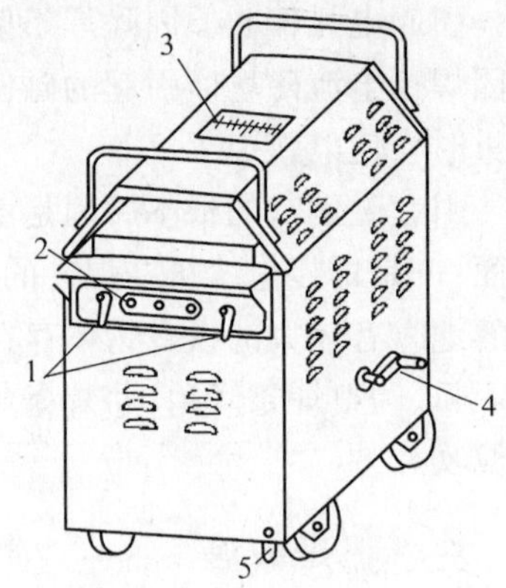

图4-3　交流弧焊机外形图

1—电源两极；2—线圈抽头；3—电源指示盘；4—调节手柄；5—地线接头。

2. 直流弧焊机

焊接发电机是直流弧焊机的一种，它由一台三相感应电动机和一台直流发电机组成，发电机用来供给焊接所需的直流电。图4-4所示为焊接发电机的外形图。

由于这种焊机成本高、维修困难、使用时噪声大，硅钢片和铜导线的需要量大，结构复杂，成本高，正逐渐被淘汰。

焊接整流器，又称为整流弧焊机，它的结构相当于在交流焊机上加上硅整流元件，把交流电变为直流电，这种焊机结构简单，维修方便，稳弧性能好，噪声小，正在逐步取代焊接发电机。整流弧焊机的外形如图4-5所示。

图4-4　焊接发电机外形图

1—交流电动机；2—调节手柄；3—电流指示盘；4—直流发电机；5—正极抽头；6—接地螺钉；7—焊接电源两极（接工件与焊条）；8—接外电源。

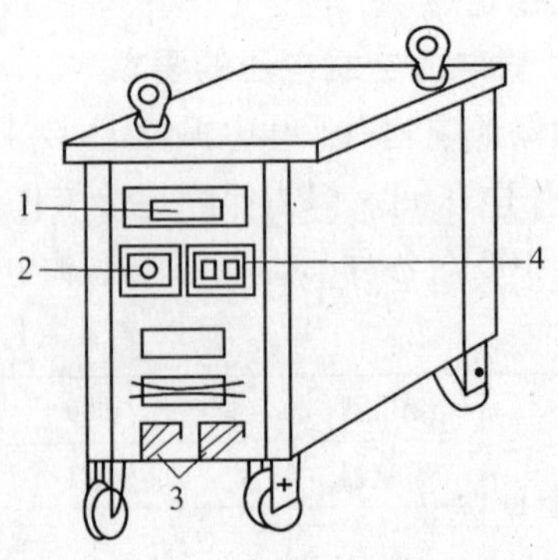

图4-5　整流弧焊机的外形

1—电流指示；2—电流调节；3—输出接头；4—电源开关。

在焊接一般钢结构时，采用优质焊条，交、直流弧焊机在焊接质量和其他方面没有多大区别，但由于交流弧焊机结构简单、节能、制造和维修方便等优点，一般采用交流弧焊机。焊接发电机稳弧性好，经久耐用，电网电压波动的影响小，适用于小电流焊接薄件。

直流弧焊机是供给焊接用直流电的电源设备，其输出端有固定的正负之分，因此焊接导线的连接有两种接法，正接法和反接法。正接法是焊件接直流弧焊机的正极，电焊条接负极，如图4-6所示；反接法是焊件接直流弧焊机的负极，电焊条接正极，如图4-7所示。

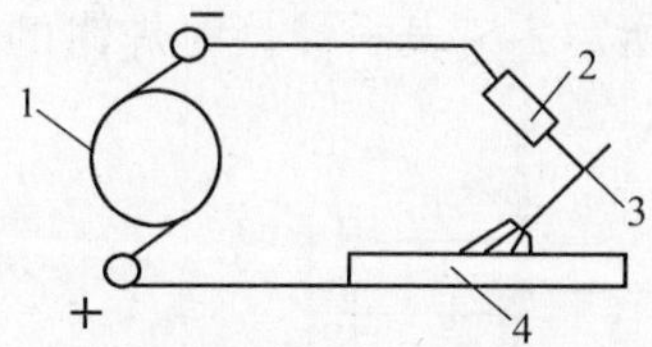

图4-6 直流弧焊机正接法

1—焊机；2—焊钳；3—焊条；4—工件。

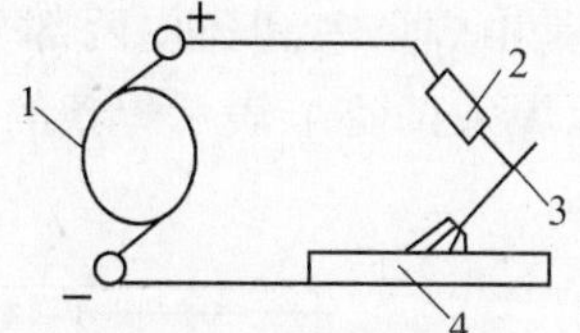

图4-7 直流弧焊机反接法

1—焊机；2—焊钳；3—焊条；4—工件。

导线的连接方式不同，其焊接的效果会有差别，在生产中可根据焊条的性质或焊件所需热量情况来选用不同的接法。在使用酸性焊条时焊接较厚的钢板采用正接法，因局部加热熔化所需的热量比较多，而电弧阳极区的温度高于阴极区的温度，可加快母材的熔化，以增加熔深，保证焊缝根部熔透。焊接较薄的钢板或对铸铁、高碳钢及有色合金等材料的焊接，则采用反接法，因不需要强烈的加热，以防烧穿薄钢板。当使用碱性焊条时，按规定均应采用直流反接法，以保证电弧燃烧稳定。

3. 手弧焊辅助设备及工具

手弧焊辅助设备和工具有焊钳、焊接电缆、面罩、敲渣锤、钢丝刷和焊条保温筒等。

（1）焊钳。是用以夹持焊条进行焊接的工具，它应安全、轻便、耐用。常用的焊钳有300A和500A两种，如表4-2所列。

表4-2 焊钳参数

型 号	额定电流/A	电缆直径/mm	使用焊条直径/mm	外形尺寸/mm
G352	300	14	2~5	250×80×40
G582	500	18	4~8	290×100×45

（2）焊接电缆。焊接电缆是由多股细铜线电缆组成，一般可选用YHH型电焊橡皮套电缆或YHHR型电焊橡皮套特软电缆。电缆断面可根据焊机额定焊接电流参数表4-3选择。焊接电缆长度一般不宜超过20m~30m。

表4-3 额定焊接电流参数表

额定电流/A	100	125	160	200	250	315	400	500	630
电缆截面/mm²	16	16	25	35	50	70	95	120	150

（3）面罩。是为了防止焊接时的飞溅、弧光及其他辐射对焊工面部及颈部损伤的一种遮蔽工具，有手持式和头盔式两种。

五、焊条

焊条按其用途分为碳钢焊条(GB5117－95)、低合金钢焊条(GB5118－95)、不锈钢焊条(GB983－95)、堆焊焊条(GB984－85)、铸铁焊条(GB10044－88)、铜及铜合金焊条(GB9460－88)、铝及铝合金焊条(GB3669－83)等。在各类焊条中根据主要性能或化学成分的不同,再分成若干型号,其具体的编号和分类可参阅有关国家标准。

1. 焊条的组成

焊条是由焊条芯和药皮两部分组成,如图 4－8 所示,H 表示焊接时焊钳的夹持部分,ϕ 表示焊条直径,L 表示焊条的长度。

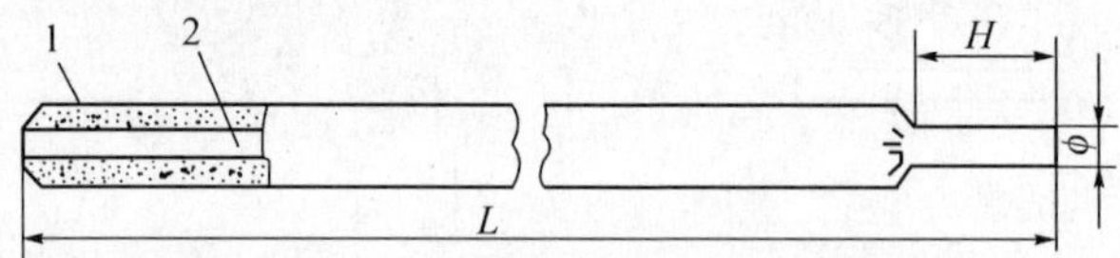

图 4－8　焊条的组成

1—药皮; 2—焊芯。

焊条芯是产生电弧的电极,又是填充焊缝的金属,而药皮对于保证焊接过程顺利进行和提高焊缝质量具有重要意义,其作用如下:

(1) 药皮可提高电弧燃烧的稳定性。药皮中含有碳酸钠(钾)、钛白粉等稳弧剂,其中钠、钾、钛等元素在较低的电压作用下就能电离,使焊条和材料间充满离子,因而能增加电弧的稳定性。

(2) 药皮可防止空气对熔化金属的氧化。药皮中含有大理石、有机物和化工制品等造气剂,在电弧的高温作用下,产生大量气体,并形成熔渣,以保护熔化金属不被氧化。

(3) 药皮可控制金属的化学成分。在药皮中还含有锰、硅、钼、钒等合金,它们能补充焊缝金属中被烧损的元素和添加新元素,以提高焊缝的机械性能,此外,熔化的药皮还会产生熔渣,覆盖在金属液的表面,延迟了金属液的凝固,有利于气体的排出,防止气泡的产生。

2. 焊条的种类及选用

习惯上按焊条药皮的化学成分不同分为酸性氧化物焊条和碱性氧化物焊条两大类。

(1) 酸性氧化物焊条。一般称为酸性焊条,其药皮中主要含有 TiO_2、FeO 和 SiO_2 等酸性氧化物,所以焊条药皮的氧化性较强,合金元素烧损多,焊接机械性能特别是冲击韧性较差。酸性焊条的主要特点是工艺性能良好,成形美观,对油、锈和水分的敏感性不大,焊接使碳的氧化造成熔池沸腾,有利于气体的排出,抗气孔能力强。

(2) 碱性氧化物焊条。一般称为碱性焊条,其药皮中主要含有 $CaCO_3$、CaF_2、MnO_2 和 $MgCO_3$ 等碱性氧化物,并含有较多的铁合金作为脱氧剂和渗合金剂,使焊条具有足够的脱氧能力。碱性焊条主要特点使焊缝金属的抗裂性良好,力学性能特别是冲击韧性较高。由于焊缝金属扩散氢含量低,亦称为低氢型焊条。但碱性焊条主要缺点是工艺性能差,易吸潮,对油、锈、水分等脏物敏感性强,脱渣性极差等。

组成各种型号药皮的酸性氧化物和碱性氧化物在焊接时会同合金元素蒸发氧化,变成各种有毒物质，呈气溶胶状态逸出，有碍人的身体健康，尤其是碱性焊条比酸性焊条危害性大。

（3）焊条的选用。焊条的选用应根据钢材的类别、化学成分及力学性能，结构的载荷、温度、介质和结构的刚度特点等进行综合考虑，必要时，需要进行焊接试验来确定焊条型号和牌号。

碳钢焊条的选用一般按焊缝与母材等强度的原则选用，但在对如薄板施焊、单层焊焊缝冷却速度大时，往往也选用强度比母材低一级的焊条。而厚板的多层焊及焊后需进行正火处理的情况，为防止焊缝强度低于母材，可选用强度高一级的焊条。不同强度级别的母材施焊时，应选用强度级别较低的碳钢焊条。

低合金钢焊条的选用。对强度级别较低的钢材，其选用原则与低碳钢焊条相同，基本上是等强原则。对于强度级别较高的钢材，特别是高强度钢，选用焊条时，应侧重考虑焊缝的塑性。对于铬钼钢，则着眼于接头的高温性能。对于镍钢，则重点考虑焊缝的低温韧性。低合金异种钢焊接时，则应该依照强度级别较低钢种选用焊条，而施焊工艺则依照强度级别较高钢种的工艺，同时还应注意其他因素。

不锈钢焊条的选用。不锈钢焊条的选用主要依据熔敷金属化学成分和母材相同或相近的原则，以满足焊缝的耐腐蚀性能。对于 Cr5Mo、Cr9Mo、Cr13、Cr27 类钢，为简化工艺，往往选用铬镍奥氏体不锈钢焊条来施焊。

六、焊接工艺

手工电弧焊的工艺参数有焊条直径、焊接电流、电弧电压、焊接速度、焊道层数、电源种类和极性等。

1. 焊条直径的选择

根据被焊工件的厚度、接头形状、焊接位置和预热条件来选择焊条直径，焊条直径规格为 1.6mm、2.5mm、3.2mm、5.0mm、5.8mm 等。

根据被焊工件的厚度，焊条直径按表 4-4 进行选择。

表 4-4 焊条直径的选择

板厚/mm	1~2	2~2.5	2.5~4	4~6	6~10	>10
焊条直径/mm	1.6;2.0	2.0;2.5	2.5;3.2	3.2;4.0	4.0;5.0	5.0;5.8

带坡口多层焊时，首层用 $\phi3.2$mm 焊条，其他各层用直径较大的焊条。立、仰或横焊，使用焊条直径不宜大于 $\phi4.0$mm，以便形成较小的熔池，减少熔化金属下淌的可能性。焊接中碳钢或普通低合金钢时，焊条直径应适当比焊接低碳钢时要小一些。

2. 焊接电流的选择

焊接电流对焊接过程、焊接质量和生产率的影响很大。如果电流过小，焊接时会出现电弧不稳定，焊条熔化速度慢，焊后会出现熔渣、焊瘤、夹渣等缺陷。如果电流过大，焊缝区易过热变脆，焊后易产生咬边、裂纹、气孔。

焊接电流的选择，主要决定于焊条的类型、焊件材质、焊条直径、焊件厚度、接头形式、焊接位置以及焊接层数等。在使用一般碳钢焊条时，焊接电流大小和焊条直径的关系为 $I=(35\sim55)d$

式中：I 为焊接电流(A)；d 为焊条直径(mm)。

根据以上公式所求得的焊接电流，只是一个大概数值。对于同样直径的焊条，焊接不同材质和厚度的工件时，焊接电流亦不同。一般板越厚，焊接热量散失的越快，应取电流值的上限值；对焊接输入热要求严格控制的材质，应在保证焊接过程稳定的前提下，取下限值。对于横、立、仰焊时所用的焊接电流，应比平均的数值小10%～20%。焊接中碳钢或普通低合金钢时，其焊接电流应比焊低碳钢时小10%～20%，碱性焊条比酸性焊条小20%。而在锅炉和压力容器的实际焊接生产中，焊工应按照焊接工艺文件规定的参数施焊。

3. 电弧电压的选择

电弧电压是由电弧的长度来决定的，焊接过程中，要求电弧长度不宜过长，否则出现电弧燃烧不稳定的现象。

4. 焊接速度

焊接速度就是焊条沿焊接方向移动的速度。较大的焊接速度可以获得较高的焊接生产率，但是，焊接速度过大，会造成咬边、未焊透、气孔等缺陷，而过慢的焊接速度，又会造成熔池满溢、夹渣、未熔合等缺陷。对于不同的钢材，焊接速度还应与焊接电流和电弧电压有合适的匹配。

5. 电源种类和极性的选择

电源的种类和极性主要取决于焊条的类型。直流电源的电弧燃烧稳定，焊接接头的质量容易保证；交流电源的电弧稳定性差，接头质量也较难保证。

利用不同的极性，可焊接不同要求的焊件，如采用酸性焊条焊接厚度较大的焊件时，可采用直流正接法(即焊条接负极，焊件接正极)，以获得较大的熔深，而在焊接薄板焊件时，则采用直流反接，可防止烧穿。若酸性焊条采用交流电源焊接时，其熔深介于直流正接和反接之间。

6. 焊接层数的选择

多层多道焊有利于提高焊接接头的塑性和韧性，除了低碳钢对焊接层数不敏感外，其他钢种都希望采用多层多道无摆动法焊接，每层增高不得大于4mm。

7. 焊接接头和焊缝类型

焊接接头包括焊缝、熔化区和热影响区，是一个性能不均匀的区域，如图4-9所示。

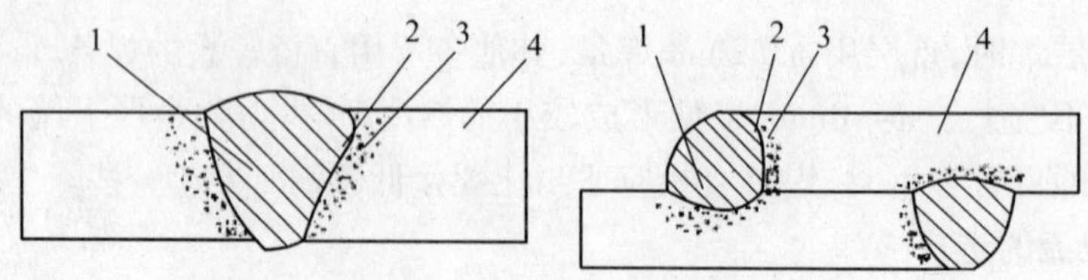

图4-9　熔焊焊接头的组成

1—焊缝；2—熔合区；3—热影响区；4—母材。

焊接接头的设计应按焊件在规定的使用条件下所要求的强度和可靠性而定，必须考虑焊缝工作应力的作用方式及工作温度，承受载荷的焊接接头还要考虑疲劳强度和抗脆断能力，接头还要有最低的残余应力，并使焊缝有足够的连接强度。在手工电弧焊中，主要根据焊件的厚度、结构形状和使用条件，以及焊接成本，合理地选用不同的接头形状。根据国家标准，焊接接头形式分为对接接头、搭接接头、角接头和 T 形接头（十字接头）。

为使厚度较大的焊件能够焊透，以获得足够的焊接强度和致密性，常将金属材料边缘加工成一定形状的坡口，坡口能保证电弧深入到焊缝根部，使工件焊透。在实际生产中一般应尽量选用对接接头。

对接接头按照焊件厚度和坡口的不同，分为不开坡口的对接接头、V 形坡口对接接头、X 形坡口对接接头、单 U 形坡口对接接头、双 U 形坡口对接接头，如图 4 - 10 所示。材料厚度在 6mm 以下，一般不开坡口，只需在工件边缘稍加处理即可，需要开坡口的焊接件的厚度如图所示。可采用 V 形或 X 形坡口的焊件，尽量采用 X 形坡口，原因是焊后焊接变形和焊接应力较小，但加工 X 形坡口较复杂。单 U 形和双 U 形坡口焊后工件的变形更小，但加工坡口更复杂，它们主要是用在重要的焊接结构。

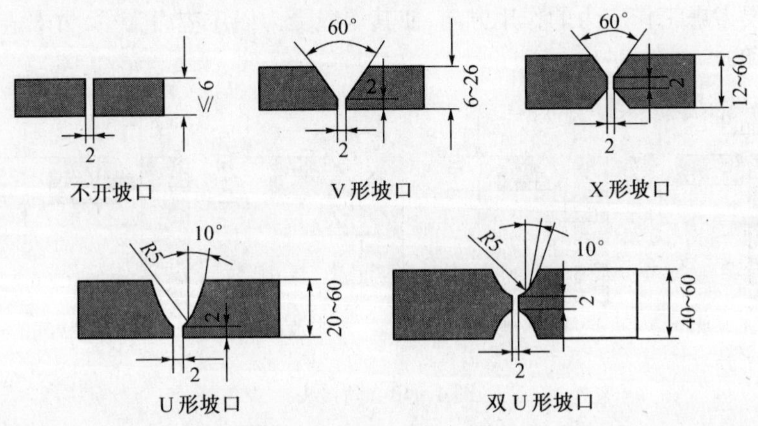

图 4 - 10　对接接头坡口形式

搭接接头也是一种常用的接头方式。搭接接头根据其结构特点和强度要求不同，分为直缝不开坡口、圆孔内塞焊和长孔内角焊，如图 4 - 11 所示。搭接接头的应力分布不均匀，抗疲劳强度低。直缝不开坡口的搭接接头，一般用于 12mm 以下钢板，其重叠部分为 3 倍 ~5 倍板厚，采用双面焊接，这种焊接接头承载能力差，只用于不重要的结构中。在重叠部分的面积较大时，为了保证结构强度，一般要根据需要采用塞焊，在板上开出圆孔和长孔，圆孔和长孔的数量和大小要根据板厚和结构的强度要求来确定。

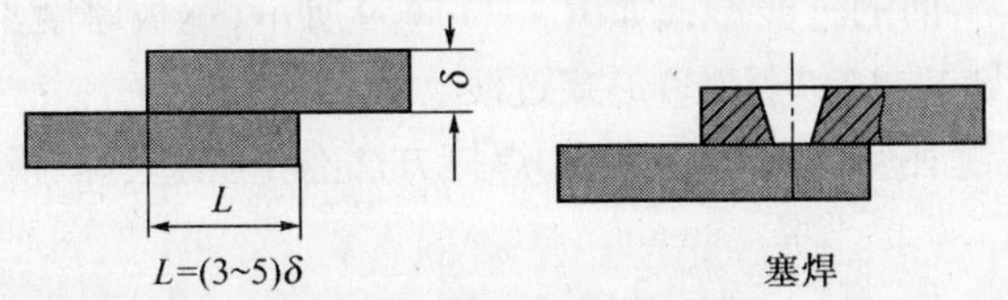

图 4 - 11　搭接接头的形式

T 字（十字）接头是将相互垂直的被连接件用角焊缝连接，是一种典型的电弧焊接头，T 字（十字）接头按照焊件厚度的不同和承受载荷的要求分为不开坡口、单边 V 形坡口、K 形坡口、单边双 U 形坡口，如图 4 - 12 所示，材料厚度在 30mm 以下时，可采用不开坡口，但应避免采用单面角焊缝，因为这种结构根部有很深的缺口。开坡口的焊件接头因为能保证焊透，接头的强度较高。但是T字（十字）接头的应力分布是不均匀的，焊接接头和过渡处应力集中，所以要求焊缝最好不要承受工作应力。

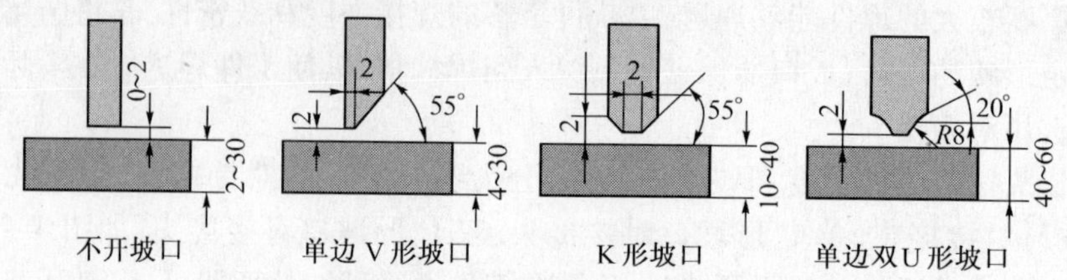

图4-12 十字接头的坡口形式

角接头常用于箱形构件，角接头分为不开坡口、单边V形坡口、V形坡口、K形坡口，如图4-13所示。由于角接头的承载能力不如对接接头，有时用型材代替角接头，在设计角接头时还要考虑工作应力的作用方向，使其焊缝受力以压应力为主，力求避免焊缝承受拉应力或剪切应力。

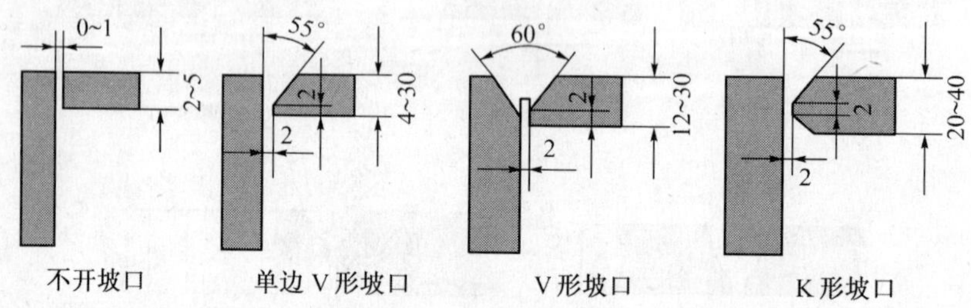

图4-13 角接头

角接头的应力集中情况也是在根部和过渡处最严重，减少焊接尺寸以及减少过渡斜率可降低应力集中。

不同厚度金属材料的重要对接接头，允许的厚度差如表4-5所列。

表4-5 不同厚度金属材料对接时允许的厚度差 （单位：mm）

较薄板的厚度	2~5	6~8	9~11	≥12
允许厚度($\delta_1-\delta$)	1	2	3	4

如果允许厚度差($\delta_1-\delta$)超过表中规定值，或者双面超过2.5($\delta_1-\delta$)时，较厚板板料上加工出单面或双面斜面的过渡形式如图4-14(a)所示，钢板厚度不同的角接与T形接头受力焊缝，可采用图4-14(b)、(c)形式过渡。

在焊接时依照焊缝在空间的位置不同，焊接方法有平焊、立焊、横焊和仰焊4种，如图4-15所示。

七、手工电弧焊的基本操作技术

1. 引弧

引弧使焊条和焊件之间产生稳定的电弧。引弧时，使焊条末端与焊件表面相接处形成短路，然后迅速将焊条向上提起2mm~4mm的距离，即可引燃电弧。引弧方法有两种，即敲击法和摩擦法，如图4-16所示。

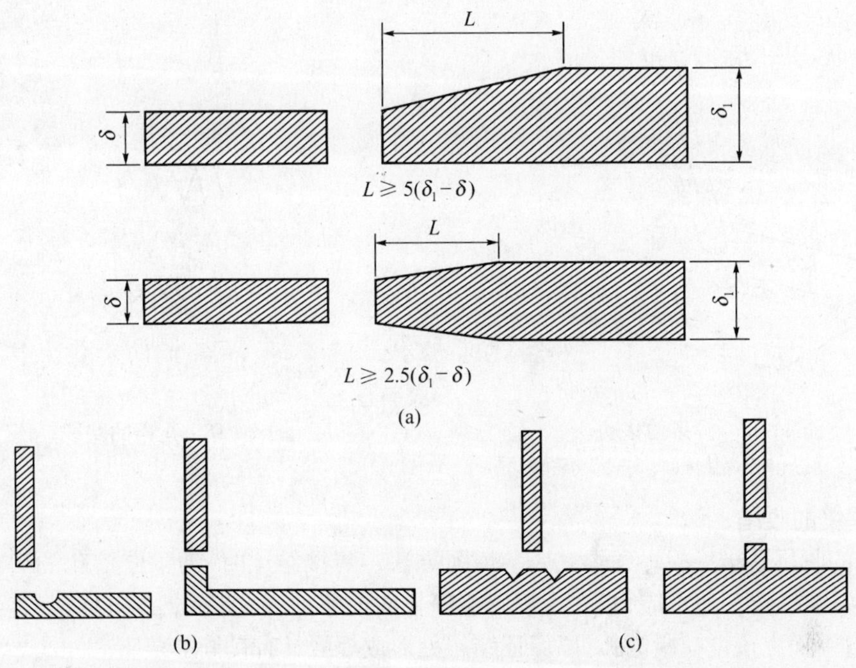

图 4－14　不同厚度材料焊接接头的过渡形式

（a）对接；（b）角接；（c）T 形接。

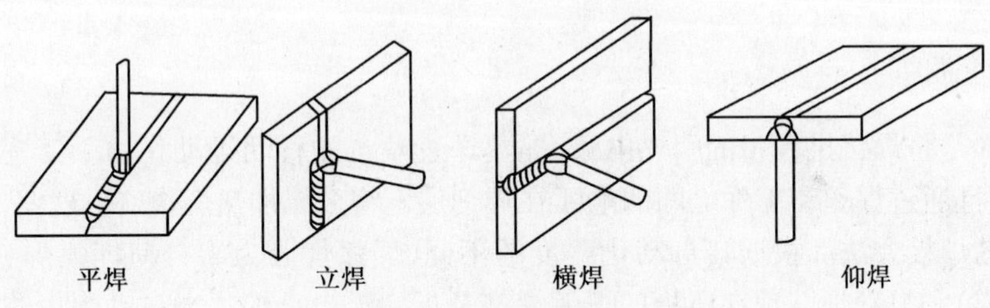

图 4－15　焊接方法

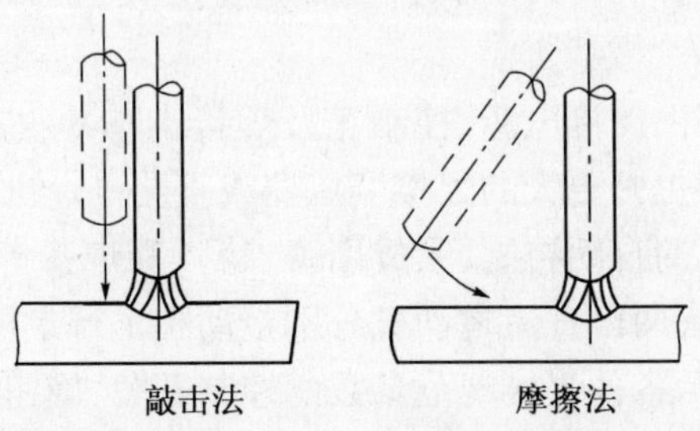

图 4－16　引弧方法

2. 运条

电弧引燃后，焊条要有 3 个方向的运动，如图 4－17 所示，一是沿焊条轴线方向向熔池方向送进，以保持焊接电弧的弧长不变，二是沿焊接方向均匀移动，三是焊条沿焊缝作横向摆动，以获得一定宽度的焊缝，常用的运条路线如图 4－18 所示。

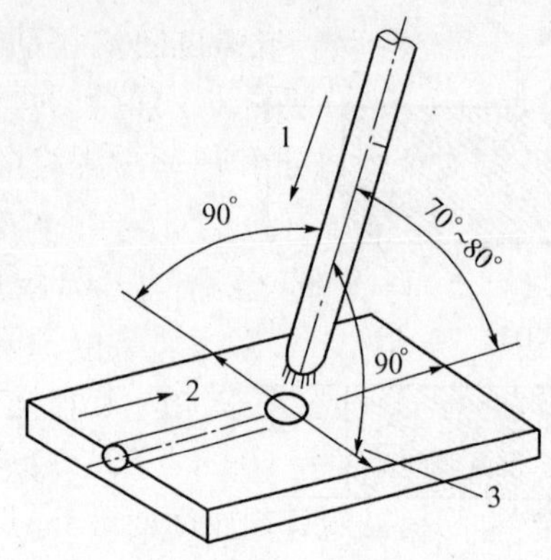

图 4－17 焊条的移动

1—向下送进；2—焊接方向；3—横向移动。

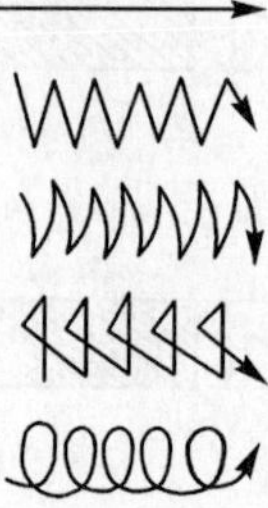

图 4－18 运条的路线

3. 焊缝的收尾

焊缝的收尾是指一根焊条焊完后的熄弧方法。焊接结尾时，为了使熔化的焊芯填满焊坑，不留尾坑，以免造成应力集中，焊条应停止向前移动，而朝一个方向旋转，直到填满弧坑，再自下而上慢慢拉断电弧，以保证结尾处形成焊缝具有良好的接头。

第 4 节 其他焊接方法

一、埋弧焊

埋弧焊是将焊接过程中的引燃电弧、焊丝送进及电弧移动等动作由手工完成改为由机械完成，且通过焊丝和工件之间的电弧在焊剂层下将金属加热燃烧，使被焊件之间形成焊接接头的焊接方法。根据其自动化程度的不同，埋弧焊分为半自动埋弧焊（移动电弧由手工完成）和自动焊。现在所指的埋弧焊都是指埋弧自动焊。半自动焊由焊工操作焊枪，使电弧相对于工件移动，并保持一定的电弧长度，并采用细焊丝。半自动焊枪上装有焊剂漏斗，焊丝和焊剂同时向焊接区输送，因使用不方便，被 CO_2 气体保护焊代替，目前已很少应用。

埋弧自动焊设备主要由焊接电源、控制箱及焊接小车等组成。焊接电源一般为一台输出电流比手工电弧焊的焊机更大的焊接变压器或直流电焊机，以供给焊接电流；控制箱的主要作用是实现对电弧的自动控制，完成引弧、稳弧和熄弧等动作；焊接小车的作用是携带焊丝和焊剂，小车上有两台直流电动机分别带动小车行走机构和送丝机构，操作盘上装有用来调节、控制和指示各种焊接规范参数的控制开关、旋钮及仪表等。

1. 埋弧焊焊接过程

埋弧焊的焊接过程与焊条电弧焊基本一样，热源也是电弧，但把焊丝上的药皮改变成了颗粒状的焊剂。焊接前先把厚度 40mm～60mm 的焊剂铺撒在焊缝上。焊接时，焊丝与焊件之间的电弧完全淹埋在焊剂层下燃烧。插入焊剂内的焊丝末端与母材之间产生电弧，电弧使邻近的母材、焊丝和焊剂熔化，并被部分蒸发，这样，颗粒状焊剂、熔化的焊剂把电弧和熔池金属严密地包围住，使之与外界空气隔绝，形成一个与外部空气隔绝的封闭空间，焊丝不断地送进电弧区，焊丝不断熔化，并沿着焊接方向移动。电弧也随之移动，继续熔化焊件与焊剂，形成大量液态金属与液态焊剂，待焊件冷却后，便形成了焊缝与焊渣。由于电弧是埋在焊剂下面的，故称埋弧焊。当上述过程中的焊丝送进和焊丝沿焊缝向前移动两种操作均由焊机自动完成时，就是埋弧自动焊。

埋弧自动焊的焊接过程如图 4－19 所示。焊件接口开坡口（30mm 以下可不开坡口）后，先进行定位焊，并在焊件下面垫金属板，以防止液态金属的流出。接通焊接电源开始焊接时，送丝轮由电动机传动，将焊丝从焊丝盘中拉出，并经导电器而送向电弧燃烧区。焊剂由送焊剂斗 5 流出，均匀地堆敷在装配好的焊件上，堆敷高度为 30mm～60mm，焊接电源的两极分别接在导电器和母材上，在焊剂的两侧装有挡板以免焊剂向两面散开，焊完后便形成焊缝与焊渣。部分未熔化的焊剂，由焊剂回收器吸回到焊剂斗中，以备继续使用。

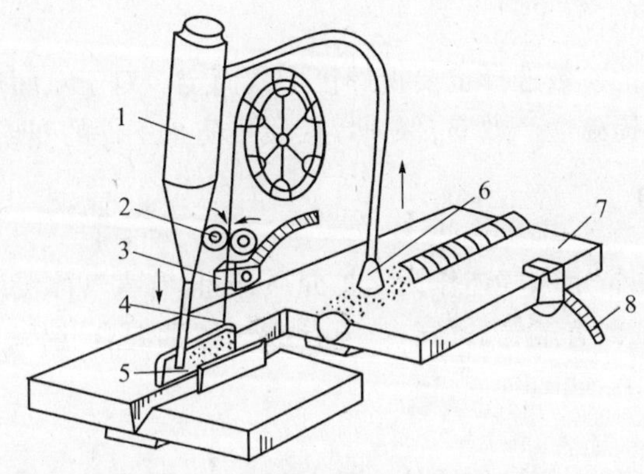

图 4－19　埋弧自动焊的焊接过程

1—焊剂斗；2—送丝轮；3—导电器；4—焊丝；5—焊剂；6—焊剂回收器；7—焊件；8—电缆。

2. 埋弧自动焊的特点

埋弧自动焊与手工电弧焊相比，其生产率高、焊缝质量高、成本低、劳动条件好，这是因为埋弧自动焊的所用焊丝直径较粗，焊接电流大，电弧在焊剂下燃烧，没有刺眼的弧光。埋弧自动焊主要用于成批生产厚度为 6mm～60mm，工件处于水平位置的长直焊缝及较大直径（一般不小于 250mm）的环形焊缝。在造船、锅炉、压力容器、桥梁、起重机械、车辆、工程机械、核电站等工业生产中埋弧自动焊得到广泛应用。埋弧自动焊还可用于在基体金属表面堆焊耐磨、耐蚀合金。

3. 埋弧自动焊的焊接工艺

1）焊前准备

准备工作包括工件的加工和焊材的准备。

工件的加工。主要是厚焊件的坡口加工、焊接区域的清理及焊件的装配等。

① 坡口加工。板厚 $\delta < 14$mm，可以不开坡口；$\delta = 14$mm～22mm 时，开“V”型坡口；$\delta = 22$mm～50mm 时，可开“X”坡口，对于重要构件，开“U”坡口，以保证根部焊透和无夹渣等缺陷。在“V”“X”型坡口中，坡口角度为 50°～60°，坡口边缘必须平直。

② 焊接区域的清理。焊前应对坡口及焊接部位附近一定区域的表面铁锈去氧化皮，油污清除干净，以保证焊接质量。

③ 工件的装配。焊件装配要求间隙均匀，高低平整无错边。装配点固焊时要求使用的焊条要与焊件材料性能相符，定位焊缝一般应在第一道焊缝的背面，长度大于 30mm。在直焊缝组装时需要加引弧板和收弧板，然后根据制定的焊接工艺要求，选取合适的焊丝和焊剂，并参照有关要求对焊剂进行烘干，对焊丝除油除锈。再根据埋弧焊所焊接头的形式及位置选取恰当的工艺过程及规范参数。

2）平板对接焊缝

可采用单面焊、双面成型或双面焊接，双面焊因操作简单得到广泛的应用，双面焊接时，需采取一定措施保证焊接过程的稳定(即在第一道时要保证一定的熔深，又要防止熔化金属的流溢和烧穿)。常用的措施有焊剂垫、钢垫板、铜板垫和悬空焊接等，这时的焊接规范选择要视采用措施而定。而单面焊则在一些薄板及小规模焊接中得到有限的应用，是一种效率高的焊接方法。

3）角接焊缝

可采用斜角焊，规范参数选择也要视焊接形式而定。对于双面焊时，要注意焊接顺序及规范的合理使用，以提高生产效率，保证焊接质量防止工件的变形。

二、气体保护焊

气体保护焊是利用特定的气体作为保护介质，防止有害气体浸入的电弧焊方法，焊接时可用做保护气体的主要有氩气、氦气、二氧化碳气体和混合气体，常用的保护气体有氩气和二氧化碳气体。

1. 氩弧焊

氩弧焊是使用氩气作为保护气体的一种电弧焊方法，氩弧焊分为熔化极氩弧焊和不熔化极氩弧焊。如图 4－20 所示。

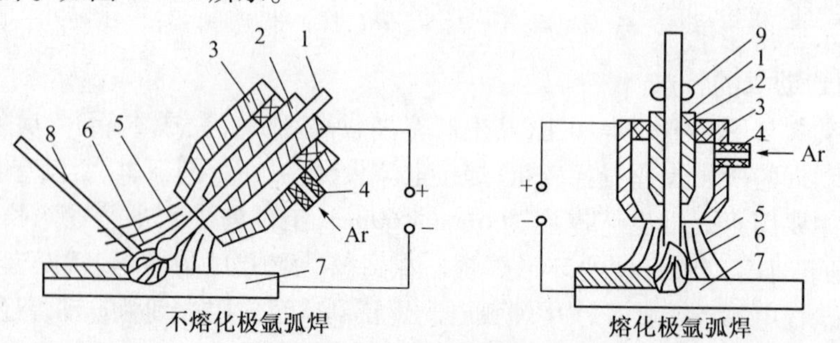

图 4－20　氩弧焊示意图

1—焊丝或电极；2—导电嘴；3—喷嘴；4—进气管；5—氩气流；6—电弧；7—焊件；8—填充焊丝；9—送丝滚轮。

不熔化极氩弧焊的电极是采用高熔点的纯钨、钨等，焊接时，钨极不熔化，仅起引燃和维持电弧的作用，另需焊丝作为填充金属。为了延长钨极的使用寿命，焊接时焊接电流不宜过大，且多采用直流正接，不熔化极氩弧焊仅适用于焊接 0.5mm ~ 4mm 的薄板。熔化极氩弧焊使用连续送进焊丝作为电极，焊丝和焊件在氩气的保护下产生电弧，金属熔滴成很细的颗粒作为填充材料，进入到熔池，熔化极氩弧焊电流稳定，可采用较大焊接电流，生产率较不熔化极氩弧焊高，适用于焊接 25mm 以下的中厚板。

氩气是惰性气体，不熔于液体金属，也不与焊缝金属发生化学反应，在它的保护下，焊缝金属免受周围气体的作用，几乎所有的金属材料都可以进行氩弧焊，特别适用于焊接易氧化和吸收氢气体的合金钢和有色金属，现在主要用于焊接易氧化的有色金属和高强度合金及难熔性金属和一些特殊性能的合金钢如不锈钢和耐热钢等。

氩弧焊的电弧加热集中，热影响区小，焊接应力小，变形小。氩弧焊的操作灵活，适用于各种位置的焊接，焊后表面没有渣壳，不用清理。

2. 二氧化碳气体保护焊

二氧化碳气体保护焊是以二氧化碳作为保护气体，用连续送进的焊丝作为电极。按焊丝的直径，二氧化碳保护焊可分为细丝二氧化碳气体保护焊($\phi \leqslant 1.2$mm)及粗丝($\phi \geqslant 1.6$mm)二氧化碳气体保护焊。细丝二氧化碳气体保护焊工艺成熟，一般适用于焊接0.8mm~4mm的薄板，多为半自动焊接。粗丝二氧化碳气体保护焊适用于焊接5mm~30mm的中厚板，多使用自动焊接。图4-21所示为二氧化碳气体保护焊的示意图。焊接时，以焊丝盘送出的焊丝，经由送丝机构和送丝软管及导电嘴送出，与工件接触产生电弧，气瓶送出的气体以一定的流量和压力从焊枪的喷嘴喷出，形成一层保护气罩，覆盖在焊接区上方。工件在局部高温下熔化形成熔池，焊丝熔化的金属到熔池，与工件熔化的金属混合形成焊缝。

二氧化碳气体保护焊具有很多优点，最主要的是气体成本更低，适用于一些活性小的金属焊接，如焊接低碳钢和合金钢，还可以用于一些耐磨零件的堆焊、铸铁的补焊等，二氧化碳气体的密度较大，焊接时隔离空气、保护熔池的效果很好。但是二氧化碳气体保护焊的最大缺点是焊接飞溅大，焊件表面质量不好。此外，二氧化碳气体在高温时会分解成为一氧化碳和氧气，具有一定的氧化作用，故二氧化碳气体保护焊不能焊接易氧化的有色金属。

三、等离子弧焊接和切割

在提高电弧功率的同时，将电弧进行强迫压缩，这时弧柱的温度会急剧增加，使弧柱中气体充分电离，这时形成的电弧为等离子弧，如图4-22所示。在钨极与喷嘴之间或钨极与工件之间加一较高电压，经高频振荡使气体电离形成自由电弧，该电弧受3个压缩作用形成等离子弧。首先是机械压缩效应(作用)，电弧经过有一定孔径的水冷喷嘴通道，使电弧截面受到拘束，不能自由扩展，然后是热压缩效应，当通入一定压力和流量的氩气或氮气时，冷气流均匀地包围着电弧，使电弧外围受到强烈冷却，迫使带电粒子流(离子和电子)往弧柱中心集中，弧柱被进一步压缩，最后是电磁收缩效应，定向运动的电子、离子流就是相互平行的载流导体，在弧柱电流本身产生的磁场作用下，产生的电磁力使孤柱进一步收缩。当小直径喷嘴，大的气体流量和增大电流时，等离子焰自喷嘴喷出的速度很高，具有很大的冲击力，这种等离子弧称为“刚性弧”，主要用于切割金属。反之，若将等离子弧调节成温度较低、冲击力较小时，该等离子弧称为“柔性弧”，主要用于焊接。

用等离子弧作为热源进行焊接的方法称为等离子孤焊接。焊接时离子气(形成离子弧)和保护气(保护熔池和焊缝不受空气的有害作用)均为氩气。等离子弧焊所用电极一般为钨极(与钨极氩弧焊相同，国内主要采用钍钨极和铈钨极，国外还采用锆钨极和锆极)，有时还需填充金属(焊丝)。一般均采用直流正接法(钨棒接负极)。故等离子弧焊接实质上是一种具有压缩效应的钨极气体保护焊。

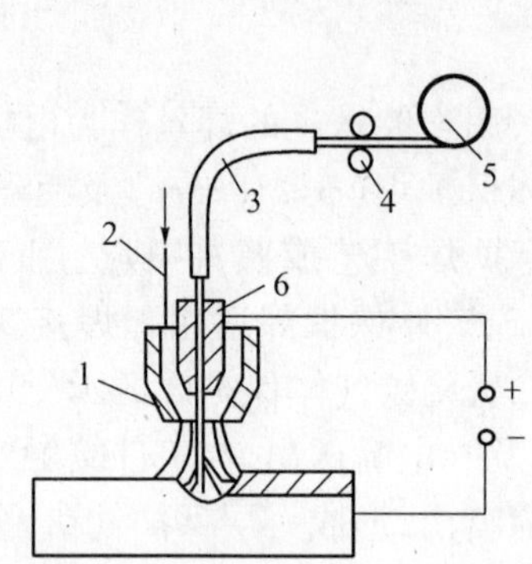

图 4-21 二氧化碳气体保护焊的示意图
1—焊枪喷嘴；2—二氧化碳送气管；3—送丝软管；
4—送丝机构；5—焊丝盘；6—导电嘴。

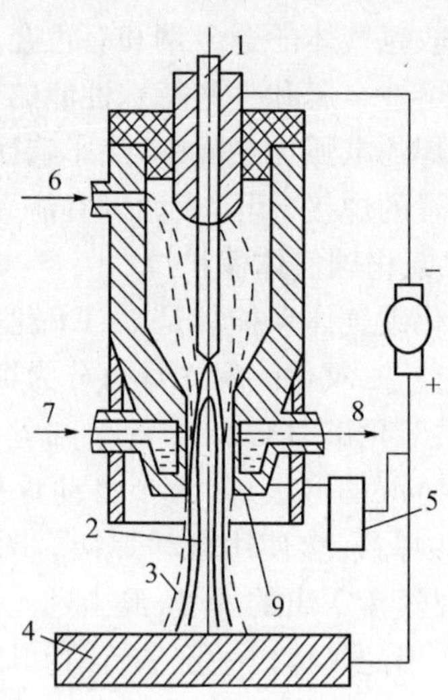

图 4-22 等离子弧的形成
1—电极；2—等离子弧；3—保护气体；4—焊件；
5—高频振荡器；6—保护气体入口；7—进水口；
8—出水口；9—水冷喷嘴。

等离子弧切割是利用高温、等速的等离子弧流，将被切割金属局部熔化、汽化并随即吹掉熔化的金属，以形成细小光整的切口，等离子弧可以切割铸铁、不锈钢、铜合金、铝合金和非金属材料等。

四、电阻焊

电阻焊是利用电流通过焊件接触面处产生的电阻热，将焊件局部加热到塑性或熔化状态，然后在压力下形成焊接接头的方法。电阻焊可以分成对焊、点焊和缝焊 3 种。

1. 对焊

对焊有闪光对焊和电阻对焊。电阻对焊是将焊接件装在对焊机上，使两焊件端面紧密接触，利用电阻热加热两端面到塑性状态，两端面在压力作用下焊接在一起的，电阻对焊主要用于截面简单，直径小于 20mm 并且强度要求不高的焊件。闪光对焊时焊接过程是先通电，再使两焊件轻微接触，由于焊件表面不平，使接触点通过的电流密度很大，金属迅速熔化、汽化、爆破，飞溅出火花，造成闪光现象。继续移动焊件，产生新的接触点，闪光现象不断发生，待两焊件端面全部熔化时，迅速加压，随即断电并继续加压，使焊件焊合。

闪光对焊的接头质量好，对接头表面的焊前清理要求不高，常用于焊接受力较大的重要工件。闪光对焊不仅能焊接同种金属，也能焊接铝钢、铝铜等异种金属，可以焊接极细的金属丝，也可以焊接大直径的管子及截面较大的板材。

2. 点焊

将焊件压紧在两个柱状电极之间，通电加热，使焊件在接触处熔化形成熔核，然后断电，并在压力下凝固结晶，形成组织致密的焊点。点焊适用于焊接 4mm 以下的薄板（搭接)和钢筋,广泛用于汽车、飞机、电子、仪表和日常生活用品的生产。

3. 缝焊

缝焊与点焊相似,所不同的是用旋转的盘状电极代替柱状电极。叠合的工件在圆盘间受压通电,并随圆盘的转动而送进,形成连续焊缝。缝焊适宜于焊接厚度在 3mm 以下的薄板搭接,主要应用于生产密封性容器和管道等。图 4 – 23 所示为电阻焊的示意图。

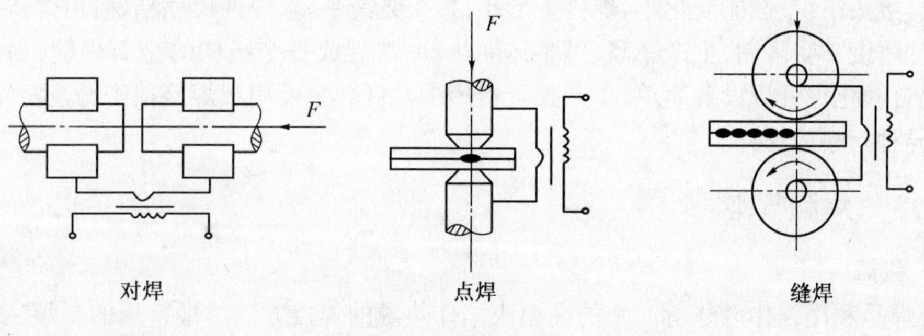

图 4 – 23　电阻焊

五、摩擦焊

摩擦焊是利用焊件表面相互摩擦而产生的热,使端面达到塑性状态,然后加压,形成焊接接头的焊接方法,如图 4 – 24 所示。

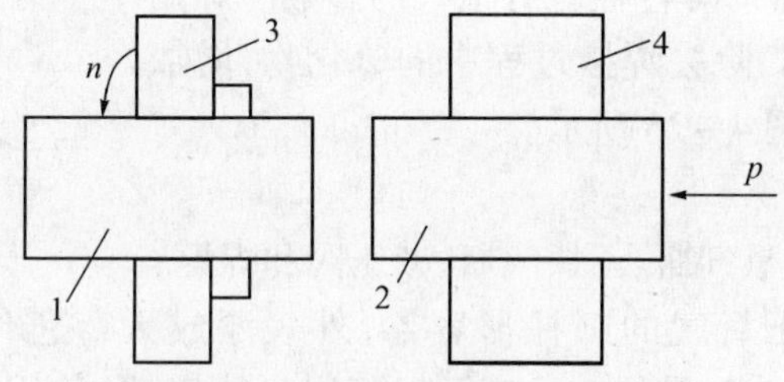

图 4 – 24　摩擦焊

1,2—焊件; 3—旋转夹头; 4—加压夹头。

摩擦焊接时,焊件一段夹持在可旋转的夹头上,另一段的焊件夹持在可往复移动并能加压的夹头上,夹持在可旋转的夹头上的工件通过高速旋转与夹持在可往复移动夹头上的焊件接触,通过摩擦产生热能使接头温度升高,达到热塑性状态,此时旋转的夹头上的工件停止转动,夹持在可往复移动并能加压的夹头上的焊件加压,在压力下冷却后,获得致密的焊接接头组织。摩擦焊的生产率高,尺寸精确,易于机械化生产。

六、钎焊

钎焊是用比母材熔点低的金属材料作钎料,然后将钎料熔化并把钎料充填到焊接接头的间隙,使钎料与母材相互扩散形成焊接接头的方法。钎焊与其他焊接方法的根本区别是焊结过程中工件不熔化,而依靠钎料熔化、填充来完成焊接。钎焊使用的主要焊接材料有钎料和钎剂。钎焊按钎料熔点可分为软钎焊、硬钎焊。钎剂能除去氧化膜和油污等杂质,保护母材接触面和钎料不受氧化,并增加钎料湿润性和流动性。钎料熔点在450℃以下的钎焊称为软钎焊,常用锡铅钎料,松香、氯化锌溶液作钎剂。其接头强度低,工作温度低,具有较好的焊接工艺性,用于电子线路的焊接。钎料熔点在450℃以上的钎焊,称为硬钎焊,常用铜基和银基钎料,由硼砂、硼酸、氯化物、氟化物组成钎剂。接头强度较高,工作温度也高,用于机械零部件的焊接。

钎焊的特点是采用低熔点的钎料作为填充金属,钎料熔化,母材不熔化;工件加热温度较低,接头组织、性能变化小,焊件变形小,接头光滑平整,焊件尺寸精确,可焊接异种金属,焊件厚度不受限制,生产率高,可整体加热,一次焊成整个结构的全部焊缝,易于实现机械化自动化。钎焊设备简单,生产投资费用少。钎焊主要用于焊接精密、微型、复杂、多焊缝、异种材料的焊件。

七、气焊和气割

1. 气焊

气焊是利用气体燃烧所产生的高温火焰作热源的焊接方法。最常用的是氧-乙炔焰进行焊接。气焊设备简单、操作灵活方便、不需电源,但气焊火焰温度较低,且热量较分散,工件变形大,所以应用不如电弧焊广泛。气焊可以进行立、横、仰等各种空间位置的焊接。其接头形式也有对接、搭接、角接和T形接头等。在焊接时,气焊的焊丝作为填充金属,与熔化的母材一起形成焊缝,因此焊丝质量对焊件性能有很大的影响。焊剂的作用是保护熔池金属,除去焊接过程中的氧化物,增加液态金属的流动性,如图4-25所示。

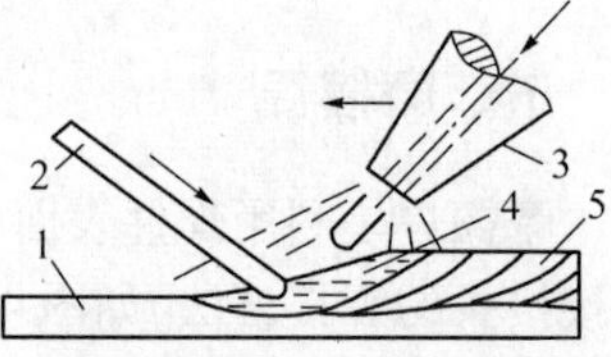

图4-25 气焊的示意图

1—工件；2—焊丝；3—焊炬；4—熔池；5—焊缝。

1)气焊的设备

气焊的设备主要是氧气瓶、乙炔气瓶、减压阀和焊炬。

氧气瓶是储存高压氧气的圆柱形容器,外表漆成天蓝色作为标志,最高压力为14.7MPa,容积约40L,储气量约6m³。氧气瓶属高压容器,使用中必须注意安全,安放要平稳,搬运时禁止撞击,严禁沾染油脂,焊接操作中氧气瓶距明火或热源应在5m以上,夏日要防止曝晒,冬天如阀门冻结,严禁用火烘烤,应用热水解冻。瓶中氧气不允许全部用完,余气压应保持98kPa~196kPa,以防瓶内混入其他气体而引起爆炸。

乙炔气瓶是储存及运输乙炔的专用容器,外表漆成白色,并用红漆在瓶体标注“乙炔”字样。为保证乙炔稳定和安全地储存,在乙炔瓶内充满了浸渍丙酮的多孔填料。乙炔气瓶在搬运、装卸、使用时,都应竖立放稳,严禁在地面卧放。使用乙炔时,必须经减压器减压,禁止直接使用。乙炔瓶的最高压力为1.47MPa,乙炔温度超过300℃且压力增大到147kPa以上时,遇火会爆炸。当乙炔温度达到580℃时会自行爆炸。因此,乙炔最高工作压力禁止超过147kPa表压。此外,乙炔的化学性质很活泼,不能与铜、银等长期接触,否则也会引起爆炸。乙炔与空气或乙炔与氧气混合达到一定浓度比例时,遇明火或高温均能发生燃烧甚至爆炸,因此,使用乙炔应注意安全,车间、厂房等应注意通风。

减压阀是将高压气体降为低压气体的调节装置,其作用是将气瓶中流出的高压气体的压力降低到需要的工作压力，并保持压力的稳定，图 4 - 26 所示为减压阀的示意图。

在不工作时，放松调压弹簧，小弹簧将活门压下，关闭通道，使高压氧气（乙炔气）不能进低压室，工作时，旋转调压螺钉，使调压弹簧受压，通过橡皮膜，顶杆将活门顶开，高压气体进入低压室，体积膨胀，压力降低。通过开启活门的大小就可以控制低压室气体压力，并能保持焊接时压力不变。

焊炬的作用是将氧气和乙炔气体按一定比例均匀混合，通过焊嘴喷出，点燃后产生稳定的火焰，一般的焊炬备有 3 个 ~5 个不同孔径的焊嘴，以便于焊接不同厚度的焊件，图 4 - 27所示为常见的焊炬。

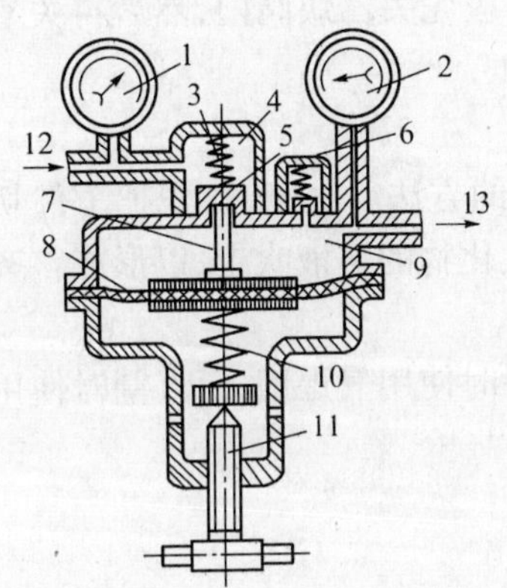

图 4 - 26　减压阀

1—高压氧气表；2—低压氧气表；3—小弹簧；4—高压室；5—活门；6—安全帽；7—顶杆；8—橡皮膜；9—低压室；10—调压弹簧；11—调压螺钉；12—氧气进口；13—焊炬接口。

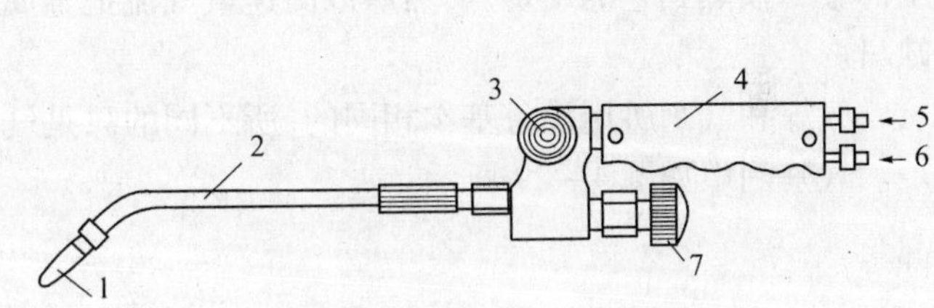

图 4 - 27　常见的焊炬

1—焊嘴；2—混合管；3—乙炔气阀；4—手把；5—乙炔气入口；6—氧气入口；7—氧气阀。

焊炬工作时要先打开氧气阀门，然后再打开乙炔气体阀门，两种气体便可在混合管内均匀混合，控制各阀门大小，可调节氧气和乙炔气体的不同比例。

当氧气和乙炔的比值大于 1.2 时，产生的火焰易使焊接的金属氧化，故称这种火焰为氧化焰，氧化焰的焰心成锥形，火焰较短，一般在焊接黄铜时，使用这种火焰。图 4 - 28(a)所示为氧化焰。

当氧气和乙炔的比值在 1 ~1.2 时产生中性焰，中性焰火焰燃烧充分，气焊应在内焰区进行，内焰区的最高温度可达到 3150℃，中性焰常用于焊接碳钢和有色金属。图 4 - 28(b)

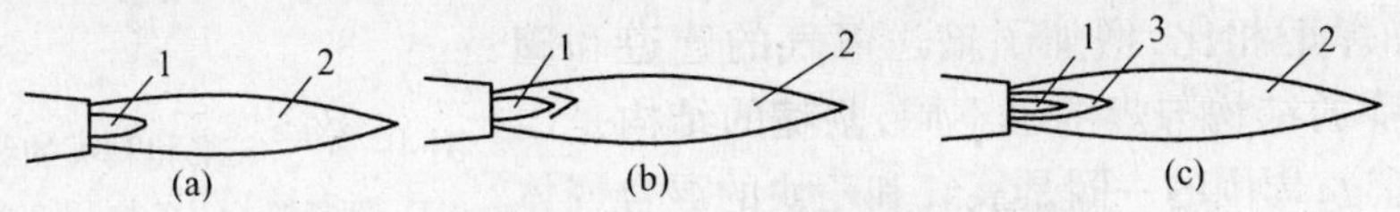

图 4 - 28　氧乙炔焰

(a) 氧化焰；(b) 中性焰；(c) 碳化焰。

1—焰芯；2—外焰；3—内焰。

所示为中性焰。

当氧气和乙炔的比例小于1时，则得到碳化焰，整个火焰较长，碳化焰只适用于焊接铸铁和硬质合金钢。图4-28(c)所示为碳化焰。

2）气焊的操作

气焊前，应彻底清除焊件接头处的锈蚀、油污、油漆和水分等。点火时，先将氧气阀门略微打开，以吹掉气路中的残余气体，再打开乙炔阀门，然后点燃火焰。开始点燃的火焰是碳化焰，调整氧气阀，使火焰呈中性焰，右手握焊炬，左手拿焊丝，开始焊接。焊接时为了迅速加热和形成熔池，开始时焊嘴的倾角为80°~90°，正常焊接时，焊嘴的倾角一般保持在40°~50°间，将焊丝有节奏地滴入熔池熔化，焊炬和焊丝自左向右以匀速移动。焊接到焊缝的末端时，焊嘴倾角可减小到20°，工件焊完后，应先关乙炔阀门，然后再关氧气阀门，以免发生回火。

2. 气割

气割是利用高温的金属在纯氧中燃烧而将工件分离的方法。气割时，先把工件切割出的金属预热到它的燃烧点，然后以高速氧气流把金属氧化物的溶液吹走，以形成整齐的缺口。

气焊和气割所用设备基本相同的，所不同的只是气焊时使用气焊炬，而气割时使用割炬。气割割炬如图4-29所示。

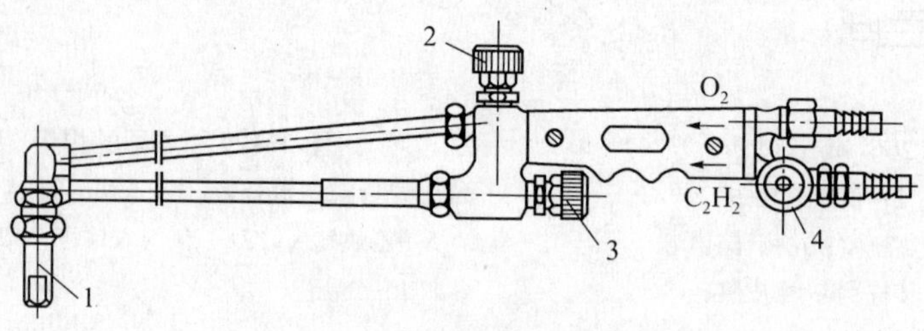

图4-29 气割割炬

1—割嘴；2—切割氧调节阀；3—乙炔调节阀；4—氧气调节阀。

符合下列条件的金属才能进行气割：

(1) 金属的燃点和金属氧化物的熔点应低于金属本身的熔点，否则使切割质量降低，甚至不能切割。

(2) 金属的导热性不能太高，否则使气割处的热量不足，造成气割困难。金属在燃烧时所产生的大量热能应能维持气割的进行。

碳素钢和合金结构钢具有很好的气割性能。

割炬和焊炬相比，增加了输送氧气的管道和阀门，而且割嘴的结构与焊嘴也不同，割嘴的结构是出口有两条通道，周围的一圈是氧气和乙炔的混合气体通道，中间的出口为切割氧气的通道，两条通道互不相通，如图4-30所示。

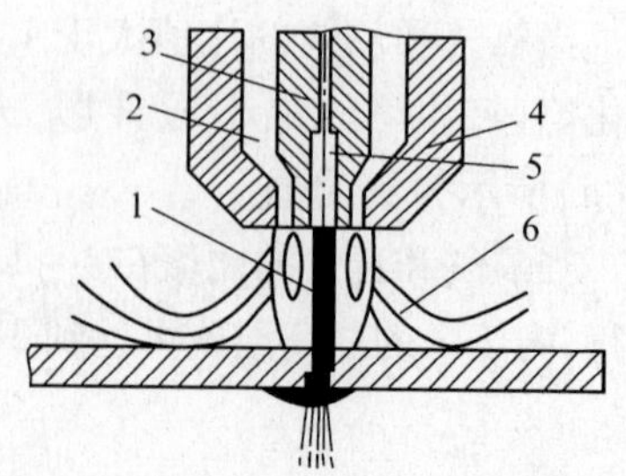

图4-30 气割和割嘴的结构示意图

1—切割氧；2—乙炔、氧气混合入口；3—切割嘴；4—预热嘴；5—纯氧气入口；6—预热焰。

第 5 节　焊接工艺设计及质量缺陷分析

一、焊接工艺设计

焊接工艺设计是指焊接接头设计和焊缝的布置。工艺性良好的结构，不仅给焊接带来方便，容易保证焊接质量，而且使成本大大降低，焊接的工艺性主要从以下几方面考虑。

（1）焊缝的布置应便于操作，焊接位置必须具有足够的操作空间，以满足焊接时运条的需要。

（2）焊缝布置影响结构件的焊接质量和生产率，焊缝应尽量处于平焊位置，尽量减少焊缝数量及长度，缩小不必要的焊缝截面尺寸，焊缝布置应尽量分散，避免密集或交叉，焊缝布置应尽量对称。

（3）焊接热影响区是结构中的敏感区域，焊缝布置要有利于减少焊接应力与变形，应尽量避开最大应力位置或应力集中位置，焊缝布置应避开机械加工表面，如图 4－31 所示。

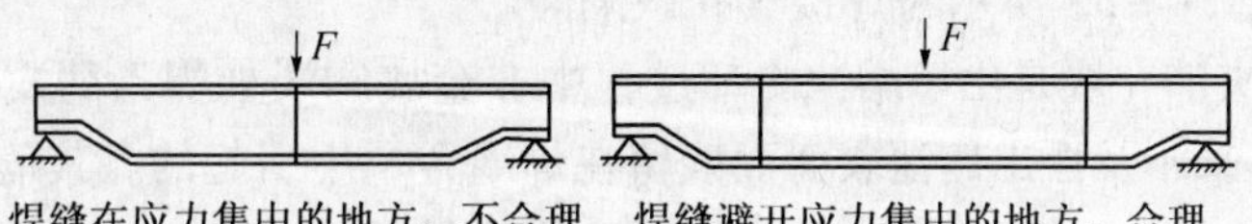

焊缝在应力集中的地方，不合理　焊缝避开应力集中的地方，合理

图 4－31　焊缝的布置

二、焊接缺陷和焊接变形

1. 焊接缺陷

金属作为最常用的工程结构材料，往往要求具有高温强度、低温韧性、耐腐蚀性以及其他一些基本性能，并且要求在焊接之后仍然能够保持这些基本性能。而焊接过程的特点主要是温度高、温差大，偏析现象很突出，金相组织差别比较大，因此，在焊接过程中往往会产生各种不同类形的焊接缺陷留在焊缝中，如裂纹、未焊透、未熔合、气孔、夹渣等，从而降低了焊缝的性能。

焊接接头的外部缺陷一般用肉眼就能观察到，主要有焊瘤、咬边、凹坑、烧伤、错边等。

焊接接头的内部缺陷是指必须借助仪器设备测试才能判断出的缺陷，主要有未熔合、未焊透、气孔、夹渣及白点等。

（1）裂纹。钢材焊接中常出现的裂纹既有热裂纹也有冷裂纹。产生裂纹的因素多种多样，但主要因素是焊接工艺不合理、选用材料不当、焊接应力过大以及焊接环境条件差造成焊后冷却太快等，对于每种具体焊接结构，应综合分析，防止裂纹产生的措施是针对构件焊接情况选取合理的焊接工艺，如焊接方法、线能量、焊接速度、焊前预热、焊接顺序等。图 4－32 所示为焊接裂纹。

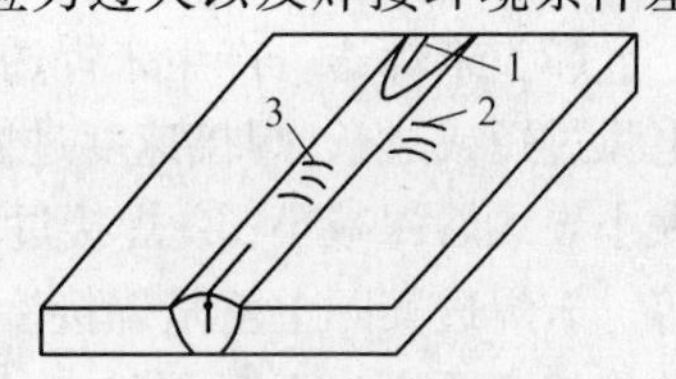

图 4－32　焊接裂纹

1—纵向裂纹；2—横向裂纹；3—热影响区裂纹。

（2）焊瘤。主要是由于焊接电流过大或焊接速度过慢引起，如图 4－33 所示。它的危害是焊瘤处易产生应力集中，影响整个焊缝的外观质量和焊接质量。预防措施是适当调小焊接电流。焊接时要注意熔池大小,以便调整焊接电流或焊接速度。

(3)弧坑。主要是由于断弧或熄弧引起的,如图4-34所示。弧坑的存在减小了焊缝截面,降低了接头的有效强度,并且弧坑处常伴有弧坑裂纹,危害较大。预防措施是尽量减小断弧次数,每次熄弧前应稍微停留或做几次摆动运条,使较多的焊条熔化填满弧坑处。

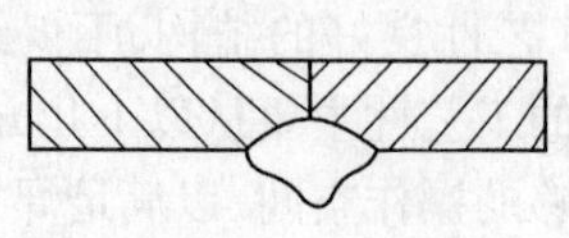

图4-33 焊瘤

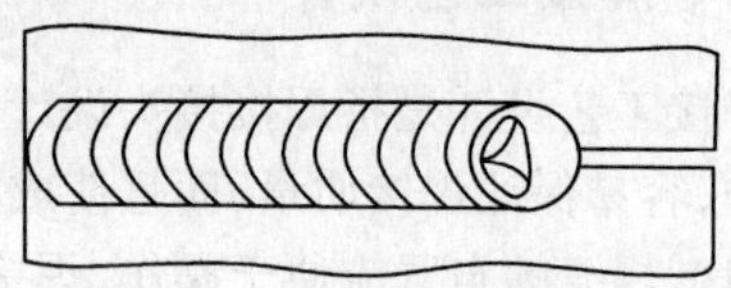

图4-34 焊接弧坑缺陷

(4)气孔。产生气孔的因素较多,如焊条未按规定烘干、母材除锈及消除焊件表面上的脏物不彻底、焊接电压不稳等。气孔的存在使焊缝截面减小,金属内部组织疏松,应力集中,也易诱发裂纹等严重的缺陷。预防措施是在焊接前应按要求烘干焊条,清理坡口及母料表面的油污、锈迹,注意大气的变化,刮风、下雨要有遮挡措施,焊接时选择适当的电流及焊接速度。图4-35所示为焊接气孔缺陷。

(5)夹渣。夹渣一般是由于熔池冷却过程中非金属物质如焊条药皮中某些高熔点组分、金属氧化物等来不及浮出熔池表面而残留在焊缝金属中引起的。其危害是影响了焊缝金属的致密性及连贯性,易引起应力集中。预防措施是焊接前应严格清理母材坡口及附近的油污、氧化皮等,多层焊接时彻底清理前一道焊缝流下的熔滴。焊接时选择适当的焊接参数,运条稳定,注意观察熔池,防止焊缝金属冷却过快。图4-36所示为焊接夹渣缺陷。

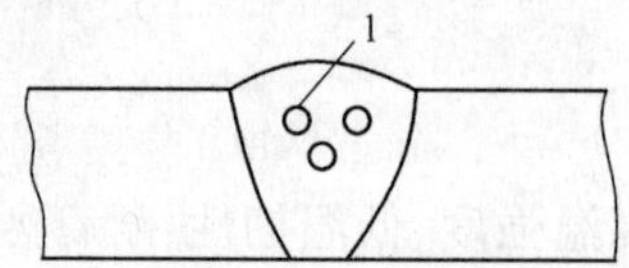

图4-35 焊接气孔缺陷

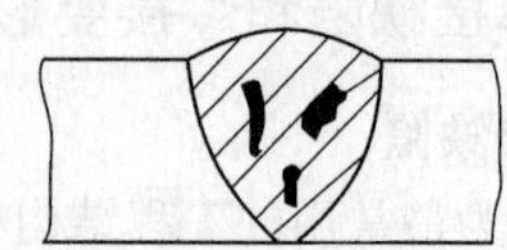

图4-36 焊接夹渣缺陷

(6)咬边。主要是由于焊接电流过大、电弧拉长或运条不稳引起的。咬边最大的危害是损伤母材,使母材有效截面减小,也会引起应力集中。预防措施是焊接时调整好电流,电流不宜过大,且控制弧长,尽量用短弧焊接,运条时手要稳,焊接速度不宜太快,应使熔化的焊缝金属填满焊接坡口边缘。图4-37所示为焊接咬边缺陷。

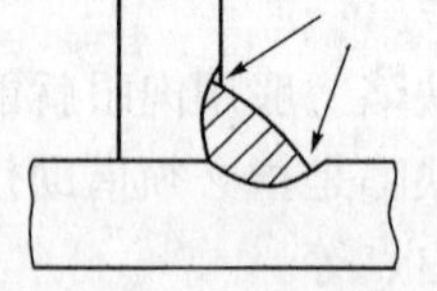

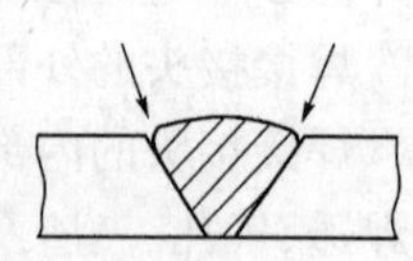

图4-37 焊接咬边缺陷

(7)未焊透。产生未焊透缺陷的主要因素有:① 焊接规范选择不当,如电流太小,电弧过短或过长,焊接速度过快、金属未完全熔化;② 坡口角度小、钝边过厚、对口时间隙太小导致熔深减小;③ 焊接过程中,焊条和焊枪的角度不当导致电弧偏析或清根不彻底等。未焊透实际上就是焊接接头的根部未完全熔透的现象,单面焊双面成形或加垫板焊的焊缝主要产生于V形坡口的根部,双面焊双面成形的焊缝主要产生于X形坡口或双U形坡口的钝边的边缘处。未焊透的存在会导致焊缝的有效截面减少,从而降低焊缝的强度。在应力主作用下很容易扩展形成裂纹导致构件破坏。若是连续性未焊透,更是一种极其危险的缺陷。所以焊缝中的未焊透是一种不允许存在的缺陷。

防止出现未焊透缺陷的方法是正确确定坡口形式和装配间隙，认真清除坡口两侧的油污杂质，合理选择焊接电流，焊接角度要正确，运条速度要根据焊接电流的大小、焊体的厚度以及焊接位置进行选择，不应移动过快，随时注意不断地调整焊接角度。对于导热不良、散热较快的焊件，可进行焊前预热或在焊接过程中同时用火焰进行加热。对于要求全焊透的焊缝，如果有未焊透时，在条件允许的情况下可以将反面熔渣和焊瘤清理后进行加焊处理；对于非要求全焊透的焊缝，其焊透深度大于板厚的 0.7 倍即可。应尽量采用单面焊双面成形的工艺，图 4－38 所示为未焊透缺陷。

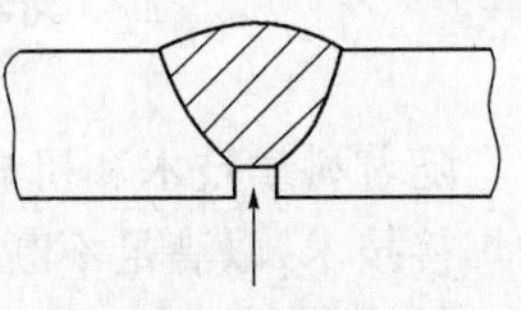

图 4－38　未焊透缺陷

2. 焊接变形

焊接时，焊件局部受热，温度分布极不均匀，焊缝及其附近的金属被加热到高温时，受周围温度较低的金属所限制，不能自由膨胀，因此，冷却以后就要发生收缩，引起整个工件的变形，同时在工件内部产生焊接残余应力，金属构件在焊接以后，总要发生变形和产生焊接应力，且二者是彼此伴生的。

焊接应力的存在，对构件质量、使用性能和焊后机械加工精度都有很大影响，甚至导致整个构件断裂，焊接变形不仅给装配工作带来很大困难，还会影响构件的工作性能。变形量超过允许数值时必须进行矫正，矫正无效时只能报废。因此，在设计和制造焊接结构时，应尽量减小焊接应力和变形。

常见的焊接变形有收缩变形、角变形、弯曲变形、波浪变形和扭曲变形等几种形式，如图 4－39 所示。

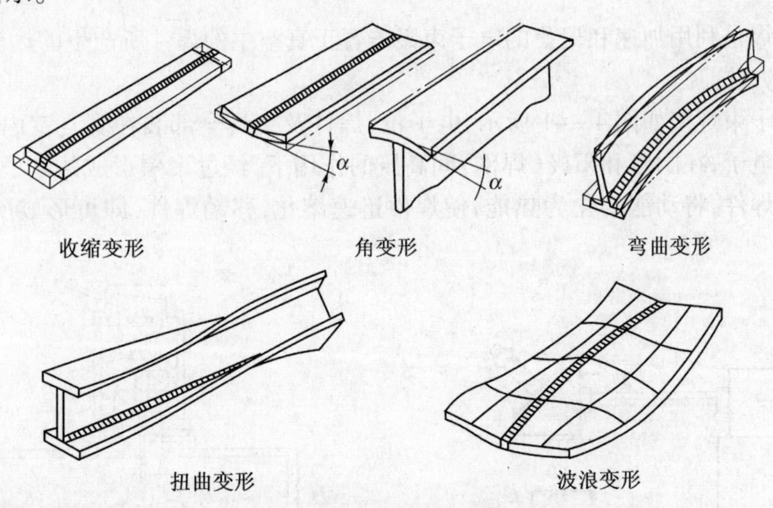

图 4－39　常见的焊接变形

收缩变形是由于焊缝金属沿纵向和横向的焊后收缩而引起的；角变形是由于焊缝截面上下不对称，焊后沿横向上下收缩不均匀而引起的；弯曲变形是由于焊缝布置不对称，焊缝较集中的一侧纵向收缩较大而引起的；扭曲变形常常是由于焊接顺序不合理而引起的；波浪变形则是由于薄板焊接后焊缝收缩时，产生较大的收缩应力，使焊件丧失稳定性而引起的。

减少焊接应力与变形的措施，除了设计时应考虑之外，可采取一定的工艺措施，如预留变形量、反变形法、刚性固定法、锤击焊缝法、加热“减应区”法等。重要的是选择合理的焊接顺序，尽量使焊缝自由收缩。焊前预热和焊后缓冷也很有效。

第6节 焊接新技术、新工艺简介

随着科学技术和机械制造工业的发展，焊接技术也在不断地发展，一方面通过开发新的焊接技术，以满足不断出现的新材料和某些特殊的结构件的要求。另一方面，通过改进目前已普遍应用的焊接方法，提高焊接质量、生产率和综合效益。

一、激光焊接和切割

激光焊接是指以聚焦的激光束轰击焊件所产生的热量进行焊接的方法。激光焊接的基本原理如图4-40所示。

激光器受激产生平行的激光束，通过聚焦系统聚集，使平行光束聚焦成十分微小但能量很高的焦斑，当照射到焊件表面时，光能被工件吸收变为热能，使焊件迅速熔化或汽化，从而实现工件的焊接和切割。

激光焊接和切割的特点是焊接和切割速度快，焊接时焊缝窄，一般小于1mm。切割时质量高，成本低，被切割的零件无需机械加工即可直接使用，激光切割还可以切割金属、陶瓷、玻璃和塑料等多种材料。

二、真空电子束焊

电子束焊是利用加速和聚焦的电子束轰击置于真空中的焊件所产生的热量进行焊接的一种熔焊方法。

真空电子束焊接如图4-41所示，电子枪、焊件及夹具全部装在真空室内，阴极加热后发射大量电子，在阴极和阳极（焊件）间高压的作用下，经过聚焦形成的电子流束，以极大速度射向焊件，将动能转化为热能，使焊件迅速熔化，移动焊件，即可形成所需的焊接接头。

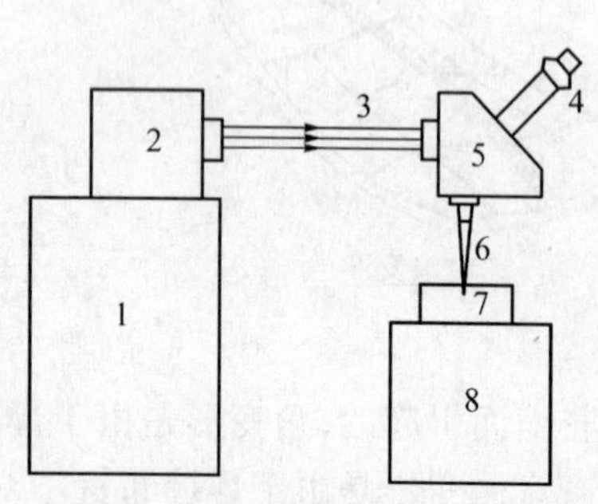

图4-40 激光焊接示意图

1—电源；2—激光器；3—聚焦光束；4—观察台；
5—聚焦系统；6—激光束；7—焊件；8—工作台。

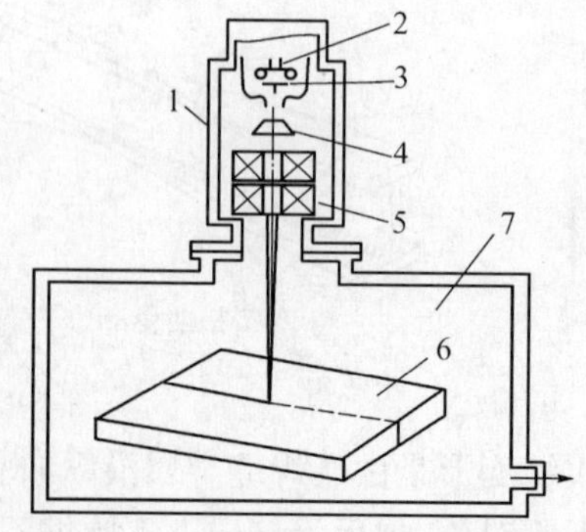

图4-41 真空电子束焊示意图

1—电子枪；2—灯丝；3—阴极；
4—阳极；5—偏转线圈；6—工件；7—真空焊接室。

真空电子束焊接的特点是焊接速度快,能量利用率高,焊缝窄而深,焊件的变形小,焊接质量很高。真空电子束焊接能够焊接形状复杂以及化学活泼性高、纯度高和易氧化的金属,如铝、钛、锆等金属材料,也适合于焊接异种金属和非金属材料。

三、超声波焊接

超声波焊接如图 4－42 所示。

超声波焊接是指利用超声波的高频振荡能对焊接接头进行局部加热和表面处理,然后施加压力使焊缝区产生很薄的塑性变形层实现焊接的一种压焊方法。超声波焊接由于无焊接电流火焰和电弧的影响,焊件表面无变形和热影响区,表面不需严格清理,焊接质量高,适用于焊接厚度小于 0.5mm 的工件,特别适合于焊接异种材料。

四、扩散焊接

扩散焊接是将工件在高温下加压,保持一段时间,使接触面间的原子相互扩散完成焊接。扩散焊接不影响工件材料原有的组织和性能,接头经过扩散以后,其组织和性能与母材基本一致。所以,扩散焊接头的力学性能很好,扩散焊可以焊接异种材料,可以焊接陶瓷和金属,对于结构复杂的工件可同时完成成型连接。图 4－43 所示为扩散焊接。

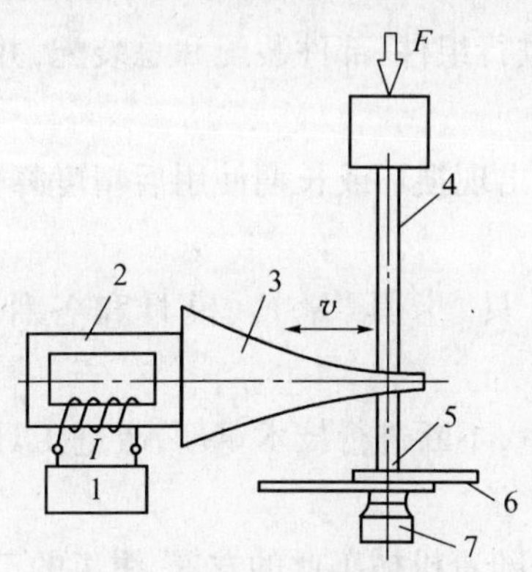

图 4－42　超声波焊接示意图

1—发生器; 2—换能器; 3—聚能器; 4—耦合杆; 5—上声级; 6—焊件; 7—下声级。

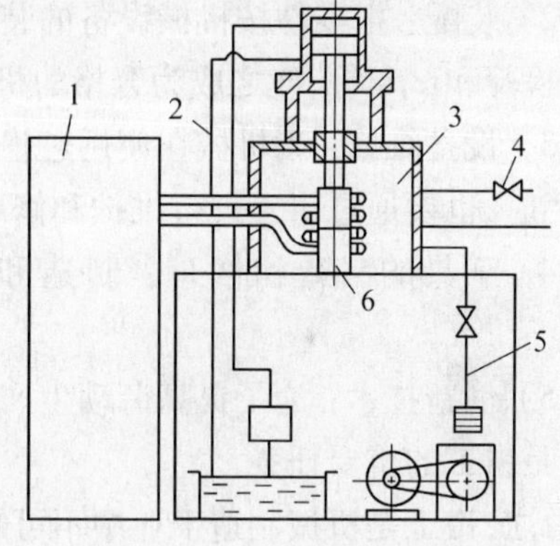

图 4－43　扩散焊接示意图

1—加热系统; 2—液压系统; 3—真空室; 4—水冷系统; 5—真空系统; 6—焊件。

第5章 钳 工

第1节 概 述

钳工是使用钳工工具或设备,按技术要求对工件进行以手工操作为主的加工、修整、装配的工种。其基本操作有划线、锉削、钻孔、扩孔、铰孔、攻螺纹、套螺纹、刮削、研磨及装配、拆卸和修理等。

钳工的主要任务如下。

(1) 加工零件:一些不适宜采用机械方法或通过机械加工不能加工的零件,都可由钳工来完成。如,零件加工过程中的划线,精密加工(如刮削、挫削样板及制作模具等)以及检验和修配等。

(2) 装配:把零件按机械设备的装配技术要求进行组件、部件装配和总装配,并经过调整,检验和试车等,使之成为合格的机械设备。

(3) 设备维修:当机械在使用过程中产生故障,出现损坏或长期使用后精度降低,影响使用时,也要通过钳工进行维护和修理。

(4) 工具的制造和修理:制造和修理各种工具、卡具、量具、模具和各种专业设备。

(5) 创新技术:为了提高劳动生产率和产品质量,不断进行技术革新,改进工具和工艺,也是钳工的重要任务。

总之,钳工是机械制造工业中不可缺少的工种。随着机械工业的发展,钳工的工作范围日益扩大,专业分工更细,钳工分成了模具钳工(工具制造钳工)、修理钳工、普通钳工(装配钳工)。

钳工的特点是加工灵活,在不适于机械加工的场合,尤其是在机械设备的维修工作中,钳工加工可获得满意的效果;钳工还可加工形状复杂和高精度的零件,甚至加工出比现代化机床加工的零件还要精密、光洁和形状复杂的机械零件,如高精度量具、样板等;钳工加工所用工具和设备投资小,价格低廉,携带方便,但是钳工加工生产效率低,劳动强度大,受工人技术熟练程度的影响,加工出的零件质量不稳定。

第2节 常用量具

在机械加工中,为了测量加工工件的尺寸,要使用各种量具,在钳工加工中,精度不高或未加工表面的尺寸用钢直尺测量,圆钢或孔可用内外卡钳测量,精度较高的已加工表面则用游标卡尺、百分表、百分尺等精密量具测量。

一、游标卡尺

游标卡尺是工业上常用的测量长度的仪器,它由尺身及能在尺身上滑动的游标组成。尺身和游标尺上面都有刻度。若从背面看,游标是一个整体。游标与尺身之间有一弹簧片,利用弹簧片的弹力使游标与尺身靠紧。游标上部有一紧固螺钉,可将游标固定在尺身上的任意位置。图5-1所示为游标卡尺。

游标卡尺的尺身和游标都有量爪,利用外测量爪可以测量零件的厚度和管的外径,利用内测量爪可以测量槽的宽度和管的内径。深度尺与游标尺连在一起,可以测槽和筒的深度。游标卡尺是一种测量精度较高、使用方便、应用广泛的量具,其读数准确度有0.1mm、0.05mm和0.02mm 3种。下面以0.05mm(即1/20)游标卡尺为例,说明其刻线原理、读数方法及游标卡尺的使用。

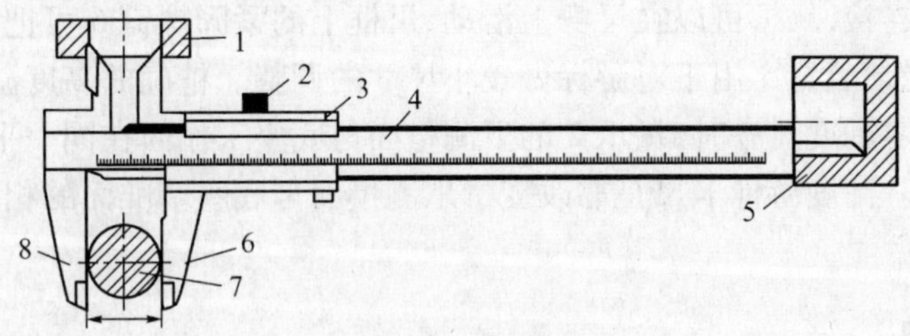

图5-1 游标卡尺

1—测内径;2—紧固螺钉;3—副尺;4—主尺;5—测深度;6—活动卡脚;7—测外径;8—固定卡脚。

(1)刻线原理。当主尺和副尺的卡脚重合时,主尺上的零线对准副尺上的零线,主尺上的每一小格为1mm,取主尺19mm长度在副尺上等分为20个格。即:副尺每格长度=19/20=0.95mm,主、副尺每格之差=1mm-0.95mm=0.05mm。

(2)读数方法。游标卡尺的读数可分为3步:第一步:根据副尺零线以左的主尺上的最近刻度读出整数;第二步:根据副尺零线以右与主尺某一刻线对准刻线数乘以0.05读出小数;第三步:将上面的整数和小数两部分相加,即得总尺寸。如图5-2中的读数为:3.30mm。

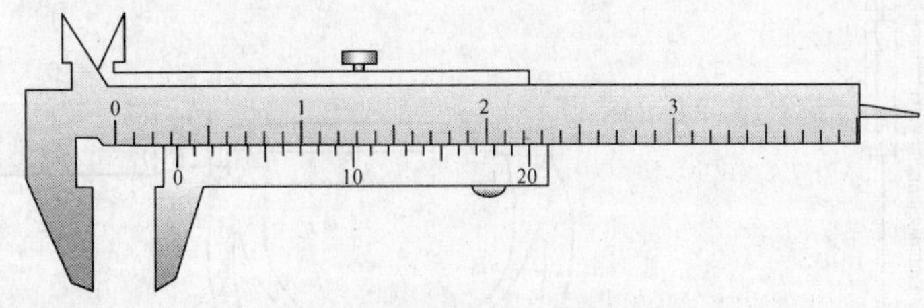

图5-2 游标卡尺的读数

(3)游标卡尺的使用。用软布将量爪擦干净,使其并拢,查看游标和主尺身的零刻度线是否对齐。如果对齐就可以进行测量,如没有对齐则要记取零误差,游标的零刻度线在尺身零刻度线右侧的为正零误差,在尺身零刻度线左侧的为负零误差。测量时,右手拿住尺身,大拇指移动游标,左手拿待测外径(或内径)的物体,使待测物位于外测量爪之间,当与量爪紧紧相贴时即可读数。游标卡尺读数时首先以游标零刻度线为准在尺身上读取毫米整数，即以毫米为单位的整数部分。然后看游标上第几条刻度线与尺身的刻度线对齐，如第 6 条刻度线与尺身刻度线对齐，则小数部分即为 0.3mm（若没有正好对齐的线，则取最接近对齐的线进行读数）。如有零误差，则一律用上述结果减去零误差（零误差为负，相当于加上相同大小的零误差），读数结果为：L = 整数部分 + 小数部分 - 零误差。

二、高度游标卡尺

高度游标卡尺用于测量和划线。高度游标卡尺是精密量具之一，它既能测量工件的高度，还附有划针脚，可做划线工具。与划线盘相比，高度游标卡尺只适用于精密划线，能直接表示出高度尺寸，其读数精度一般为 0.02mm。

高度游标卡尺的结构如图 5-3 所示。主要由底座 1、尺框 3 和尺身 4 组成，尺身固定在底座上，并与底座的下平面垂直，尺框下方带有安装测量爪和划线量爪固定臂。游标 7 通过螺钉与尺框连接，尺框可以在尺身上滑动，尺框上的紧固螺钉 6 可把尺框固定在尺身的任一位置上，微动装置 5 用于对游标做较小尺寸的调整。精确的高度游标卡尺，当游标的零刻度和尺身零刻度对齐时，量爪 2 的下测量面与底座工作面在同一平面时，高度测标卡尺的读数为零。高度游标卡尺是靠改变量爪测量面与底座基准面的相对位置进行测量高度和划线的。

三、百分尺

百分尺是一种测量精度比游标卡尺精度更高的量具，可测量工件外径和厚度，其测量准确度为 0.01mm。

外径百分尺如图 5-4 所示。螺杆和活动套筒连在一起，当转动活动套筒时，螺杆和活动套筒一起向左或向右移动。

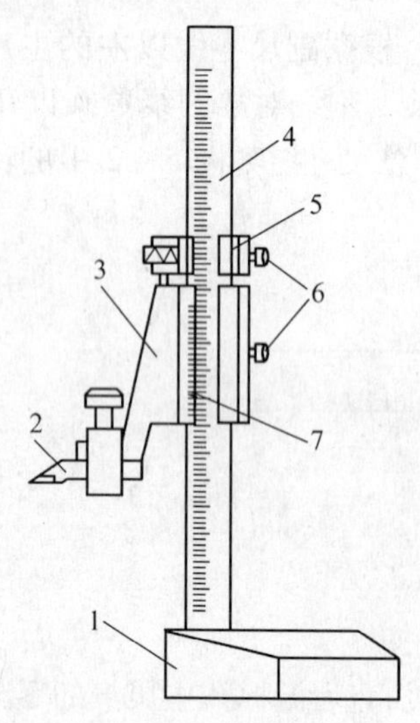

图 5-3　高度游标卡尺

1—底座；2—量爪；3—尺框；4—尺身；5—微动装置；6—紧固螺钉；7—游标。

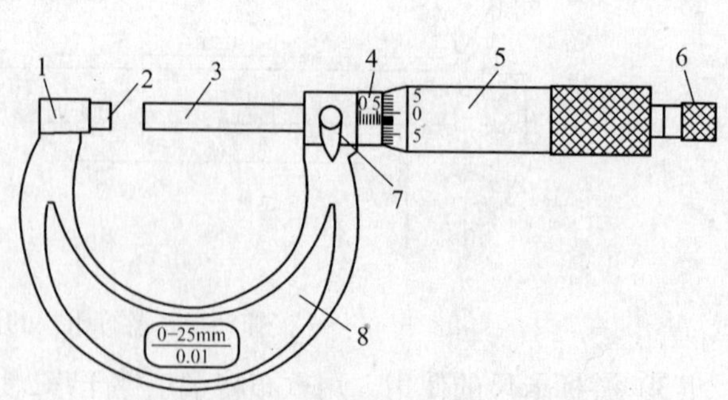

图 5-4　外径百分尺

1—尺架；2—测砧；3—测微落杆；4—固定套管；5—微分筒；6—测力装置；7—锁紧装置；8—隔热装置。

(1) 刻线原理。百分尺的读数机构由固定套筒和活动套筒组成(相当于游标卡尺的主尺和副尺),固定套筒在轴线方向上刻有一条中线,中线的上、下方各刻有一排刻线,刻线每一小格为1mm,上、下刻线相互错开0.5mm,在活动套筒左端圆周上有50等分的刻度线。因测量螺杆的螺距为0.5mm,即螺杆每转一周,轴向移动0.5mm,故活动套筒上每一小格的读数为0.5/50=0.01mm。当百分尺的螺杆左端面与砧座表面接触时,活动套筒左端的边缘与轴向刻度的零线重合,同时圆周上的零线应与中线对准。

(2) 读数方法。百分尺的读数方法如图5-5所示,被测值的整数部分由固定套筒刻度尺的上部分读出,小数点后面的数值由活动套筒和固定套筒下面的刻度读出,当固定套筒下刻度线没有出现时,小数点后面的数值直接在活动套筒上读出,如图5-5(a)所示。当固定套筒下刻度线出现时,小数点后面的数值为0.5+活动套筒的读数,如图5-5(b)所示。

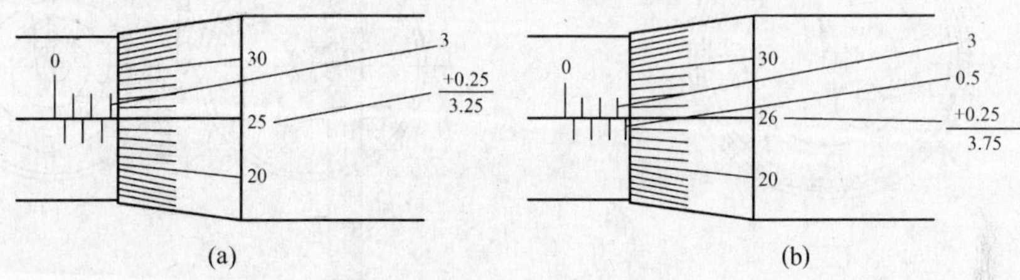

图5-5　百分尺的读数

百分尺种类还有内径百分尺、深度百分尺。图5-6所示为内径百分尺,图5-7所示为深度百分尺。

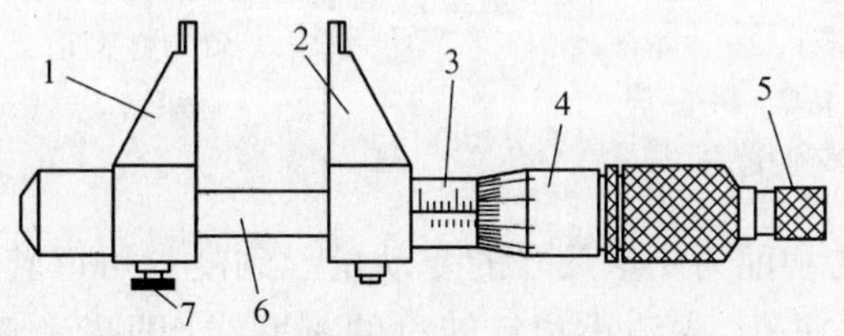

图5-6　内径百分尺

1—固定测量爪;2—活动测量爪;3—固定套筒;4—微分筒;5—测力装置;6—导向套;7—锁紧装置。

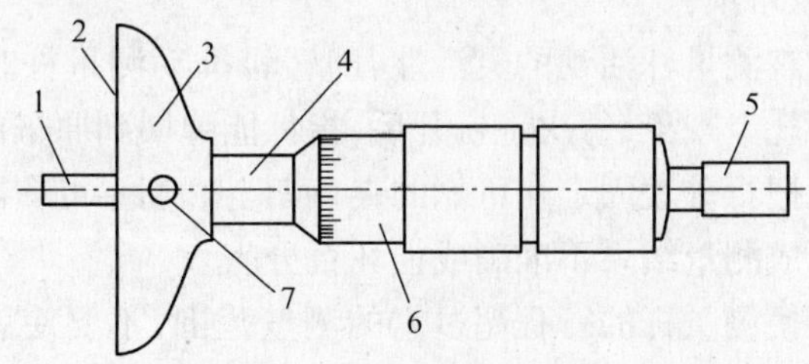

图5-7　深度百分尺

1—测量杆;2—基准面;3—底板;4—固定套筒;5—测力装置;6—微分筒;7—锁紧装置。

使用百分尺的注意事项基本上与使用游标卡尺相同,但是有一点特别要注意,当测量螺杆快要接触工件时,必须使用其端部棘轮(此时严禁使用活动套筒,以防用力过大测量不准),当棘轮发出“嘎嘎”打滑声时,表示压力合适,停止拧动,即可读数。

四、百分表

百分表是一种精度较高的比较量具,它只能测出相对数值,不能测出绝对值,主要用于检测工件的形状和位置误差(如圆度、平面度、垂直度、跳动等),也可在机床上用于工件的安装找正,图5-8所示为百分表的外形图。

百分表的测量准确度为0.01mm。百分表的结构原理如图5-9所示。当测量杆1向上或向下移动1mm时,通过齿轮传动系统带动主指针5转一圈,同时小指针7转一格。大指针每转一格读数值0.01mm,小指针每转一格读数为1mm。小指针处的刻度范围为百分表的测量范围。

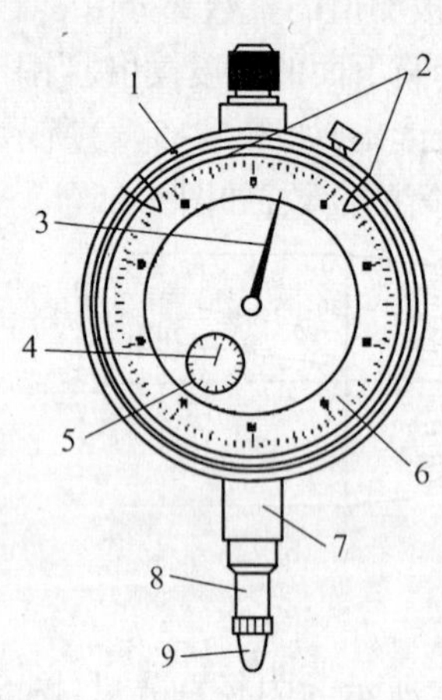

图5-8　百分表的外形图

1—表圈;2—界限指针;3—主指针;
4—转数指针;6—表盘;7—轴承;
8—测量杆;9—测量头。

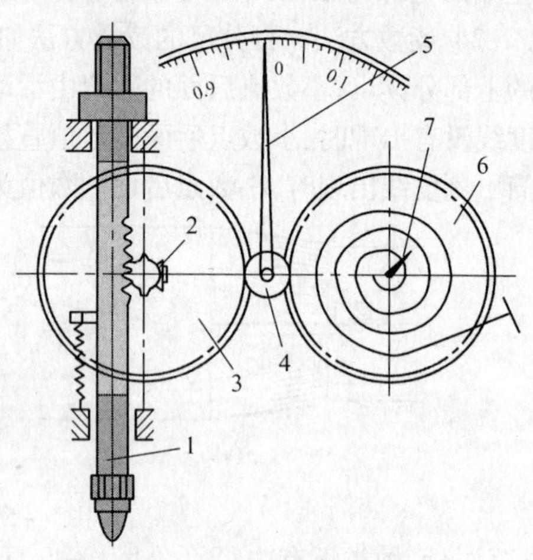

图5-9　百分表的结构原理

1—测量杆;2,3,4,6—齿轮传动系统;5—主指针;7—小指针。

百分表指针读数之和即为测量尺寸的变动量。刻度盘可以转动,供测量时大指针对零用。百分表的读数方法为:先读小指针转过的刻度线(即毫米整数),再读大指针转过的刻度线(即小数部分),并乘以0.01,然后两者相加,即得到所测量的数值。

百分表使用时注意事项:

(1)使用前,应检查测量杆活动的灵活性,即轻轻推动测量杆时,测量杆在套筒内的移动要灵活,没有任何轧卡现象,每次手松开后,指针能弹回到原来的刻度位置。

(2)使用时,必须把百分表固定在可靠的夹持架上。切不可贪图省事,随便夹在不稳固的地方,否则容易造成测量结果不准确或损坏百分表。

(3)测量时,不要使测量杆的行程超过它的测量范围,不要使表头突然撞到工件上,也不要用百分表测量表面粗糙或有明显凹凸不平的工件。

(4)测量平面时,百分表的测量杆要与平面垂直,测量圆柱形工件时,测量杆要与工件的中心线垂直,否则,将使测量杆活动不灵或测量结果不准确。

(5)为方便读数,在测量前一般都让大指针指到刻度盘的零位。

(6)百分表不用时,应使测量杆处于自由状态,以免使表内弹簧失效。

五、万能角度尺

万能角度尺是用来测量工件内、外角度的量具,其结构如图5-10所示。

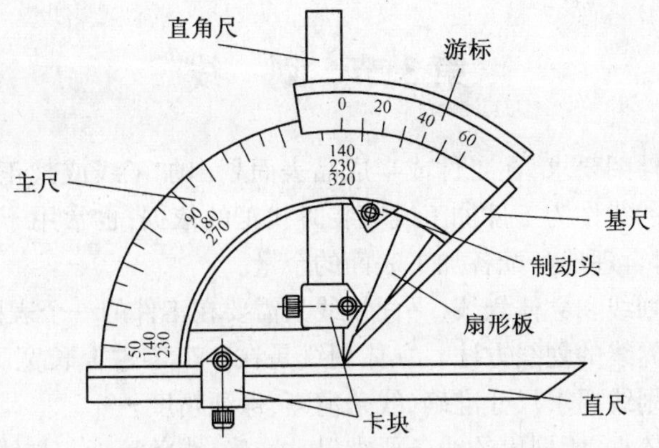

图 5-10　万能角度尺

万能角度尺的读数机构是根据游标原理制成的。主尺刻线每格为 1°。游标的刻线是取主尺的 29°等分为 30 格，因此游标刻线角格为 29°/30，即主尺与游标一格的差值为 2′，也就是说万能角度尺读数准确度为 2′。其读数方法与游标卡尺完全相同。测量时应先校准零位，万能角度尺的零位，是当角尺与直尺均装上，而角尺的底边及基尺与直尺无间隙接触，此时主尺与游标的“0”线对准。调整好零位后，通过改变基尺、角尺、直尺的相互位置可测试 0°～320°范围内的任意角。

六、组合分度规

组合分度规由 4 个部件构成，按使用时的需要，可以组合成如图 5-11 所示的结构。

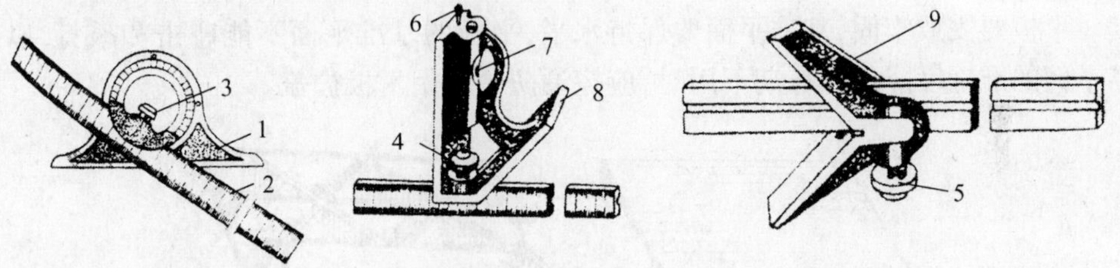

图 5-11　组合分度规

1—尺座；2—刚直尺；3,4,5—锁紧螺钉；6—划针；7—水平仪；8—45°斜面规；9—直角规。

组合分度规可以作为一个万能分度尺使用，其用法如图 5-12 所示，可以划垂直线，也可以划任意角度的斜线。

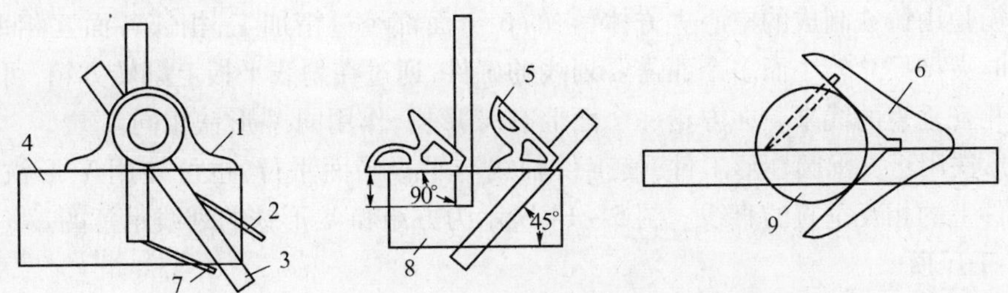

图 5-12　组合分度规的使用

1—分度规；2,7,10—划针；3—刚直尺；4,8,9—工件；5—斜面规；6—直角尺。

第3节 划 线

划线是根据零件图要求，在工件或半成品表面划出加工线或找正线的一种方法。划线的作用是以划好的线作为工件加工或安装时找正的依据；也常用于检查毛坯的形状和尺寸是否合格，同时合理地分配各加工表面的余量。

划线分为平面划线和立体划线，平面划线只需要在工件的一个表面上划线，即能明确表示出工件的加工界线的划线方法。立体划线是在一个零件上长宽高3个方向，多个表面上画线的方法。划线要求尺寸准确，线条清晰，保证精度。

划线是加工的依据，所划出的线条要求尺寸准确，线条清晰。划线除要求划出的线条清晰均匀外，最重要的是保证尺寸准确。在立体划线中还应注意使长、宽、高3个方向的线条互相垂直。当划线发生错误或准确度太低时，都有可能造成工件报废。但由于划出的线条总有一定的宽度，以及在使用划线工具和测量调整尺寸时难免产生误差，所以不可能绝对准确。一般的划线精度能达到0.25mm～0.5mm。因此，通常不能依靠划线直接确定加工时的最后尺寸，而必须在加工过程中，通过测量来保证尺寸的准确度。

一、划线工具

1. 划线平板

如图5-13所示，划线平板是由铸铁制成，是划线的基准工具，其上平面是划线用的基准平面，所以要求此平面要平直和光整，并且这个面的平面度要高于待加工的零件的平面度。平板要安放牢固，基准平面要保持水平，平板的基准平面不能碰击和敲打，以免使基准平面的准确度降低。长期不用时，应擦油防锈并用木板护盖。

图5-13 划线平板

2. 方箱和V形铁

方箱是用铸铁制成的空心立方体，它的6个面都经过精加工，相邻各面互相垂直，用于划线时夹持尺寸较小而多个面需要划线的工件，通过在划线平板上翻转方箱，可在工件上划出相互垂直的线来。在方箱一个面上有V形槽，作用同V形铁相同。

V形铁用于支承圆柱形工件，使工件轴线与平板平面平行，也可使用V形铁划出圆柱形工件上的相互垂直的直线。图5-14所示为方箱和V形铁的划线示意图。

3. 千斤顶

当工件划线不适合用方箱和V形铁，如加工较大或不规则工件时常用3个千斤顶来支承工件，适当调整其高度，以便找正工件。图5-15所示为千斤顶使用示意图。

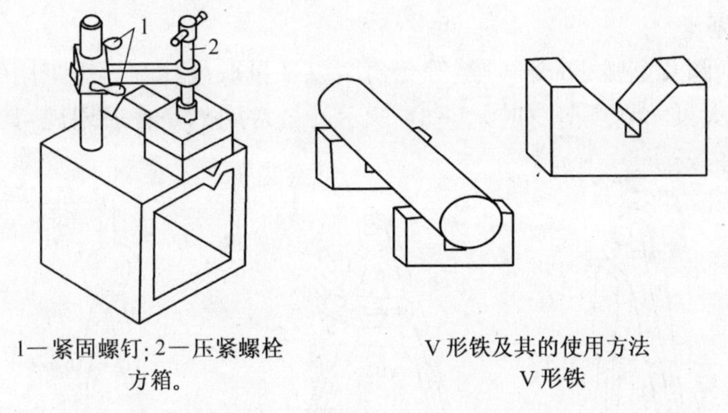

1—紧固螺钉；2—压紧螺栓
方箱。

V 形铁及其的使用方法
V 形铁

图 5－14　方箱和 V 形铁示意图

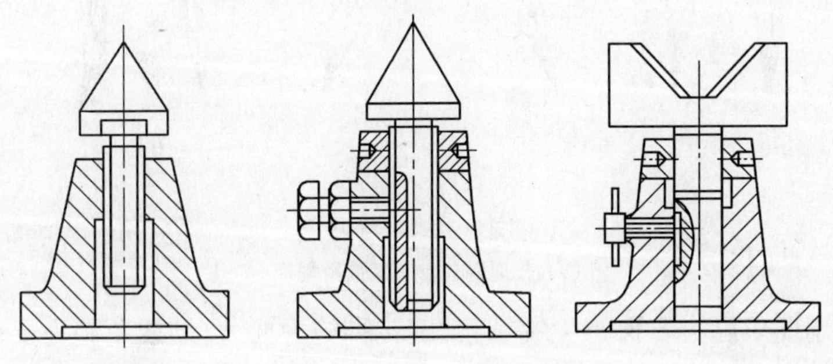

图 5－15　千斤顶使用示意图

4. 划针和划针盘

划针是在平面上划直线用的，用划针划线时尽量一次划出，并使线条清晰准确。一般划针划线时要沿着钢尺或样板等导向工具移动，同时向外倾斜 15°～20°，向移动方向倾斜 75°左右，如图 5－16 所示。

划针盘是立体划线的主要工具，将划针调整到一定高度，并在平板上移动划针盘，即可在工件上划出与平板平行的水平面，有时也用划针盘对工件找平，如图 5－17 所示。

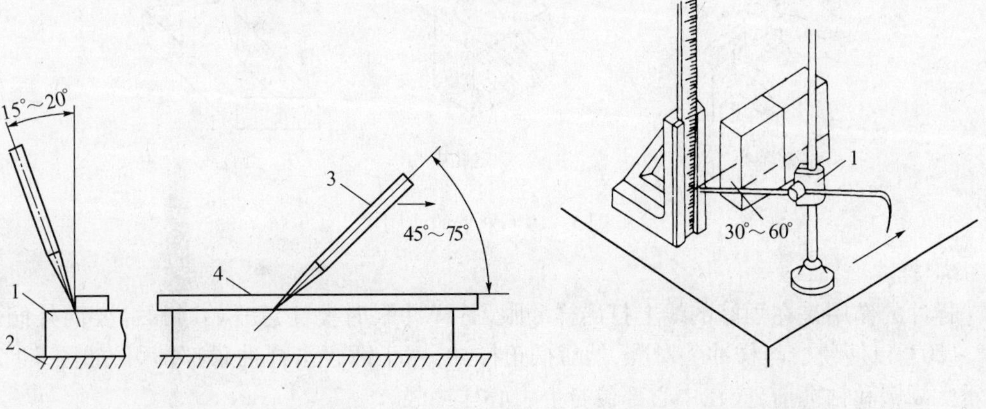

图 5－16　划针的使用

1—工件；2—划线平板；3—划针；4—刚直尺。

图 5－17　划针盘的使用

1—划线盘。

5. 划规及划卡

划规用于划圆和圆弧、等分线段、等分角度以及量取尺寸等。钳工用的划规有普通划规、弹簧划规和大尺寸划规等，如图 5-18 所示。最常用的是普通划规，其结构简单，制造方便，适用范围广泛。

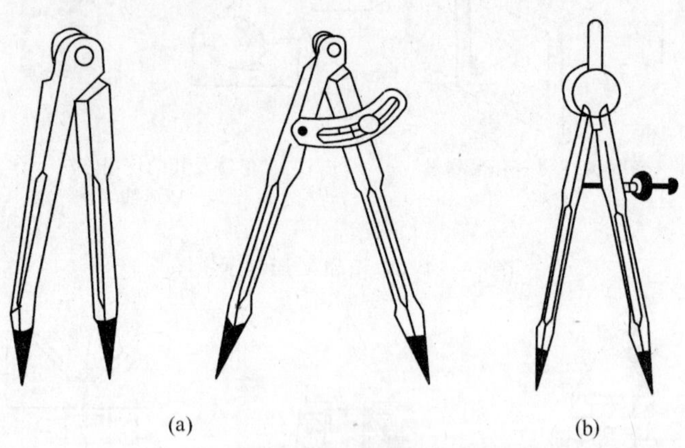

图 5-18 划规
(a) 普通划规；(b) 弹簧划规。

划规的使用要求脚尖要保持尖锐靠紧，旋转脚施力要大，划线角施力要轻。划规两脚的长短要磨得稍有不同，而且两脚合拢时脚尖能靠紧，这样才可划出尺寸较小的圆弧；划规的脚尖应保持尖锐，以保证划出的线条清晰；用划规划圆时，作为旋转中心的一脚应加以较大的压力，另一脚则以较轻的压力在工件表面上划出圆或圆弧，这样可使中心不致滑动。划卡主要是确定轴和孔的；中心，也可划平行线或直线，如图 5-19 所示。

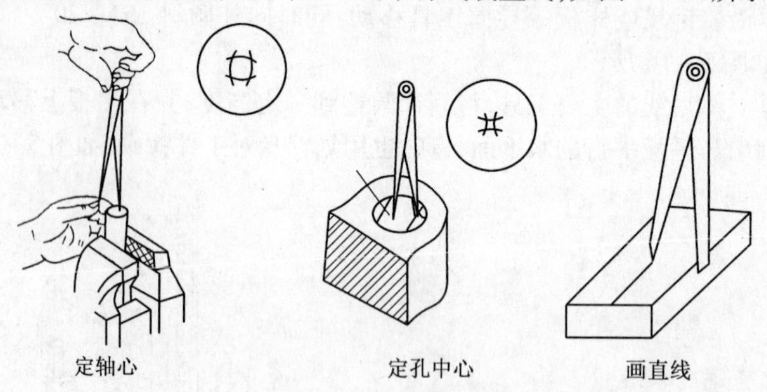

图 5-19 划卡的使用

6. 样冲

样冲的作用是在划好的线上打出样冲眼，打样冲眼时要注意开始时样冲要向外倾斜 45°~60°，以便使线与样冲尖对准，然后摆正样冲，用小锤轻击样冲顶部即可，如图 5-20 所示。划圆和钻孔前，应在中心部位打上中心样冲眼。

二、钳工划线方法

划线有平面划线和立体划线两种。平面划线是在工件或毛坯的一个平面上划线，而

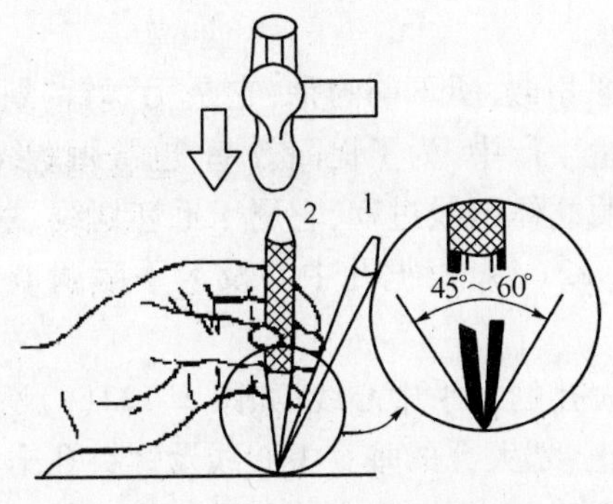

图5－20 样冲的使用

立体划线在工件或毛坯的长、宽、高3个互相垂直的平面上或其他倾斜方向上划线，如图5－21所示。

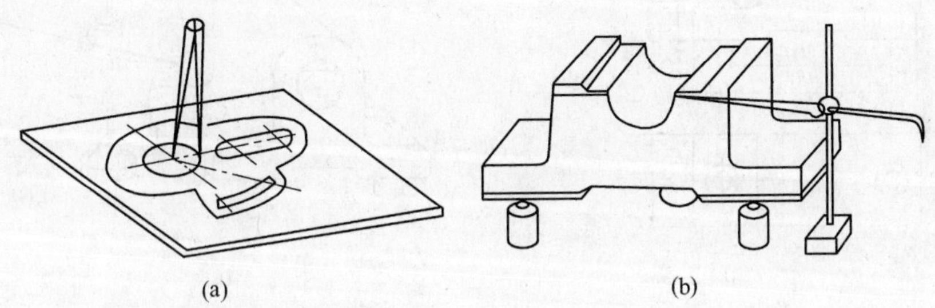

图5－21 两种划线方法
（a）平面划线；（b）立体划线。

1. 划线基准的选择

划线时需要选择工件上某个点、线或面作为依据，用来确定工件上其他各部分尺寸、几何形状和相对位置，作为划线依据所选的点、线或面称为划线基准。

划线基准一般与设计基准一致。选择划线基准时，需将工件设计要求、加工工艺及划线工具等综合起来分析，找出其划线时的尺寸基准和放置基准，便于后面工序的加工。

每划一个方向的线条就必须有一个划线基准，故平面划线要选2个划线基准，立体划线要选3个划线基准。划线前要认真细致地研究图纸，正确选择划线基准，才能保证划线的准确、迅速。

选择划线基准的原则如下：

（1）根据零件图上标注尺寸的基准（设计基准）作为划线基准。

（2）如果毛坯上有孔或凸起部分，应以孔或凸起部分中心为划线基准。

（3）如果工件上已有一个已加工表面，则应以此面作为划线基准；如果都是未加工表面，则应以较平整的大平面作为划线基准。

常用划线基准选择示例如下：

（1）以两个互相垂直的线（或面）作为划线基准。

（2）以一个平面和一条中心线作为划线基准。

（3）以两条互相垂直的中心线作为划线基准。

2. 划线方法

平面划线与机械投影图相似，所不同的是，它是用划针、划规等划线工具在金属材料的各个平面上作图。在批量生产中，为了提高效率，也常用划线样板来划线。

下面以轴承座为例说明立体划线过程，它属于毛坯划线，划线步骤如图 5－22 所示。

(1) 分析零件图图 5－22(a)，根据孔中心及上平面调节千斤顶，使工件水平，如图 5－22(b)所示。

(2) 划底面加工线和大孔的水平中心线，如图 5－22(c)所示。

(3) 转 90°，用角尺找正，划大孔的垂直中心线及螺钉孔中心线，如图 5－22(d)所示。

(4) 再翻 90°，用直尺两个方向找正，划螺钉孔极端面加工线，如图 5－22(e)所示。

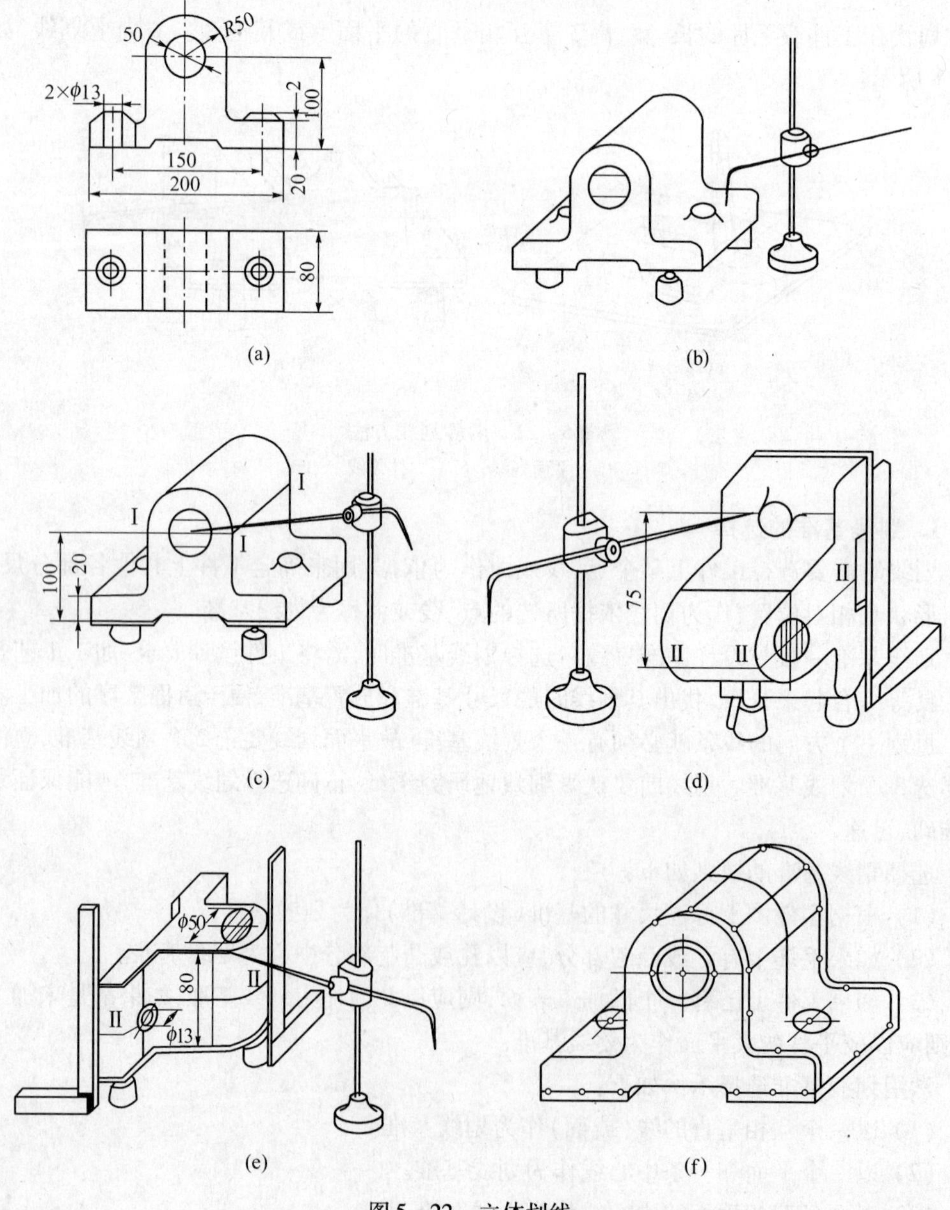

图 5－22 立体划线

（5）在划好的线上打样冲眼，在划好的底座圆心打样冲眼，划线完成。

除上述介绍的划线方法以外，还有直接按照原件实物面进行的模仿划线和在装配工作中采用的配合划线（有用工件直接配合后划线，也有用硬纸板托印及其他印迹配合划线）等方法。通过配合划线加工后的工件，一般都能达到装配要求。

第4节　锯　割

锯割是用手锯锯断金属材料或在工件上切槽的操作，锯割分为机械锯割和钳工锯割。机械锯割指用锯床或砂轮片锯割，生产效率高，适用于大批量生产；手工锯割是用手锯对工件按要求进行加工的方法。

一、锯割工具及其选用

1. 锯弓

锯弓是钳工锯割的工具，是用来夹持和拉紧锯条的工具，有固定式和可调式两种，可调式的锯弓可安装不同长度规格的锯条，固定式锯弓只能安装一种长度规格的锯条，如图 5－23 所示。

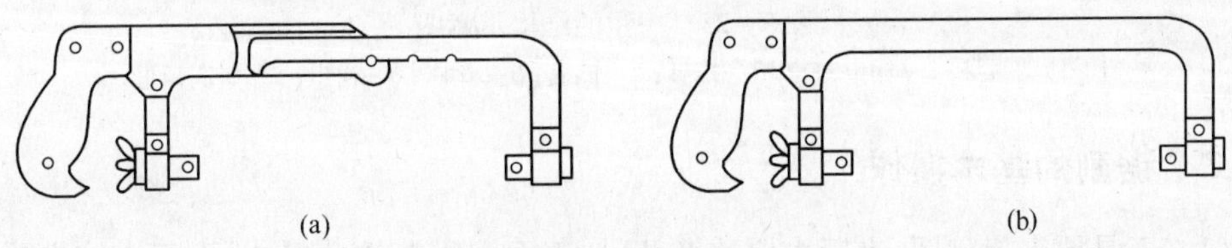

图 5－23　手锯

（a）可调式；（b）固定式。

2. 锯条

锯条由碳素工具钢制成，并经淬火和低温退火处理，两端装夹部分硬度较低，韧性较好，利于装夹。锯条规格用锯条两端安装孔之间的距离表示，常用规格为 300×12×0.8，它们表示锯条的长、宽和厚（单位：mm）。锯齿的排列形状有交错形和波浪形，如图 5－24 所示。

锯条按照锯齿的齿距大小可分为粗齿、中齿和细齿 3 种。锯割时，根据工件材料的硬度及薄厚选用不同粗细的锯条。锯软材料和厚件时，容屑空间大，应选用粗锯条；锯硬材料和薄件时，同时切削的齿数要多，而且切削量要少且均匀，以减少崩齿，这时要选用中齿，甚至细齿。

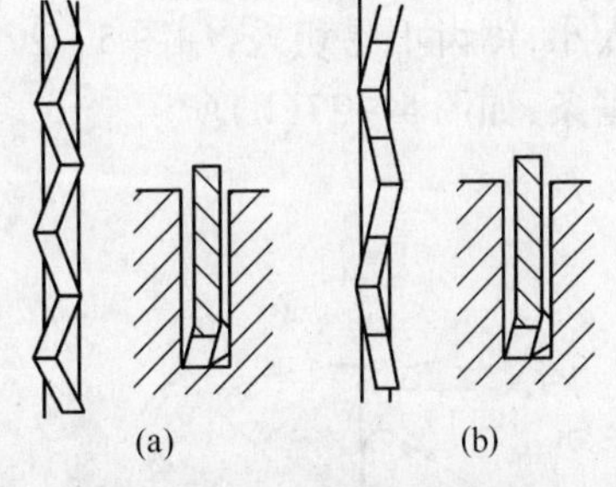

图 5－24　锯齿的排列方式

（a）交错形锯齿；（b）波浪形锯齿。

3. 夹持

一般锯削较小的工件时，需要夹持在虎钳中，如图 5－25 所示，虎钳是夹持工件用的夹具，装在钳工工作台上。工件夹持要稳当牢固，不可有抖动，以防锯割时工件的抖动而使锯条折断。虎钳的大小用钳口的宽度（图中用 H 表示钳口的宽度）表示，常用的尺寸为

100mm~150mm。

使用虎钳时,应注意下列事项:

(1) 工件应尽量夹在虎钳钳口中部,以使钳口受力均匀。

(2) 当转动手柄来夹紧工件时,只能用手扳紧手柄,决不能接长手柄夹紧或用手锤敲击手柄,以免丝杆或螺母上的螺纹损坏。

(3) 锤击工件只可在砧面上进行,其他各部不许用手锤直接打击,因为其他部位均由铸铁组成,性脆易裂。

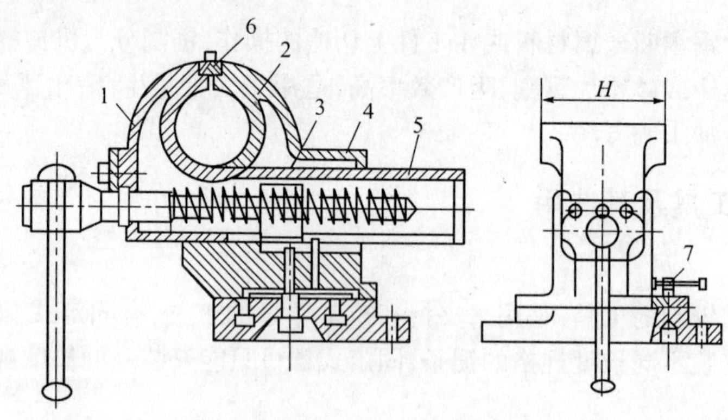

图 5-25 虎钳的结构示意图

1—活动钳身;2—固定钳身;3—螺母;4—砧面;5—丝杠;6—钳口;7—紧固螺母。

二、锯割的基本操作

(1) 工具要夹持稳固,夹紧力要适度,已加工面上需垫软金属垫,不可直接夹持在钳口上。工件应装夹在台虎钳左面,锯缝离钳口侧面约20mm。

(2) 根据工件的材料和厚度选择合适的锯条,将锯条安装在锯弓上时,锯齿刃口应向前,如图5-26所示,锯条松紧要合适,否则锯条易折断。

(3) 起锯时,以左手拇指靠住锯条定位,右手稳推锯弓的手柄,往复距离要短,用力要轻,锯条应与工件表面倾斜成10°~15°的起锯角,若起锯角过大,锯齿容易崩碎;起锯角太小,锯齿不易切入,如图5-27(a)所示。为了防止锯条的滑动,可用左手拇指指甲靠稳锯条,如图5-27(b)所示。

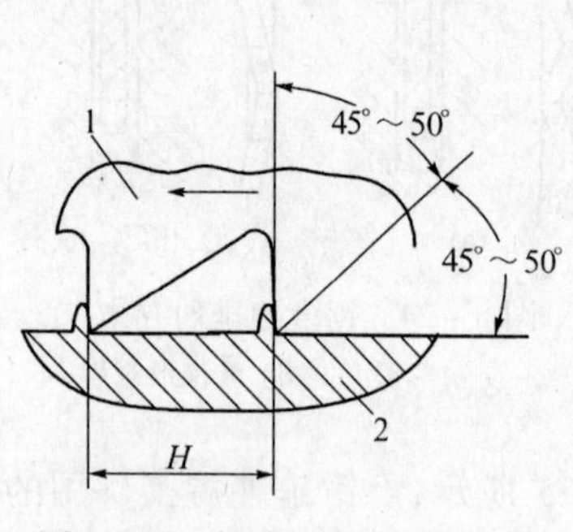

图 5-26 锯齿刃口与推动方向

1—锯条;2—工件。

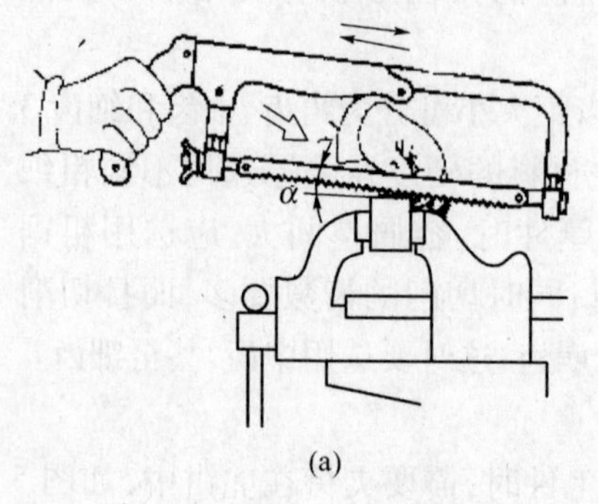

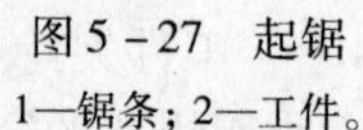

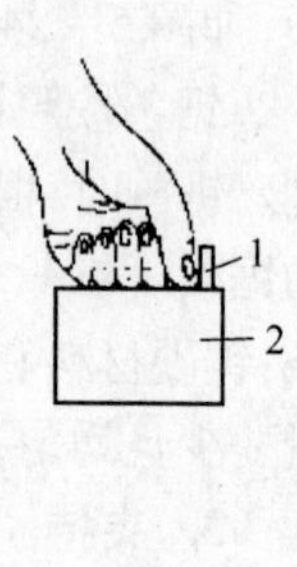

图 5-27 起锯

1—锯条;2—工件。

起锯方式有近起锯和远起锯两种，如图5－28所示。锯割时用锯条的全长工作，以免中间部分损坏严重。为了提高锯条的使用寿命，锯割钢材时可加些乳化液、机油等切削液。锯割时速度不要过快，每分钟40次左右为宜。在锯割快要断时，用力要轻，以免碰伤手臂和折断锯条。

锯割时锯弓作往返直线运动，运动方向保持水平，往复速度不宜太快，不可摆动，前推时应左手施压，右手推进，用力要均匀。返回时，锯条轻轻滑过加工面，不要加压，速度不宜太快，锯削开始和终了时，压力和速度均应减少，如图5－29所示。锯硬材料时，压力应大些，速度慢些。锯软材料时，压力可以小些，速度加快些。

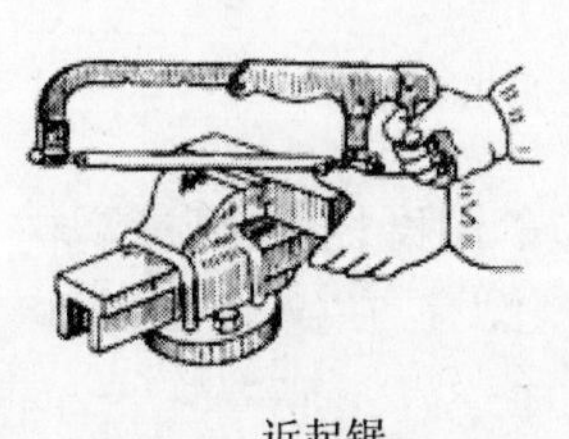

近起锯

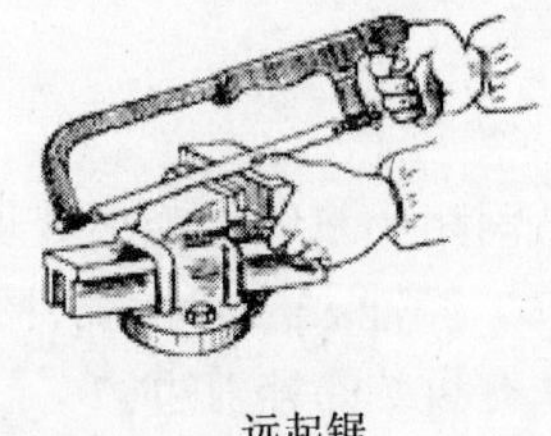

远起锯

图5－28 起锯方向

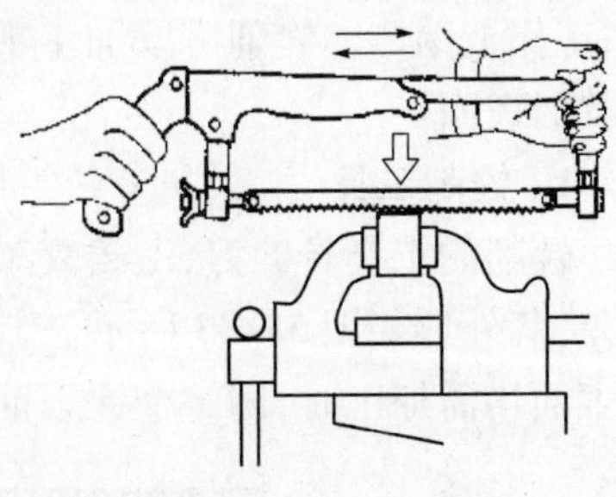

图5－29 锯割动作

三、典型零件的锯割

锯切圆钢时，为了得到整齐的锯缝，应从起锯开始以一个方向锯到结束，而在锯切管子时，每当锯到管子内壁时，将管子顺着切削方向转过一定角度，一般转动8次～10次，将管子锯断，否则锯齿会被管壁勾住，锯条易被折断，如图5－30所示，锯割薄壁管时应将管子夹在木制V形槽垫之间，以免夹扁管子。锯割深缝时，锯缝较长，为了避免锯弓碰撞工件，可将锯条转过90°安装后沿原有锯路切割，如图5－31所示。

薄板锯割时，应尽可能从宽面锯下去，如要从窄面锯时，应将薄板夹在两木板之间，防止锯齿被勾住，同时也增强薄板的刚性，如图5－32所示。

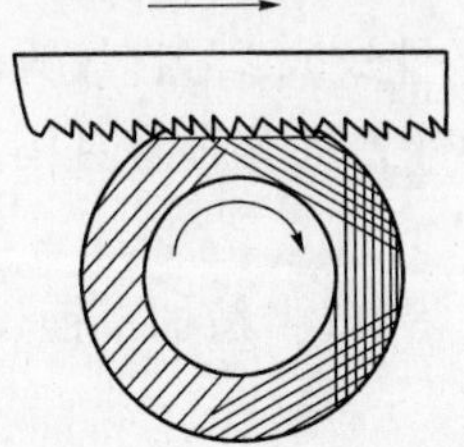

图5－30 锯弓的握法

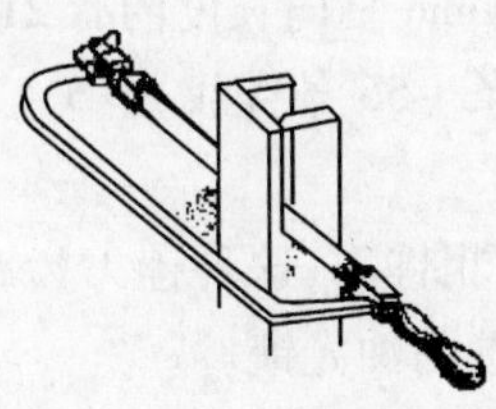

图5－31 深缝锯割

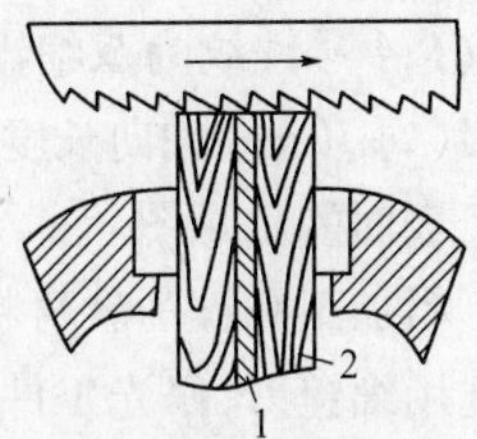

图5－32 薄板锯割

1—薄板；2—木板。

四、锯割注意事项

（1）锯割时，用力要平稳，动作要协调，切忌猛推或强扭。

（2）要防止锯条折断时从锯弓上弹出伤人。

（3）工件装卡应正确牢靠，防止锯下部分跌落时砸伤身体。

第5节　锉削和刮削

一、锉削

利用锉刀对工件表面进行切削加工,使其达到零件图纸所要求的形状、尺寸和表面粗糙度的加工过程称为锉削。锉削主要用于单件小批量生产中加工较高精度零件的形状、尺寸和表面粗糙度,常用于样板、模具制造和机器的装配、调整和维修。其特点是加工简单,工作范围广。锉削可以加工平面、孔、曲面、内外圆弧面和沟槽,也可以加工各种特殊形状的表面。

1. 锉削工具

锉削的工具是锉刀,由碳素工具钢制成并经过淬火处理,锉刀的耐磨性好,硬度高韧性差,其外形如图5-33所示。其中一侧锉刀边有齿纹,而另一侧没有,在锉削90°角相邻表面均需加工时,用一个锉刀面和有齿纹的锉刀边。

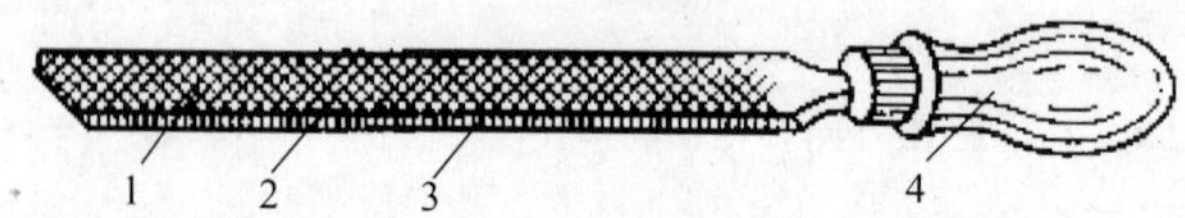

图5-33　锉刀的外形

1—锉刀面;2—锉齿;3—锉刀边;4—锉刀柄。

锉刀按剖面形状分有扁锉(平锉)、方锉、半圆锉、圆锉、三角锉、菱形锉和刀形锉等。平锉用来锉平面、外圆面和凸弧面;方锉用来锉方孔、长方孔和窄平面;三角锉用来锉内角、三角孔和平面;半圆锉用来锉凹弧面和平面;圆锉用来锉圆孔、半径较小的凹弧面和椭圆面。按锉齿的粗细(齿距大小)可分为5个号,其中1号锉纹最粗,齿距最大,一般称为粗齿锉刀(每10mm轴向长度内的锉纹条数为5~8);2号锉纹为中粗锉刀(每10mm轴向长度内有8条~12条锉纹);3号锉纹为细齿锉刀(每10mm轴向长度内有13条~20条锉纹);4号锉纹为双细锉刀(每10mm轴向长度内有21条~30条锉纹);5号锉纹为油光锉刀(每10mm轴向长度内有31条~56条锉纹)。5-34所示为锉刀的几种常见类型和加工表面的示意图。

粗加工和锉削软材料时,选用粗锉刀,这种锉刀齿距大,不易堵塞;半精加工钢、铸铁时选用细锉刀,修光工件表面时,选用油光锉。

2. 锉削方法

锉刀的握法根据锉刀的大小及工件加工部位的不同而不同。使用大的平锉时,应右手握锉柄,左手掌部压在锉端上,使锉刀保持水平,使用中小平锉刀也可用大拇指和食指捏着锉刀的前端,以引导锉刀水平平移,如图5-35所示。锉削时,锉刀始终要保持水平,因此,两手的用力也应相应地变化。

(1)平面的锉削。平面的锉削方法有顺锉、交叉锉和推锉法。顺锉是指锉刀沿着工件表面横向或纵向移动,锉削平面可得到正直的锉痕;交叉锉是以交叉的两个方向对工件进行锉削;推锉法是用两手对称握住锉刀,用两个大拇指推锉刀进行锉削。顺锉、交叉锉

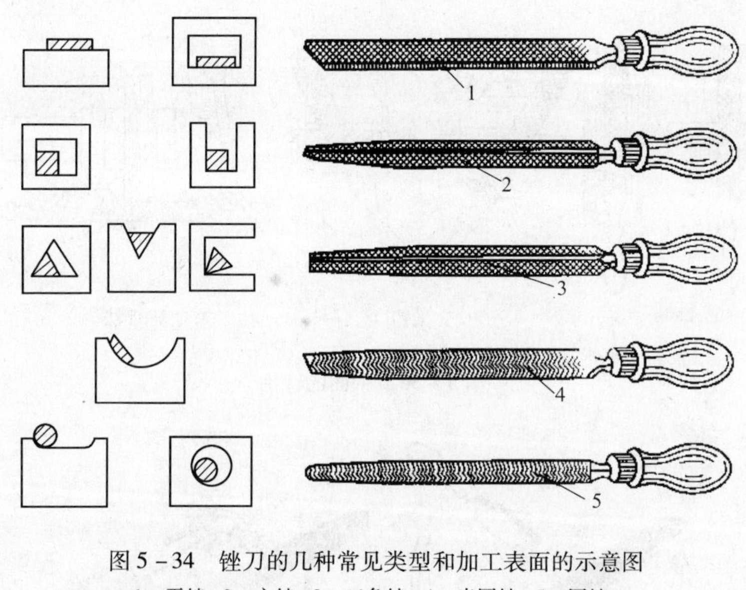

图5－34 锉刀的几种常见类型和加工表面的示意图

1—平锉；2—方锉；3—三角锉；4—半圆锉；5—圆锉。

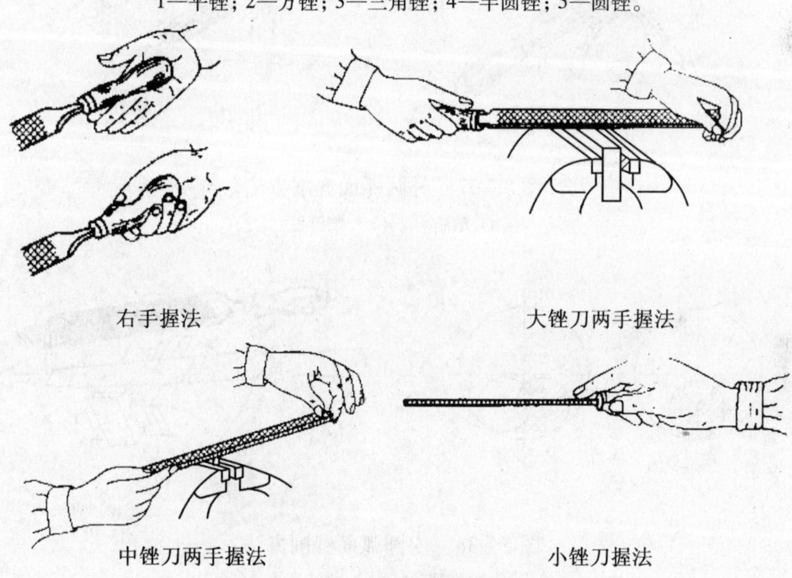

图5－35 锉刀的握法

和推锉法如图5－36所示。

锉削平面时一般先用平锉粗锉，粗锉采用交叉锉法去屑快，效率高。随后用顺锉法继续将平面锉平锉光，最后用推锉法，对所留加工余量已很小的平面修正尺寸和进一步改善表面粗糙度，尤其对窄长的表面较适合使用推锉法。

锉削时，工件的尺寸可用钢尺和卡尺检查，工件的平直度和垂直度可用刀口尺根据透光法来检验。

（2）锉削圆弧面。锉削外圆弧面时，锉刀既向前推进，又需绕弧面中心摆动。常用的有外圆弧面锉削时的滚锉法和顺锉法，如图5－37所示。内圆弧面锉削时的滚锉法和顺锉法，如图5－38所示。滚锉时，锉刀顺圆弧摆动锉削。滚锉常用作精锉外圆弧面。顺锉时，锉刀垂直圆弧面运动。顺锉适宜于粗锉。

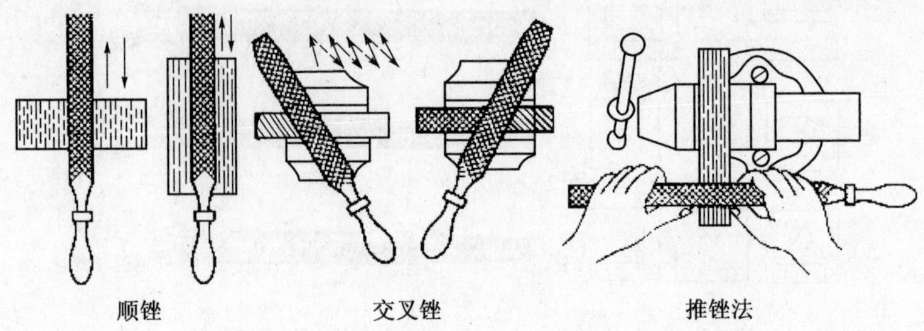

图 5-36 平面的锉削

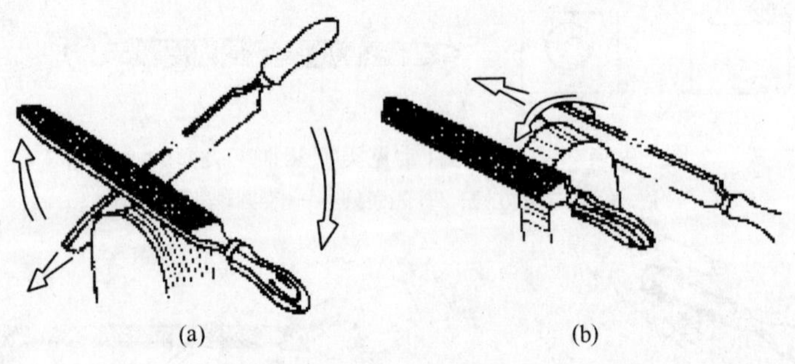

图 5-37 外圆弧面锉削方法
(a) 滚锉法；(b) 顺锉法。

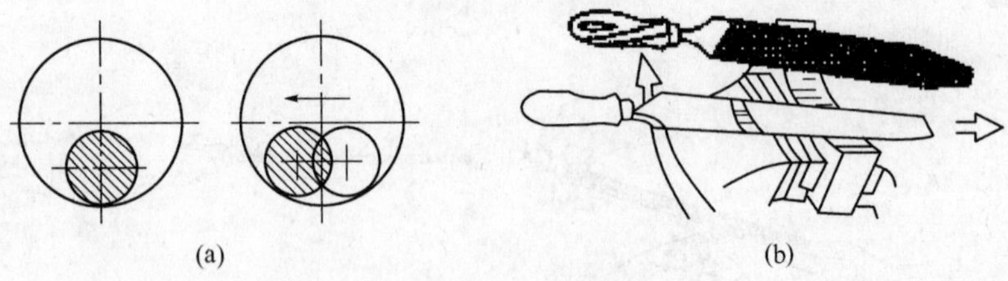

图 5-38 内圆弧面锉削方法
(a) 滚锉法；(b) 顺锉法。

(3) 通孔的锉削。根据通孔的形状、材料、加工余量、加工精度和表面粗糙度选择合适的锉刀。图 5-39 所示为通孔的锉削方法。

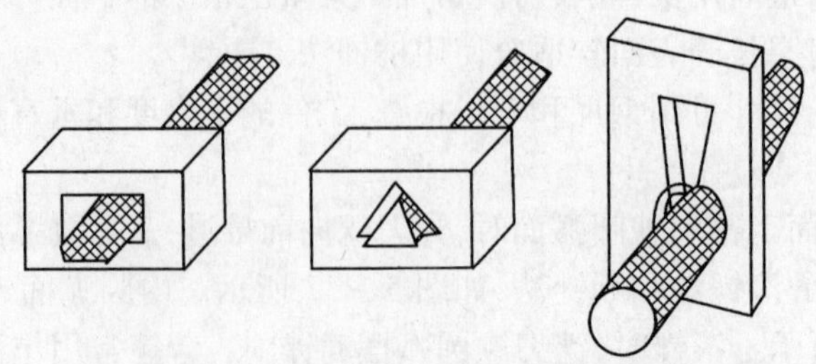

图 5-39 几种几何形状的通孔的锉削

3. 锉削操作注意事项

(1) 有硬皮或砂粒的铸件、锻件,要用砂轮磨去后,才可用半锋利的锉刀或旧锉刀锉削。

(2) 不要用手摸刚锉过的表面,以免再锉时打滑。

(3) 被锉屑堵塞的锉刀,用钢丝刷顺锉纹的方向刷去锉屑,若嵌入的锉屑大,则要用铜片剔去。

(4) 锉削速度不可太快,否则会打滑。锉削回程时,不要再施加压力,以免锉齿磨损。

(5) 锉刀材料硬度高而脆,切不可摔落地下或把锉刀作为敲击物和杠杆撬其他物件;用油光锉时,不可用力过大,以免折断锉刀。

二、刮削

用刮刀在工件已加工表面上刮去一层薄金属,以去除刀痕,修正表面细微不平和局部凹凸等缺陷的加工称为刮削。刮削是钳工中的一种精密加工方法。刮削劳动强度大,生产率低,故加工余量不宜过大。

刮削时,刮刀对工件既有切削作用,又有压光作用,刮削后的表面具有良好的平面度,表面粗糙度 R_a 值可达 1.6μm。零件上的配合滑动表面,为了达到配合精度,减少摩擦磨损,提高使用寿命,常需经过刮削,如机床导轨。

1. 刮刀及其用法

刮刀分为平面刮刀和曲面刮刀。刮刀的形状如图 5－40 所示,它是用高级优质碳素工具钢锻制而成的,其端部需磨出锋利刃口,并用油石磨光,适合刮削平面。

如图 5－41 所示为刮削的两种方法。挺刮法将刮刀柄部放在小腹右下侧,双手并拢,

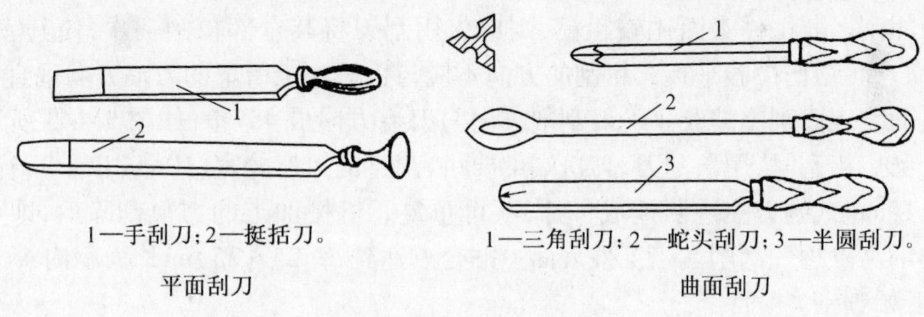

1—手刮刀;2—挺括刀。　　1—三角刮刀;2—蛇头刮刀;3—半圆刮刀。

平面刮刀　　曲面刮刀

图 5－40　刮刀的形状

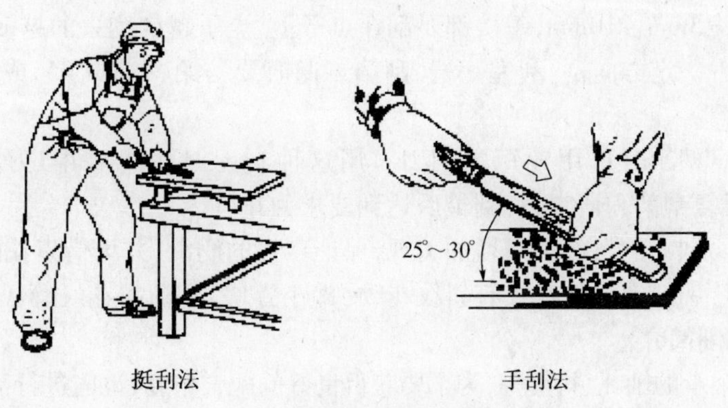

挺刮法　　手刮法

图 5－41　刮刀握法

握在距刮刀头部约 80mm 处，左手在前，手掌向下在刀上，右手在后，手掌向上在刀下向上握住，刮削时刮刀对准研点，左手下压，压刀要准、平、稳；利用腿部和臀部力量使刮刀向前推挤，推刀要稳；在推动后的瞬间，同时用双手将刮刀迅速提起，这样就完成了一个刮点。手刮法右手握刀柄，推动刮刀前进，左手在接近刮刀端部的位置施压，并引导刮刀沿刮削方向移动。刮刀与工件约倾斜 25°~30°的角。刮削时，用力要均匀，避免划伤工件。

2. 刮削精度检验

刮削表面的精度通常以研点法来检验，如图 5-42 所示。

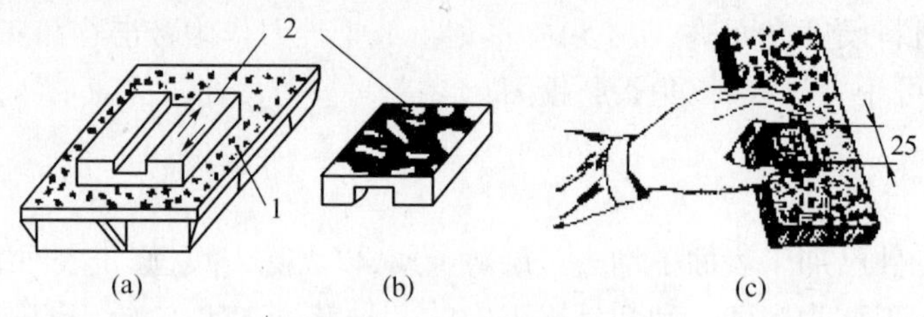

图 5-42 研点法

(a) 配研；(b) 显出的贴合点；(c) 精度检验。

研点法是将工件 2 刮削表面擦净，均匀涂上一层很薄的红丹油，然后与校准工具 1（如标准平板等）相配研。工件表面上的凸起点经配研后，被磨去红丹油而显出亮点（即贴合点）。刮削表面的精度是以 $(25\times25)\text{mm}^2$ 的面积内贴合点的数量与分布疏密程度来表示。普通机床的导轨面贴合点为 8 点~10 点，精密时为 12 点~15 点。

3. 平面刮削

平面刮削分为粗刮、细刮、精刮、刮花等。

(1) 粗刮。若工件表面比较粗糙，则应先用刮刀将其全部粗刮一次，使其表面较平滑，以免研点时划伤检验平板。粗刮的方向不应与机械加工留下的刀痕方向垂直，以免因刮刀颤动而将表面刮出波纹。一般刮削方向与刀痕方向成 45°角，如图 5-43 所示，刮削方向应交叉。粗刮时，用长刮刀，刀口端部要平，刮过的刀痕较宽（10mm 以上），行程较长（10mm~15mm），刮刀痕迹要连成一片，不可重复。机械加工的刀痕刮除后，即可研点，并按显出的高点逐一刮削。当工件表面上贴合点达到每 $(25\times25)\text{mm}^2$ 面积内 4 个~5 个点时，可开始细刮。

(2) 细刮。细刮就是将粗刮后的高点刮去，使工件表面的贴合点增加。刮削刀痕宽度 6mm 左右，长 5mm~10mm，每次都要刮在点子上，点子越少刮去的越多，点子越多刮去的越少。要朝着一定方向刮，刮完一遍，刮第二遍时要与第一遍成 45°或 60°方向交叉刮出网纹。

(3) 精刮。精刮时选用较短的刮刀。用这种刮刀时用力要小，刀痕较短（3mm~5mm）。经过反复刮削和研点，直到最后达到要求为止。

(4) 刮花。刮花的目的可以增加美观，保证良好的润滑，并可借刀花的消失来判断平面的磨损程度。一般常见的花纹有斜纹花纹（即小方块）和鱼鳞花纹等。

4. 曲面刮削简介

一些滑动轴承的轴瓦、衬套等，为了要获得良好的配合精度，也需进行刮削，如图 5-44 所示为用三角刮刀刮削轴瓦。研点方法是在轴上涂色，再与轴瓦配研。

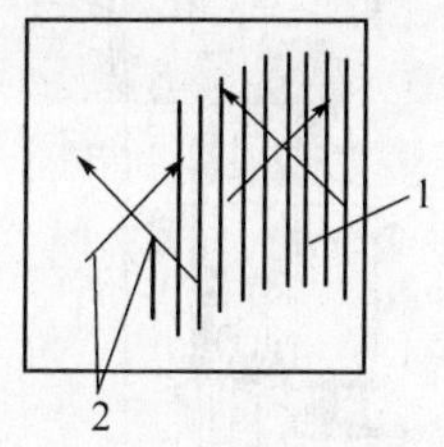

图5-43　粗刮方向
1—机械加工刀痕方向；2—刮削方向。

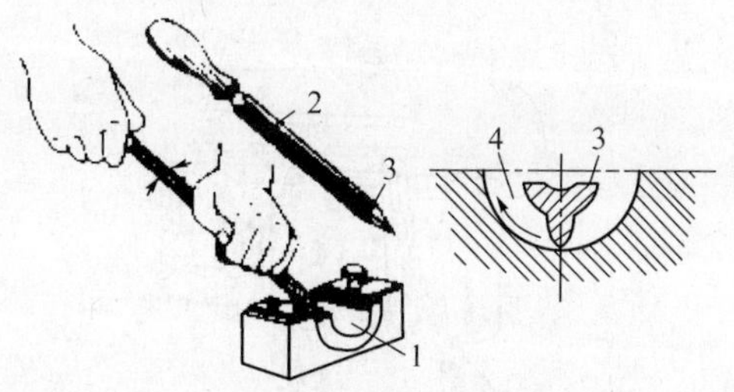

图5-44　用三角刮刀刮削轴瓦
1—轴瓦；2—三角刮刀；3—刮刀切削部分；4—刮削方向。

第6节　钻削加工

机械零件上分布着许多大小不同的孔，其中精度不高的孔都是在钻床上加工出来的，钻削是孔加工的主要方法，钻削加工包括钻孔、扩孔、铰孔、锪孔等。

一、钻床

钳工使用的钻床有台钻、立钻和摇臂钻。

1. 台钻

台钻是一种小型钻床，用来钻直径为 $\phi1 \sim \phi13$ 的孔。台钻的结构如图5-45所示，工作时，主轴旋转是切削运动，主轴轴向移动为进给运动，进给运动是手动的，工件固定在工作台或者台虎钳上。台钻结构简单，使用方便，适于加工小型工件，在钳工生产中应用广泛。

2. 立钻

立钻是立式钻床的简称，结构如图5-46所示，这类钻床的最大钻孔直径可以达到 $\phi50$mm，并且可以扩孔、铰孔、锪孔等。其工作原理是主轴变速箱和进给箱是由电动机经带轮传动，通过主轴变速箱使主轴获得需要的各种转速，主轴在主轴套筒内作旋转运动，同时通过进给箱中的传动机构，使进给量按需要的进给量进给，进给量也可利用手动控制进给，进给箱和工作台可沿着立柱导轨调整上下运动，以适应不同高度的工件的加工。

3. 摇臂钻床

摇臂钻床是用来钻削大型工件的各种螺钉孔、螺纹底孔等，如图5-47所示。它有一个能绕立柱旋转的摇臂，摇臂也可沿着立柱上下移动，当摇臂绕立柱旋转或沿着立柱上下移动到合适的位置后锁定。主轴箱可以在摇臂上作横向移动，并随摇臂沿立柱上、下作调整运动。刀具安装在主轴上，操作时，利用摇臂钻这些结构上特点，能很方便地调整刀具位置，对准所钻孔的中心，而不需移动工件。摇臂钻床加工范围广泛，在单件和成批生产中多被采用，主要是加工大型零件和多孔工件。

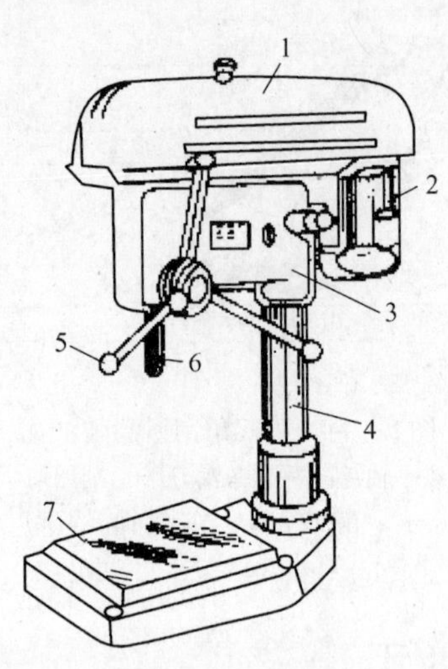

图 5-45　台式钻床

1—带罩；2—电动机；3—主轴箱；4—立柱；5—进给手柄；6—主轴；7—工作台。

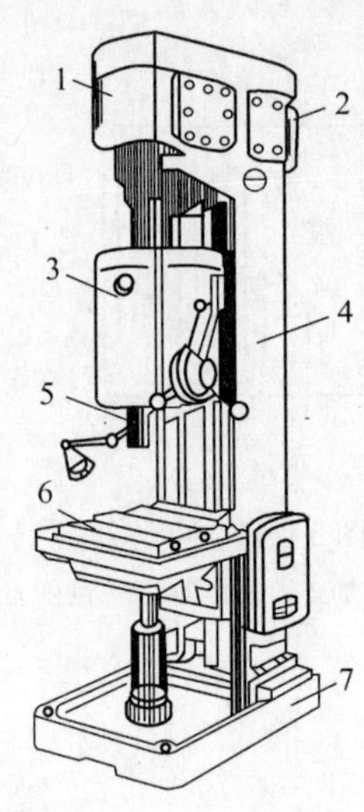

图 5-46　立式钻床

1—主轴变速箱；2—电动机；3—进给箱；4—立柱；5—主轴；6—工作台；7—底座。

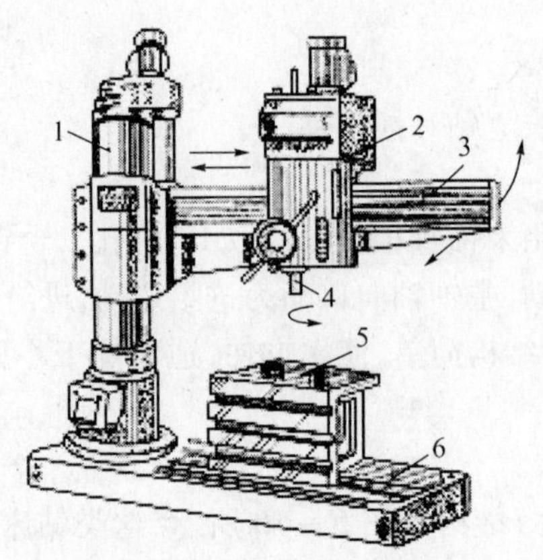

图 5-47　摇臂钻床示意图

1—立柱；2—主轴箱；3—摇臂；4—主轴；5—工作台；6—底座。

二、钻孔

用麻花钻在材料实体部位加工孔称为钻孔。钻床钻孔时，钻头旋转（主运动）并作轴向移动（进给运动），如图 5-48 所示。由于钻头结构上存在着一些缺点，如刚性差、切削条件差，故钻孔精度低，尺寸公差等级一般为 IT12 左右，表面粗糙度 R_a 值为 12.5μm 左右。

麻花钻是钻孔的主要刀具，通常由高速钢制成，其组成部分如图 5-49 所示，它的前端为切削部分，直径小于 12mm 时一般为直柄钻头，直径大于 12mm 时为锥柄钻头。

麻花钻有两条对称的螺旋槽用来形成切削刃，且作输送切削液和排屑之用。前端的切削部分如图 5-50 所示，有两条对称的主切削刃，两刃之间的夹角称为锋角，其值为

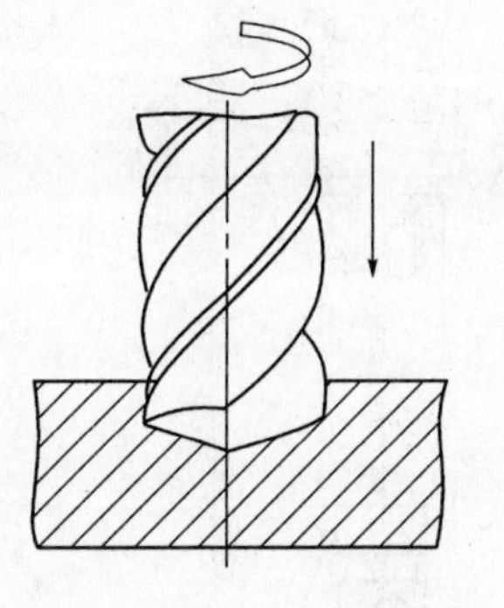

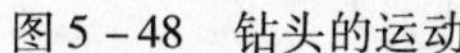

图 5-48　钻头的运动

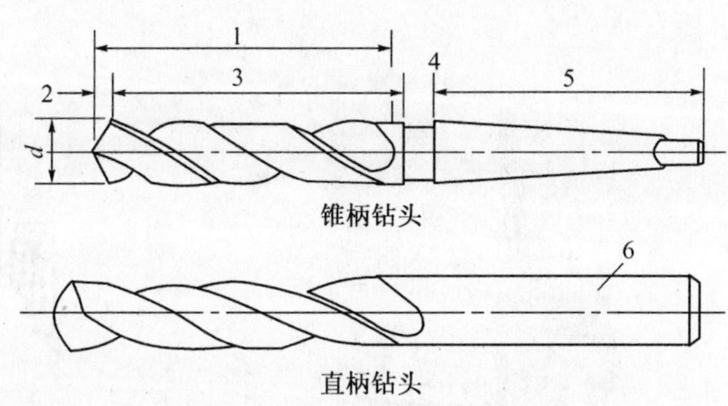

图 5-49　标准麻花钻头

1—工作部分；2—切削部分；3—导向部分；4—钻颈；5—锥柄；6—直柄。

$2\phi = 116° \sim 118°$。两个顶面的交线称为横刃，钻削时，作用在横刃上的轴向力很大，故大直径的钻头常采用修磨的方法，缩短横刃，以降低轴向力，导向部分上的两条刃带在切削时起导向作用，同时又能减少钻头与工件孔壁的摩擦。麻花钻的结构决定了它的刚性和导向性均比较差。

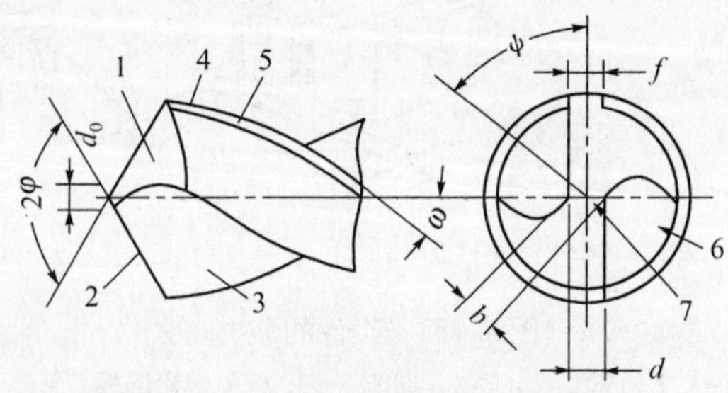

图 5-50　标准麻花钻的切削刃

1—后刀面；2—主切削刃；3—前刀面；4—棱边；5—刃带；6—刀沟；7—横刃。

麻花钻的装夹方法按其柄部的形状不同而异，主要有钻夹头装夹和钻套装夹，图 5-51所示为钻夹头装夹，图 5-52 所示为钻套装夹方法及其拆卸方法。锥柄麻花钻可以直接装入钻床主轴孔内。较小的钻头可用过渡套筒安装。直柄钻头则用钻夹头安装。

钻孔时，由于钻头的转速较高，切削力较大，因此根据工件的不同大小、形状与钻孔直径，选用不同的安装方法和夹具。一般可用虎钳、平口钳等装夹。对小型工件，可用虎钳夹持，在圆柱形工件上钻孔时，可放在 V 形铁上进行，亦可用平口钳装夹。较大的工件则用压板螺钉直接装夹在机床工作台上，各种装夹方法如图 5-53 所示。

不论采用那种夹持方法，都应使孔中心线与钻床工作台垂直，并且要夹持稳定牢固，再按孔径尺寸选用合适的钻头，装紧在钻床主轴孔内。

在成批和大量生产中，钻孔时广泛应用钻模夹具。钻模上装有淬过火的耐磨性很高的钻套，用以引导钻头。钻套的位置根据钻孔要求而确定。因而，用钻模钻孔，可以免去划线工作，且钻孔精度有所提高。

划线钻孔时，应先在孔中心除打好样冲眼，划出检查圆，以便找正中心，便于引钻，先对准样冲眼试钻一浅坑，如有偏位，可用样冲重新冲孔纠正，也可用錾子錾出几条槽来纠正。钻孔时，进给速度要均匀。孔将要钻通时，进给量要减少，避免钻头被折断。

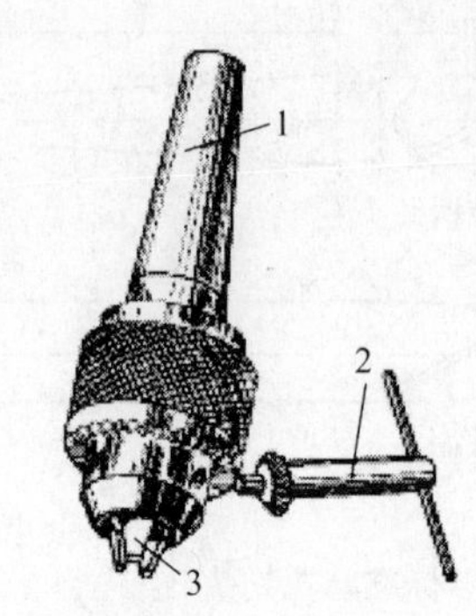

图 5-51 钻夹头装夹

1—锥柄；2—扳手；3—钻头安装孔。

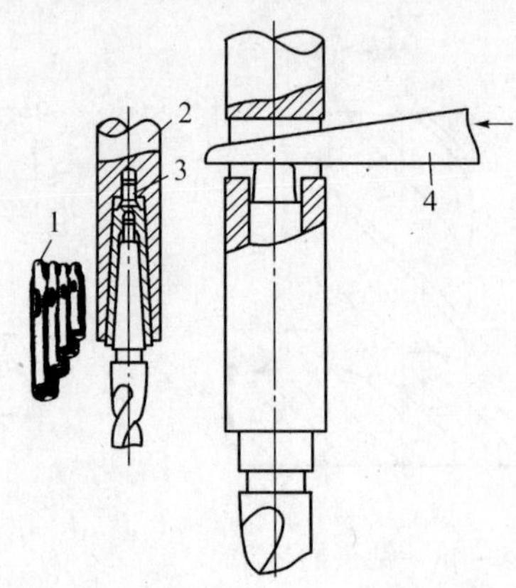

图 5-52 钻套装夹方法及其拆卸方法

1—钻头；2—主轴；3—钻套剖面；4—锲铁。

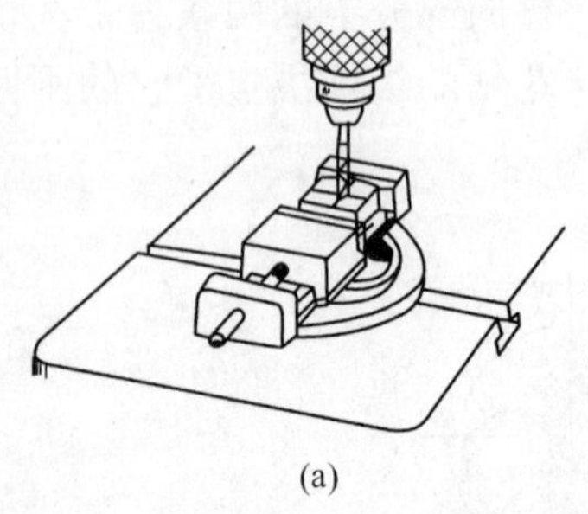

(a)

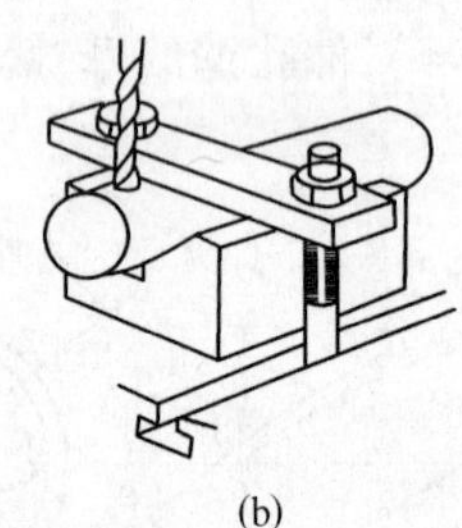

(b)

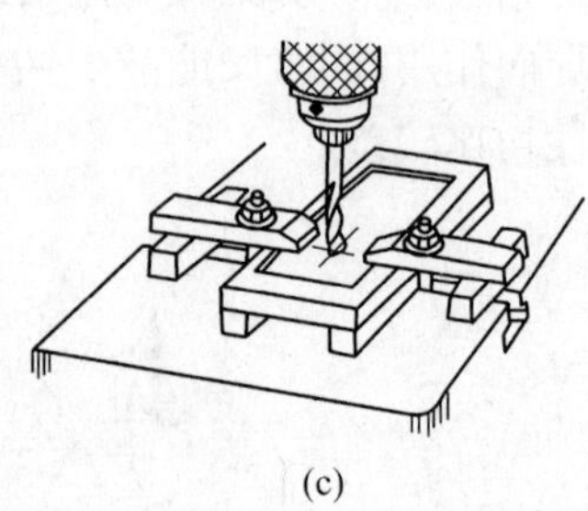

(c)

图 5-53 工件的装夹

(a) 平口钳装夹；(b) V 形铁装夹；(c) 螺栓压板装夹。

钻深孔(孔深 L 与直径 d 之比大于 5)时,要经常退出钻头以排除切屑和进行冷却,否则会使切屑堵塞在孔内加剧钻头的磨损,钻韧性材料和深孔要加切削液。钻床钻孔时,孔径大于 30mm 的孔,需分两次钻出,先钻一个直径约为所钻孔径 1/2 的孔,再使用所钻孔径的钻头钻削。

三、扩孔

在工件上把原有的小孔径扩大的生产过程称为扩孔。精度较高的中小直径孔,在钻削之后,通常需要采用扩孔和铰孔来进行半精加工和精加工。

扩孔使用的工具是扩孔钻,它的形状与麻花钻的形状相似,不同之处是扩孔钻有 3 个 ~4 个切削刃,且没有横刃,前端是平的,因此其导向性好,切削平稳,扩孔后的质量较钻孔质量要好。扩孔钻和扩孔的示意图如图 5-54 所示。

四、铰孔

铰孔是用铰刀对孔进行最后精加工的一种方法,铰孔可分粗铰和精铰。精铰加工余量较小,只有 0.05mm ~ 0.15mm,尺寸公差等级可达 IT8 ~ 7,表面粗糙度 R_a 值可达 0.8μm。铰孔前,工件应经过钻孔—扩孔(或镗孔)等加工。铰孔所用刀具是铰刀,如图 5-55所示。

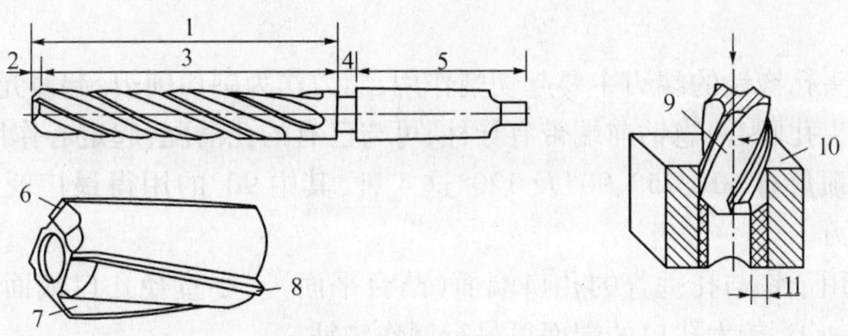

图5-54 扩孔钻和扩孔

1—工作部分；2—切削部分；3—校准部分；4—颈部；5—柄部；6—主切削刃；7—前刀面；8—刃带；9—扩孔钻；10—工件；11—扩孔余量。

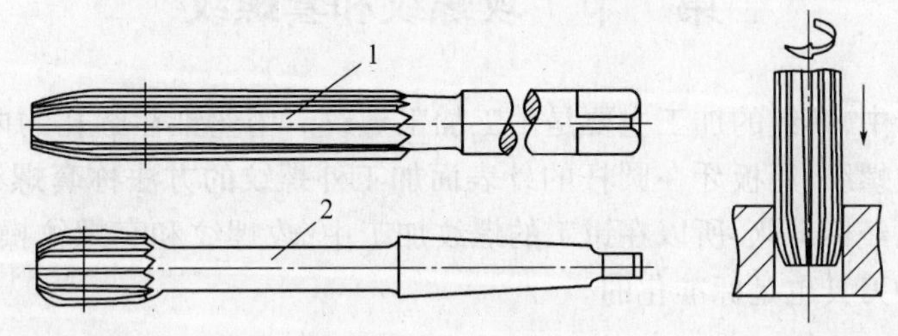

图5-55 铰刀和铰孔

1—手用绞刀；2—机用绞刀。

铰刀有手用铰刀和机用铰刀两种。手用铰刀为直柄，工作部分较长，铰孔时导向作用较好。在手动铰孔时，铰刀在孔中不允许倒转。机用铰刀多为锥柄，可装在钻床、车床或镗床上铰孔，在机床上铰孔时，要在铰刀退出后才可停车。铰刀的工作部分由切削部分和修光部分组成，切削部分呈锥形，担负着切削工作，修光部分起着导向和修光作用。铰刀有6个~12个切削刃，每个刀刃的切削负荷较轻。铰孔时，选用的切削速度较低，进给量较大，并要使用切削液，铰铸铁件用煤油，铰钢件用乳化液。

五、锪孔与锪平面

对工件上的已有孔进行孔口型面的加工称为锪削，如图5-56所示。锪削又分锪孔

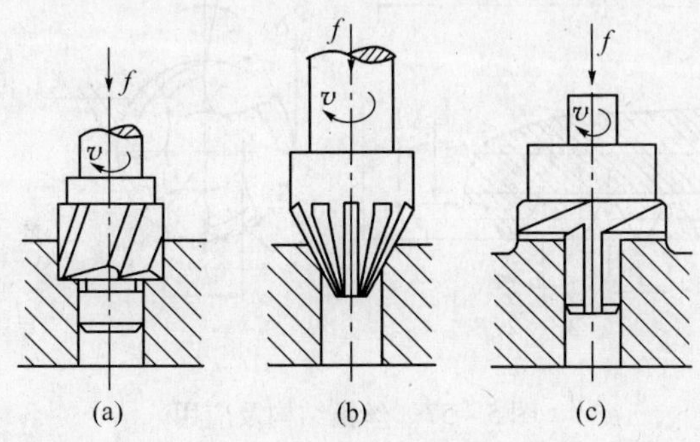

图5-56 锪削工作

（a）锪柱孔；（b）锪锥孔；（c）锪端面。

和锪平面。

圆柱形埋头孔锪钻的端刃主要起切削作用,周刃作为副切削刃,起修光作用。为了保持原有孔与埋头孔同心,锪钻前端带有导柱,可与已有的孔滑配,起定心作用。

锥表锪钻顶角有 60°、75°、90°及 120°这 4 种,其中 90°的用得最广泛。锥形锪钻有 6 个 ~12 个刀刃。

端面锪钻用于锪与孔垂直的孔口端面(凸台平面)。小直径孔口端面可直接用圆柱形埋头孔锪钻加工,较大孔口的端面可另行制作锪钻。

锪削时,切削速度不宜过高,钢件需加润滑油,以免锪削表面产生径向振纹或出现多棱形等质量问题。

第 7 节　攻螺纹和套螺纹

在钳工生产中,螺纹的加工主要是手工加工螺纹。用丝锥在圆孔的内表面加工内螺纹的操作称为攻螺纹;用板牙在圆杆的外表面加工外螺纹的方法称套螺纹。由于连接螺钉和紧固螺钉已经标准化,所以在钳工的螺纹加工中,攻螺纹和套螺纹操作最常见,且攻螺纹和套螺纹的刀具也是标准化的。

一、攻螺纹

1. 攻螺纹工具

1) 丝锥

丝锥是加工内螺纹的刀具,也称螺纹攻,它的结构如图 5-57 所示。其工作部分是一段开槽的外螺纹,还包括切削部分和校准部分。切削部分是圆锥形。切削负荷被各刀齿分担。修正部分具有完整的齿形,用以校准和修光切出的螺纹。丝锥有 3 条 ~4 条窄槽,以形成切削刃和排除切屑。丝锥的柄部是方头的,攻丝时用其传递力矩。

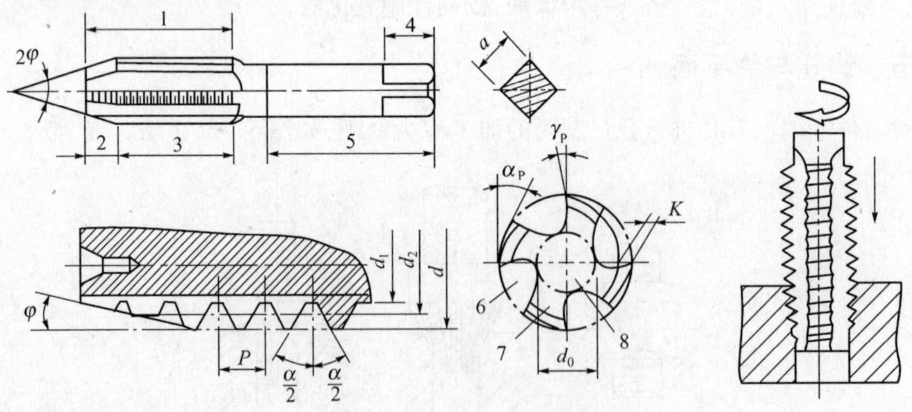

图 5-57　丝锥结构及应用

1—工作部分;2—切削部分;3—校准部分;4—夹持部分;5—柄部;6—退削槽;7—切削齿;8—芯部。

M6 ~ M24 的手用丝锥一般由两支组成一套,分为头锥和二锥。两支丝锥的外径、中径和内径是相等的,只是切削部分的长短和锥角不同,头锥的切削部分长些,锥角小些,约有 6 个不完整的齿以便起切。二锥的切削部分短些,不完整齿约为 2 个。切不通螺孔时,两支丝锥顺次使用。

大于 M24 且螺距大于 2.5mm 的丝锥和小于 M6 的手用丝锥常制成三支一套,并且是由不等径的头锥、二锥、三锥组成,其目的是合理分配切削余量,头锥切去 60%,二锥切去 30%,三锥切去余下的 10%。这种丝锥要求按丝锥顺序依次攻螺纹,才能达到配合要求,否则螺钉无法旋入螺孔中。

2）铰杠

铰杠是板转丝锥的工具,如图 5-58 所示,常用的是可调节式,转动右边的手柄或螺钉,即可调节方孔大小,以便夹持各种不同尺寸的丝锥。铰杠的规格要与丝锥的大小相适应。小丝锥不宜用大铰杠,否则,易折断丝锥。

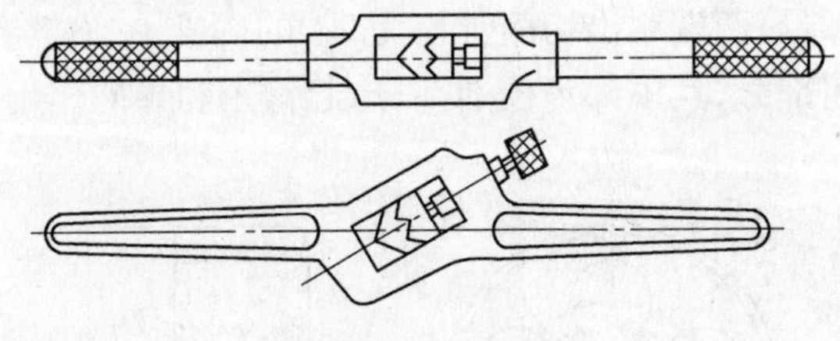

图 5-58　铰杠

2. 攻螺纹方法

攻螺纹前,先检查工件上螺纹底孔直径和孔口倒角是否符合要求,倒角的作用是利于丝锥的切入,防止孔口螺纹崩裂。螺纹底孔直径可以通过查表或用经验公式计算得出。对钢等韧性材料的公式为: $d=D-P$(d 为底孔直径(mm); D 为内螺纹大径(mm); P 为螺距(mm))。对于铸铁等脆性材料公式为 $d=D-(1.05\sim1.1)P$。

用头锥攻螺纹时,将丝锥垂直放入工件螺纹底孔,然后用铰杠轻压旋入一到两周,再用目测或用直尺在两个相互垂直的方向上校准丝锥与端面保持垂直,然后继续转动,直至切削部分全部切入后,就不要加压了,而要靠丝锥的自然旋进即可,这时每旋进一到两周,反转 1/4 周～1/2 周,以使切屑断落,如图 5-59 所示。头锥攻完,再改用二锥攻,先旋入 1 圈～2 圈,再使用铰杠,以防乱扣。

对钢料攻丝时,要加乳化液或机油润滑;对铸铁攻丝时,一般不加切削液,但若螺纹表

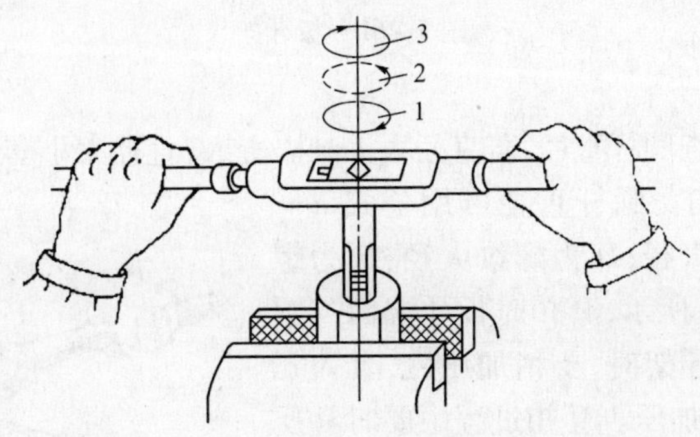

图 5-59　攻螺纹操作

1—顺转一圈; 2—反转 1/4 到 1/2 周; 3—继续顺转。

面要求光滑时，可加些煤油。用二锥和三锥攻螺纹时，先用手指将丝锥旋进螺纹孔，然后再用铰杠转动，旋转铰杠时不需加压。

有时要对不通孔(盲孔)攻螺纹，由于丝锥不能在孔底部切出完整螺纹，因此底孔深度应大于螺纹的有效长度，这段长度大约是0.7倍的内螺纹大径。因此，盲孔的深度 h 为螺纹的有效长度加上0.7倍的内螺纹大径。攻螺纹时，要及时注意丝锥顶端碰到孔底，并及时清除积屑。

二、套螺纹

1. 套螺纹工具

1）板牙

板牙原型是一个螺母，两端制出切削锥角为 2ϕ 的内锥，并有3条~5条容屑槽，以形成刀刃。内锥面为切屑部分，其中部为校准部分，起修正和导向作用，如图5-60所示。

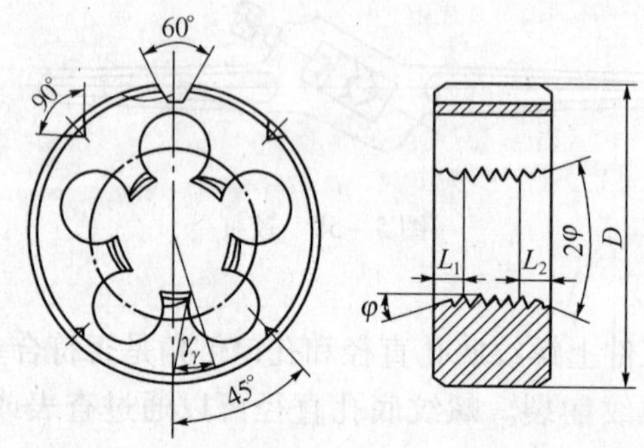

图5-60 板牙

2）板牙架

板牙架是用于夹持板牙并带动板牙转动的专用工具，其构造如图5-61所示。

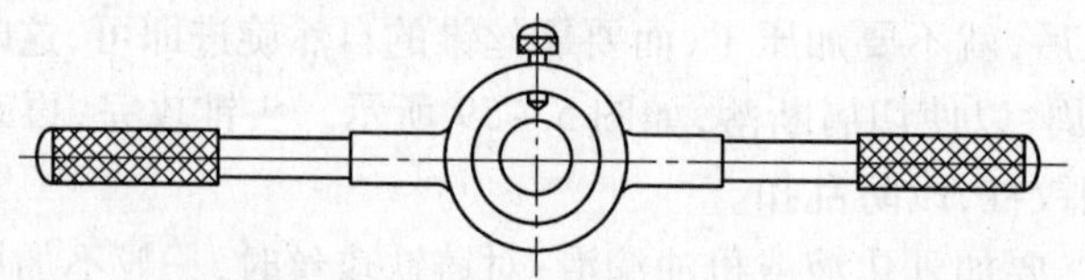

图5-61 板牙架

2. 套螺纹操作

套螺纹时，应检查圆杆直径，若直径太大难以套入，直径太小套出的螺纹不完整。套螺纹的圆杆必须倒角。圆杆直径可用公式 $d = D - 0.13P$（d 为圆杆直径；D 为螺纹大径；P 为螺距）计算，如图5-62所示，套扣时板牙端面与圆杆垂直，开始转动板牙架时，要稍加压力，套入几扣后，即可转动，不再加压。套扣过程中要时常反转，以便断屑。在钢件上套扣时，亦应加机油润滑。

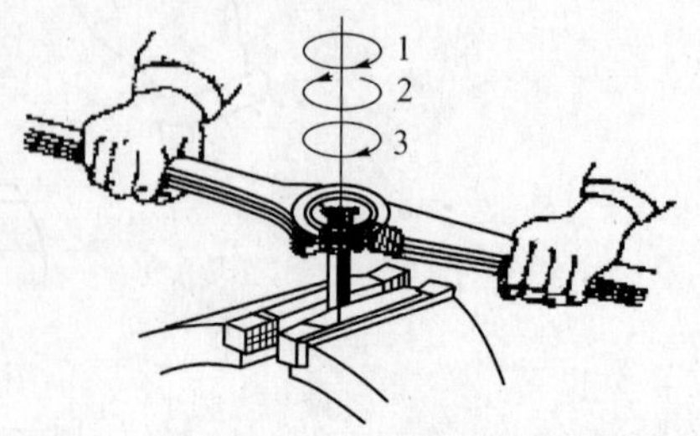

图5-62 套螺纹

第8节 錾 削

錾削是用手锤锤击錾子,对金属进行切削加工的操作。錾削用于切除铸、锻件上的飞边,切断材料,加工沟槽和平面等。

1. 錾子

錾子一般是用碳素工具钢锻制而成,刃部经淬火和回火处理后有较高的硬度和足够的韧性。常用的錾子有扁錾(阔錾)和窄錾两种,如图5-63所示。

扁錾刃宽为10mm~15mm,用于錾切平面和切断材料,窄錾刃宽约5mm~8mm,用于錾沟槽,錾子全长为125mm~175mm,錾子的横截面为扁圆形。

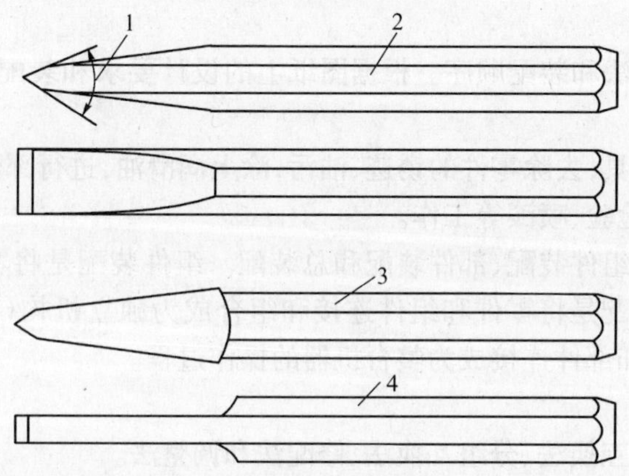

图5-63 常用的錾子

1—錾子楔角;2—錾身;3—扁錾;4—窄錾。

2. 錾削角度

錾子的切削刃是由两个刀面组成,构成楔形,如图5-64所示。錾削时影响质量和生产率的主要因素是楔角β和后角α的大小。楔角β越小,錾刃越锋利,切削省力;但太小时刀头强度较低,刃口容易崩裂。

后角α的改变将影响錾削过程的进行和工件加工质量,其值在5°~8°范围内选取。粗錾时,切削层较厚,用力大,应选小值;精细錾时,切削层较薄,用力小,α角应大些。若α角选择不合适,太大了容易扎入工件,太小时錾子容易从工件表面滑出,如图5-65所示。

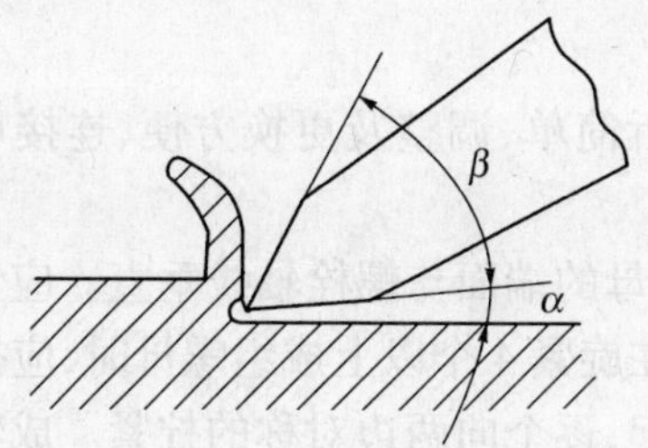

图5-64 錾子的切削刃

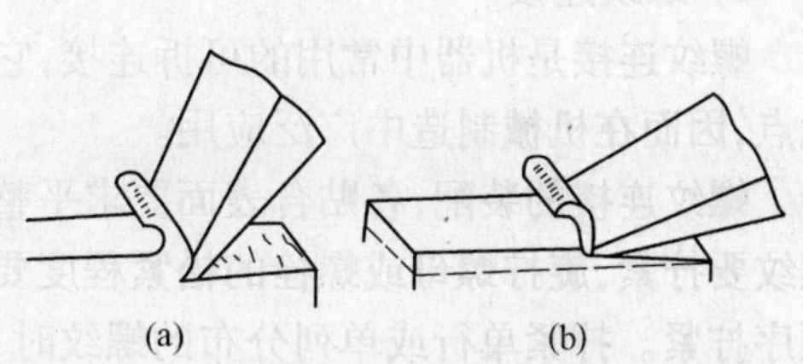

图5-65 錾子的切削

(a)α角太大;(b)α角太小。

第 9 节　机器的装配和拆卸

一、装配

任何一台机器都是由许多零部件组成的。装配是将合格零部件按照规定的技术要求装成机器的生产过程。装配是制成机器的最后阶段，也是重要的阶段。装配质量的优劣对机器的性能和使用寿命有很大影响。

1. 装配的工艺过程

（1）读图。了解产品工艺图，熟悉产品结构和传动系统以及每一个零部件的作用及其相互关系。

（2）确定装配方法和装配顺序。根据图纸上的设计要求和装配工艺的要求，确定装配方法和装配顺序。

（3）备好装配工具，去除零件的锈迹、油污，涂上润滑油，进行部件装配和总装配。

（4）进行调整、检验、喷漆等工作。

装配过程可分为组件装配、部件装配和总装配。组件装配是将零件连接和固定成为组件的过程。部件装配是将零件和组件连接和组合成为独立机构（部件）的过程。总装配就是将零件、组件和部件连接成为整台机器的操作过程。

2. 装配方法

装配方法有完全互换法、分组互换法、修配法和调整法。

完全互换法是在装配时，相互配合的零件不经过选择，都能保证预定的装配精度，为了保证零件的互换性，零件的公差要求严格，加工零件复杂，成本较高。

分组互换法是在批量生产中，在完全互换法所确定的各个零件基本尺寸和偏差的基础上，扩大各零件的制造偏差，使制造方便，成本下降，然后将制成的零件按实际尺寸分组，再将相应组的零件进行装配，这两种装配方法应用在批量装配的生产中。

修配法是将零件的制造公差放的更大，使加工更低廉，装配时，用钳工修理的方法，改变某一零件的尺寸，一边装一边修理，这种装配方法在单件、小批生产中应用广泛。

调整法是将某一磨损的零件根据需要改变其原有尺寸大小，更换为新的零件，以保证装配的精度，一般应用在机器的修理装配过程中。

3. 零件的装配

1）螺纹连接

螺纹连接是机器中常用的可拆连接，它具有装拆简单、调整及更换方便、连接可靠等优点，因而在机械制造中广泛应用。

螺纹连接的装配，各贴合表面要求平整光洁，螺母的端面与螺栓轴线垂直。应保证各螺纹要拧紧，旋拧螺母或螺栓的松紧程度要适中。在旋紧 4 个以上成组螺母时，应按一定顺序拧紧。拧紧单行或单列分布的螺纹时，从中间起，逐个向两边对称的拧紧。成轴对称或极坐标形式排列的螺栓，应对称地将各螺栓进行拧紧和松开。图 5－66 所示为螺栓的各种排列方式的拧紧顺序，每个螺母拧紧到 1/3 的松紧程度以后，再按 1/3 的程度拧紧一遍，最后依次全部拧紧，这样每个螺栓受力比较均匀，不致使个别螺栓过载。

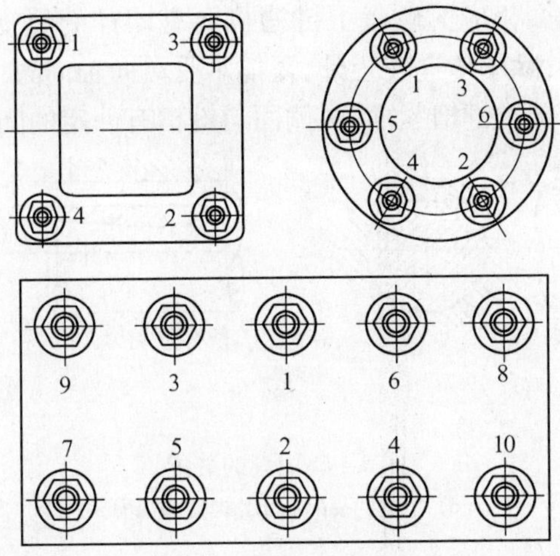

图5-66 螺纹的拧紧

在经常有振动情况下工作的螺纹连接装置,应采用相应的防松装置,如使用开口销、弹簧垫圈、止退垫圈及带翅垫防松等。常用的螺纹连接的防松装置如图5-67所示。

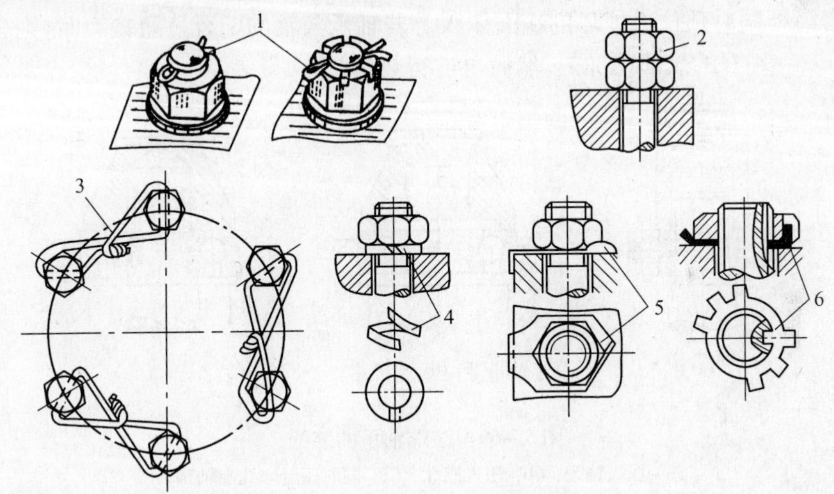

图5-67 螺纹连接的防松装置

1—开口销防松;2—自锁螺母防松;3—钢丝防松;4—弹簧垫圈防松;5—止退垫圈防松;6—带翅垫圈防松。

2)键连接

在机器的传动轴上,往往要装上齿轮、皮带轮、蜗轮等零件,并需采用键连接来传递转矩。

图5-68(a)所示为平键装配示意图。装配时,先去除键槽锐边毛刺,选取键长并修锉两头,修配键侧使之与轴上键槽相配,将键配入键槽内。然后试装轮毂,若轮毂键槽与键配合太紧时,可修键槽,但不允许松动。装配后,键底面应与轴上键槽底部接触。键的两侧应有一定过盈量,键顶面和轮毂间必须留有一定的间隙。

图5-68(b)所示为楔键连接示意图。楔键的形状和平键相似,不同的是楔键顶面带

有1:100的斜度。装配时，相应的轮毂上键槽也要有同样的斜度。此外，键的一端有沟头，便于装卸。楔键连接，除了传递转矩外，还能承受单向轴向力。楔键装配后，应使顶面和底面分别与轮毂键槽、轴上键槽紧贴，两侧面与键槽有一定的间隙。

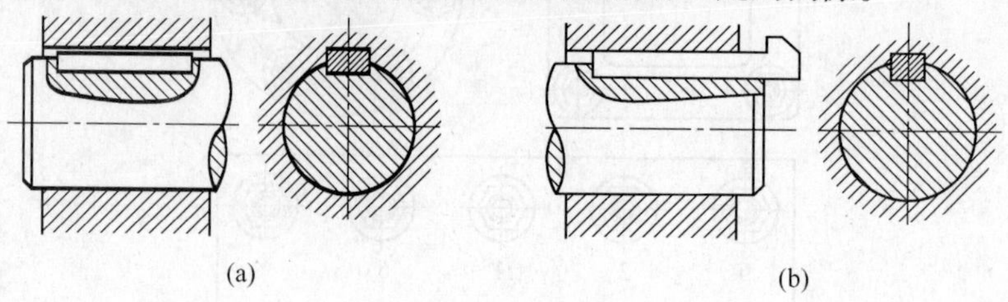

图5-68 键的装配
(a) 平键的装配；(b) 楔键的装配。

3）滚珠轴承的装配

图5-69所示为滚珠轴承的装配简图。滚珠轴承的装配大多用较小的过盈配合，常用手锤或压力机压装。为了装入时施力均匀，一般采用垫套加压，当轴承要压入轴颈上时，垫套要施力于轴承内环端面上；压入座孔时，要施力于外环端面上，当同时压到座孔和轴颈时，套筒要同时顶住内外环的端面压入。若轴承与轴的配合过盈较大时，则先将轴承悬吊在80℃～90℃的热油中加热，然后再进行热装。

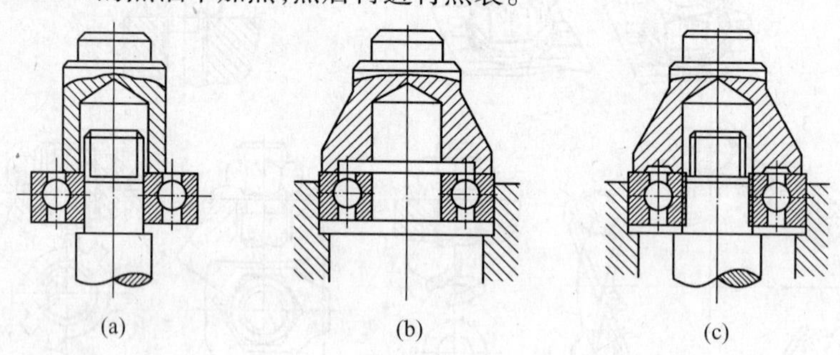

图5-69 滚珠轴承的装配
(a) 压入轴颈；(b) 压入座孔；(c) 同时压到座孔和轴颈。

4）滑动轴承装配

滑动轴承分为整体式（轴套）和对开式（轴瓦）两种结构。装配前，轴承孔和轴颈的棱边都应去毛刺、洗净加油。装轴套时，根据轴套的尺寸和工作位置用手锤或压力机压入轴承座内。装轴瓦时，应在轴瓦的对开面垫上木块，然后用手锤轻轻敲打，使它的外表面与轴承座或轴承盖紧密贴合。

二、拆卸

机器在运转磨损后，常需要进行拆卸修理或更换零件。拆卸与装配一样，应先读图，了解机械的结构。下面以滚珠轴承部件的拆卸为例进行说明。

拆卸时，应注意如下要求：

（1）机器的拆卸工作应按其结构，预先考虑操作程序，以免先后倒置；应避免猛拆、猛敲，造成零件的损伤或变形。

(2) 拆卸的顺序应与装配的顺序相反,一般应遵循先外部后内部,先上部后下部的拆卸顺序,依次拆下组件或零件。

(3) 拆卸时,为了保证合格零件不会损伤,应尽量使用专用工具,严禁用手锤直接敲击工件表面。

(4) 拆卸时,必须先辨清回松方向(如左、右旋等)。

(5) 拆下的零、部件必须按次序收放整齐。有的按原来结构套在一起;有的作上记号,以免错乱;有的易变形、弯曲的零件(如丝杆、长轴等),拆下后应吊在架子上。

图5-70所示为滚珠轴承部件的心轴拆卸法,图5-71所示为拉出器拆卸法。

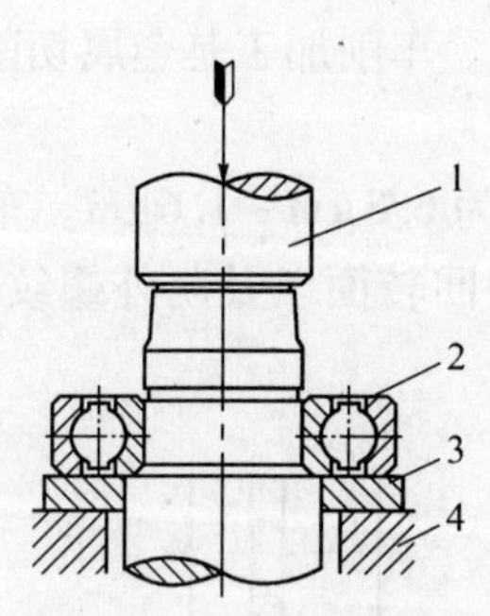

图5-70 心轴拆卸法

1—心轴;2—滚动轴承;3—衬套;4—漏盘。

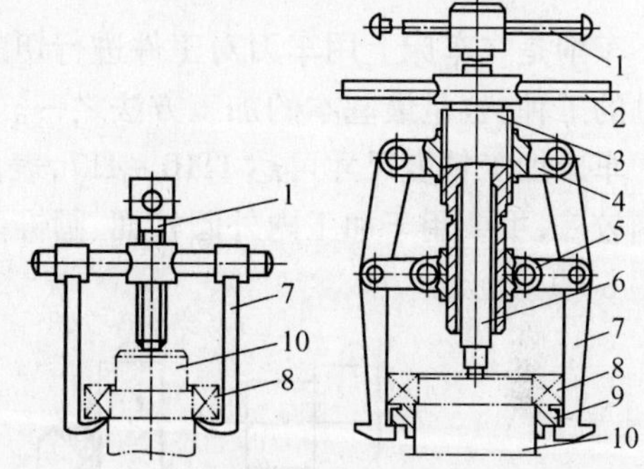

图5-71 拉出器拆卸法

1,2—手柄;3—螺母套;4—右旋螺母;5—左旋螺母;6—螺杆;7—拉杆;8—轴承;9—卡环;10—轴颈。

第6章　车　削

第1节　概　述

车削是在车床上用车刀对工件进行切削加工的过程。车削加工是金属切削加工中最常见的工种，也是最基本的加工方法之一。

车床加工精度尺寸可达 IT10 ~ IT7，表面粗糙度 R_a 为 6.3μm ~ 1.6μm。车床的加工范围较广，主要用于加工内外圆柱面、圆锥面、端面、成型回转面以及内外螺纹和蜗杆等，如图 6 -1 所示。

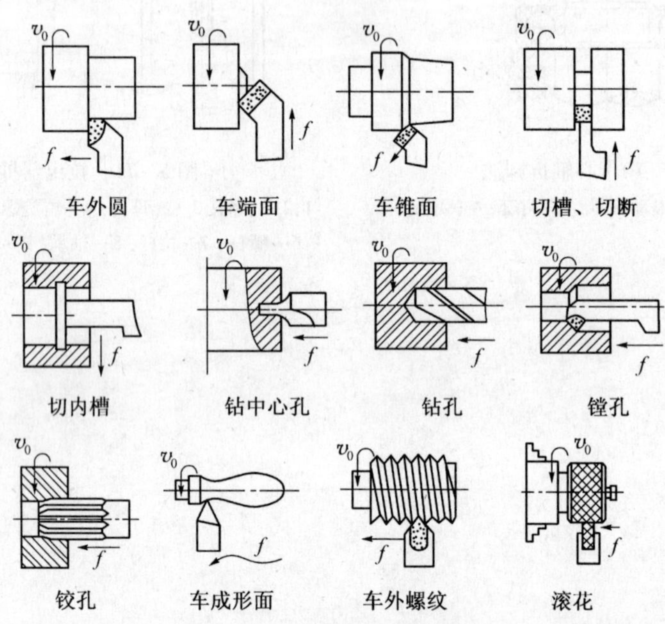

图 6 -1　车床的主要加工方法

车削加工与其他切削加工方法比有很多优点，车削适应性强，应用广泛，能加工不同材质、不同精度的各种零件；车削加工所用的刀具简单，制造、刃磨和安装方便；车削加工过程平稳；生产率较高等。

第2节　车削运动

无论在那种机床上进行切削加工时，刀具和工件间都必须有相对运动，这种相对运动称为切削运动。各种切削运动可分为主运动和切削运动。在车削加工中，主运动是工件的旋转运动，进给运动是刀具相对工件的移动。

一、车削运动

1. 主运动

主运动是切出工件上多余的金属,形成工件新表面必不可少的基本运动,其特征是速度最高,消耗功率最多。切削加工时主运动只能有一个。车削时工件的旋转为主运动。

2. 进给运动

使切削层间断或连续投入切削的一种附加运动,其特征是速度慢,消耗功率少。车削时刀具的纵、横向移动为进给运动。切削加工时进给运动可能不止有一个。车削运动的示意图如图 6－2 所示。

二、车削用量

在车削时,车削用量是切削速度 v_c、进给量 f 和背吃刀量 a_p 这 3 个切削要素的总称,它们对加工质量、生产成本及生产率有很大的影响。

1. 切削速度 v_c

车削时的切削速度是指车刀刀刃与工件接触点上主运动的最大线速度,由 $v_c=\pi\cdot d\cdot n/1000$($v_c$ 为切削速度(m/min),d 为切削部位工件最大直径(mm);n 为主运动的转速(r/min)决定。

2. 进给量 f

进给量是车削时工件旋转一周,刀具沿着进给方向的移动量,其单位时 mm/r。

3. 背吃刀量 a_p

又称切削深度,是指待加工表面与已加工表面的垂直距离,单位为 mm。

在车削外圆时,工件上存在着待加工表面以及已加工表面和过渡表面,车削用量示意图如图 6－2 所示。

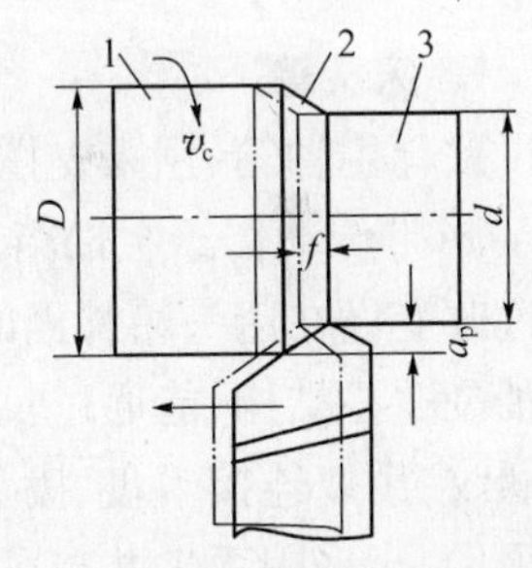

图 6－2　车削用量和车削运动
1—待加工表面;2—过渡表面;
3—已加工表面。

刀刃在一次走刀中切下的金属层称为切削层,它关系着车削时刀刃的工作负荷和生产效率。而切削层的大小是由金属切除率来衡量,金属切除率是指在单位时间内切下工件材料的体积,它等于车削时切削用量三要素的乘积,切除率越大,表示生产率越高。

第 3 节　卧式车床

车床的种类很多,其中卧式车床是应用最广泛的一种,它能加工各种轴类、套筒类和盘类零件上的旋转表面。

一、卧式车床的型号

卧式车床用 C61×××来表示,其中:C—机床分类号,表示车床类机床;61—组系代号,表示卧式。其他数字或字母表示车床的有关参数和改进号。如 C6132A 型卧式车床中,“32”表示主要参数代号(最大车削直径为320mm),“A”表示重大改进序号(第一次重大改进)。

二、C6132卧式车床主要部件名称

C6132型普通车床的主要组成部分,如图6-3所示。

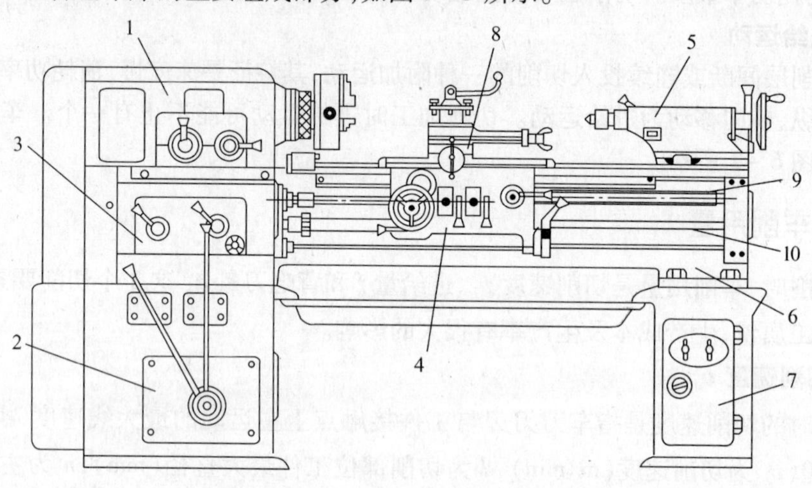

图6-3 C6132卧式车床

1—主轴箱;2—变速箱;3—进给箱;4—溜板箱;5—尾架;6—床身;7—床腿;8—刀架;9—丝杠;10—光杠。

1. 床头箱

又称主轴箱,用来支撑和带动车床主轴的转动,内装主轴和变速机构。电动机的运动经V形带传动传给主轴箱,通过主轴箱内的变速机构,使主轴得到不同的转速。变速是通过改变设在床头箱外面的手柄位置,可使主轴获得不同的转速(45r/min~1980r/min)。主轴是空心结构,能通过长棒料,棒料能通过主轴孔的最大直径是29mm。主轴的右端有外螺纹,用以连接卡盘、拨盘等附件。主轴右端的内表面是莫氏5号的锥孔,可插入锥套和顶尖,当采用顶尖并与尾架中的顶尖同时使用安装轴类工件时,其两顶尖之间的最大距离为750mm。床头箱的另一重要作用是将运动传给进给箱,并可改变进给方向。

2. 进给箱

又称走刀箱,它是进给运动的变速机构。它固定在床头箱下部的床身前侧面。变换进给箱外面的手柄位置,可将床头箱内主轴传递下来的运动,通过配换齿轮传递过来的转动分别传递给光杆或丝杆,使光杆或丝杆获得不同的转速,可按需要改变进给量的大小或车削不同螺距的螺纹。其纵向进给量为0.06mm/r~0.83mm/r;横向进给量为0.04mm/r~0.78mm/r;可车削17种公制螺纹(螺距为0.5mm~9mm)和32种英制螺纹(每英寸2牙~38牙)。

3. 变速箱

安装在车床前床脚的内腔中,并由电动机(4.5kW,1440r/min)通过联轴器直接驱动变速箱中齿轮传动轴。变速箱外设有两个长的手柄,可分别移动传动轴上的双联滑移齿轮和三联滑移齿轮,能获得6种转速,通过皮带传动至床头箱。大多数车床的床头箱和变

速箱是合在一起的，而C6132卧式车床的床头箱和变速箱是分离的，这样可减小主轴的震动，提高零件的加工精度。

4. 溜板箱

又称拖板箱，溜板箱是车床进给运动的操纵机构。它使光杠或丝杠的转动转化为刀架的进给，以车削不同的工件和车削螺纹。溜板箱上有3层滑板，当接通光杠时，可使床鞍带动中刀架、小刀架及刀架沿床身导轨作纵向移动；中刀架可带动小刀架及刀架沿床鞍上的导轨作横向移动。故刀架可做纵向或横向直线进给运动。当接通丝杠并闭合开合螺母时可车削螺纹。溜板箱内设有互锁机构，使光杠、丝杠两者不能同时使用。

5. 刀架

它是用来装夹车刀，使车刀可做纵向、横向及斜向运动。刀架是多层结构，如图6-4所示，它由下列部件组成：

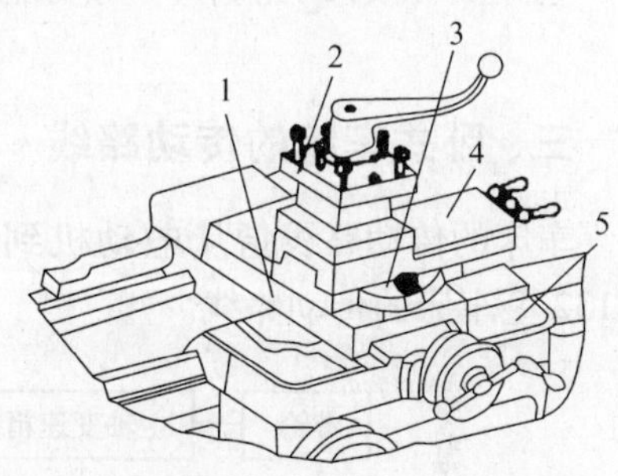

图6-4　刀架
1—中刀架；2—方刀架；3—转盘；4—小刀架；5—大刀架。

(1) 大刀架。大刀架也叫大拖板，与溜板箱牢固相连，它带动车刀沿车床床身导轨作纵向移动。

(2) 中刀架。中刀架也叫中滑板，它装置在大刀架顶面的横向导轨上，可做横向移动。

(3) 转盘。它固定在中刀架上，松开紧固螺母后，可转动转盘，使它和床身导轨成一个所需要的角度，而后再拧紧螺母，以加工圆锥面等。

(4) 小刀架。它装在转盘上面的燕尾槽内，可作短距离的进给移动。

(5) 方刀架。它固定在小刀架上，可同时装夹四把车刀。松开锁紧手柄，即可转动方刀架，把所需要的车刀更换到工作位置上。

6. 尾座

如图6-5所示，它用于安装后顶尖，以支持较长工件进行加工，或安装钻头、铰刀等刀具进行孔加工。偏移尾座可以车出长工件的锥体。尾座的结构由以下部分组成。

(1) 套筒。其左端有锥孔，用以安装顶尖或锥柄刀具。套筒在尾座体内的轴向位置可用手轮调节，并可用锁紧手柄固定。将套筒退至极右位置时，即可卸出顶尖或刀具。

(2) 尾座体。它与底座相连，当松开固定螺钉，拧动调节螺钉可使尾座体在底板上作微量横向移动，如图6-6所示，以便使前后顶尖对准中心或偏移一定距离车削长锥面。

(3) 底板。它直接安装于床身导轨上，用以支承尾座体。

7. 光杠与丝杠

将进给箱的运动传至溜板箱。光杠用于一般车削，丝杆用于车螺纹。

8. 床身

它是车床的基础件，用来连接各主要部件并保证各部件在运动时有正确的相对位置。在床身上有供溜板箱和尾座移动用的导轨。

9. 前床脚和后床脚

用来支承和连接车床各零部件的基础构件，床脚用地脚螺栓紧固在地基上。车床的变速箱与电动机安装在前床脚内腔中，车床的电气控制系统安装在后床脚内腔中。

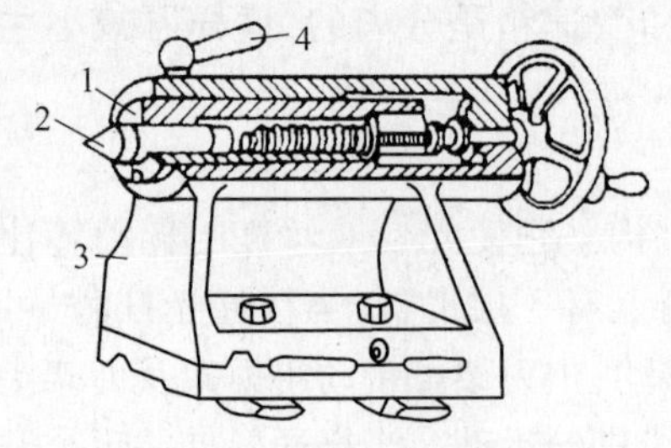

图 6－5　尾座示意图

1—套筒；2—顶尖；3—尾座体；4—套筒缩紧手柄。

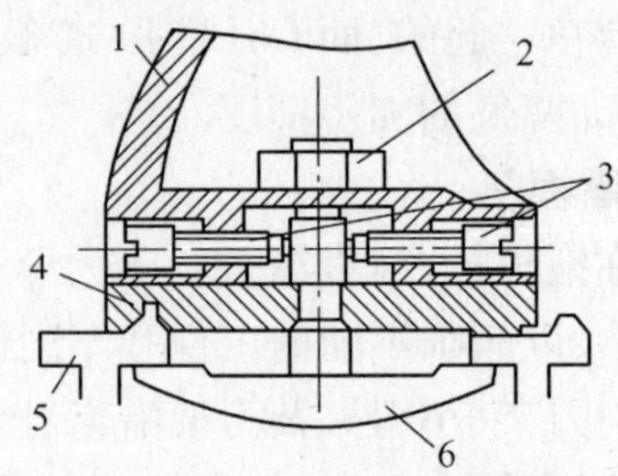

图 6－6　尾座体横向调节

1—尾座体；2—固定螺钉；3—调节螺钉；4—尾座体；5—机床导轨；6—底板。

三、卧式车床的传动路线

车床的传动路线指从电动机到主轴或刀架之间的运动传递路线，图 6－7 所示为 C6132 型车床的传动路线。

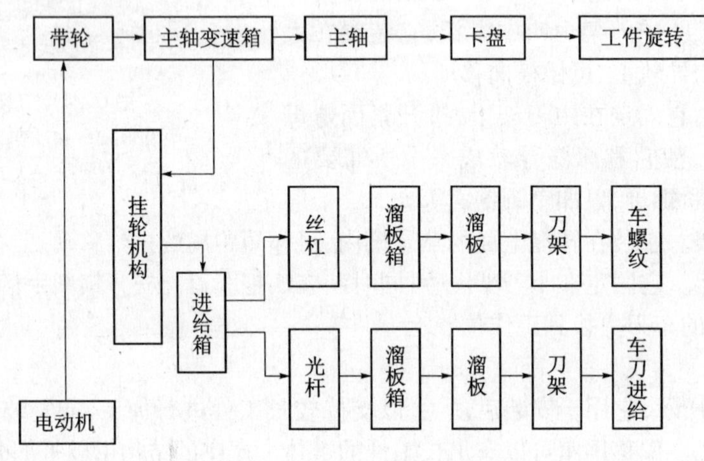

图 6－7　C6132 型车床的传动路线

四、车床附件及工装设备

车床主要是用于加工回转面，如轴类零件和盘套类零件，有时也加工不规则零件上的孔及端面。为保证工件位置准确，并夹紧工件以承受切削力，进行车削加工时，要利用各种附件安装和夹紧不同形状的零件。车床上常备有三爪卡盘、四爪卡盘、顶尖、中心架、跟刀架、花盘和心轴等附件。

1. 用三爪卡盘装夹工件

三爪卡盘是车床最常用的附件，如图 6－8 所示，由法兰盘内的螺钉直接旋装在主轴上。

三爪卡盘又称自定心卡盘，图 6－9 所示为其工作原理，在一个大圆锥形齿轮的背面加工有平面螺纹。当旋转小圆锥形齿轮时，带动大圆锥齿轮转动，大锥齿轮背面的平面矩形螺纹和活动卡爪相啮合，这样就使 3 个卡爪同时等速向中心移动或退出。因为平面矩形螺纹的螺距相等，所以三爪运动距离相等，有自动定心的作用，兼夹紧的目的。其装夹

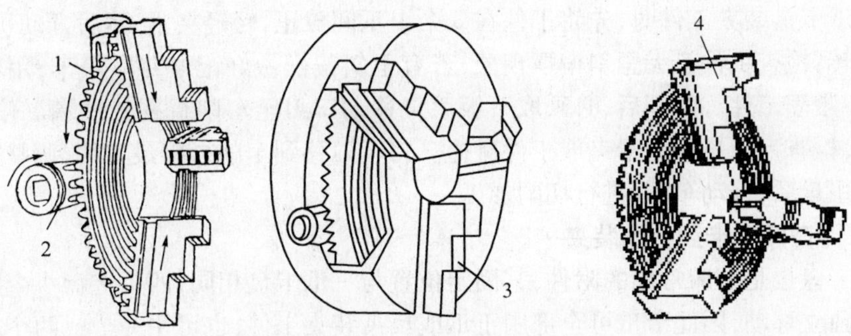

图6-8　三爪卡盘示意图

1—大锥齿轮；2—小锥齿轮；3—正爪安装；4—反爪安装。

工作方便，但定心精度不高，传递的扭矩也不大，工件上同轴度要求较高的表面，应尽可能在一次装夹中车出。故三爪卡盘适于夹持圆柱形、六角形等中小工件。

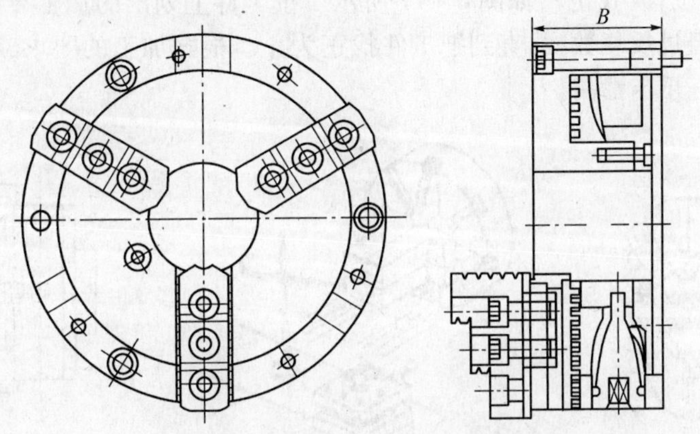

图6-9　三爪卡盘工作原理图

3个卡爪有正爪和反爪之分，有的卡盘可将卡爪反装即成反爪，当换上反爪即可安装较大直径的工件。装夹方法如图6-10所示。当直径较小时，工件置于3个长爪之间装夹，如图6-10(a)所示。将3个卡爪伸入工件内孔中利用长爪的径向张力装夹盘、套、环状零件如图6-10(b)所示。当工件直径较大，用正爪不便装夹时，可将3个正爪换成反爪进行装夹，如图6-10(c)所示。当工件长度大于4倍直径时，应在工件右端用尾架顶尖支撑，如图6-10(d)所示。

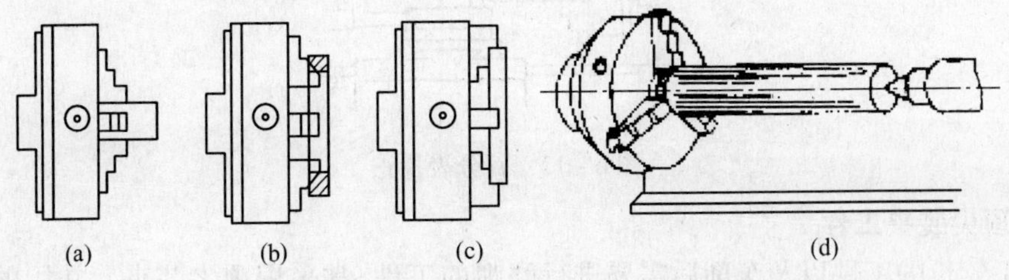

图6-10　用三爪卡盘装夹工件的方法

(a) 正爪；(b) 正爪；(c) 反爪；(d) 三爪卡盘与顶尖配合使用。

用三爪卡盘装夹工件时，先将工件在3个卡爪间放正，轻轻夹紧，然后开动机床，使主轴低速旋转，检查工件有无歪斜偏摆现象，若有歪斜偏摆做好记号并应停车，用小锤轻敲校正，然后紧固工件。紧固后，必须取下扳手。移动车刀至车削行程的左端。停车，用手旋转卡盘，检查刀架是否与卡盘或工件碰撞。将车刀移到车削行程最右端，调整好主轴转速和切削用量后，开动车床，进行切削加工。

2. 工件在四爪卡盘上的装夹

四爪卡盘也是车床常用的附件，其固定位置与三爪卡盘相同，四爪卡盘4个独立分布的卡爪可独立移动，因此卡爪可全部用正爪或反爪装夹工件，也可用一个或两个反爪而其余用正爪。四爪卡盘上的4个爪可分别通过转动螺杆而实现单动。四爪卡盘的夹紧力大，适用于夹持较大的圆柱形、椭圆形、方形或形状不规则工件，还可以将圆形截面工件偏心安装加工出偏心孔和偏心轴。

因四爪卡盘的4个卡爪不能联动，要使工件的中心和主轴中心对中，需要分别仔细的调整4个卡爪的位置(找正)，如图6-11所示。按工件上划出的加工界线或基准找正工件的回转中心，经过反复数次，直到把工件找正为止。根据加工的要求，利用划针盘校正后，安装精度比三爪卡盘高。

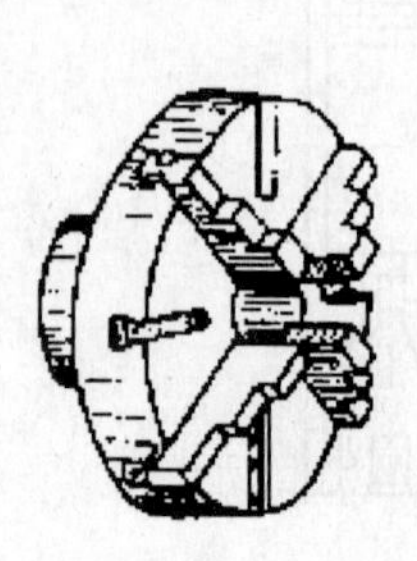
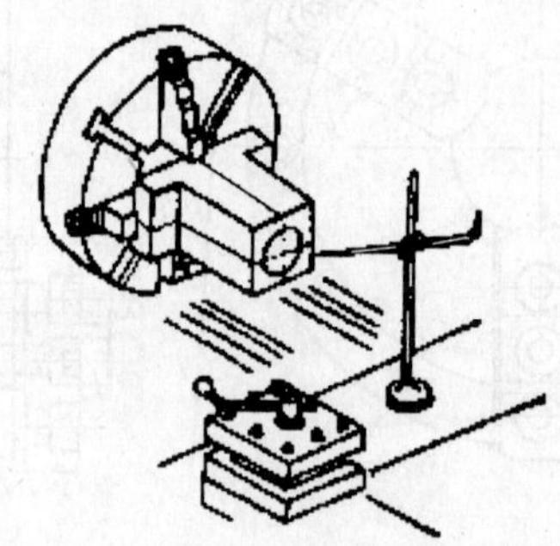
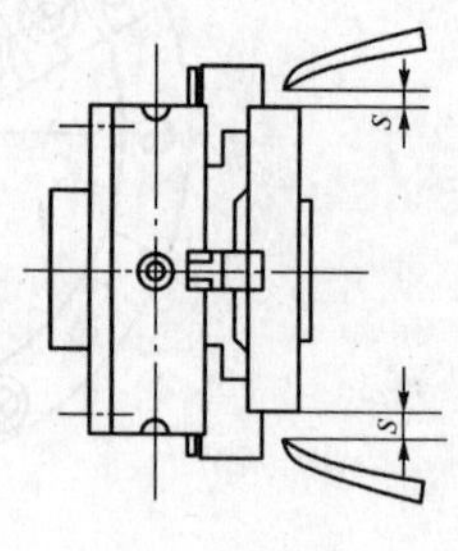

图6-11 四爪卡盘及找正工件的方法

若工件安装精度要求较高，需要用百分表找正，如图6-12所示，其安装精度可达0.01mm。

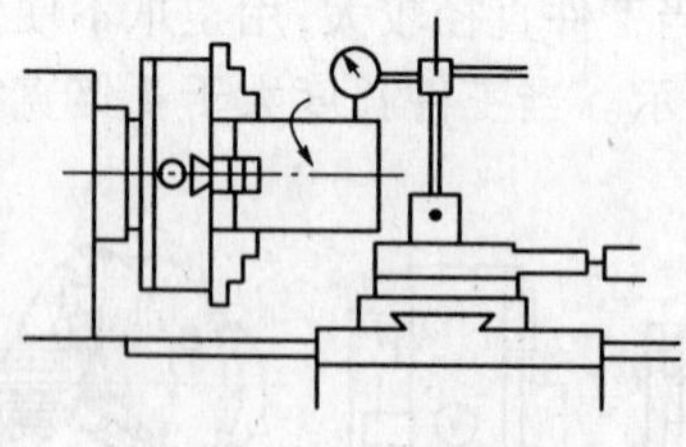

图6-12 百分表找正

3. 顶尖装夹工件

加工较长的工件以及车削后需要进行磨削的工件，常采用顶尖装夹。常用的顶尖有固定顶尖和活动顶尖两种，固定顶尖又分为普通顶尖和反顶尖，如图6-13所示。

1）一顶一夹装夹工件

在车削轴类零件，特别是长度伸出较长，端部刚性较差的较重工件，常采用一夹一顶

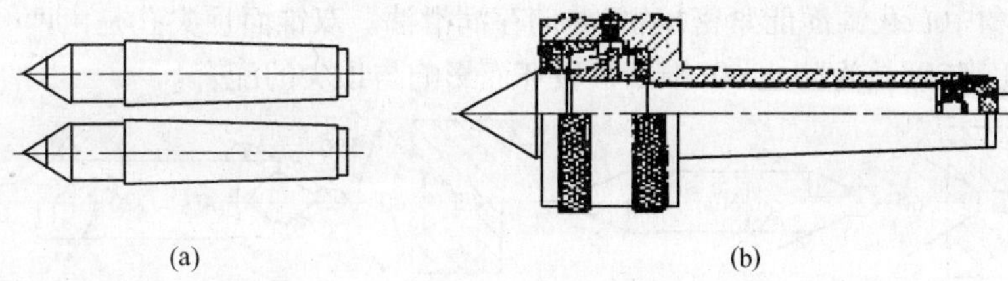

图 6－13　顶尖
（a）固定顶尖；（b）活动顶尖。

的方法装夹，为了防止工件轴向位移，常在卡盘内装一限位支撑或利用工件的台阶作限位，如图 6－14 所示。一顶一夹的方法装夹工件，使装夹稳固，轴向定位准确，安全，能承受较大的切削力，但定心精度较低，尾座中心线与主轴中心线易产生偏移，车削时轴向容易产生锥度，如果不采用轴向限位支撑，加工时必须随时要注意后顶尖的支顶的松紧情况，并及时进行调整后顶尖的支顶，以防发生事故。

一夹一顶装夹是车削轴类零件最常用的方法。常用于加工精度不高的长轴和初车及半精车。

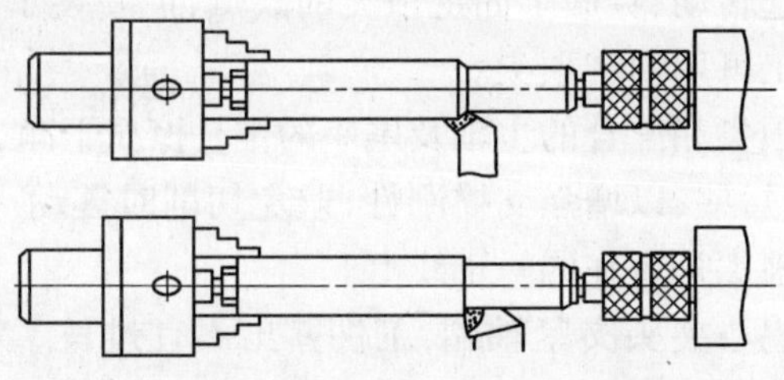

图 6－14　一顶一夹装夹工件

2）工件在两顶尖之间的安装

较长或加工工序较多的轴类工件，为保证工件同轴度要求，常采用两顶尖装夹的方法，如图 6－15(a)所示。工件支承在前后两顶尖间，由拨盘 1、卡箍 2 带动工件 3 旋转，前顶尖装在主轴锥孔内，与主轴一起旋转，后顶尖装在尾架锥孔内固定不转。有时亦可用三爪卡盘 1 代替拨盘，如图 6－15(b)所示，此时前顶尖用一段钢棒车成，夹在三爪卡盘上，卡盘的卡爪通过卡箍或(鸡心夹头)带动工件旋转。

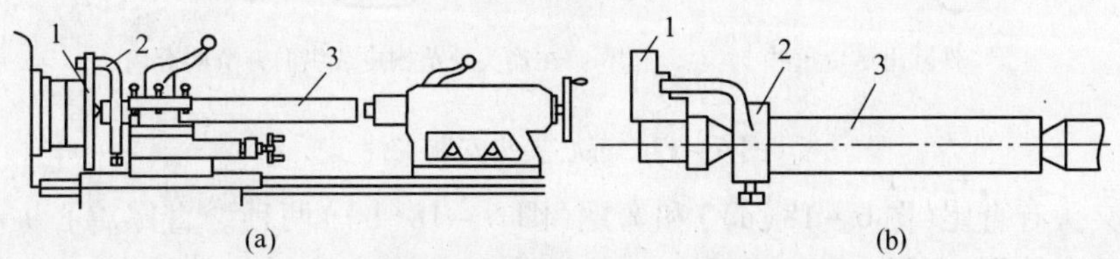

图 6－15　两顶尖安装工件
（a）用拨盘两顶尖安装工件；（b）用三卡代替拨盘安装工件。

用顶尖装夹工件，必须在工件端面上钻出中心孔。中心孔一般是在车床或钻床上用标准中心钻加工成的，加工前应将轴端面车平。常用的中心孔有普通中心孔和双锥面中心孔，如图 6－16 所示，中心孔的 60°锥面是和顶尖的锥面相配合，前面的小圆锥孔是为了保证顶尖和中心孔锥面能紧密接触,并储存润滑油。双锥面顶尖孔是由两个锥面组成,外锥面的角度120°是为防止60°锥面被破坏而影响与顶尖的配合。

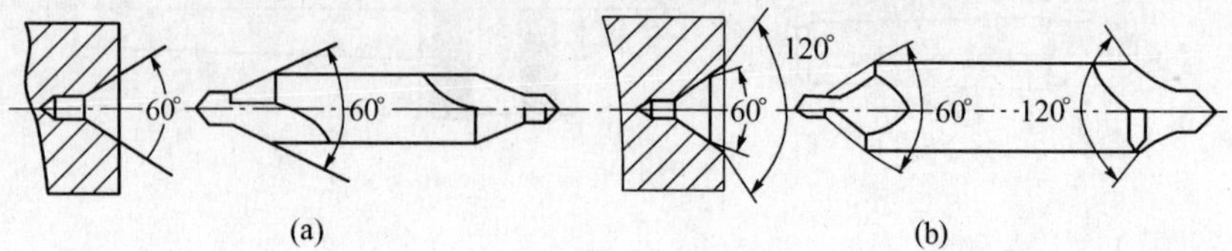

图6-16 中心孔和中心钻

(a) 加工普通中心孔; (b) 加工双锥面中心孔。

中心孔的尺寸大小根据工件质量、直径大小来决定,大且重的工件应选择较大的中心孔。

前顶尖可插在一个过渡专用锥套内,再将锥套插入主轴锥孔内,也可直接将前顶尖装入主轴锥孔内,并随着主轴和工件一起旋转。后顶尖装在尾座的套筒内,既可用固定顶尖,也可用回转顶尖。用固定顶尖,顶尖不随工件一起转动,会因摩擦发热烧损,损坏顶尖或中心孔,但安装工件较稳固,精度较高,切削时应合理选择切削速度。用回转顶尖安装工件,顶尖随着工件一起转动,克服了固定顶尖的缺点,但安装工件不够稳固,精度较低,故一般初加工、半精加工可用回转顶尖。

安装顶尖前,要将顶尖和配合的主轴及尾座的锥孔擦拭干净,然后装牢、装正,装后顶尖的尾座套筒尽量伸出短些,以增强支撑刚性,避免切削时震动。装好前后顶尖后,应将尾座推向床头,检查两顶尖是否在同一轴线上。

安装工件时,要用鸡心夹头夹紧轴端,工件露出不宜过长。对于已加工过的轴类零件,为避免鸡心夹头的紧固螺钉夹伤工件表面,可在轴类表面垫铜皮或纵向开缝的套筒,如图6-17所示。

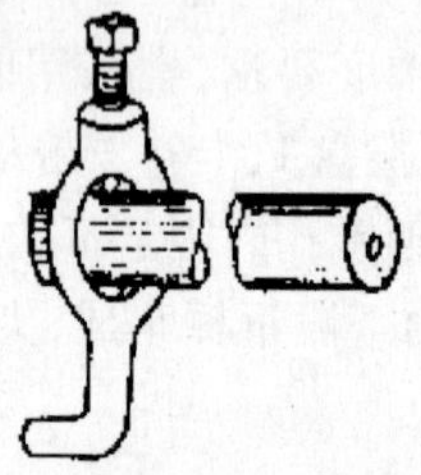

工件露出尽量短些

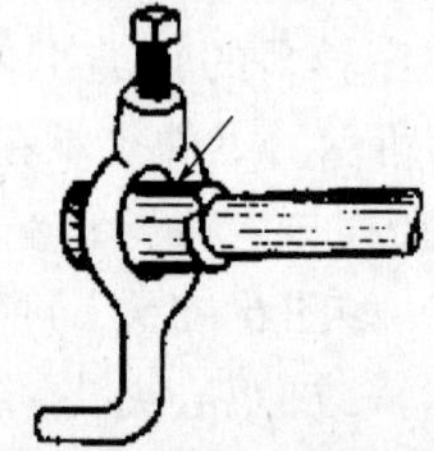

在箭头处垫铜皮或纵向开缝的套筒

图6-17 鸡心夹头安装工件

鸡心夹头有直尾(图6-18(a))和弯尾(图6-18(b))两种。直尾鸡心夹头与带拨杆的拨盘配合使用,如图6-19所示。

4. 工件在花盘上的安装

在车削形状不规则或形状复杂的工件时,三爪、四爪卡盘或顶尖都无法装夹,为保证工件上需加工表面或外圆的轴线与基准面平行或垂直,可把工件在花盘上进行装夹,如图6-20所示。花盘是一个能直接装在车床主轴上的铸铁大圆盘,工作面上有许多长短不等的径向导槽,用来穿放压紧螺栓,使用时配以角铁、压块、螺栓、螺母、垫块和平衡铁等,

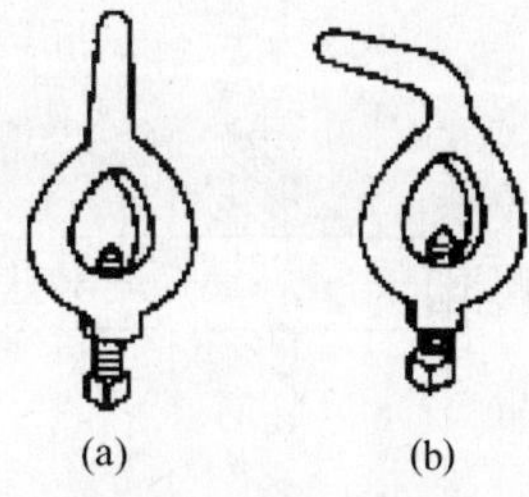

(a) (b)

图6-18 鸡心夹头

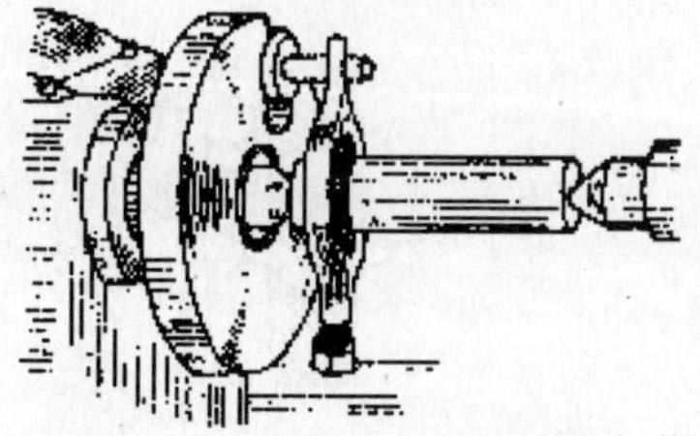

图6-19 直尾鸡心夹头装夹

可将工件装夹在盘面上。花盘的端平面有较高的平面度，且与车床主轴的轴线垂直，所用垫铁高度和压板位置要有利于夹紧工件。安装时，按工件的划线进行找正。

在使用花盘时，常配合弯板安装工件，如图6-21所示，弯板多为90°，其上也有长短不等的径向槽，用来穿放压紧螺栓，弯板要有较高的刚度，用花盘、弯板安装工件也要进行找正。用花盘、弯板安装不规则的工件，重心常偏向一边，需要加平衡铁，保证旋转时的平衡，以防止旋转时产生振动。一般在装好平衡铁后，手动转动花盘，若花盘在任意位置停下来，说明已平衡，否则需重新调整花盘上的位置或增减重量，直到平衡为止。

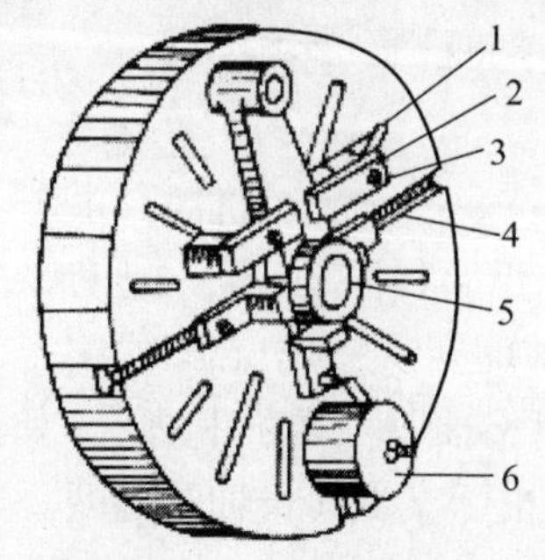

图6-20 花盘上装夹工件

1—垫铁；2—压铁；3—压铁螺栓；4—T形槽；5—工件；6—平衡铁。

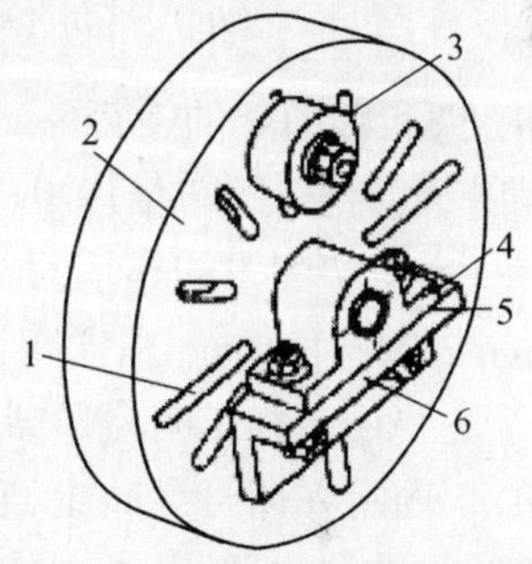

图6-21 花盘与弯板配合装夹工件

1—螺栓槽；2—花盘；3—平衡铁；4—工件；5—安装基准；6—弯板。

5. 工件在心轴上的安装

精加工盘套类零件时，如孔与外圆的同轴度以及孔与端面的垂直度要求较高时，工件需在心轴上装夹进行加工，再将心轴安装在前后顶尖上，以达到精加工端面和外圆。

心轴的种类很多，常用的有圆柱心轴、锥度心轴和可胀心轴。

图6-22所示为圆柱心轴，当工件的长径比较小时，工件套在锥度心轴上易歪斜，采用圆柱心轴安装，工件装入心轴后，需加上垫圈，然后用螺母拧紧。这种装夹要求心轴外圆与工件内径有较高的精度配合，一般用于大直径的盘类件外圆的精车和半精车。

图6-23所示为锥度心轴安装工件，心轴两端有中心孔，以便于装顶尖。心轴的一端也可用鸡心夹头夹紧。锥度心轴一般具有1:1000~1:5000的微小锥度，工件从小端压入心轴，靠摩擦力与心轴紧固，锥度心轴与工件对中精确，车出的外圆与孔同轴度较高，装卸方便，但不能承受较大的力矩，多用于盘套类零件和端面的精加工。

图6-24所示为可胀心轴，它可以直接装在主轴锥孔上。拧动螺母，可胀锥套轴向移动，靠心轴锥面使锥套张开，撑紧工件。一般在拧紧心轴之前可胀锥套与工件之间的间隙有0.5mm~1.5mm，因此装卸工件迅速，但精度不高。

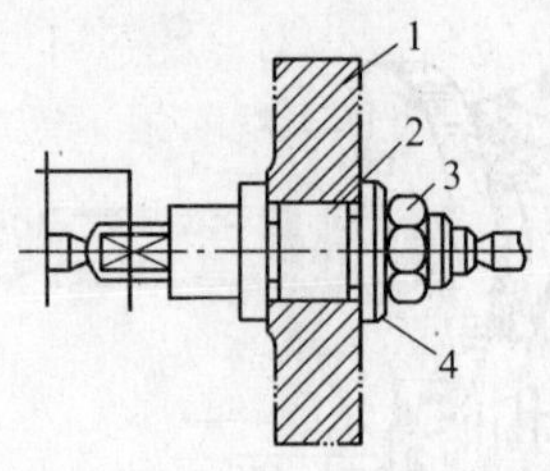

图 6-22 圆柱心轴装夹工件

1—工件；2—心轴；3—螺母；4—垫圈。

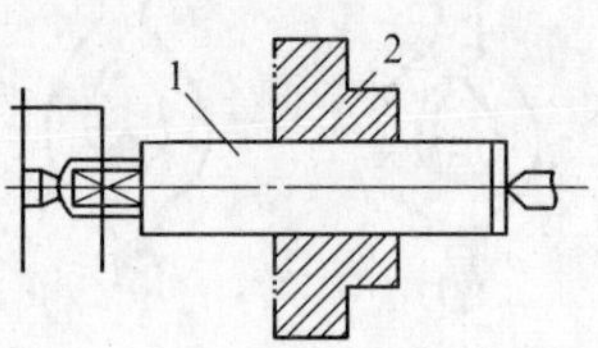

图 6-23 锥度心轴装夹工件

1—心轴；2—工件。

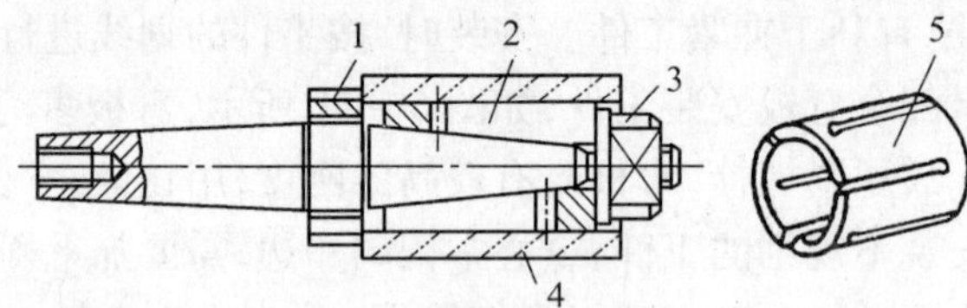

图 6-24 可胀心轴

1—螺母；2—可胀心轴；3—螺母；4—工件；5—可胀锥套外形。

6. 中心架和跟刀架的使用

当车削长度为直径 20 倍以上的细长轴或端面带有深孔的细长工件时，由于工件本身的刚性很差，当受切削力的作用时，往往容易产生弯曲变形和振动，容易把工件车成两头细中间粗的腰鼓形。为防止上述现象发生，需要附加辅助支承，即中心架或跟刀架。

中心架主要用于加工有台阶或需要调头车削的细长轴以及端面和内孔，如图 6-25 所示。中心架固定在床身导轨上，有 3 个支承爪，主要用于支承细长轴的刚度。车细长轴时，中心架装在轴的中部，车端面或较长的套筒内孔时，中心架装在工件悬臂端附近。车削前调整其 3 个爪与工件轻轻接触，先调整下面的两个爪，然后盖好上盖，固定好后再调整上面的爪并加上润滑油。

使用中心架车细长轴时，安装中心架所需要的辅助时间较多，而且一般还要接刀，加工较复杂，在车削时，还要随时观察中心架的松紧，以防止将工件拉毛和摩擦发热。

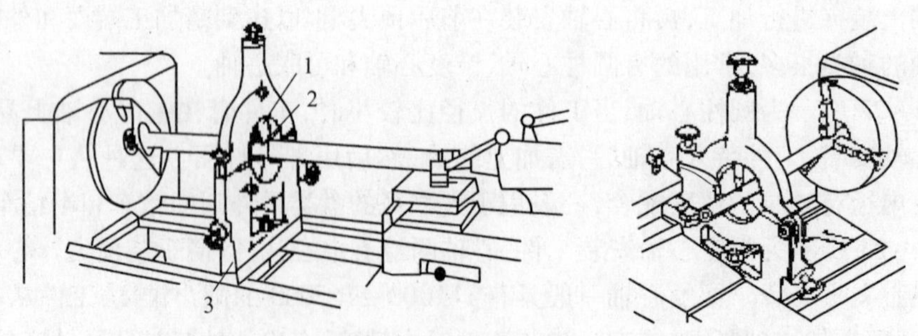

图 6-25 用中心架车削外圆、内孔及端面

1—可调支撑爪；2—工件；3—中心架。

对不适宜调头车削的细长轴，不能用中心架支承，而要用跟刀架支承进行车削，以增加工件的刚性，如图 6-26 所示。

跟刀架固定在床鞍上，一般有两个支承爪，它可以跟随车刀移动，抵消径向切削力，提高车削细长轴的形状精度和减小表面粗糙度。图6-27(a)所示为两爪跟刀架，此时车刀给工件的切削抗力使工件贴在跟刀架的两个支承爪上，但由于工件本身的重力以及偶然的弯曲，车削时工件会瞬时离开和接触支承爪，因而产生振动。

比较理想的中心架是三爪中心架，由三爪和车刀抵住工件，使之上下、左右都不能移动，车削时工件就比较稳定，不易产生振动，如图6-27(b)所示。

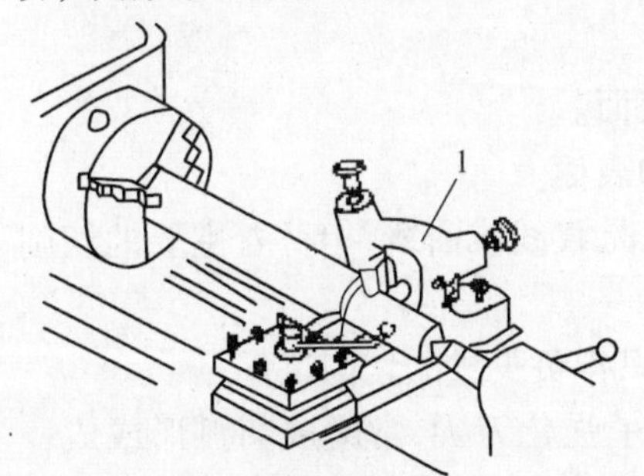

图6-26 用跟刀架车削工件
1—跟刀架。

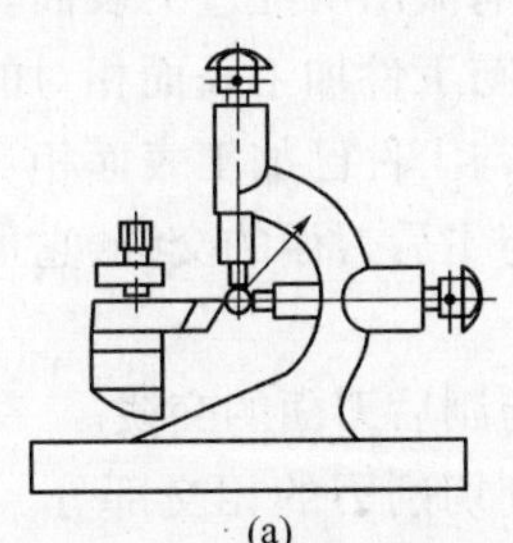

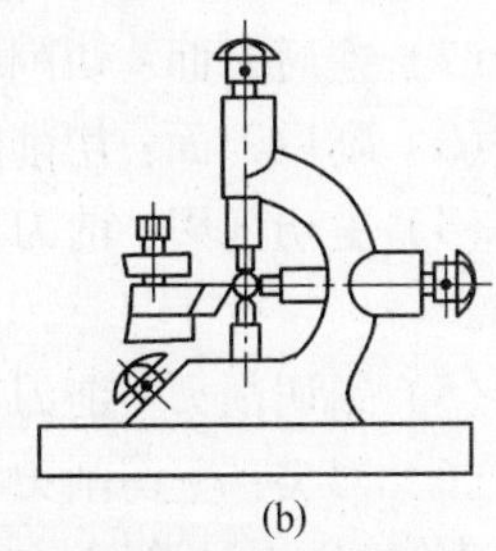

图6-27 跟刀架支承车削细长轴
(a) 两爪跟刀架；(b) 三爪跟刀架。

第4节 车刀的结构、刃磨及其安装

一、车刀的结构

车刀从结构上分为4种形式，即整体式、焊接式、机夹式、可转位式，如图6-28所示。

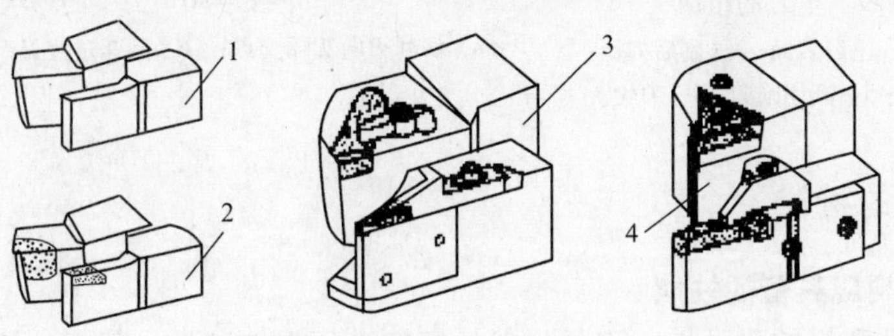

图6-28 车刀的结构
1—整体式；2—焊接式；3—机夹式；4—可转位式。

整体式高速钢车刀，刃磨方便，刀口可磨得较锋利，刀具磨损后可以多次重磨。但刀杆也为高速钢材料，造成刀具材料的浪费，刀杆强度低，当切削力较大时，会造成破坏，一般用于较复杂成形表面的低速精车，小型车床或加工非铁金属使用；硬质合金焊接式车刀是将一定形状的硬质合金刀片钎焊在刀杆的刀槽内制成的，其结构简单紧凑，使用灵活，制造和刃磨方便，刀具材料利用充分，应用十分广泛。但其切削性能受工人的刃磨技术水平和焊接质量影响，且刀杆不能重复使用，材料浪费严重。

机夹式车刀可以车削外圆、端面、镗孔、切断、螺纹等，其优点是避免了焊接产生的应力、裂纹等缺陷，刀杆利用率高，刀片可集中刃磨获得所需参数，使用灵活方便；可转位式车刀是用机械夹加固的方式将可转位刀片固定在刀槽中而组成的车刀,避免了焊接刀的缺点,刀片可快速转位,生产率高,断屑稳定,可使用涂层刀片,且耐用度高、刀片更换方便、迅速,并可使用多种材料刀片,其缺点是结构复杂、刃磨较难、使用不灵活、一次性投入较大。常用于大中型车床加工外圆、端面、镗孔、特别适用数控机床。

车刀由刀头和刀杆两部分组成,刀头是车刀的切削部分,刀杆是车刀的夹持部分。车刀的切削部分是由三面、二刃、一尖组成,即一点二线三面,如图 6-29 所示。

(1) 前刀面:切削时,切屑流出所经过的表面。

(2) 主后刀面:切削时,与工件加工表面相对的表面。

(3) 副后刀面:切削时,与工件已加工表面相对的表面。

(4) 主切削刃:前刀面与主后刀面的交线,它可以是直线或曲线,担负着主要的切削工作。

(5) 副切削刃:前刀面与副后刀面的交线。一般只担负少量的切削工作。

(6) 刀尖:主切削刃与副切削刃的相交部分。为了强化刀尖,常磨成圆弧形或成一小段直线,称为过渡刃,如图 6-30 所示。

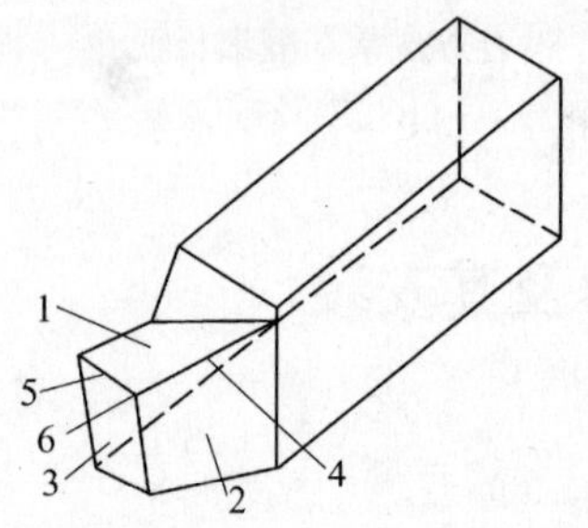

图 6-29 车刀的组成

1—前刀面;2—主后刀面;3—副后刀面;4—主切削刃;5—副切削刃;6—刀尖。

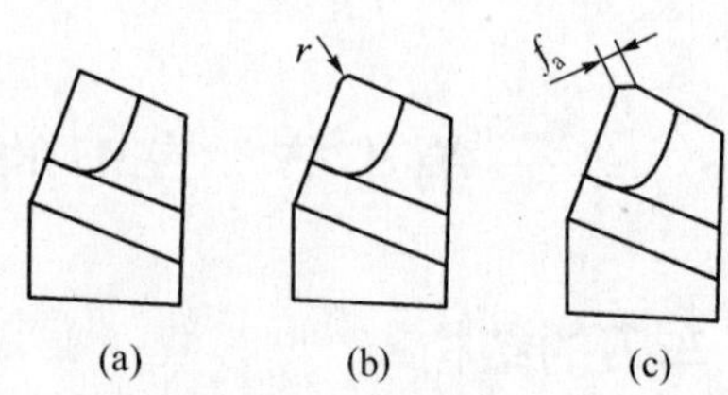

图 6-30 刀尖的形状

(a) 切削刃的实际交点;(b) 圆弧过渡刃;(c) 直线过渡刃。

二、车刀的材料

1. 刀具材料应具备的性能

(1) 高硬度和好的耐磨性。刀具材料的硬度必须高于被加工材料的硬度才能切下金属。一般刀具材料的硬度应在 60HRC 以上。刀具材料越硬,其耐磨性就越好。

(2) 足够的强度与冲击韧度。强度是指在切削力的作用下,不致于发生刀刃崩碎与刀杆折断所具备的性能。冲击韧度是指刀具材料在有冲击或间断切削的工作条件下,保证不崩刃的能力。

(3) 高的耐热性。耐热性又称红硬性,是衡量刀具材料性能的主要指标,它综合反映了刀具材料在高温下仍能保持高硬度、耐磨性、强度、抗氧化、抗粘结和抗扩散的能力。

(4) 良好的工艺性和经济性。

2. 常用刀具材料

车刀常用的主要材料有高速钢和硬质合金两种。

(1) 高速钢。高速钢是一种高合金钢，俗称白钢、锋钢等，其强度、冲击韧度、工艺性很好，是制造复杂形状刀具的主要材料。如：成形车刀、麻花钻头、铣刀、齿轮刀具等。高速钢的耐热性不高，当切削温度不超过 500℃ ~600℃时，能保持其良好的切削性能。

(2) 硬质合金。以耐热高和耐磨性好的碳化物钴为粘结剂，采用粉末冶金的方法压制成各种形状的刀片，然后用铜钎焊的方法将刀片焊在刀头上作为切削刀具的材料为硬质合金，其特点是硬度高（相当于 74HRC ~82HRC），耐磨性好，且在 800℃ ~1000℃的高温下仍能保持良好的热硬性。因此，使用硬质合金车刀，可采用较大的切削用量，能显著提高生产率。但硬质合金车刀韧性差，不耐冲击，所以大都制成刀片形式，焊接或机械夹固在中碳钢的刀体上使用。

三、车刀的几何角度

为了正确度量车刀角度的数值，人们确定了 3 个作为度量基准的参考平面，即基面 P_r、主切削面 P_s、正交平面 P_o。假如外圆车刀的主刀刃为水平时，在度量刀具时所选的 3 个基准平面如图 6－31 所示。在实际生产中基面 P_r 是通过主切削刃上某一点并与该点切削速度方向垂直的平面；主切削平面 P_s 是通过主切削刃上某一点，与主切削刃相切，且垂直于该点基面的平面；正交平面 P_o 是通过主切削刃上某一点，并与主切削刃在基面上的投影垂直的平面。

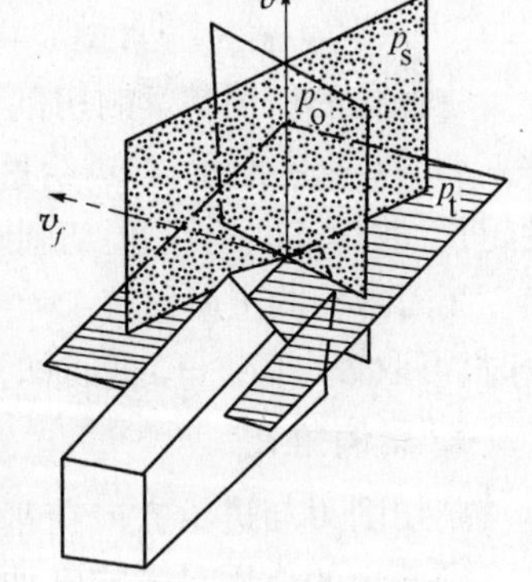

图 6－31　确定车刀角度的辅助平面

车刀的主要角度有前角 γ_o、后角 α_o、主偏角 κ_r、副偏角 κ'_r，和刃倾角 λ_s。

1. 前角 γ_o

前刀面与基面之间的夹角称为前角，表示前刀面的倾斜程度。前角可分为正角、负角和零角，前刀面在基面之下，则前角为正值，反之为负值，相重合为零。一般所说的前角是指正前角而言。图 6－32 所示为前角与后角的剖视图。

(1) 前角的作用：增大前角，可使刀刃锋利、切削力降低、切削温度低、刀具磨损小、表面加工质量高。但过大的前角会使刃口强度降低，容易造成刃口损坏。

(2) 选择车刀的原则：用硬质合金车刀加工钢件（塑性材料），一般选取 $\nu_o = 10° \sim 20°$；加工灰口铸铁（脆性材料等），一般选取 $\nu_o = 5° \sim 15°$。精加工时，可取较大的前角，粗加工应取较小的前角。工件材料的强度和硬度大时，切削有冲击，前角取较小值，有时甚至取负值。

2. 后角 α_o

主后刀面与切削平面之间的夹角称为后角，表示主后刀面的倾斜程度。

后角的作用是减少主后刀面与工件之间的摩擦，并影响刃口的强度和锋利程度。选择原则是后角可取 $\alpha_o = 6° \sim 8°$。

3. 主偏角 κ_r

主切削刃与进给方向在基面上投影间的夹角称为主偏角，如图 6－33 所示。

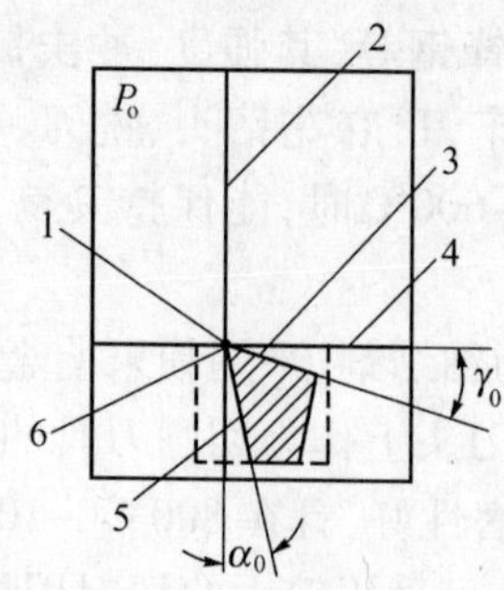

图 6-32 前角与后角的剖视图

1—刀刃上的选定点；2—主切削面；3—前面；4—基面；5—主后面；6—刀尖。

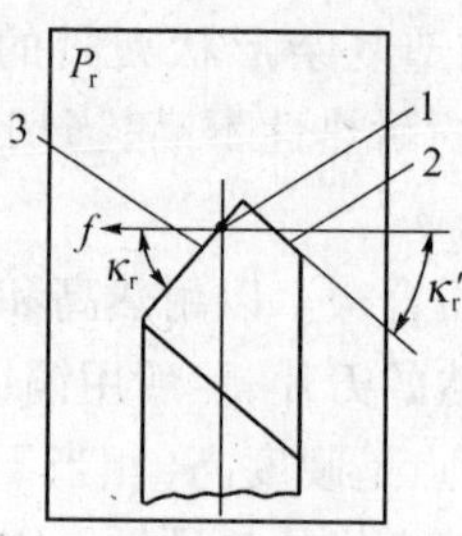

图 6-33 车刀在基面上的投影

1—刀刃上的选定点；2—副切削刃上的投影；3—切削刃上的投影。

主偏角的作用是影响切削刃的工作长度、切深抗力、切削刀刃强度和切削刃的散热条件。如图 6-34 所示，在进给量 f 和吃刀深度 a_p 相同的情况下，主偏角越小，切削刃工作长度越长，散热条件越好，但切削时工件的切深抗力（背向力）越大，极易引起工件的振动和弯曲。车刀常用的主偏角有 45°、60°、75°、90°几种，车削加工时要合理选用。工件粗大、刚性好时，可取较小值。车细长轴时，为了减少径向力而引起工件弯曲变形，宜选取较大值。

4. 副偏角 κ_r'

副切削刃与进给方向在基面上投影间的夹角称为副偏角，如图 6-33 所示。

副偏角的作用是影响已加工表面的表面粗糙度，如图 6-35 所示。减小副偏角可减小副切削刃与工件已加工表面间的摩擦，改善工件表面的粗糙度，使加工表面光洁。一般选 5°～15°，精车时可取 5°～10°，粗车时取 10°～15°。

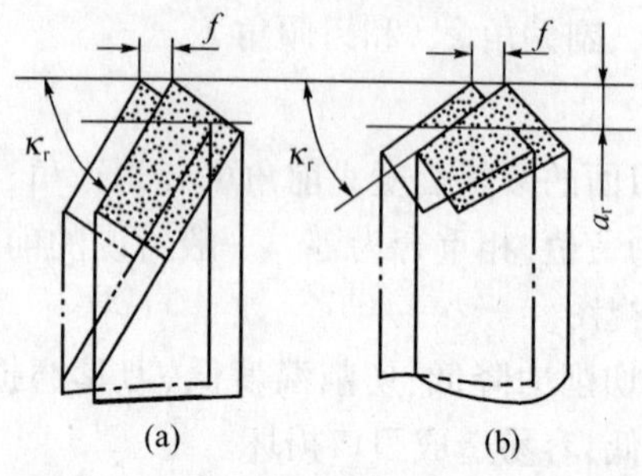

图 6-34 主偏角改变时，对主刀刃的影响

（a）主偏角大；（b）主偏角小。

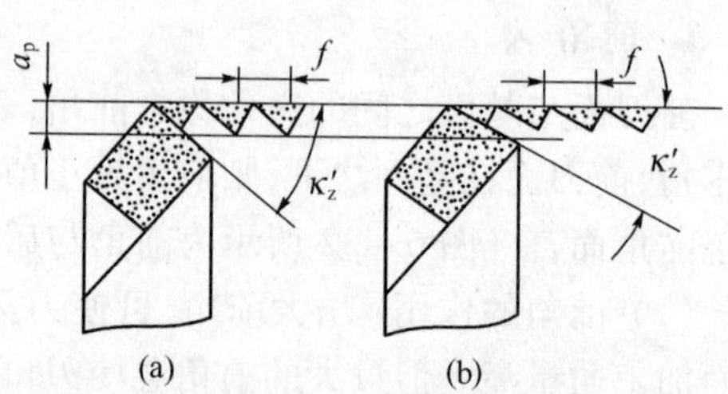

图 6-35 副偏角对加工表面的表面粗糙度的影响

（a）副偏角大；（b）副偏角小。

5. 刃倾角 λ_s

主切削刃与基面间的夹角形成刃倾角，刀尖为切削刃最高点时为正值时，切屑对刀具的压力使刀头及刀口部分容易损坏，刀头强度较差；反之则表示刀头强度好，如图 6-36 所示。

刃倾角的作用是影响主切削刃的强度和控制切屑流出的方向。以刀杆底面为基准，当刀尖为主切削刃最高点时为正值，切屑流向待加工表面，如图 6-37（a）所示；当主切削刃与刀杆底面平行时，刃倾角为 0°，切屑沿着垂直于主切削刃的方向流出，如图 6-37（b）所示；当刀尖为主切削刃最低点时，刃倾角为负值，切屑流向已加工表面，如图 6-37（c）所示。

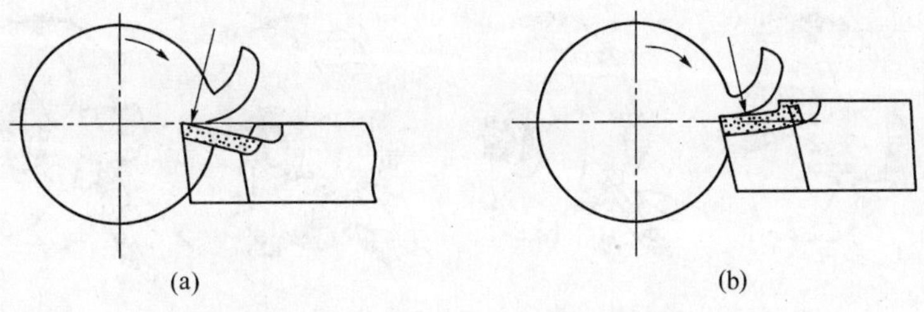

图6-36 刃倾角对刀头强度的影响

(a) 刃倾角为正；(b) 刃倾角为负。

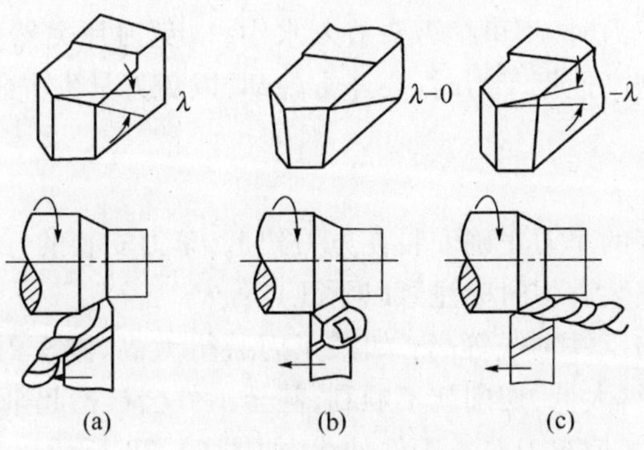

图6-37 刃倾角对切屑流向的影响

刃倾角一般在-4°~4°之间选择。粗加工时,常取负值,虽切屑流向已加工表面,但保证了主切削刃的强度好。精加工常取正值,使切屑流向待加工表面,从而不会划伤已加工表面。

四、车刀的刃磨

车刀在使用之前都要根据切削条件,选择的合理切削角度进行刃磨,经过一段时间的使用,车刀会产生磨损,为恢复原有的几何形状和角度,也必须重新刃磨,使车刀保持锋利。

1. 磨刀步骤(图6-38)

(1) 磨前刀面：目的是正确磨出前角和刃倾角(图6-38(a))。

(2) 磨主后刀面：目的是正确磨出主偏角和主后角(图6-38(b))。

(3) 磨副后刀面：目的是正确磨出副偏角和副后角(图6-38(c))。

(4) 磨刀尖圆弧：磨出主切削刃和副切削刃间的圆弧半径约0.5mm~2mm左右(图6-38(d)),以提高刀尖强度和改善散热条件。

(5) 研磨刀刃：车刀在砂轮上磨好以后,再用油石加些机油研磨车刀的前面及后面,使刀刃锐利和光洁,这样可延长车刀的使用寿命。车刀用钝程度不大时,也可用油石在刀架上修磨。硬质合金车刀可用碳化硅油石修磨。

2. 磨刀注意事项

(1) 磨刀时,人应站在砂轮的侧前方,双手握稳车刀,用力要均匀。倾斜度要合适,将车刀左右移动着磨,否则会使砂轮产生凹槽。

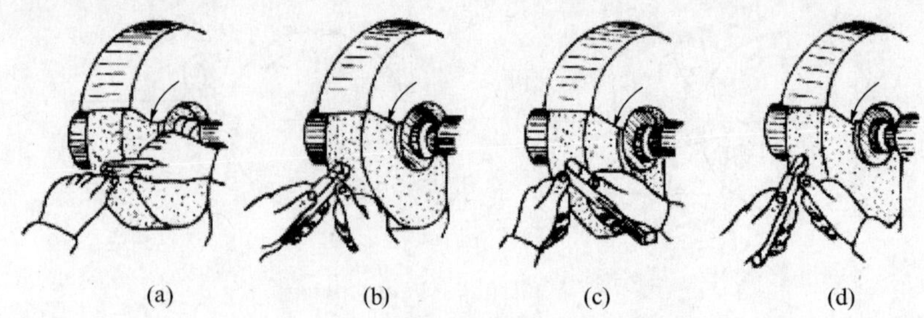

图 6-38　刃磨外圆车刀的一般步骤

(a) 磨前刀面；(b) 磨主后刀面；(c) 磨副后刀面；(d) 磨刀尖圆弧。

(2) 磨硬质合金车刀时，不可把刀头放入水中，以免刀片突然受冷收缩而碎裂，可把刀柄置于水中冷却。磨高速钢车刀时，要经常冷却，以免刀具失去硬度。

五、车刀的安装

车削前必须把选好的车刀正确安装在方刀架上，车刀安装的好坏，对操作顺利与加工质量都有很大关系。安装车刀时应注意以下几点：

(1) 车刀刀尖应与工件轴线等高：如果车刀装得太高，则车刀的主后面会与工件产生强烈的摩擦；如果装得太低，切削就不顺利，甚至工件会被抬起来，使工件从卡盘上掉下来，或把车刀折断。为了使车刀对准工件轴线，如图 6-39 所示，可按床尾架顶尖的高低进行调整。

(2) 车刀不能伸出太长：因刀伸得太长，切削起来容易发生振动，使车出来的工件表面粗糙，甚至会把车刀折断。但也不宜伸出太短，太短会使车削不方便，容易发生刀架与卡盘碰撞。一般伸出长度不超过刀杆高度的 1.5 倍。

(3) 每把车刀安装在刀架上时，一般会低于工件轴线，因此可用一些厚薄不同的垫片来调整车刀的高低，将刀的高低位置调整合适。垫片必须平整，其宽度应与刀杆一样，长度应与刀杆被夹持部分一样，同时应尽可能用少数垫片来代替多数薄垫片的使用，垫片用得过多会造成车刀在车削时接触刚度变差而影响加工质量。

(4) 车刀刀杆应与车床主轴轴线垂直。

(5) 车刀位置装正后，应交替拧紧刀架螺丝。

图 6-40 所示为车刀的不正确安装。

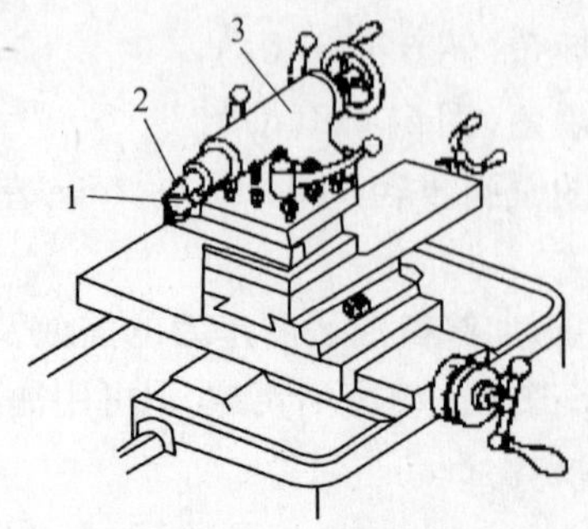

图 6-39　调整车刀

1—车刀；2—顶尖；3—尾座。

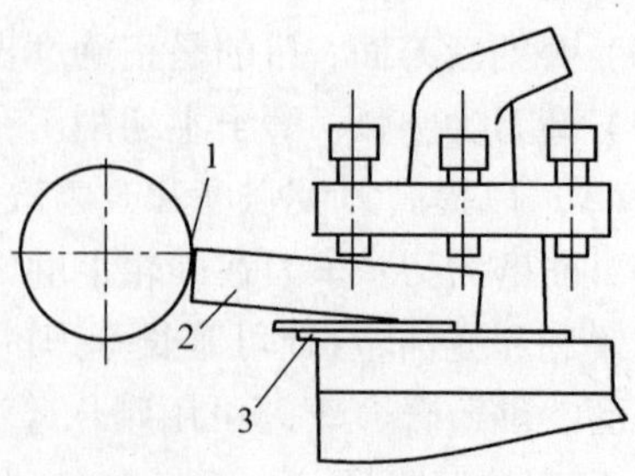

图 6-40　车刀的不正确安装

1—刀尖与工件不等高；2—刀杆伸出过长；3—垫片不平整。

第5节　车削加工

一、车床的基本操作

C6132 车床的调整主要通过变换相应的手柄位置进行，如图 6－41 所示。图中：1，2，6 为主运动变速手柄；3，4 为进给运动变速手柄；5 为刀架左右移动的换向手柄；7 为刀架横向手动手柄；8 为方刀架锁紧手柄；9 为小刀架移动手柄；10 为尾座套筒锁紧手柄；11 为尾座锁紧手柄；12 为尾座套筒移动手轮；13 为主轴正反转及停止手柄；14 为“开合螺母”开合手柄；15 为刀架横向自动手柄；16 为刀架纵向自动手柄；17 为刀架纵向手动手轮；18 为光杠、丝杠更换离合器。

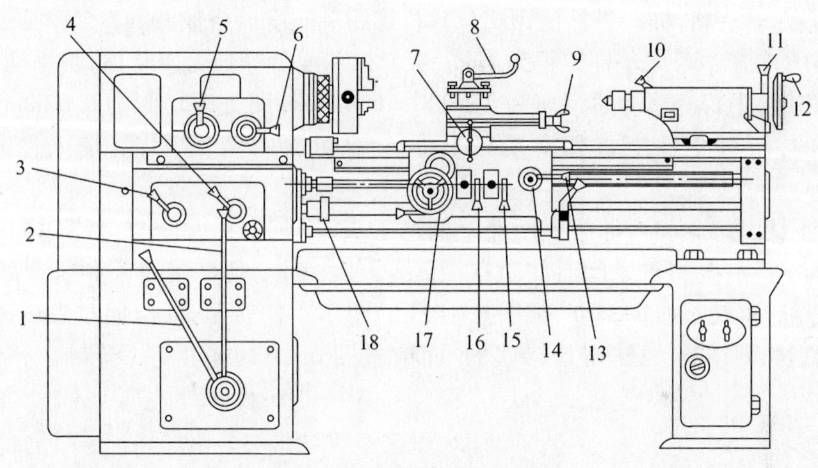

图 6－41　C6132 车床的手柄

在开车前，先要熟悉各手柄的位置及作用。

（1）正确变换主轴转速。变动变速箱和主轴箱外面的变速手柄 1、2 或 6，可得到各种相对应的主轴转速。当手柄拨动不顺利时，可用手稍微转动卡盘即可。

（2）正确变换进给量。按所选的进给量查看进给箱上的标牌，再按标牌上进给变换手柄位置来变换手柄 3 和 4 的位置，即可得到所选定的进给量。

（3）熟悉掌握纵向和横向手动进给手柄的转动方向。左手握刀架纵向手动手轮 17，右手握刀架横向手动手柄 7，分别按顺时针和逆时针旋转手轮，操纵刀架和溜板箱的移动方向。

（4）熟悉掌握纵向或横向机动进给的操作。光杠、丝杠更换离合器 18 位于光杆接通位置上，将刀架纵向自动手柄 16 提起即可纵向机动进给，如将刀架横向自动手柄 15 向上提起即可横向机动进给。分别向下扳动则可停止纵、横机动进给。

（5）尾座的操作。尾座靠手动移动，它依靠紧固螺栓螺母来固定。转动尾座移动套筒手轮 12，可使套筒在尾架内移动；转动尾座锁紧手柄 11，可将套筒固定在尾座内。

在开车切削前，一定要把紧固工件的卡盘扳手从卡盘上拿下来，在机床未完全停止前严禁变换主轴转速，否则可能发生严重的主轴箱内齿轮打齿现象，甚至发生机床事故。开车前要检查各手柄是否处于正确位置。纵向和横向手柄进退方向不能摇错，尤其是快速进、退刀时要千万注意，否则可能发生工件报废和安全事故。

二、刻度盘及刻度盘手柄的使用

车削时，为了正确迅速地控制背吃刀量，必须熟练地使用中刀架和小刀架上的刻度盘。

1. 中刀架上的刻度盘

中刀架上的刻度盘是紧固在中刀架丝杆轴上，丝杆螺母是固定在中刀架上，当中刀架上的手柄带着刻度盘转一周时，中刀架丝杆也转一周，这时丝杆螺母带动中刀架移动一个螺距。所以中刀架横向进给的距离（即切深），可按刻度盘的格数计算。

刻度盘每转一格，横向进给的距离 = 丝杆螺距 ÷ 刻度盘格数（mm）

如 C616 车床中刀架丝杆螺距为 4mm，中刀架刻度盘等分为 200 格，当手柄带动刻度盘每转一格时，中刀架移动的距离为 4 ÷ 200 = 0.02mm，即进刀切深为 0.02mm。由于工件是旋转的，所以工件上被切下的部分是车刀切深的两倍，也就是工件直径改变了 0.04mm。

必须注意，进刻度时，如果刻度盘手柄过了头，或试切后发现尺寸不对而需将车刀退回时，由于丝杆与螺母之间有间隙存在，绝不能将刻度盘直接退回到所要的刻度，应反转约一周后再转至所需刻度，如图 6 - 42（a）要求手柄转至 30 但摇过头成 30.6，图 6 - 42（b）直接退至 30 的操作是错误的，而应按图 6 - 42（c）所示反转约一周后，再转至 30。

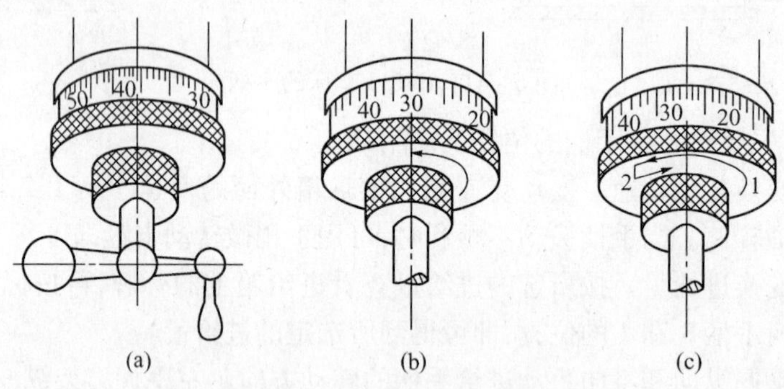

图 6 - 42 手柄摇过头后的纠正方法

2. 小刀架刻度盘

小刀架刻度盘的使用与中刀架刻度盘相同，应注意两个问题：C6132 车床刻度盘每转一格，则带动小刀架移动的距离为 0.05mm；小刀架刻度盘主要用于控制工件长度方向的尺寸，与加工圆柱面不同的是小刀架移动了多少，工件的长度就改变了多少。

三、试切的方法与步骤

工件在车床上安装以后，要根据工件的加工余量决定走刀次数和每次走刀的切深。

半精车和精车时,为了准确地定切深,保证工件加工的尺寸精度,只靠刻度盘来进刀是不行的。因为刻度盘和丝杆都有误差,往往不能满足半精车和精车的要求,这就需要采用试切的方法。试切的方法与步骤如图6-43所示。

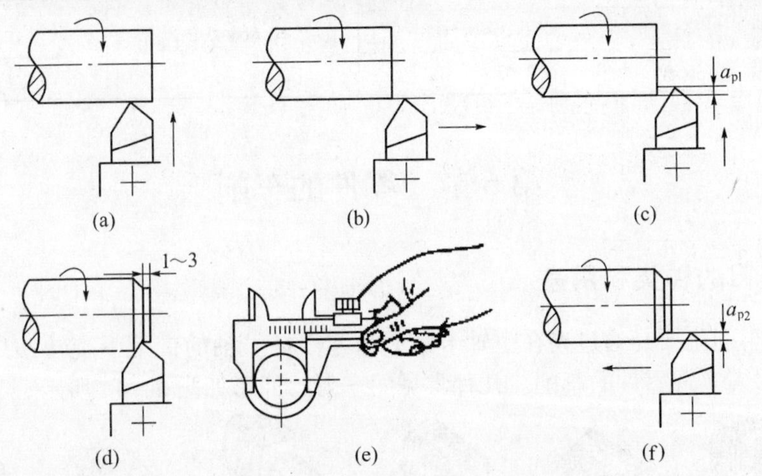

图6-43 试切的方法与步骤

(a) 开车对刀,使车刀与工件表面轻微接触;(b) 向右退出车刀;(c) 横向进刀 ap_1;
(d) 切削纵向长度1mm~3mm;(e) 退出车刀,进行度量;(f) 如果尺寸不到,再进刀 ap_2。

以上是试切的一个循环,如果尺寸还大,则进刀仍按以上的循环进行试切;如果尺寸合格了,就按确定下来的切深将整个表面加工完毕。

四、粗车和精车

在车床上加工一个零件,往往要经过许多车削步骤才能完成。为了提高生产效率,保证加工质量,生产中把车削加工分为粗车和精车。如果零件精度要求高还需要磨削时,车削又可分为粗车和半精车。

粗车的目的是尽快地从工件上切去大部分加工余量,使工件接近最后的形状和尺寸。粗车要给精车留有合适的加工余量,而精度和表面粗糙度等技术要求都较低。实践证明,加大切深不仅使生产率提高,而且对车刀的耐用度影响又不大。因此,粗车时要优先选用较大的切深,其次可适当加大进给量,最后选用中等偏低的切削速度。

粗车和精车(或半精车)留的加工余量一般为0.5mm~2mm,加大切深对精车来说并不重要。精车的目的是要保证零件的尺寸精度和表面粗糙度等技术要求,精加工的尺寸精度可达IT9~IT7,表面粗糙度数值 R_a 达1.6μm~0.8μm。精车的车削用量如表6-1所列。其尺寸精度主要是依靠准确地度量、准确地进刻度并加以试切来保证的。因此,操作时要细心认真。

精车时,保证表面粗糙度要求的主要措施是:采用较小的主偏角、副偏角或刀尖磨有小圆弧,这些措施都会减少残留面积,可使 R_a 数值减少;选用较大的前角,并用油石把车刀的前刀面和后刀面打磨得光一些,亦可使 R_a 数值减少;合理选择切削用量,当选用高的切削速度、较小的切深以及较小的进给量,都有利减少残留面积,从而提高表面质量。

表 6-1 精车切削用量

		a_p/(mm)	f/(mm/r)	v/(mm/min)
车削铸铁件		0.1 ~ 0.15	0.05 ~ 0.2	60 ~ 70
车削钢件	高速	0.3 ~ 0.50		100 ~ 120
	低速	0.05 ~ 0.10		3 ~ 5

第 6 节 零件的车削

一、车刀的种类和用途

零件的车削主要是通过夹在主轴卡盘上的零件在主轴的带动下旋转，刀具作横向和纵向的运动，来实现零件的车削。几种常见的车刀的外形如图 6-44 所示。

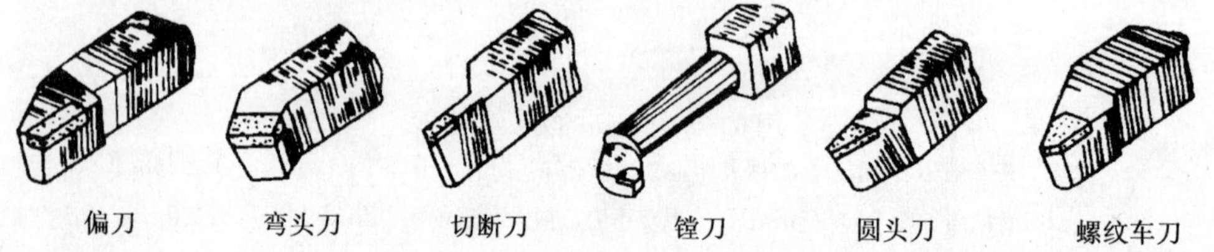

图 6-44 常见的车刀的外形图

二、车外圆

在车削加工中，外圆车削是最常见也是最基本的车削加工，几乎绝大部分的工件都少不了外圆车削这道工序。车外圆时常见的方法有下列几种，如图 6-45 所示。

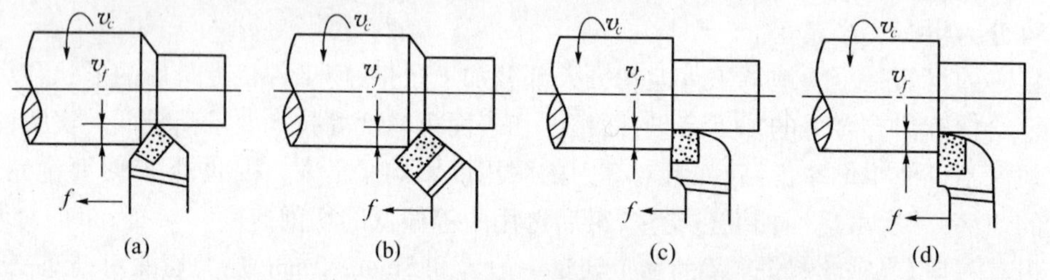

图 6-45 车削外圆

(a) 尖头刀车外圆；(b) 45°弯头刀车外圆；(c) 右偏刀车外圆；(d) 圆弧刀车外圆。

用尖头车刀车外圆时因这种车刀强度较好，常用于粗车外圆和车没有台阶或台阶不大的外圆。用 45°弯头车刀车外圆，适用车削不带台阶的光滑轴、端面、倒角和带 45°斜面的外圆。用主偏角为 90°的偏刀车外圆时背向力很小，适于加工细长轴和带有垂直台阶的外圆。

先安装好工件和车刀，调整车床手柄，选择合理的切削用量和合适的转速，开车使工件旋转，转动横向进给手柄，使车刀与工件表面轻微接触，完成对刀，然后试切，对背吃刀量进行调整，试切完成后，记住刻度，作为下一次调整背吃刀量的起点，纵向自动走刀，车出全程。车到所需长度时，先停止自动进给，然后转动中滑板刻度手柄退出车刀，最后再停车。

三、车台阶

1. 低台阶车削方法

车高度在5mm以下的台阶时，用角尺对刀或以车好的端面来对刀，使主切削刃和端面贴平，车刀的主切削刃垂直于工件的轴线，然后用偏刀一次走刀车出外圆，如图6－46所示。

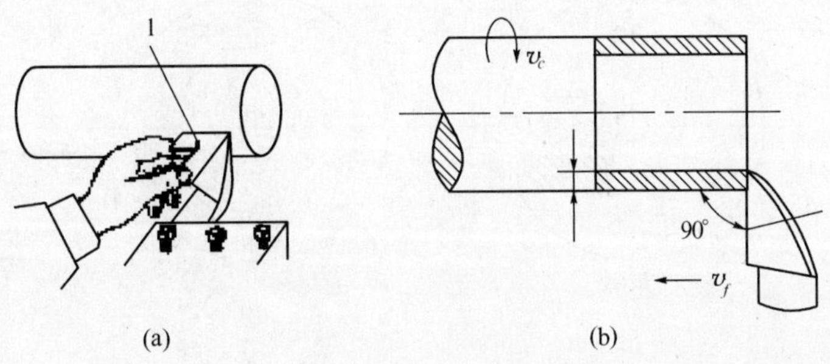

图6－46　车低台阶

(a) 对刀；(b) 切削。

2. 高台阶车削方法

车削高于5mm台阶的工件，因肩部过宽，车削时会引起振动，应分层进行车削。因此，高台阶工件可先用外圆车刀把台阶车成大致形状，然后将偏刀的主切削刃装得与工件端面成5°左右的角度，分层进行切削，如图6－47所示，但最后一刀必须用横走刀(横向退出)完成，否则会使车出的台阶偏斜。

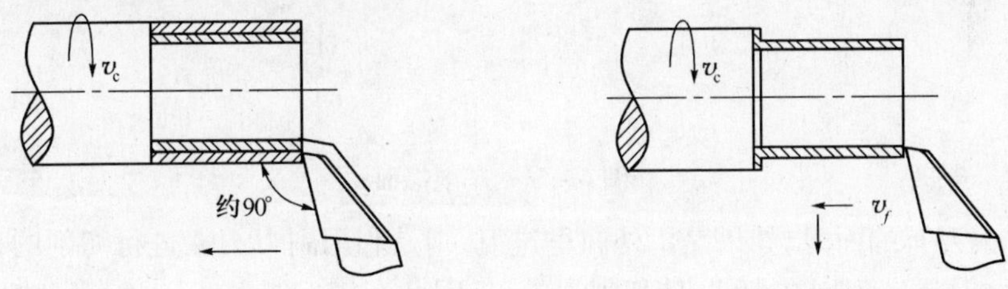

图6－47　车高台阶

为使台阶长度符合要求，用钢尺确定台阶长度，可用刀尖预先刻出线痕，以此作为加工界限。这种方法所定台阶长度一般要比要求的长度略短，以便留出余地，便于最后精车，如图6－48所示，台阶的准确长度常用深度游标卡尺量出，如图6－49所示。

四、车端面

车端面是车削零件的首要工序。因为零件长度方向上的所有尺寸都是以端面为基准进行定位的，车削加工时一般先把端面车出。

车端面时，车刀刀尖应和工件回转轴线等高，否则会在端面留下凸台，而且会出现打刀现象，如图6－50所示。

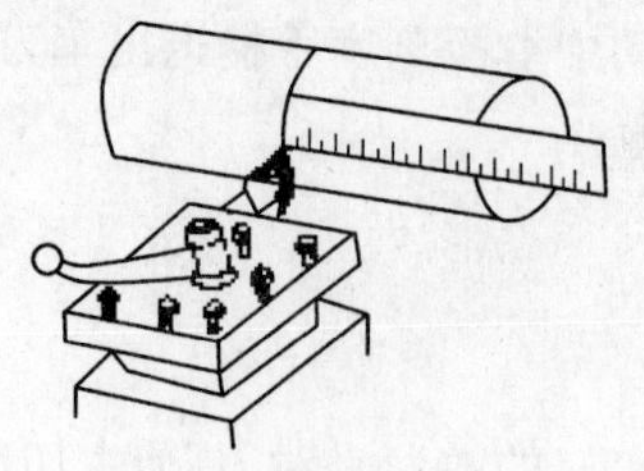

图 6-48 钢尺确定台阶长度

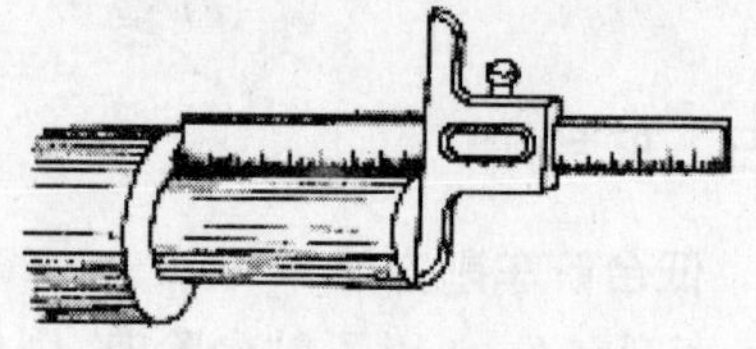

图 6-49 深度游标卡尺确定台阶长度

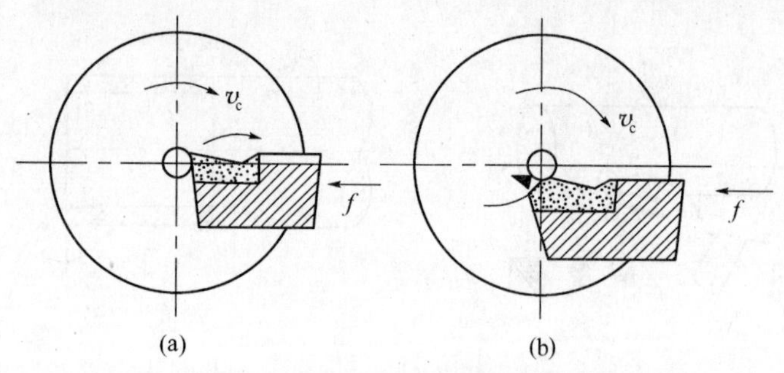

图 6-50 车端面时出现凸台现象

(a) 刀尖装得过高; (b) 刀尖装得过低。

车端面常用的刀具有偏刀和弯头车刀两种。如图 6-51(a)所示。

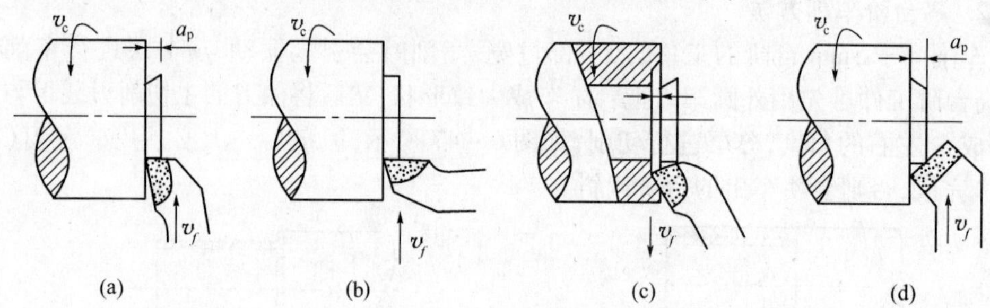

图 6-51 车削端面

用右偏刀车端面时,如果是由外向里进刀,则是利用副刀刃在进行切削的,故切削不顺利,表面粗糙,车刀嵌在中间,使切削力向里,因此车刀容易扎入工件而形成凹面;用左偏刀由外向中心车端面(图 6-51(b)),主切削刃切削,切削条件有所改善;用右偏刀由中心向外车削端面时(图 6-51(c)),由于是利用主切削刃在进行切削,所以切削顺利,也不易产生凹面。用弯头刀车端面,如图 6-51(d)是以主切削刃进行切削则很顺利,如果再提高转速也可车出粗糙度较低的表面。弯头车刀的刀尖角等于 90°,刀尖强度要比偏刀大,不仅用于车端面,还可用于工件的外圆和倒角车削等。

五、切断和切槽

在车削加工中,经常需要把太长的原材料切成一段一段的毛坯,然后再进行加工,也有一些工件在车好以后,再从原材料上切下来,这种加工方法称为切断。

有时工件为了车螺纹或磨削时退刀的需要,在靠近台阶处车出各种不同的沟槽,以便于车削时退刀。

1. 切槽

在工件表面切出沟槽的方法称为切槽,安装切槽刀时,应注意刀尖与工件轴线等高,主切削刃与工件轴线平行。

车床上可以切外槽、内槽与端面槽,如图6-52所示。

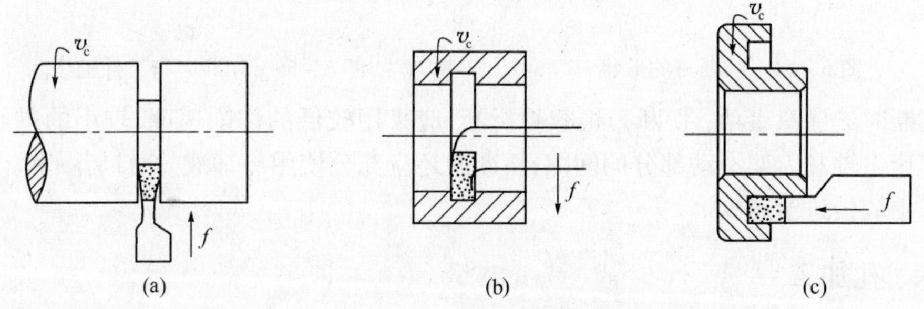

图6-52 切槽与切槽刀
(a)切外槽;(b)切内槽;(c)切端面槽。

切槽时切削刀的刀头宽度较小,对于小于5mm的槽,可以用与槽等宽的切槽刀一次切出;切削大于5mm的宽槽时,应先用外圆车刀的刀尖在工件上刻两条线,把沟槽的宽度和位置确定下来,然后用切槽刀在两条线之间分多次进行粗车,但这时必须在槽的两侧面和槽的底部留下精车余量,且最后精车时先要横向进给然后再纵向进给精车槽的两侧和槽底,如图6-53所示。当工件上有几个槽时,槽的宽度要尽量一致,以减少换刀次数。

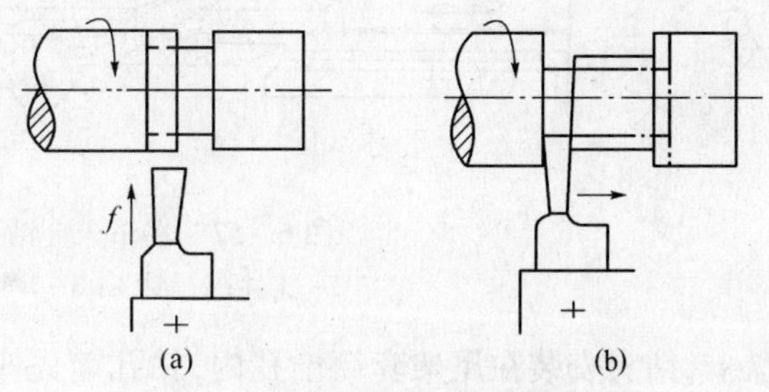

图6-53 切削宽槽
(a)分步切槽;(b)先横向进给再纵向精车槽底。

2. 切断

切断要用切断刀,切断刀的形状与切槽刀相似,由于切断刀要伸到工件中心,排削和散热条件较差,常将切断刀的刀头高度增加,将主切削刃两边磨出副偏角,以减少摩擦,如图6-54所示。刀尖必须与工件轴线等高,否则不仅不能把工件切下来,而且很容易使切断刀折断,切断刀必须与工件轴线垂直,如图6-55所示。切断刀的底平面必须平直,否则会引起副后角的变化,在切断时切刀的某一副后刀面会与工件强烈磨擦。

切断一般在卡盘上进行,切断处要尽可能靠近卡盘,切断直径小于主轴孔的棒料时,可把棒料插在主轴孔中,切断刀离卡盘的距离 a 应小于工件的直径 D,否则容易引起振动或将工件抬起来而损坏车刀,如图6-56所示。

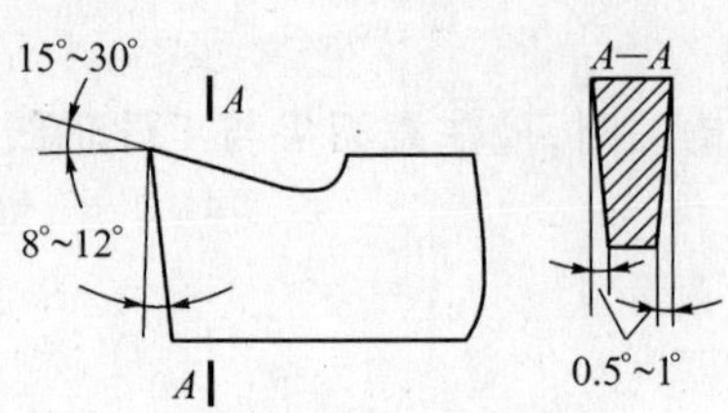

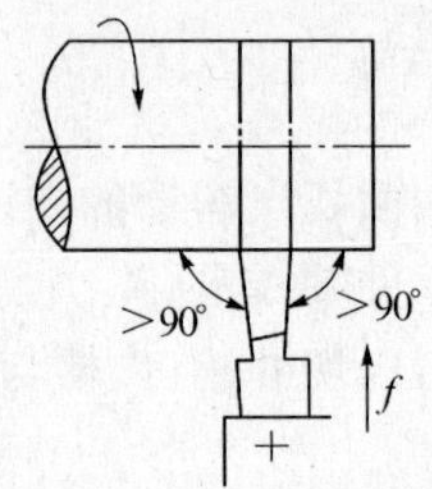

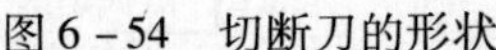
图 6－54 切断刀的形状

图 6－55 切断刀与工件轴线垂直

切断时的注意事项：切断刀很容易折断，应采用较低的切削速度，较小的进给量；调整好车床主轴和刀架滑动部分的间隙；切断时还应充分使用冷却液，使排屑顺利。快切断时还必须放慢进给速度。

六、孔加工

在车床上加工圆柱孔时，可以用钻头、扩孔钻、铰刀和镗刀进行钻孔、扩孔、铰孔和镗孔工作。

1. 钻孔、扩孔和铰孔

在实体材料上加工出孔的工序叫做钻孔，在车床上钻孔，如图 6－57 所示。

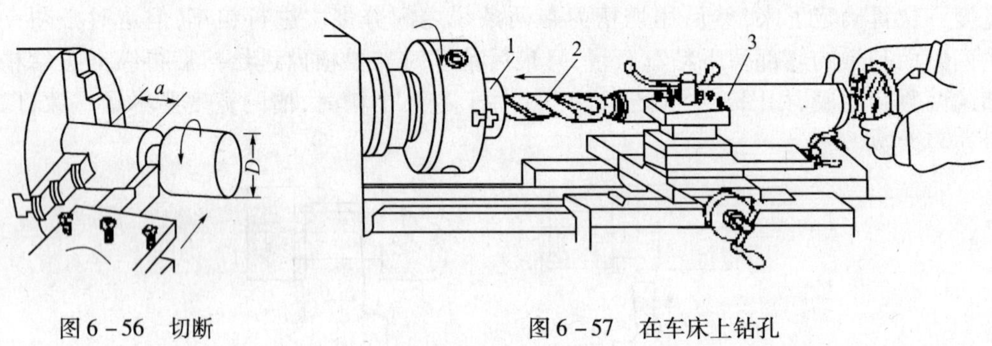

图 6－56 切断

图 6－57 在车床上钻孔

1—工件；2—钻头；3—尾座。

把工件装夹在卡盘上，钻头安装在尾架套筒锥孔内，钻孔前先车平端面，并定出一个中心凹坑，调整好尾架位置并紧固于床身上，然后开动车床，摇动尾架手柄使钻头慢慢进给，注意经常退出钻头，排出切屑。钻钢料要不断注入冷却液。钻孔进给不能过猛，以免折断钻头，一般钻头越小，进给量也越小，但切削速度可加大。钻大孔时，进给量可大些，但切削速度应放慢。当孔将钻穿时，因横刃不参加切削，应减小进给量，否则容易损坏钻头。孔钻通后应把钻头退出后再停车。钻孔的精度较低、表面粗糙，多用于对孔的粗加工。

扩孔常用于铰孔前或磨孔前的预加工，常使用扩孔钻作为钻孔后的预精加工。

为了提高孔的精度和降低表面粗糙度，常用铰刀对钻孔或扩孔后的工件再进行精加工。

在车床上加工直径较小，而精度要求较高和表面粗糙度要求较低的孔，通常采用钻、扩、铰的加工工艺来进行。

2. 镗孔

镗孔是对钻出、铸出或锻出的孔的进一步加工，如图6－58所示，以达到图纸上精度等技术要求。在车床上镗孔要比车外圆困难，因镗杆直径比外圆车刀细得多，而且伸出很长，因此往往因刀杆刚性不足而引起振动，所以切深和进给量都要比车外圆时小些，切削速度也要小10%～20%。镗不通孔时，由于排屑困难，所以进给量应更小些。图6－58（a）所示为镗通孔，图6－58（b）所示为镗盲孔，图6－58（c）所示为切内槽。

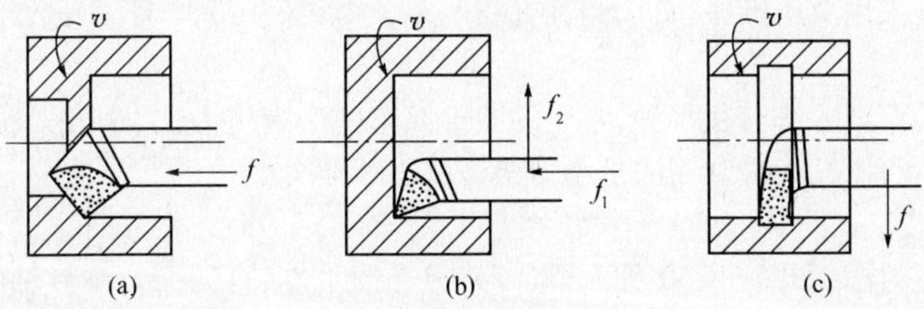

图6－58　镗孔

镗孔刀尽可能选择粗壮的刀杆，刀杆装在刀架上时伸出的长度只要略等于孔的深度即可，这样可减少因刀杆太细而引起的振动。装夹刀具时，刀杆中心线必须与进给方向平行，刀尖应对准中心，精镗或镗小孔时可略为装高一些。

粗镗和精镗时，应采用试切法调整切深。为了防止因刀杆细长而受力变形造成的车削锥度。当孔径接近最后尺寸时，应用很小的切深重复镗削几次，消除锥度。另外，在镗孔时一定要注意，手柄转动方向与车外圆时相反。

七、车圆锥面

在机械加工中，除了采用圆柱体和圆柱孔作为配合表面外，还广泛采用圆锥体和圆锥孔作为配合表面。用圆锥面作为配合表面配合紧密、定位准确、装卸方便，并且即使发生磨损，仍能保持精密地定心和配合作用。

圆锥分为圆锥体和圆锥孔两种。图6－59所示为圆锥主要尺寸图。

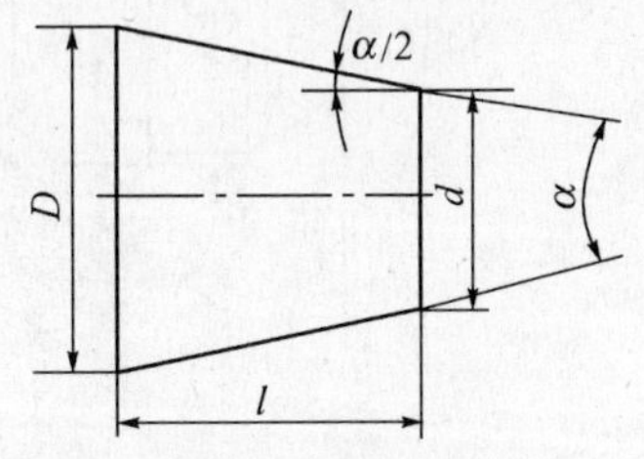

图6－59　圆锥主要尺寸

圆锥大端直径：

$$D = d + 2L\tan\alpha$$

圆锥体小端直径：

$$d = D - 2L\tan\alpha$$

式中：D为圆锥体大端直径；d为圆锥体小端直径；L为锥体部分长度；a为斜角；$2a$为锥角。

锥度：

$$C = 2\tan\alpha = D - d/L$$

斜度：

$$M = D - d/2L = \tan\alpha = C/2$$

式中：C 为锥度；M 为斜度。

为降低成本和使用方便，把圆锥面的参数设为标准值，编成不同的号数，只有号数相同的内外锥面，才能紧密配合和具有互换性。常用的标准圆锥有两种。一种是公制圆锥，其锥度是 $C = 1:20$，圆锥斜角是 $\alpha = 1°25'56''$，公制圆锥有 8 个号，分别是 4、6、80、100、120、140、160、200；另一种是莫氏圆锥，目前应用很广泛，如车床主轴和尾座套筒锥度，钻头等的锥柄度采用莫氏圆锥，莫氏圆锥有 0、1、2、3、4、5、6 共 7 个号。号数越大，锥体的基本参数也越大。

圆锥面的车削方法有很多种，常用的圆锥面车削法有宽刀法、小刀架转位法、尾座偏移法、靠模法 4 种，其中最常用的是小刀架转位法车锥面。

1. 宽刀法

亦称成形刀法，如图 6－60 所示，宽刀刀刃必须平直，且刀刃与工件轴线夹角等于圆锥半角 $\alpha/2$，横向进刀，即可车出所需的锥面，这种方法仅适用于车削较短的内外锥面，其优点是能加工任意角度的圆锥面，加工简单，效率高。但是在使用宽刀法车削圆锥面时，要求车床、刀具和工件的刚性较好，车床车削时的速度也应选择较低的转速，否则极易引起工件的振动。

2. 尾座偏移法

把尾座顶尖偏移一个距离 s，使工件旋转轴线与机床主轴轴线的夹角等于工件圆锥斜角 $\alpha/2$，当刀架自动或手动纵向进给时，即可车出所需的锥面。如图 6－61 所示。

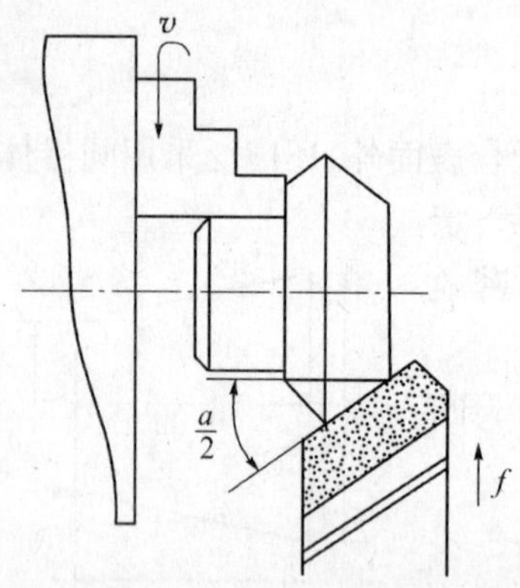

图 6－60　宽刀法车锥面

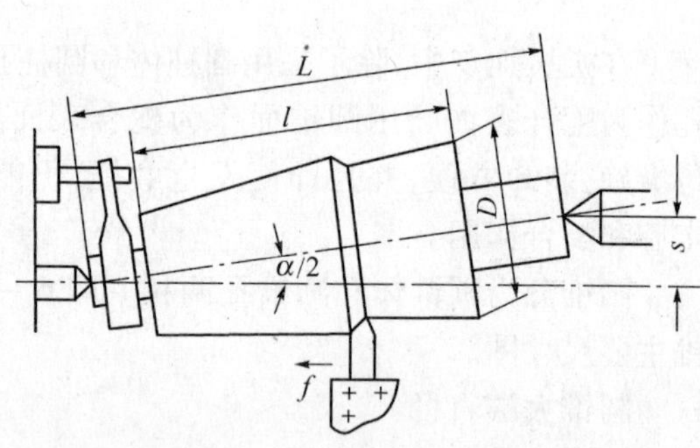

图 6－61　尾座偏移法车锥面

用尾座偏移法车锥面时，工件必需安装在前后两个顶尖之间。较长的锥面，车削后表面粗糙度较低。受尾座偏移量的限制，不能车削锥度较大的锥面，一般是圆锥半角小于 8°的外锥面。

尾座偏移距离 s，可由下面公式计算：$S = L \times \sin\alpha/2$，式中 L 为工件长度，$\alpha/2$ 为锥体半锥角。

当 α 较小时，$\sin\alpha = \tan\alpha$，此时 $S = L \cdot \tan\alpha/2$，其中 l 为锥体长度。

3. 小刀架转位法

如图 6－62 所示，车削长度较短和锥度较大的圆锥体和圆锥孔时常采用这种方法，车床上小刀架转动的角度就是 $\alpha/2$。将小拖板转盘上的螺母松开，与基准零线对齐，然后固定转盘上的螺母，摇动小刀架手柄开始车削，使车刀沿着锥面母线移动，即可车出所需要的圆锥面。这种方法的优点是能车出整锥体和圆锥孔，能车角度很大的工件，但只能用手动进刀，劳动强度较大，表面粗糙度也难以控制，且由于受小刀架行程限制，因此只能加工单件小批量锥面且不长的工件。

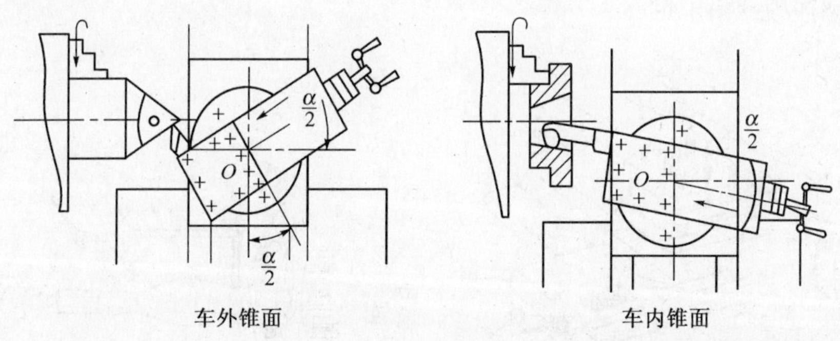

图 6-62　小刀架转位法车内外锥面

4. 靠模法

如图 6-63 所示，靠模装置固定在床身后面，靠模板可相对于底座扳动一定角度，滑块可在靠模板导轨上自由滑动，并通过连接板与车床的中滑板连接，将刀架中滑板螺母与横向丝杠脱开，当大滑板做纵向进给时，滑块在靠模板上沿斜面移动，带动车刀做平行于靠模板的斜面移动，即可车出各角度的锥面，靠模法适宜加工成批或大批量生产中长度较大，圆锥半角 $\alpha/2 < 12°$ 的内外锥度。

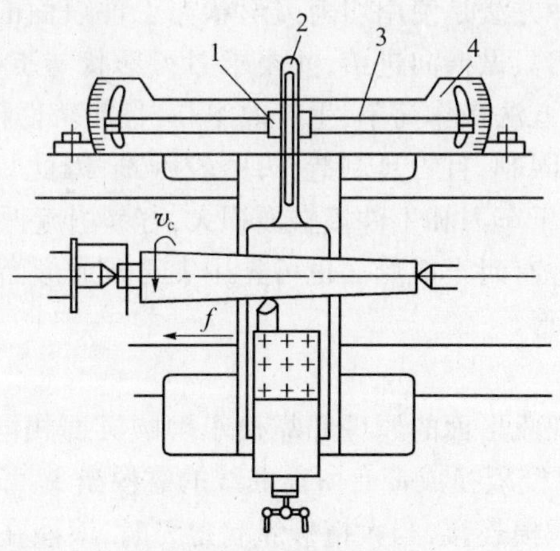

图 6-63　靠模法车锥面

1—滑块；2—连接板；3—靠模板；4—底座。

八、车成形面

有些机器零件，如手柄、手轮、圆球、蜗轮等，它们不像圆柱面、圆锥面那样母线是一条直线，这些零件是以一条曲线为母线，绕直线旋转而形成的表面，这样的零件表面叫回转成形面。

在车床上加工成形面的方法有双手控制法、用样板刀法和靠模板法等车削方法。

1. 双手操纵法

车削时,两手配合,左右手分别摇动中刀架手柄和小刀架手柄,使刀尖的运动轨迹与所需的成形面的母线相同,如图6-64所示。在操作时,左右摇动手柄要熟练,配合要协调。车削前最好先做个样板,以照样板的图样来进行车削和修改。如图6-65所示。这种方法一般使用圆弧车刀。

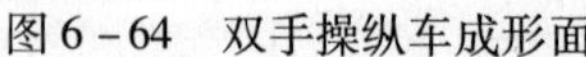
图6-64 双手操纵车成形面

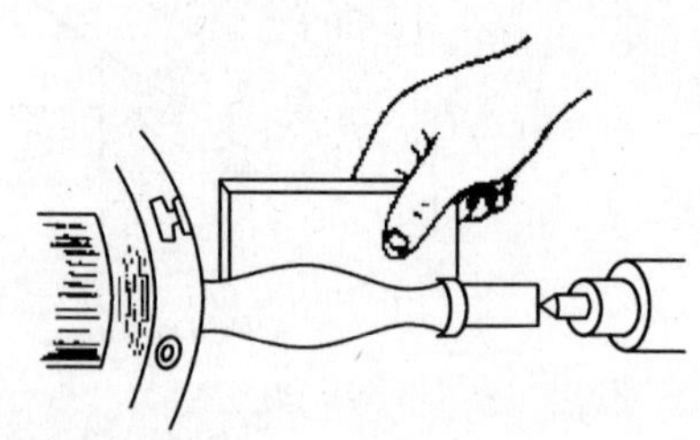

图6-65 用样板对照成形面

双手操纵法的优点是不需要其他附加刀具和设备,缺点是不易将工件车得很光整,需要较高的操作技术,生产率也很低,一般只在单件小批量生产且要求不高的零件适用。使用双手来控制进给速度时,必须根据成形面的具体情况来掌握,不同的成形面、不同的位置,进给的速度都有所不同。

2. 成形刀车成形面

如图6-66所示,这种方法是使用切削刃形状与工件表面的形状相一致的成型刀具车成形面。在车削时,车刀只做横向进给,并要求刀刃形状与工件表面吻合,装刀时刃口要与工件轴线等高。这种方法操作简单,生产效率高,且能获得精确的表面形状。但由于受工件表面形状和尺寸的限制,且刀具制造、刃磨较困难,因此只在大批量生产较短成形面的零件时采用。并且由于车刀和工件接触面积大,容易引起振动,因此需要采用小切削量,且要有良好润滑条件。有时车成形面也可先用尖刀按成形面的形状粗车一些台阶,然后再使用成行车刀精车成形面。

3. 用靠模车成形面

如图6-67所示,车削成形面的原理和靠模车削圆锥面相同。车削工件1时只要把滑板换成滚柱4,把锥度靠模板换成带有所需曲线的靠模槽3。刀架中滑板螺母与横向丝杠脱开,通过连接板3与靠模连接,当大拖板纵向走刀时,滚柱在曲线的靠模槽内滑动,从而使车刀刀尖也随着做曲线运动,即可车出所需的成形面。此法加工工件尺寸不受限制,可采用机动进给,生产效率高,加工精度高,广泛用于成批大量生产中。

九、车螺纹

将工件表面车削成螺纹的方法称为车螺纹。螺纹按牙型分有三角螺纹、方牙螺纹和梯形螺纹(图6-68),三角螺纹做连接和紧固用,方牙螺纹和梯形螺纹做传动用,其中普通公制三角螺纹应用最广。

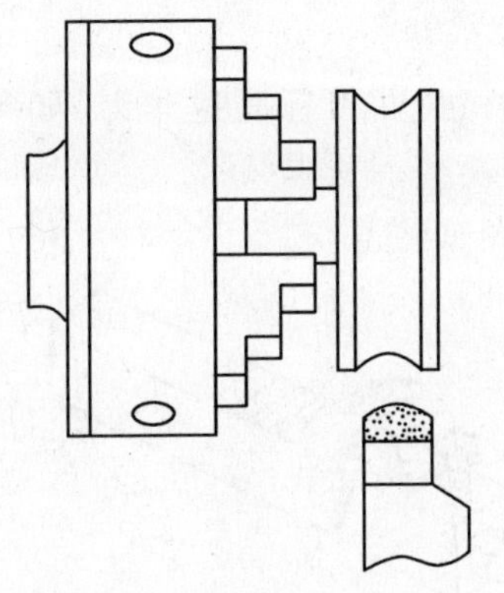

图6-66　用成形车刀车成形面

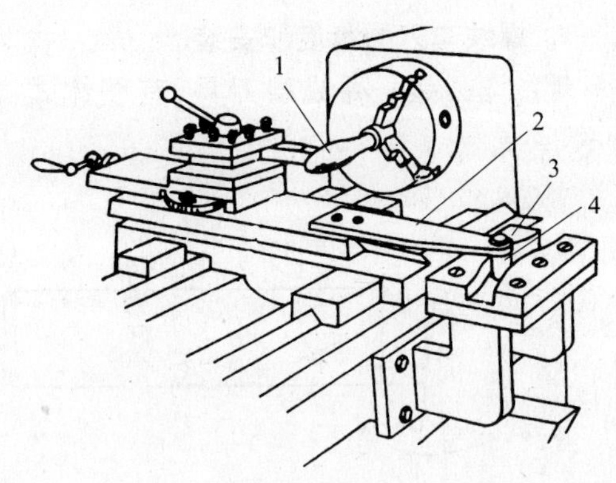

图6-67　用靠板车成形面

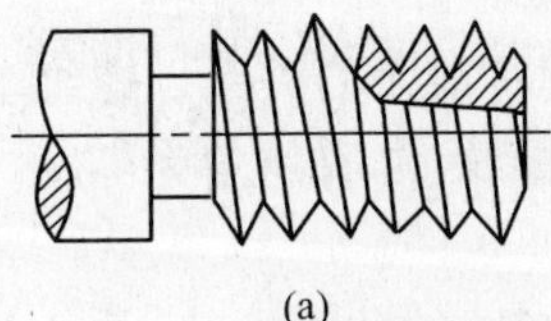
(a)

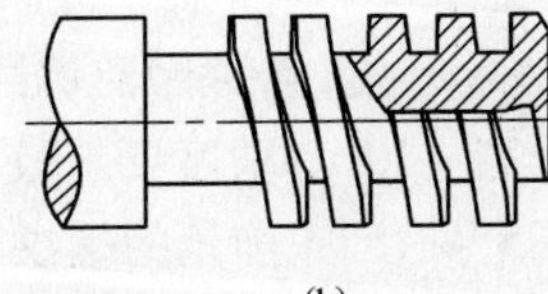
(b)

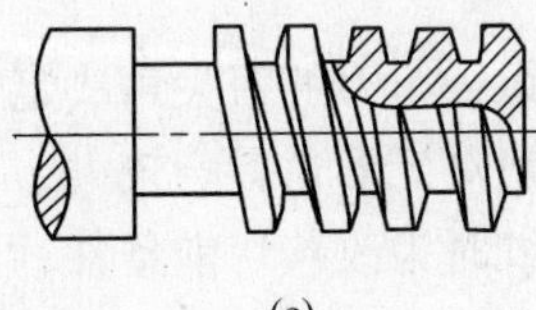
(c)

图6-68　螺纹的种类

(a) 三角螺纹；(b) 方牙螺纹；(c) 梯形螺纹。

如图6-69所示，普通公制三角螺纹的代号为M，牙型为三角形，牙型角为$\alpha=60°$螺距为P，用D_d代表内螺纹的公称直径，用D_1、d_1表示为内外螺纹的小径，D_2、d_2为内、外螺纹中径，H为原始三角形高度。它们之间的关系有

$$D=d\quad d_1=D_1=d-1.08P$$

$$d_2=D_2=d-0.65P$$

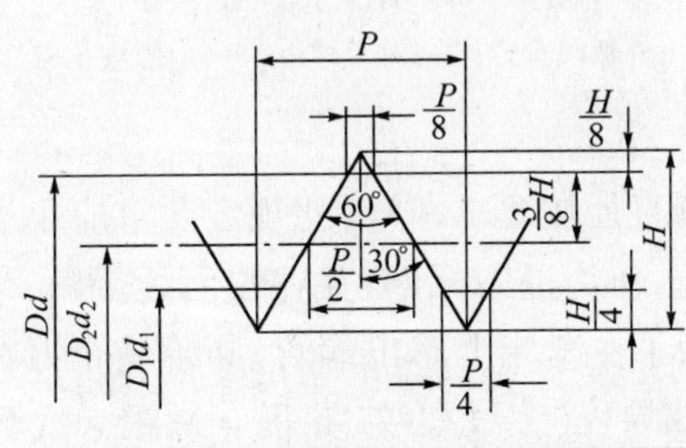

图6-69　普通公制三角螺纹的牙型

螺纹的牙型角、公称直径和螺距决定了螺纹的形状，称螺纹三要素。牙型角α是螺纹轴向剖面内螺纹两侧面的夹角。公制螺纹$\alpha=60°$，英制螺纹$\alpha=55°$。螺距P是沿轴线方向上相邻两牙间对应点的距离。螺纹中径$D_2(d_2)$是平分螺纹理论高度H的一个假想圆柱体的直径。在中径处的螺纹牙厚和槽宽相等。只有内外螺纹中径都一致时，两者才能很好地配合。

现介绍三角形螺纹的车削。

1. 螺纹车刀的角度和安装

螺纹车刀是一种成型刀具,有整体式高速车刀和弹性刀杆高速车刀,如图 6－70 所示。

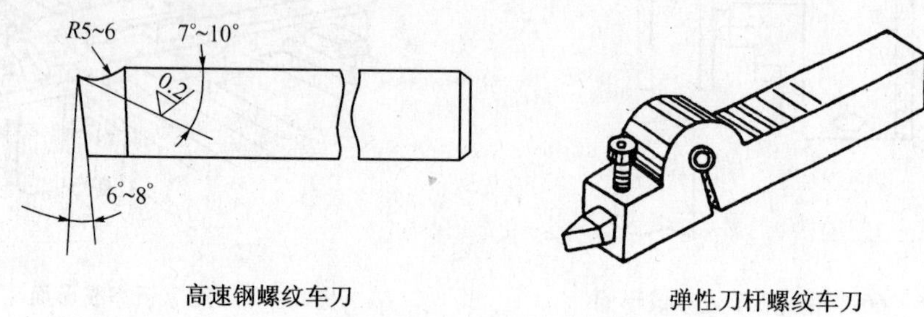

图 6－70 螺纹车刀

螺纹车刀的刀尖角决定螺纹的牙形角,它对保证螺纹精度有很大的关系。螺纹车刀的前角对牙形角影响较大,一般为 7°～10°。精度要求较高的螺纹,常取前角为零度。粗车螺纹时为改善切削条件,可刃磨 5°～15°正前角的螺纹车刀。

安装螺纹车刀时,应使刀尖与工件轴线等高,否则会影响螺纹的截面形状,并且刀尖的平分线要与工件轴线垂直。如果车刀装得左右歪斜,车出来的牙形就会偏左或偏右。为了使车刀安装正确,可采用样板对刀,如图 6－71 所示,检查时,样板应水平放置并与刀尖的基面在同一平面内,用透光法检验刀尖角。

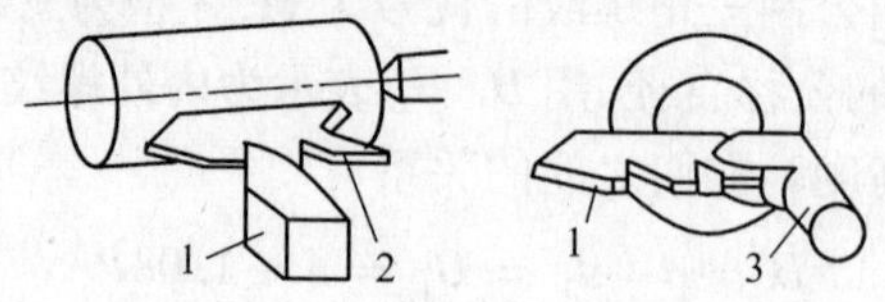

图 6－71 用对刀样板对刀
1—外螺纹车刀; 2—对刀样板; 3—内螺纹车刀。

2. 螺纹的车削方法

首先把工件的螺纹外圆直径按要求车好(比规定要求应小于 0.1mm～0.2mm),然后在螺纹的长度上车一条标记,作为退刀标记,并将端面处倒角,装夹好螺纹车刀。其次调整好车床,以保证螺距 P,为了在车床上车出螺纹,必须使车刀在主轴每转一周得到一个等于螺距大小(单线螺纹)或导程(多线螺纹,导程 = 螺距 × 线数)的纵向移动量,车螺纹时刀架是用开合螺母通过丝杆来带动的,只要选用不同的配换齿轮或改变进给箱手柄位置,即可改变丝杆的转速,从而车出不同螺距的螺纹。一般车床都有完善的进给箱和挂轮箱,车削标准螺纹时,可以从车床的螺距指示牌中,找出进给箱各操纵手柄应放的位置进行调整。车床调整好后,选择较低的主轴转速,开动车床,合上开合螺母,开正反车数次后,检查丝杆与开合螺母的工作状态是否正常,为使刀具移动较平稳,需消除车床各拖板间隙及丝杆螺母的间隙。

车外螺纹操作步骤,如图 6－72 所示。

(1) 开车,使车刀与工件轻微接触,记下刻度盘读数,向右退出车刀,以便于进刀计

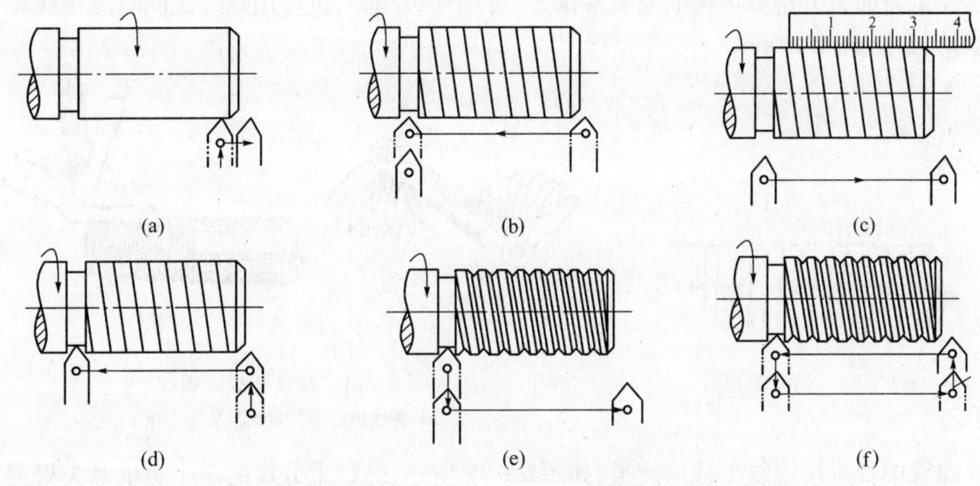

图6-72　车外螺操作步骤

数,如图6-72(a)所示。

(2) 合上开合螺母,在工件表面上车出一条螺旋线,到螺纹终止线横向退出车刀,停车,如图6-72(b)所示。

(3) 开反车使车刀退到工件右端,停车,用钢直尺检查螺距是否正确,如图6-72(c)所示。

(4) 利用刻度盘调整切削深度(背吃刀量),开车切削,如图6-72(d)所示,螺纹的背吃刀量 a_p 与螺距的关系按经验公式 $a_p \approx 0.65P$ 取值,每次的背吃刀量约为0.1左右。

(5) 车刀将到行程终点时,先快速退出车刀,开反车退回刀架,如图6-72(e)所示。

(6) 再次横向切入,继续切削,其切削过程的路线,如图6-72(f)所示。

车螺纹时,要避免"乱扣"。当第一条螺旋线车好以后,第二次进刀后车削,刀尖不在原来的螺旋线中,而是偏左或偏右,甚至车在牙顶中间,将螺纹车乱这个现象就叫做"乱扣",预防乱扣的方法是采用倒顺(正反)车法车削。在用左右切削法车削螺纹时,小拖板移动距离不要过大,若车削途中刀具损坏需重新换刀或者无意提起开合螺母时,应注意及时对刀。

对刀:对刀前首先要安装好螺纹车刀,然后按下开合螺母,开正车(注意应该是空走刀)停车,移动中、小拖板使刀尖准确落入原来的螺旋槽中(注意不能移动大拖板),同时根据所在螺旋槽中的位置重新作中拖板进刀的记号,再将车刀退出,对刀时一定要注意是正车对刀。

借刀:借刀就是螺纹车削规定深度后,将小拖板向前或向后移动一点距离再进行车削,借刀时注意小拖板移动距离不能过大,以免将牙槽车宽造成"乱扣",

使用两顶针装夹方法车螺纹时,工件卸下后再重新车削时,应该先对刀,后车削,以免"乱扣"。

3. 螺纹的测量

螺纹的螺距由车床的运动来保证,可用钢尺大概测量即可,如图6-73所示。牙型角由螺纹车刀的刀尖角和正确的安装来保证，可用样板测量，也可用螺纹规同时测量螺距和牙型角，如图 6－74 所示。

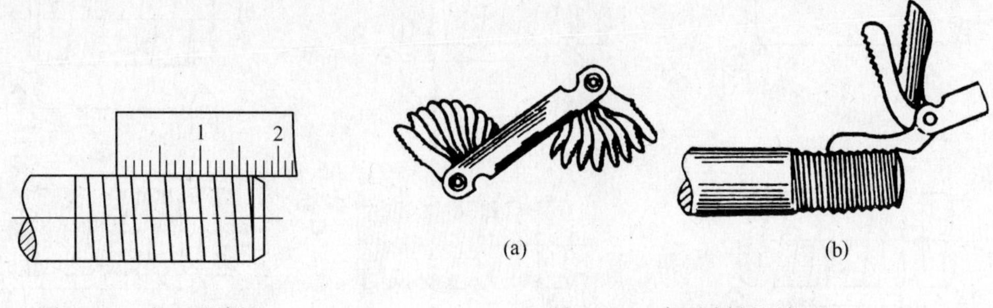

图 6－73　钢尺测螺纹

图 6－74　螺纹样板测螺纹

（a）螺纹规；（b）测螺距和牙型角。

螺纹中径可用螺纹千分尺测量，如图 6－75 所示，螺纹千分尺的两个测量触头根据牙型角和螺距的不同可以更换，测量时，把两个触头卡在螺纹牙型面上，测得的尺寸就是螺纹的实际中径。

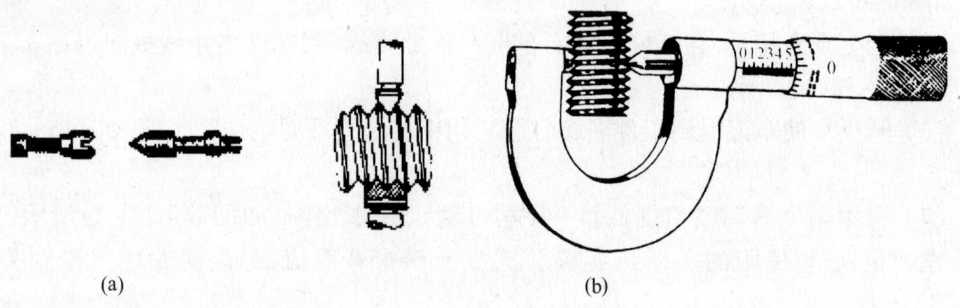

图 6－75　螺纹千分尺测螺纹中径

（a）测量头；（b）测量头测量。

在实践生产中，常用螺纹环规（图 6－76）或螺纹塞规（图 6－77）测量内外螺纹的牙型和螺距及中径。如果螺纹环规的通（过）规能旋入，而止规不能旋入，则外螺纹合格，螺纹塞规的通（过）端能拧进去，而止端不能旋入，则内螺纹合格。

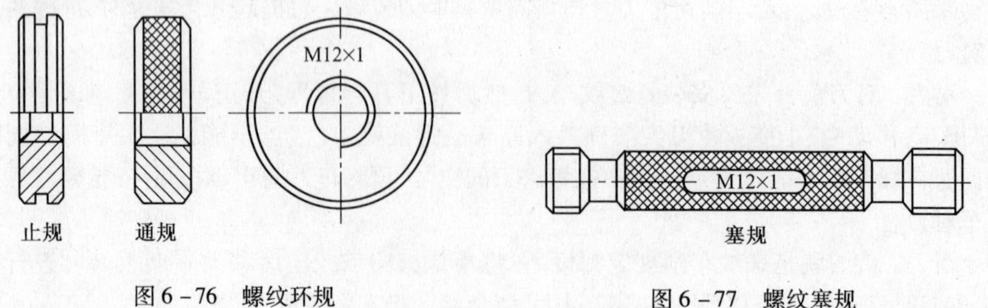

图 6－76　螺纹环规

图 6－77　螺纹塞规

十、滚花

有些机器零件或工具，为了便于握持和外形美观，往往在工件表面上滚出各种不同的花纹，这种工艺叫滚花。这些花纹一般是在车床上用滚花刀滚压而成的。花纹有直纹和网纹两种，滚花刀相应有直纹滚花刀和网纹滚花刀两种，每种又分为粗纹、中纹和细纹。按滚花轮的数量又可分为单轮（滚直轮）、双轮（滚网纹，两轮分别为左旋和右旋斜纹）和 6 轮（由 3 组粗细不等的斜纹轮组成）滚花刀，如图 6－78 所示。

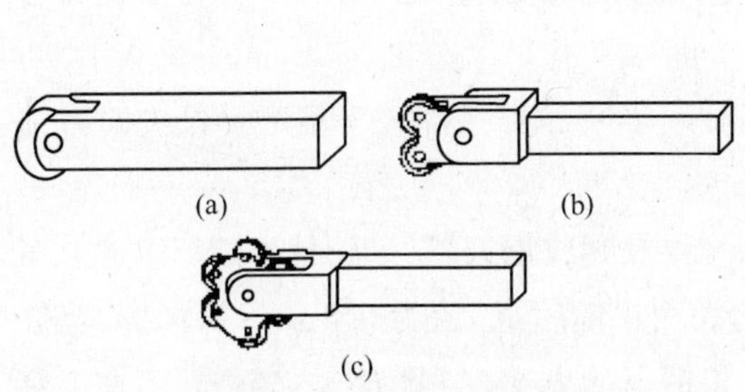

图 6－78　滚花刀的结构

（a）单轮滚花刀；（b）双轮滚花刀；（c）六轮滚花刀。

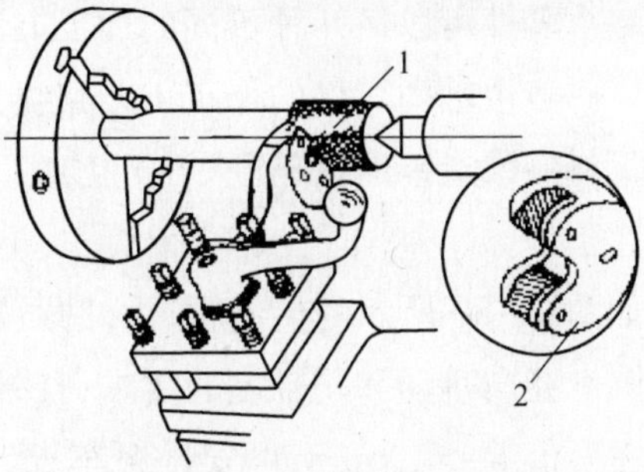

图 6－79　在车床上滚花

1—网纹滚花；2—直纹滚花刀。

滚花时，先将工件直径车到比需要的尺寸略小 0.5mm 左右，表面粗糙度较大。车床转速要低（一般为 70r/min ~ 100r/min）。然后将滚花刀装在刀架上，使滚花刀轮的表面与工件表面平行接触，滚花刀对着工件轴线，开动车床，使工件转动。当滚花刀刚接触工件时，要用较大的压力，使其表面产生塑性变形而形成花纹。这样来回滚压几次，直到花纹滚凸出为止。在滚花过程中，要充分供给冷却润滑液，以免辗坏滚花刀和防止细屑滞塞在滚花刀内而产生乱纹。此外由于滚花时压力大，所以工件和滚花刀必须装夹牢固，工件不可以伸出太长，如果工件太长，就要用后顶尖顶紧。图 6－79 所示为滚花示意图。

第 7 节　典型零件的车削工艺

在生产中，由于零件结构和形状的多样性，往往需要多个工种的配合，进行多个工序才能完成，零件结构越复杂，精度、粗糙度要求越高，需要的加工步骤也越多，一般在机械加工前要制定零件加工的加工工艺，而车削加工是加工这些零件的主要工序，因此，编制合适的车削加工工艺，是提高加工质量和提高劳动生产率的方法。

一、制定零件加工工艺的内容

（1）对加工零件进行分析，了解零件的材料，分析视图及尺寸，做到把握全局，抓住关键。

（2）确定零件的加工顺序。根据零件的精度要求、表面质量及零件结构，确定零件的加工顺序。

（3）确定加工余量及所用机床。从毛坯到零件，由某一表面切除金属层的厚度，称为总余量。每道工序切除掉的金属层厚度称为加工余量。

（4）确定各道工序所用的附件、工装夹具、加工方法、度量方法及加工尺寸。

（5）确定切削用量和工时定额。

二、典型零件的车削工艺

1. 轴类零件车削工艺

一个零件可以用几种不同的加工方法制造，但在一定条件下只有某一种方法是较合理的。一般主轴类零件的加工工艺路线为

下料→锻造→退火(正火)→粗加工→调质→半精加工→淬火→粗磨→低温时效→精磨。

如图6-80所示的传动轴，由外圆、轴肩、螺纹及螺纹退刀槽、砂轮越程槽等组成。某些外圆有径向跳动和同轴度的要求，且外圆的表面粗糙度 R_a 值为0.8μm~0.4μm，当表面粗糙度值 R_a >1.6μm，可安排粗车、半精车和精车的方案，当此 R_a ≤1.6μm，多在半精车后进行磨削。轴类件的车削和磨削均采用前后顶尖装夹，应先把两端的中心孔加工出来。此外，该传动轴与一般重要的轴类零件一样，为了获得良好的综合力学性能，需要进行调质处理。

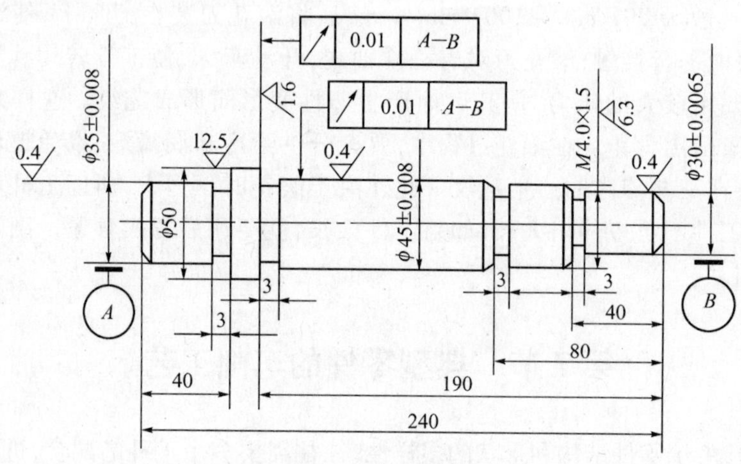

图6-80 传动轴

轴类零件中，对于光轴或直径相差不大的台阶轴，多采用圆钢为坯料；对于直径相差悬殊的台阶轴，采用锻件可节省材料和减少机加工工时。因该轴各外圆直径尺寸悬殊不大，可选择 φ55 的圆钢为毛坯。

根据传动轴的精度要求和力学性能要求，可确定加工顺序为：粗车→调质→半精车→磨削。

由于粗车时加工余量多，切削力较大，且粗车时各加工面的位置精度要求低，故采用一夹一顶安装工件。如车床上主轴孔较小，粗车 φ35 一端时也可只用三爪自定心卡盘装夹，粗车 φ45 外圆；半精车时，为保证各加工面的位置精度，以及与磨削采用统一的定位基准，减少重复定位误差，使磨削余量均匀，保证磨削加工质量，故采用两顶尖安装工件。

传动轴的加工工艺过程如表6-2所列。

表6-2 传动轴加工工艺

序号	工种	设备	工装	刀具	加工简图	加工内容	量具
1	下料	锯床				圆钢下料 $\phi55\times245$	钢直尺
2	车	车床	三爪卡盘	右偏刀、中心钻	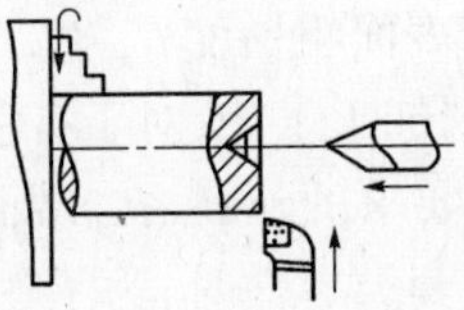	(1)车端面;(2)钻 $\phi2.5$ 中心孔;(3)掉头车端面,保证总长210;(4)钻中心孔	钢直尺
3	车	车床	双顶尖、卡箍	右偏刀	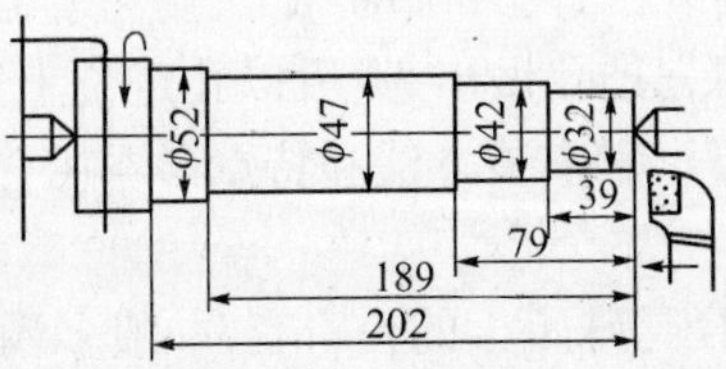	(1)用卡箍卡 A 端;(2)粗车外圆 $\phi52\times202$;(3)粗车 $\phi45$、$\phi40$、$\phi30$,直径余量2mm,长度余量1mm	游标卡尺
4	车	车床	双顶尖、卡箍	右偏刀	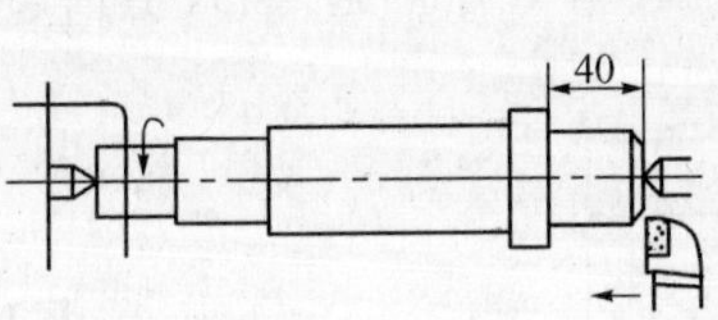	(1)用卡箍卡住 B 端;(2)粗车 $\phi35$ 外圆,直径留量2mm,长度留量1mm	游标卡尺
5	热处理					调质	
6	车	车床	双顶尖	右偏刀,切槽刀	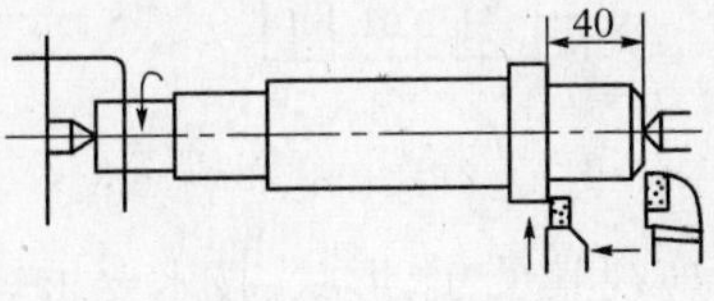	(1)用卡箍卡住 B 端;(2)精车 $\phi50$ 外圆到尺寸;(3)半精车 $\phi35$ 到 $\phi35.5$;(4)切槽,保证长度为40,倒角	游标卡尺
7	车	车床	双顶尖	切槽刀 右偏刀 螺纹车刀	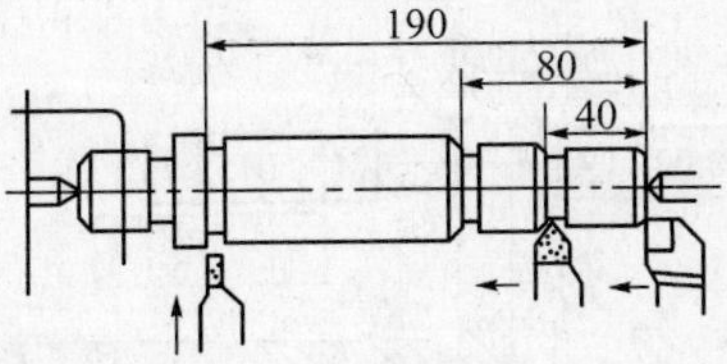	(1)用卡箍卡 A 端;(2)半精车 $\phi45$ 到 $\phi45.5$,精车M40大径为 $\phi40^{-0.1}$(3)半精车 $\phi30$ 到 $\phi3.05$,切槽3个,分别保证长度190、80和40,倒角,车螺纹M40×1.5	游标卡尺、螺纹样板
8	磨	外圆磨床	双顶尖		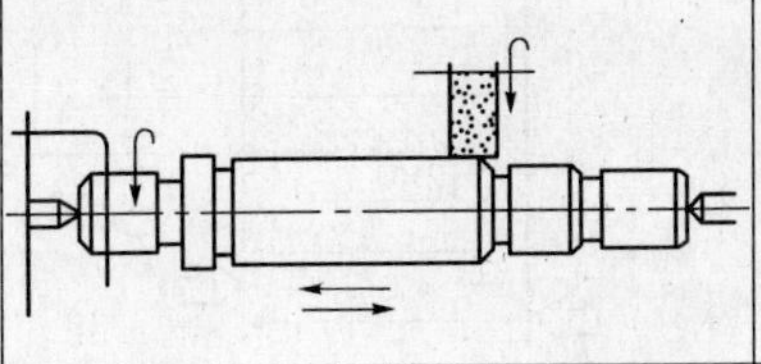	用卡箍卡 A 端磨 $\phi30^{+0.0065}_{-0.0065}$、磨 $\phi45$ 到尺寸,靠磨 $\phi50$ 的台肩面,掉头磨 $\phi35$ 尺寸	
9	检					检验	

2. 盘套类零件的车削工艺

盘套类零件主要由孔、外圆与端面所组成。除尺寸精度、表面粗糙度有要求外，其外圆对孔有径向圆跳动的要求，端面对孔有端面圆跳动的要求。车削这类零件，保证径向圆跳动和端面圆跳动，是制定盘套类零件的加工工艺要重点考虑的问题，在工艺上一般安排粗车和精车，甚至要在最后安排磨削加工。此类零件，若表面粗糙度 $R_a \geqslant 3.2\mu m$，尺寸精度不高于 IT7，可只进行车削加工，若表面粗糙度 $R_a < 1.6\mu m$，精度高于 IT7 的钢件和铸铁件，一般在粗车、半精车后要安排磨削加工工艺，对于有色金属等不易磨削，可在最后进行精车。精车时，尽可能把有位置精度要求的外圆、孔、端面在一次安装中全部加工完，这个过程称为一刀活（一刀活是在加工盘套类零件时，为了达到图纸要求的位置精度，在一次装夹中，完成端面与孔或端面与外圆、内外圆的加工过程）。若有位置精度要求的表面不可能在一次安装中完成时，通常先把孔做出，然后以孔定位上心轴加工外圆或端面（有条件也可在平面磨床上磨削端面）。其安装方法和特点参看用心轴安装工件部分。

套类零件的车削工艺

如图 6－81 所示的套和直径悬殊不大的台阶套，一般多用圆钢做毛坯，若圆钢直径不大于车床主轴通孔，可将若干件坯料下在一起，插入主轴通孔，由三爪卡盘夹持，逐个加工。

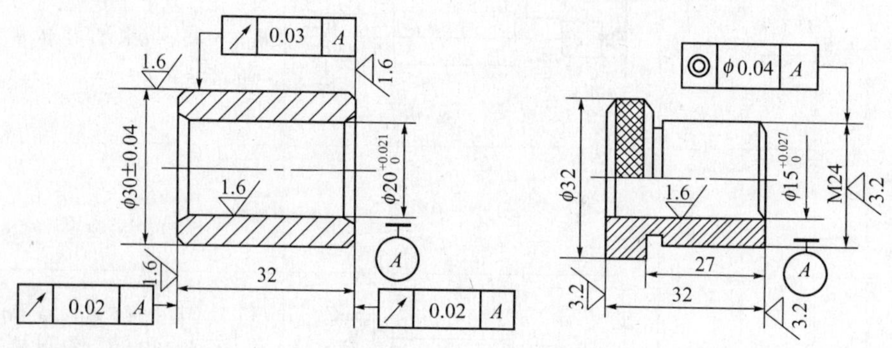

图 6－81　套类零件

套类零件的加工工艺方案，应视其尺寸、形状、技术要求等灵活确定。这类零件一般都是在一次装夹中先粗加工各面，再精加工，最后切断，完成主要切削加工。如图 6－82 所示的套类零件，加工 10 件，车削工艺如表 6－3 所列。

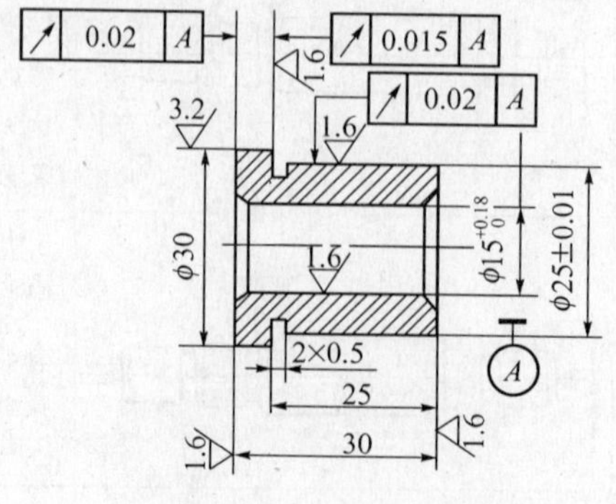

图 6－82　台阶套

表6-3 台阶套的车削工艺

序号	工种	设备	工装	刀具	加工简图	加工内容	量具
1	下料	锯床				下料 $\phi35\times400$(共10件的料)	钢尺
2	车	车床	三爪卡盘	90°偏刀、扩孔刀、右偏刀、钻头	25 31.5	粗车端面见平,粗车 $\phi31$ 的外圆,长33,粗车 $\phi26$ 外圆,长24,钻孔 $\phi13\times36$,粗车孔 $\phi14.5\times33$	游标卡尺
3	车	车床	三爪卡盘	切槽刀、右偏刀	25 31.5	精车孔到尺寸,精车大小外圆到尺寸,用切槽刀精车槽 2×0.5,车台阶面,保证长度25.5,精车端面,保证长度25,内外倒角,切断保证长度31.5	游标卡尺
4	车	车床	三爪卡盘	90°偏刀	(5.5) 30.5	调头,车大端,保证长度30.5,内外倒角	游标卡尺
5	车	车床	心轴顶尖	90°偏刀	30	精车大端面,保证长度30	游标卡尺
6	检					检验	

图6-83所示为盘套类齿轮坯的零件图,这类零件的加工,一般在卡盘上经过三次装夹,两次掉头完成加工。第一次装夹粗加工一端外圆和端面,第二次装夹是以第一次粗车的表面为基准,粗、精加工另一端,在这一次的装夹中,将有公差的孔、端面及外圆等全部完成精加工(一刀活)。第三次装夹时掉头将第一次装夹中粗车的一端进行精加工,若此端的孔与端面有位置精度的要求,可配合心轴,使加工出的零件符合图纸要求。图6-83盘类齿轮坯的加工顺序如表6-4所列。

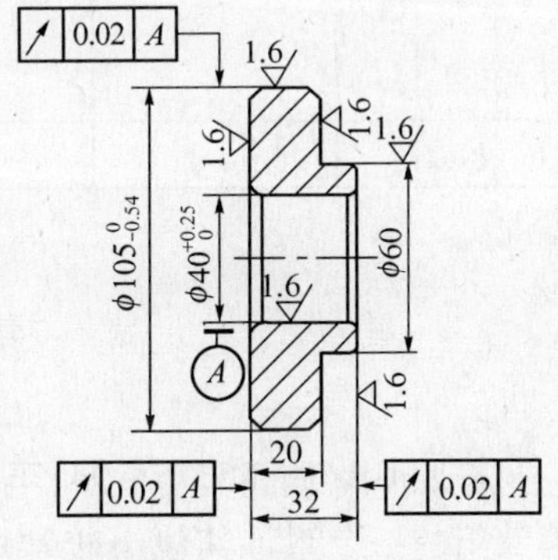

图6-83 盘套类齿轮坯

表6-4 盘套类齿轮坯加工工艺

序号	工种	设备	工装	刀具	加工简图	加工内容	量具
1	下料	锯床	三爪卡盘			圆钢下料 $\phi110\times36$	钢尺
2	车	车床	三爪卡盘	90°偏刀	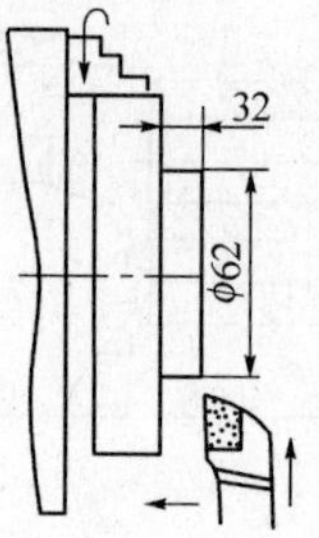 32 $\phi62$	夹持 $\phi110$ 外圆,长20;车小端面见平;粗车 $\phi60$ 外圆到 $\phi62$;粗车大台阶面,保证长度12	游标卡尺
3	车	车床	三爪卡盘	90°偏刀钻头、扩孔刀	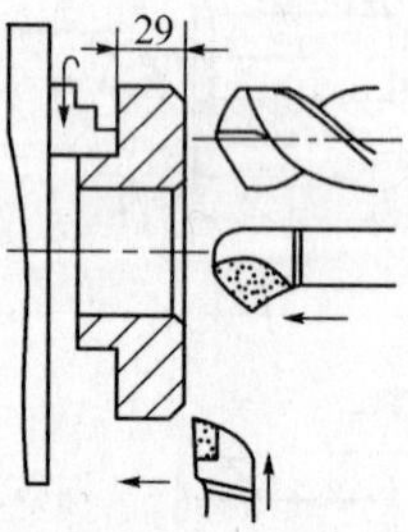 29	调头,夹持 $\phi62\times12$ 外圆,粗车大端面厚度为22和外圆至 $\phi107$,钻孔 $\phi36$,粗、精车孔 $\phi40$ 到尺寸,精车外圆 $\phi105$ 到尺寸,精车端面到21,内外倒角	游标卡尺
4	车	车床	三爪卡盘	90°偏刀	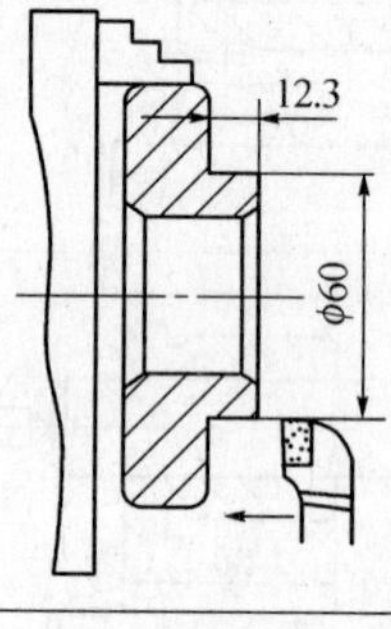 12.3 $\phi60$	掉头垫铜片夹持 $\phi105$ 外圆,找正端面;精车小外圆到 $\phi60$;精车大台阶面,保证厚度为20;精车小端面使长度为12.3;内外倒角	游标卡尺
5	磨	磨床	电磁吸盘	砂轮	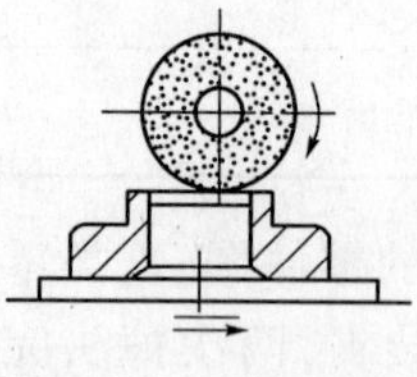	用电磁吸盘把大端面吸住定位,磨小端面,保证总长32	游标卡尺
6	检验					检验	

第8节 其他车床

按照GB/T 15375-94,车床类机床可分为0~9这10个组别,前面讲的卧式车床是第六组的一个系。其他组较常用的车床还有转塔车床、立式车床以及自动和半自动车床等。

一、转塔车床

转塔车床又称六角车床，如图 6－84 所示。

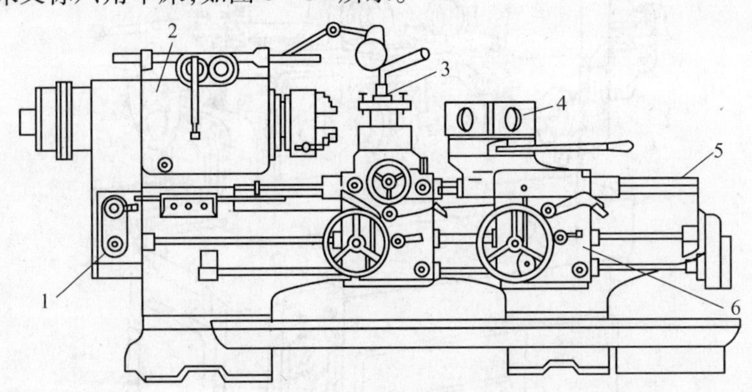

图 6－84　转塔车床外形图

1—进给箱；2—主轴箱；3—方刀架；4—转塔刀架；5—床身；6—转塔刀架溜板箱。

转塔车床适用于中小型复杂零件的批量生产，可进行外圆、内孔的加工。这种车床的结构特点是没有丝杠和尾座，但是有一个能旋转的六角刀架，刀架安装在溜板上，随着溜板作纵向移动，旋转的六角刀架又称转塔，可绕自身的轴线回转，在转塔的 6 个方位，安装着 6 组不同的刀具，在一次装夹工件后，进行多刀多刃加工，各刀具都按加工顺序预先调好，切削一次后，刀架退回并转位，再用另一把刀进行切削，故能在工件的一次装夹中完成较复杂型面的加工。一般大、中型转塔车床是滑鞍式的，转塔溜板直接在床身上移动，小型转塔车床常是滑板式的，在转塔溜板与床身之间还有一层滑板，转塔溜板只在滑板上作纵向移动，工作时滑板固定在床身上，只有当工件长度改变时才移动滑板的位置。机床另有前后刀架，可作纵、横向进给。机床上具有控制各刀具行程终点位置的可调挡块，调好后可重复加工出一批工件，缩短辅助时间，生产率较高。此外，还有半自动转塔车床，采用插销板式程序控制实现加工的半自动循环。

二、自动和半自动车床

大批量生产单一品种时，多使用自动或半自动车床，半自动车床区别于自动车床的地方是工件的装卸需要人工操作。图 6－85 所示为单轴六角自动车床。

自动车床主要以棒料为坯料进行加工。除了单轴自动车床，还有多轴自动车床。单轴自动车床主轴箱 4 右侧装有前刀架 5、后刀架 7 和立刀架 6，它们只作横向进给，可完成车成形面、切槽和切断等工作。床身 2 右上方装有六角回转刀架，可自动换位并作纵向进给运动。分配轴 3 装在床身前面，轴上的凸轮控制机床的各运动部件的动作，定时完成各个自动工作循环。

三、立式车床

立式车床与普通车床的区别在于主轴是垂直的，相当于把普通车床竖立起来，图 6－86所示为单柱立式车床和双柱立式车床，由于工作台处于水平位置，故它们能加工直径大而长度短的重型零件。

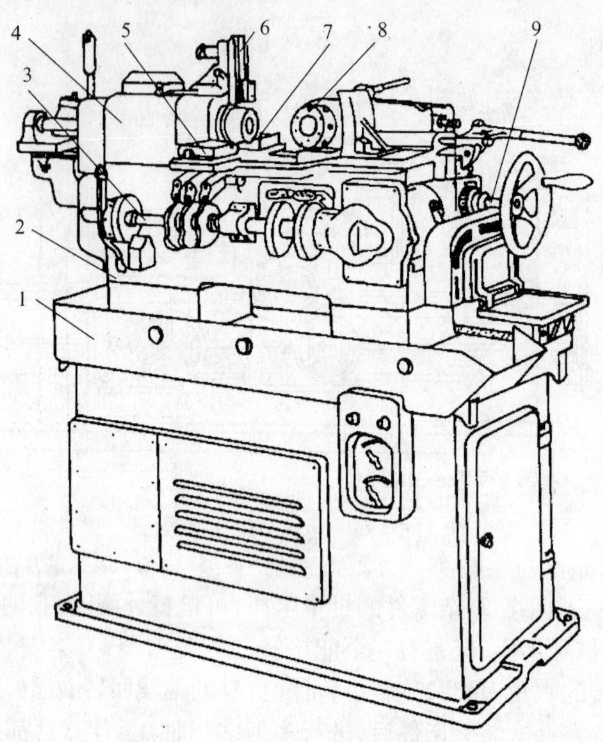

图 6-85　单轴六角自动车床

1—底座；2—床身；3—分配轴；4—主轴箱；5—前刀架；6—立刀架；7—后刀架；8—转塔刀架；9—辅助轴。

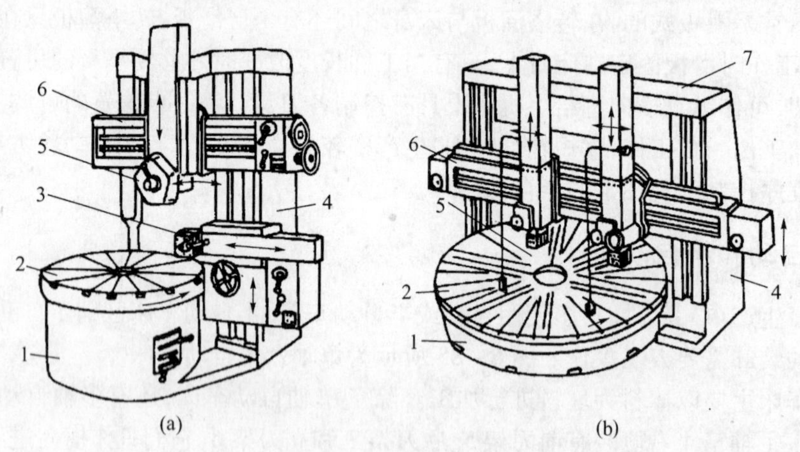

图 6-86　立式车床

（a）单柱立式车床；（b）双柱立式车床。

1—底座；2—工作台；3—侧刀架；4—立柱；5—垂直刀架；6—横梁；7—顶梁。

立式车床可以进行内外圆柱体、圆锥面、端平面、沟槽、倒角等工序的加工，并且工件的装夹、校正和机床的操作都比较方便。

第7章　铣削加工

第1节　概　述

在铣床上使用铣刀对工件进行切削加工的方法称为铣削，铣削是一种生产率较高的加工方法，现在铣削生产几乎代替了刨削加工，成为平面、沟槽和成形面的主要加工方法，因此，铣削加工已成为机械加工中最常用的切削加工方法之一。

一、铣削加工的特点

铣削加工是以铣刀的旋转运动为主运动的切削加工方式。铣刀是多刃刀具，在进行切削加工时多个刀刃可同时进行切削，故铣刀的散热性较好，可进行较高速度的切削加工。另外由于铣削加工无空行程，所以铣削加工的生产率较高。铣削属于断续切削，铣刀刀刃不断切入和切出，切削力在不断变化，因此，铣削时会产生冲击和振动，对加工精度有一定的影响，主要用于粗加工和半精加工，也可以用于精加工。

二、铣削加工精度和粗糙度

铣削加工的精度一般可达 IT9 ~ IT7 级，表面粗糙度 R_a 值可达 6.3μm ~ 1.6μm。

三、铣削加工范围

铣削加工广泛应用于机械制造及修理部门，可以加工平面（水平面、垂直面、斜面等）、圆弧面、台阶、沟槽（键槽、T 形槽、V 形槽、燕尾槽、螺旋槽等）、成型面、齿轮及切断等，常见的铣削加工方式如图 7－1 所示。

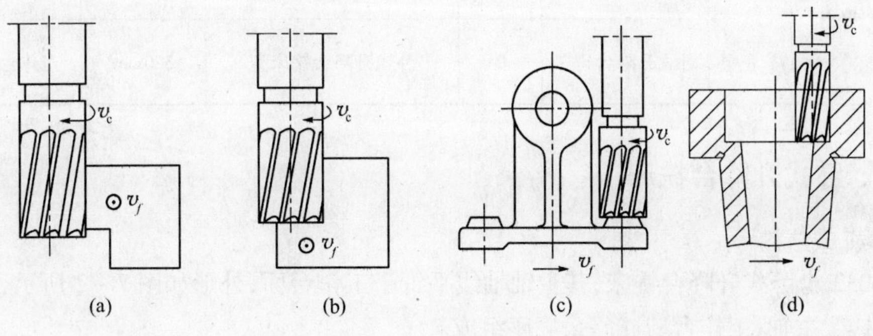

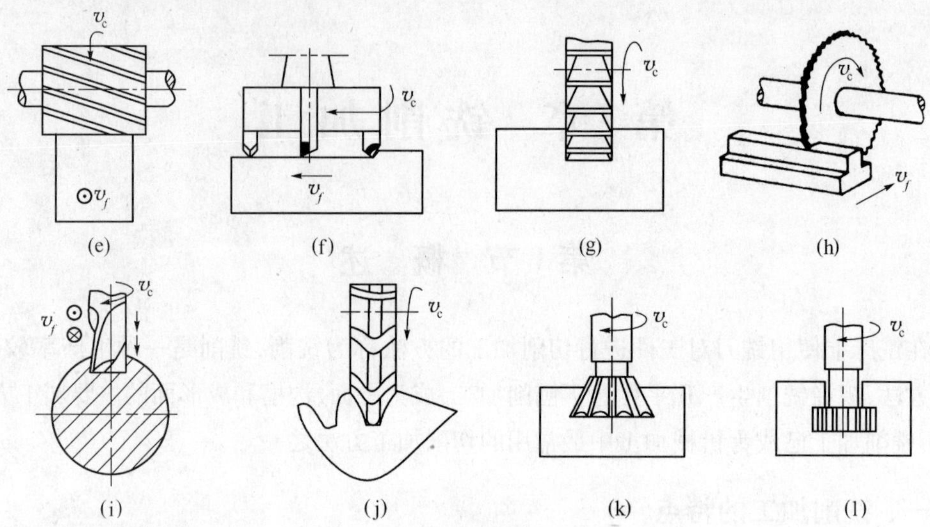

图 7－1 常见的铣削加工

(a) 立铣刀铣垂直面；(b) 立铣刀铣台阶面；(c) 立铣刀铣小凸台；(d) 立铣刀铣凹平面；(e) 圆柱铣刀铣平面；(f) 端铣刀铣平面；(g) 三面刃铣刀铣直槽；(h) 锯片铣刀切断；(i) 铣键槽；(j) 铣齿轮；(k) 铣燕尾槽；(l) 铣 T 形槽。

第 2 节 铣床及其附件

采用铣削加工方式的机床种类很多，最常见的有立式铣床、卧式铣床，两者区别在于前者主轴竖直放置，后者主轴水平放置。此外铣床还有龙门铣床和滚齿机等。下面以编号为 X5032、X6032 的铣床为例，具体说明铣床编号的含义，如表 7－1 所列。

表 7－1 铣床编号表

类		组		系		主参数	
代号	名称	代号	名称	代号	名称	折算系数 (1/10)	名称
X	铣床	5	立式升降台铣床	0	立式升降台铣床型	320mm	工作台面宽度
		6	卧式升降台铣床	0	卧式升降台铣床型	320mm	工作台面宽度

一、卧式升降台铣床

1. 机床结构

X6032 为卧式升降台铣床，其主轴轴线平行于工作台面，外形如图 7－2 所示，主要由床身、悬梁、主轴、工作台、升降台、底座组成。

2. 卧式升降台铣床各组成部分的作用

(1) 床身：床身是用来固定和支承铣床上所有部件，铣床的动力机构和主轴变速机构、主轴等都安装在床身内部。床身上部有水平导轨。

(2) 悬梁：悬梁也称横梁，前端装有吊架，以支承刀杆，增强刀杆的刚性。悬梁可沿床身的水平导轨移动，以调整其伸出长度。

(3) 主轴：主轴是一根定心轴，前端有7:24的精密锥孔，它可以安装铣刀刀杆并带动铣刀转动。

(4) 纵向工作台：纵向工作台位于转台的水平导轨上，由丝杠带动作纵向移动，以带动台面上的工件作纵向进给，台面上的 T 形槽用以安装 T 形螺栓以夹紧工件。

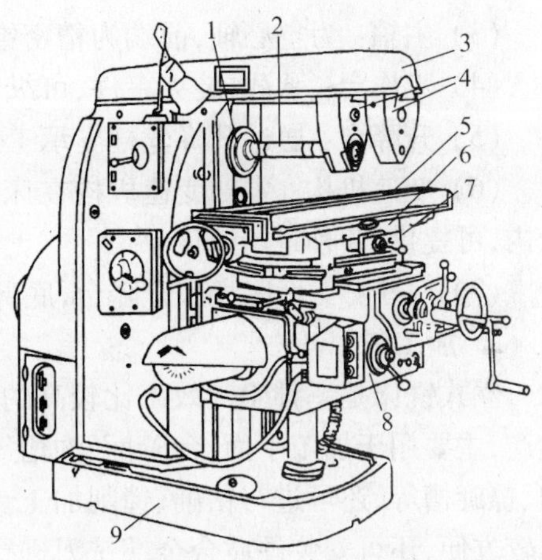

图 7－2　卧式升降台铣床

1—主轴；2—刀杆；3—衡梁；4—吊架；5—纵向工作台；6—转台；7—横向工作台；8—升降台；9—底座。

(5) 横向工作台：横向工作台位于升降台的水平导轨上，可带动纵向工作台一起作横向进给。

(6) 转台 转台可将纵向工作台在水平面内正、反向均可扳转 0°～45°角度，具有转台的卧式铣床称为卧式万能铣床。

(7) 升降工作台：位于床身的垂直导轨上，可以带动整个工作台上下移动，以调整工件到铣刀的距离，实现垂直进给，确定加工深度。

(8) 底座：底座用于支承床身和升降台，内装切削液，具有支承、固定、冷却等作用。

3. 加工范围

卧式升降台铣床适用于单件、小批量或成批生产，可铣削平面、台阶面、沟槽、切断等，配备附件可铣削齿条、齿轮、花键等工件。

二、立式铣床

1. 机床结构

下面以 X5032 为例，介绍立式升降台铣床。它与卧式铣床有很多地方相似，不同的是立式升降台铣床的床身无导轨，也无横梁，主轴和铣刀安装在铣床前上部的一个立铣头上。通常立式铣床在床身与立铣头之间还有转盘，转盘的圆周上有角度刻度，可使主轴倾斜成一定角度，铣削斜面。立式铣床的主轴轴线垂直于工作台面，外形如图 7－3 所示，主要由床身、立铣头、主轴、工作台、升降台、底座组成。

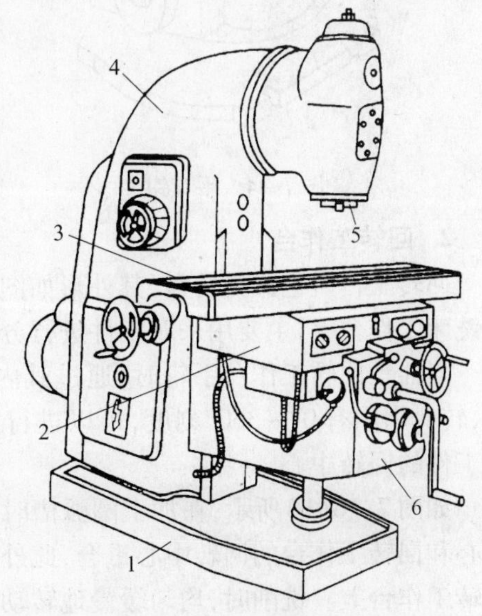

图 7－3　立式升降台铣床

1—底座；2—横向工作台；3—纵向工作台；4—床身；5—主轴；6—升降台。

(1) 床身：固定和支承铣床各部件。

(2) 立铣头：支承主轴，可左右倾斜一定角度。

（3）主轴：为空心轴，前端为精密锥孔，用于安装铣刀并带动铣刀旋转。

（4）工作台：承载、装夹工件，可纵向和横向移动，还可水平转动一定角度。

（5）升降台：通过升降丝杠支承工作台，可以使工作台垂直移动。

（6）变速机构：主轴变速机构在床身内，使主轴有18种转速，进给变速机构在升降台内，可提供18种进给速度。

（7）底座：支承床身和升降台，底部可存储切削液。

2. 加工范围

立式铣床是一种生产效率比较高的机床，既适用于单件、小批量生产，也适用于成批生产，主要用于加工平面、台阶面、沟槽等，配备附件可铣削齿条、齿轮、花键、圆弧面、圆弧槽、螺旋槽等，还可进行钻削、镗削加工。此外立式铣床操作时，调整和观察铣刀的位置也比较方便，还可安装硬质合金端铣刀进行高速铣削，故应用广泛。

三、常用铣床附件

1. 平口钳

平口钳是一种通用夹具，也是机床附件。平口钳的底座可以通过T形螺栓与铣床工作台稳固连接，钳口可夹持形状较规则、体积较小的工件。如图7-4所示。在铣床上安装平口钳时，应用百分表校正固定钳口与工作台面的垂直度、平行度，并且工件下面的垫铁1要压紧不能松动，如图7-5所示。

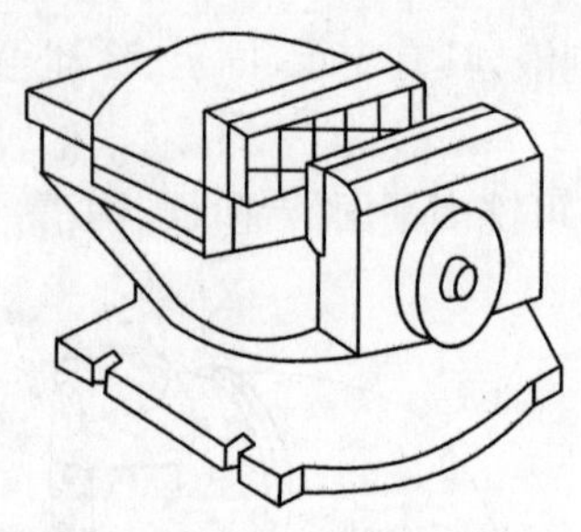

图7-4 平口钳

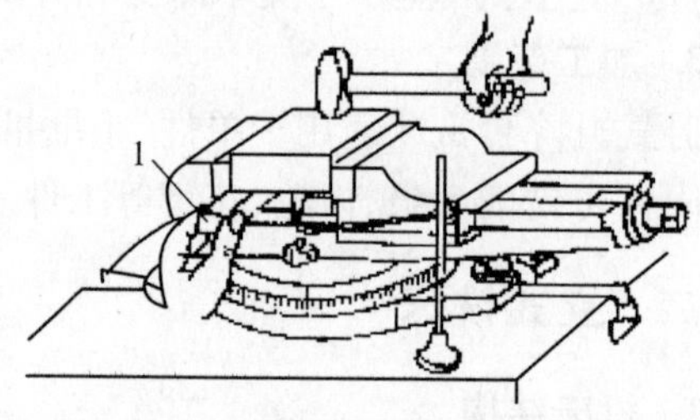

图7-5 平口钳安装工件并找正

2. 回转工作台

回转工作台也称为转盘，其外形如图7-6(a)所示。回转工作台可用T形螺栓固定在铣床工作台上，主要用来对工件进行分度和进行圆弧面、圆弧槽的铣削加工。

当摇动回转工作台手轮时，通过其内部的涡轮蜗杆传动机构，使转台绕中心轴线回转，转台周围有0°~360°刻度，可以进行定位和分度。转台中心的基准孔可以方便地确定工件的回转中心。

如图7-6(b)所示，在加工圆弧槽时，必须要在安装工件时找正，使工件上圆弧槽的圆心和回转工作台的回转中心重合，此外工件也可以用平口钳和三爪自定心卡盘安装在回转工作台上。铣削时，均匀缓慢地转动回转工作台的手柄，使回转工作台带动工件进行圆周进给，而铣出圆弧槽。

3. 万能铣头

立铣头安装在卧式铣床上，使卧式铣床可以完成立式铣床的工作，而且还可以根据铣

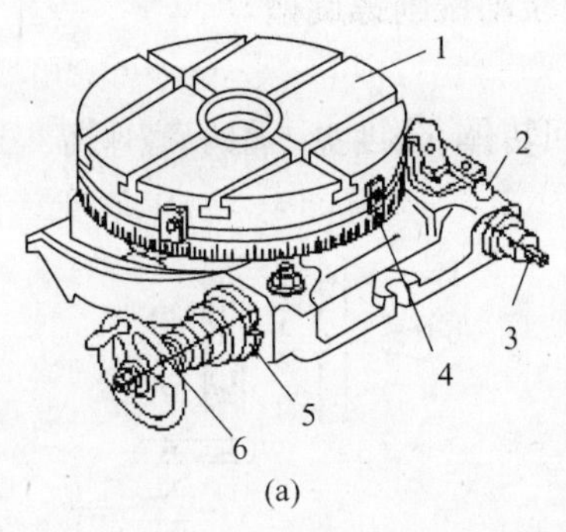

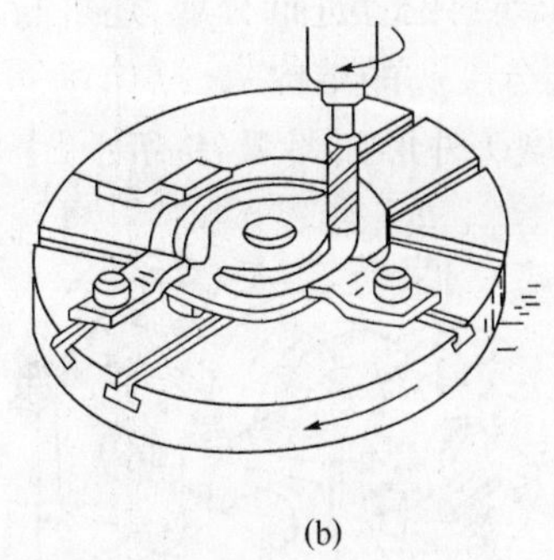

图 7－6　回转工作台及回转工作台铣圆弧槽

(a) 外形；(b) 在回转工作台铣圆弧槽。

1—转台；2—离合器手柄；3—转动轴；4—挡铁；5—偏心环；6—手轮。

削的需要将铣头主轴扳转任意角度，铣削各种类型和角度的表面。如图 7－7 所示为立铣头示意图。

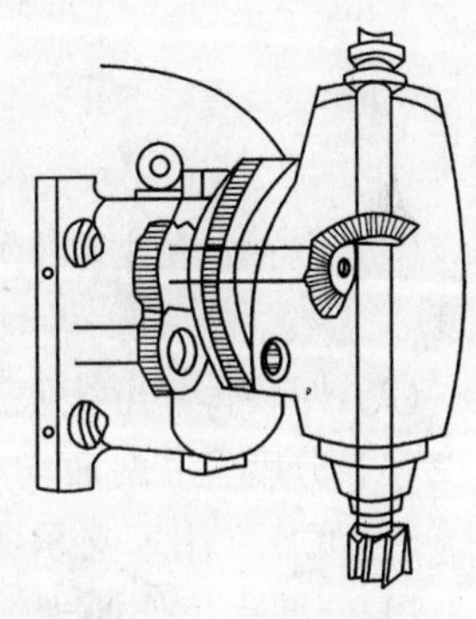

图 7－7　立铣头

万能立铣头外形如图 7－8 所示，其底座用螺钉固定在铣床的垂直轨道上。铣床主轴的运动通过铣头内的两对齿数相同的伞齿轮传到铣头主轴上，使铣床与铣头的转速比为 1∶1。万能立铣头位于大本体下面的小本体上，能在大本体上转动任意角度，如图 7－8(b)所示，而大本体可根据加工要求绕铣床主轴偏转任意角度，如图 7－8(c)所示，因此，万能铣头的主轴就能在空间偏转成任意的角度，使卧式铣床的加工范围更大。图 7－8(a)为铣刀在垂直位置。虽然加装立铣头的卧式铣床可以完成立式铣床的工作，但由于立铣头与卧式铣床的连接刚度比立式铣床差，铣削加工时切削量不能太大，所以不能完全替代立式铣床。

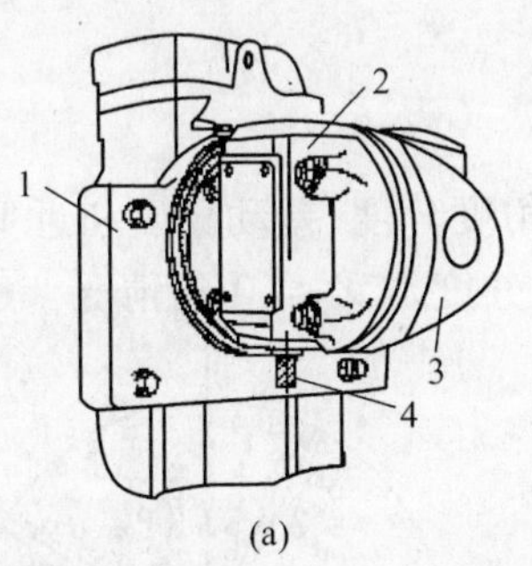

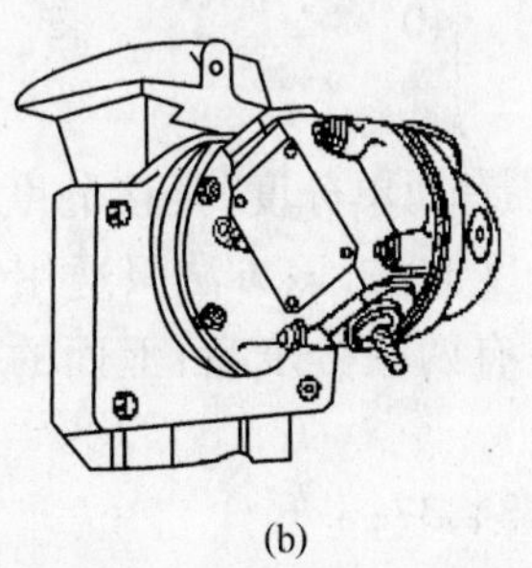

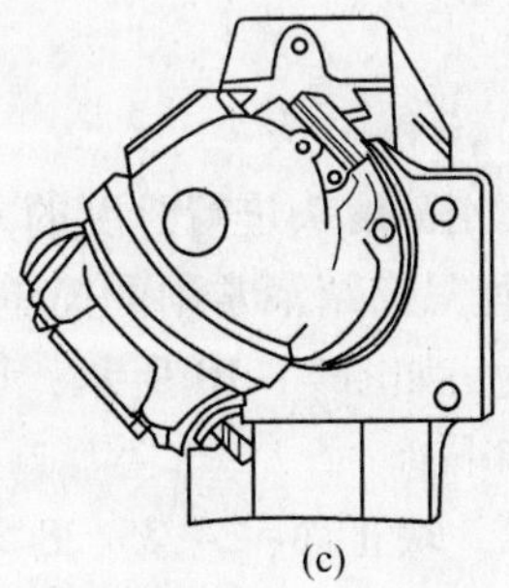

图 7－8　万能铣头

1—底座；2—小本体；3—大本体；4—铣刀。

4. 分度头

万能分度头是铣床重要的附件，利用分度头，可以根据加工的要求将工件在水平、倾斜或垂直的位置上进行装夹分度，如铣削四方、六方工件、花键、齿轮等，这时每铣过一个面或槽后，需要转过一定的角度，再依次进行铣削。万能分度头不仅可根据需要对工件在水平、垂直和倾斜位置进行分度,还可与工作台联动铣削螺旋槽。

1）万能分度头的结构

万能分度头外形如图7-9所示,由主轴、回转体、分度盘、手柄、底座等组成。

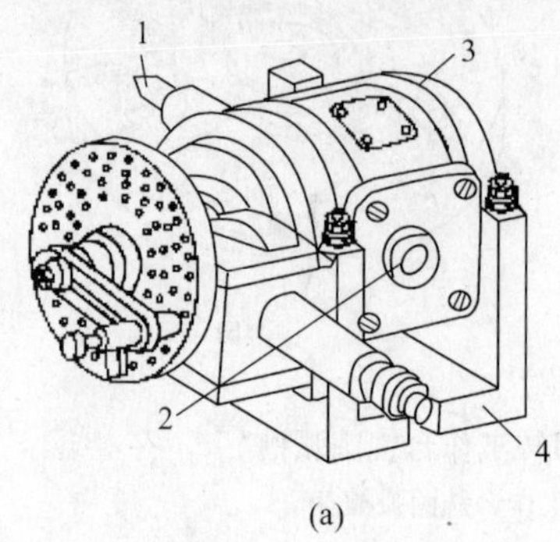

(a)

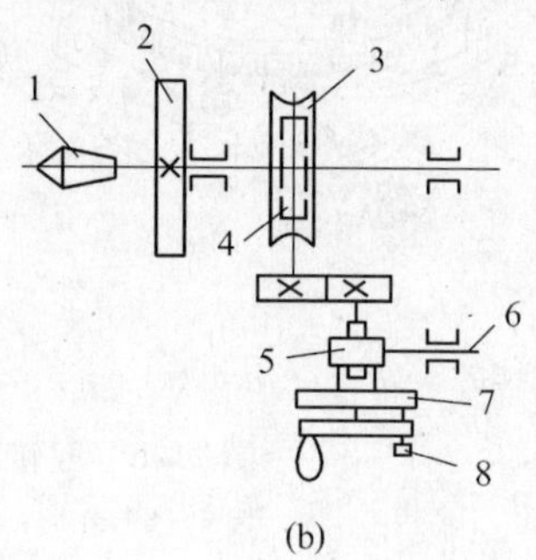

(b)

1—顶尖；2—主轴；3—回转体；4—底座。

1—主轴；2—刻度盘；3—蜗轮；4—蜗杆；5—螺旋齿轮；6—挂轮轴；7—分度盘；8—定位销。

(a) 外形；(b) 传动机构。

图7-9 万能分度头外形及传动机构

(1) 主轴：在主轴上可安装顶尖、三爪卡盘或四爪卡盘,主轴还可随回转体转动一定角度。

(2) 回转体：可绕底座环形槽转动一定的角度。

(3) 分度盘：两面均布分布不同孔数的定位孔圈。

(4)底座：用来支承各构件,并可通过T形螺栓固定在铣床工作台面上。

2）分度头工作原理

分度头的手柄与单头蜗杆相连,主轴上装有40齿的蜗轮组成蜗轮蜗杆机构,其传动比为1:40,即手柄转动一圈,主轴转动1/40圈。如要将工件在圆周上分z等分,则工件上每一等分为$1/z$圈,设主轴转动$1/z$圈时,手柄应转动n圈,则依照传动比关系式,有

$$\frac{1}{40}=\frac{n}{z}\text{即}n=\frac{40}{z}$$

3）分度方法

使用分度头进行分度的方法有简单分度、直接分度、角度分度、差动分度和近似分度等,这里只介绍最常用的简单分度方法,该方法只适用于分度数$Z\leqslant 60$的情况。FW250型分度头如图7-10所示,其备有两块分度盘,上面的孔圈数如下：

第一块正面：24、25、28、30、34、37；

反面：38、39、41、42、43；

第二块正面：46、47、49、52、53、54；

反面：57、58、59、62、66。

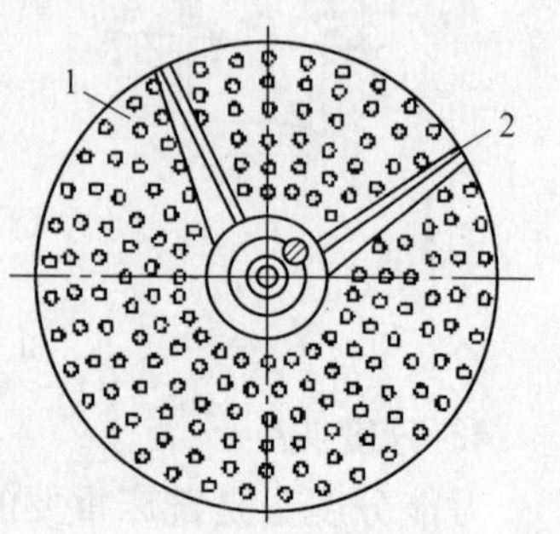

图7-10 分度盘

1—分度盘；2—分度尺。

例如铣削齿数$Z=26$的齿轮,每次分度时手柄应转动的圈数为

$$n=\frac{40}{26}=1\frac{7}{13}$$

即手柄应转动 1 整圈加 7/13 圈,7/13 圈的准确圈数由分度盘来确定。

分度时,先将分度盘固定,然后选择 13 的倍数的孔圈,假如我们选定 39 的孔圈,则 7/13 圈等于 21/39 圈,将手柄上的定位销调整到 39 的孔圈上,先将手柄转动 1 圈,再按 39 的孔圈转 21 个孔距即可。

4）分度头的应用

在分度头使用时,它的底座用螺钉紧固在工作台上,并调整使分度头的主轴和工作台面平行且与刀杆轴线垂直。

图 7 – 11 所示为分度头主轴轴线与铣床工作台台面平行度的校正,用直径 40mm、长 400mm 的校正棒插入分度头主轴孔内,以工作台台面为基准,用百分表测量校正棒两端,当两端值一致时,则分度头主轴轴线与工作台台面平行。

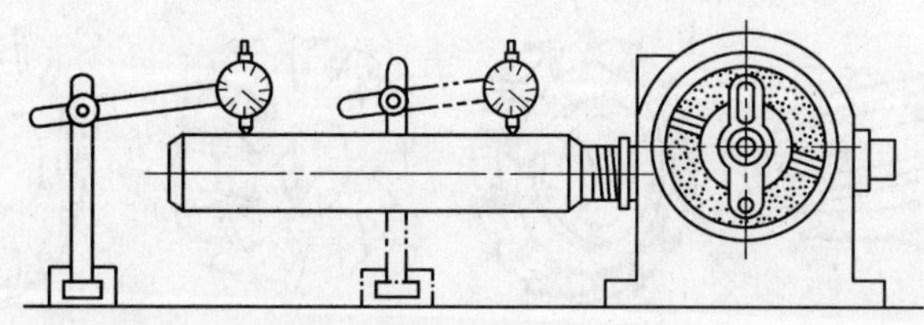

图 7 – 11　分度头主轴轴线与铣床工作台台面平行度的校正

分度头主轴与刀杆轴线垂直度的校正,如图 7 – 12 所示,将校正棒插入主轴孔内,使百分表的触头与校正棒的内侧面(或外侧面)接触,然后移动纵向工作台,当百分表指针稳定时则表明分度头主轴与刀杆轴线垂直。

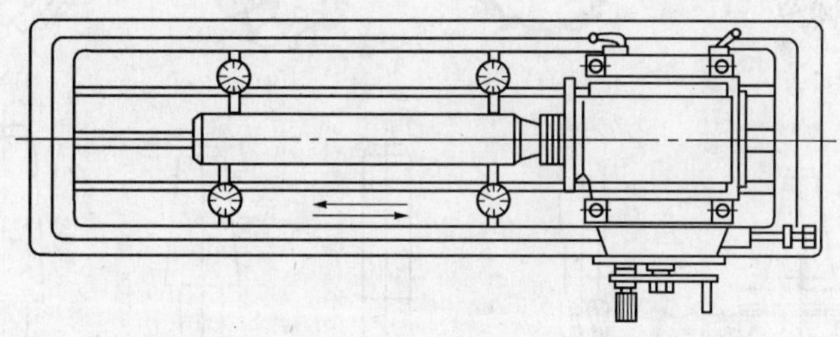

图 7 – 12　分度头主轴与刀杆轴线垂直度的校正

分度头与后顶尖同轴度的校正是先校正好分度头,然后将校正棒装夹在分度头与后顶尖之间以校正后顶尖与分度头主轴等高,最后校正其同轴度,即两顶尖间的轴线平行于工作台台面且垂直于铣刀刀杆,如图 7 – 13 所示。

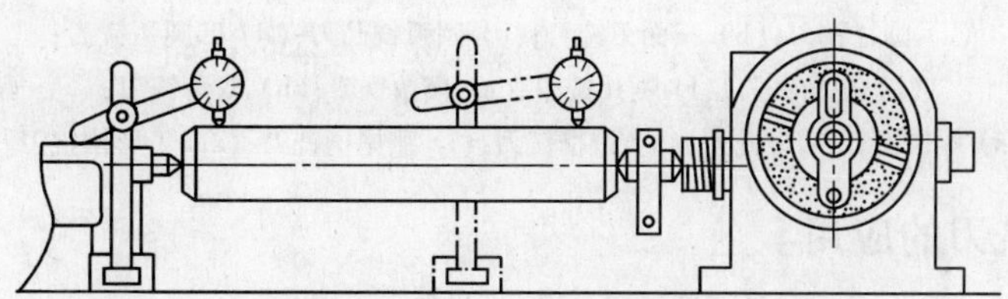

图 7 – 13　分度头与后顶尖同轴度的校正

第3节 铣刀种类及应用

一、常用铣刀的种类

铣刀种类很多,应用范围相当广泛,铣刀是一种多刃刀具,按照铣刀的安装方式可分为带孔铣刀和带柄铣刀。通过铣刀的孔来安装的铣刀称为带孔铣刀,一般用于卧式铣床,它一般是用刀杆安装,将刀具装在刀杆上,刀杆的一端为锥体,装入铣床前端的主轴锥孔内,刀杆的另一端装入铣床的吊架孔中。通过刀柄来安装的铣刀称为带柄铣刀。带柄铣刀又分为直柄铣刀和锥柄铣刀。常见的各种铣刀如图7-14所示。

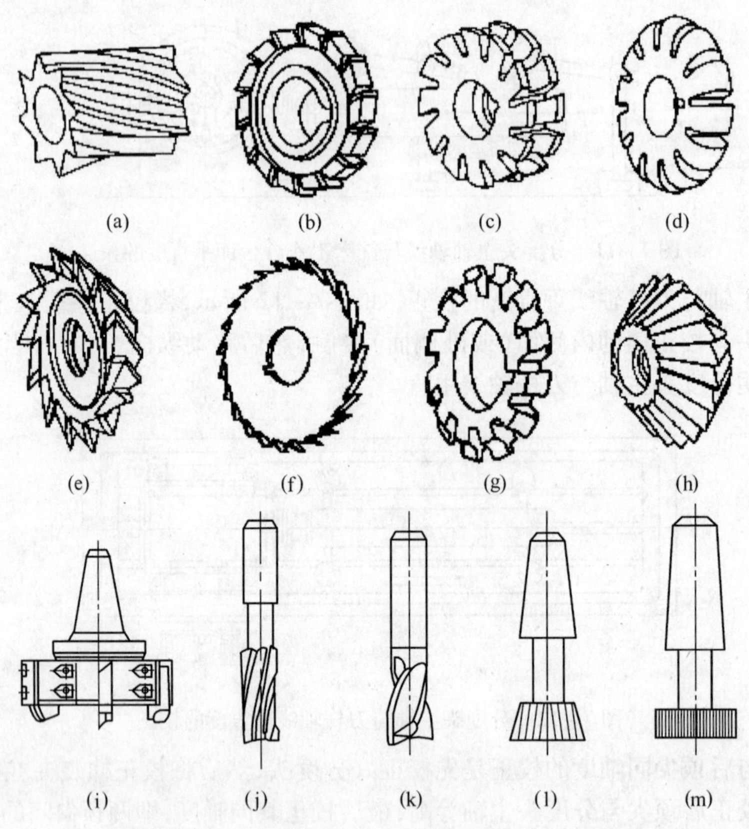

图7-14 铣刀种类

(a) 圆柱铣刀;(b) 三面刃铣刀;(c) 圆弧铣凸刀;(d) 凹圆弧铣刀;(e) 单角铣刀;(f) 锯片铣刀;(g) 模数铣刀;(h) 双角铣刀;(i) 端铣刀;(j) 立铣刀;(k) 键槽铣刀;(l) 燕尾槽铣刀;(m) T形槽铣刀。

二、带孔铣刀的应用

铣刀常用的材料有高速钢和硬质合金钢。一般带孔铣刀按外形主要分为以下几种:

(1) 圆柱铣刀:用于铣削中小型平面。

(2) 三面刃铣刀:由于侧面有刀刃,主要用于加工沟槽、小平面、台阶面及侧面。

（3）锯片铣刀：由于侧面没有刀刃，主要用于铣削窄槽、切断和分割工件与材料。

（4）圆盘铣刀：用于加工直沟槽，锯片铣刀用于加工窄槽或切断。

（5）角度铣刀：用于加工各种角度的沟槽。

（6）成形铣刀：用于加工有特殊外形的成形面，如齿轮轮齿、角度槽、斜面和凸、凹圆弧表面。

三、带柄铣刀的应用

带柄铣刀多用在立式铣床上。

（1）端铣刀：也称为镶齿端铣刀，主要用于加工大平面，由于刀盘上装有硬质合金刀片，可以进行高速铣削，工作效率很高。

（2）立铣刀：由于其端面有3个以上的刀刃，主要用于加工直沟槽、小平面和曲面。

（3）键槽铣刀：只有两条刀刃，其圆周和端面上的切削刃度可作为主切削刃，用于铣削轴上的封闭键槽，使用时先轴向进给切入工件，然后沿键槽方向铣出全槽。

（4）T形槽铣刀：铣削T形槽。

（5）燕尾槽铣刀：铣削燕尾槽。

四、铣刀的安装

1. 带孔铣刀的安装

在卧式铣床上，一般带孔铣刀常用刀杆来安装，如图7－15所示。将刀具安装在刀杆上，刀杆一端安装在卧式铣床的刀杆支架上，刀杆穿过铣刀孔，通过套筒将铣刀定位，然后将刀杆的锥体装入机床主轴锥孔，用螺纹拉杆将刀杆在主轴上拉紧，使之与主轴锥孔紧密配合。主轴的动力通过锥面和前端的键传递，带动刀杆旋转。刀杆的直径一般有16、22、27、32、40等规格。

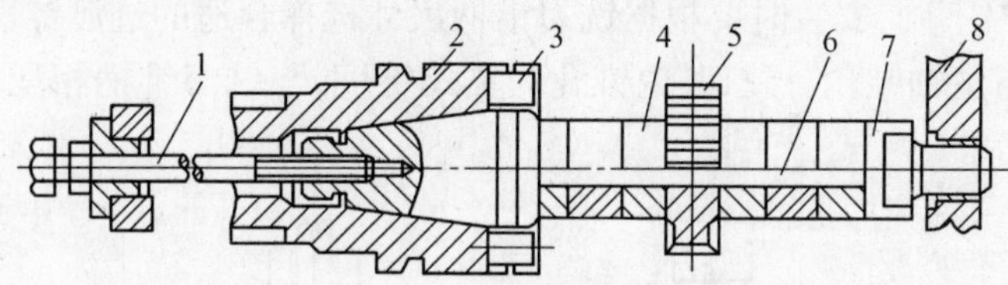

图7－15　带孔铣刀的安装示意图

1—拉杆；2—主轴；3—端面键；4—套筒；5—铣刀；6—刀杆；7—螺母；8—吊架。

用刀杆安装带孔铣刀时铣刀应尽量靠近主轴或吊架，以减少刀杆的变形，提高加工精度，套筒的端面和铣刀的端面必须干净，以减少铣刀的端面跳动，拧紧刀杆的压紧螺母时，必须先装上吊架，以防止刀杆受力弯曲。图7－16所示为安装圆柱铣刀的步骤。

（1）刀杆上先套上几个垫圈3，在刀杆的键槽重装入键1，然后套上铣刀2。如图7－16(a)所示。

（2）在铣刀的外侧刀杆上再套上几个垫圈后，拧上螺母4(左旋)。如图7－16(b)所示。

（3）在铣床上装上吊架6，拧紧支架紧固螺钉5，如图7－16(c)所示。

（4）初步拧紧螺母4，开车观察铣刀是否装正，最后拧紧螺母，如图7－16(d)所示。

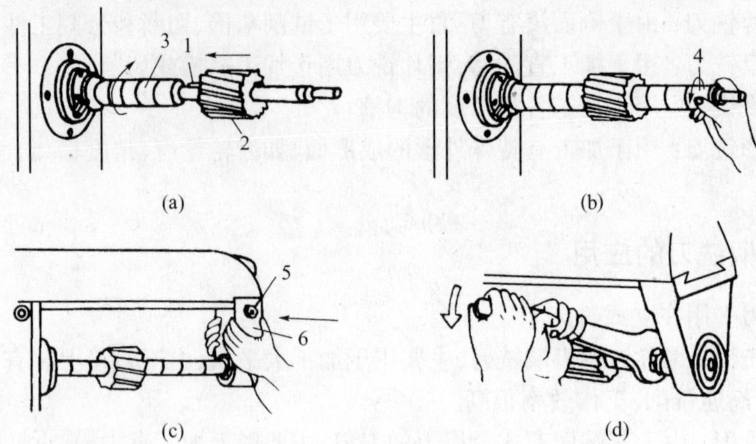

图 7－16　圆柱铣刀的安装步骤

（a）安装刀杆和铣刀；（b）套上几个套筒，拧上螺母；（c）装上吊架；（d）拧紧螺母。

2. 带柄铣刀的安装

带柄铣刀有直柄铣刀和锥柄铣刀两种。直柄铣刀直径较小，一般不大于 20mm，多用弹簧夹头进行安装。当铣刀的直柄插入弹簧夹头的光滑圆孔时，由于弹簧夹头的上面有 3 个开口，当螺母压紧弹簧夹头的顶端时，使弹簧套的外锥面受挤压而孔径变小，将铣刀夹紧。弹簧夹头有多种孔径，以适用不同直径的直柄铣刀，夹头体后端的锥柄可以安装在铣床的主轴锥孔内，当锥孔不合适时，可加变径套。铣床的主轴通常采用锥度为 7: 24 的内锥孔。

锥柄铣刀有两种规格，一种锥柄锥度为 7: 24，一种锥柄锥度采用莫氏锥度（一般为 2°～4°莫氏锥度）。锥柄铣刀的锥柄上有螺纹孔，可通过拉杆将铣刀拉紧，安装在主轴上。锥度为 7: 24 的锥柄铣刀可直接或通过锥套安装在主轴上，采用莫氏锥度的锥柄铣刀，由于与主轴锥度规格不同，安装时要根据铣刀锥柄尺寸选择合适的过渡锥套，过渡锥套的外锥锥度为 7: 24，与主轴锥孔一致，其内锥孔为莫氏锥度，与铣刀锥柄相配。锥柄铣刀的安装如图 7－17 所示。

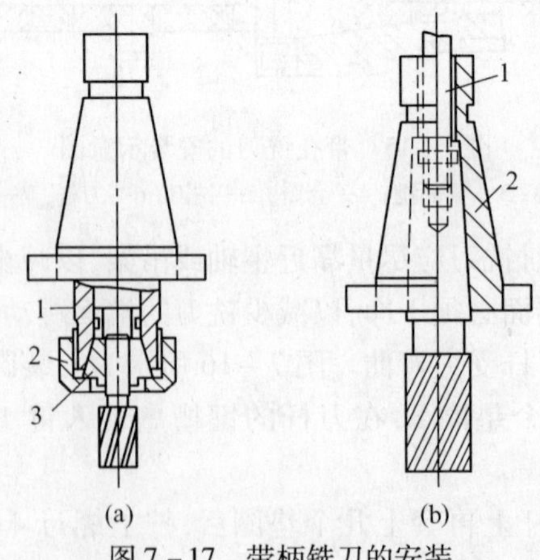

图 7－17　带柄铣刀的安装

（a）直柄铣刀的安装；（b）锥柄铣刀的安装。

1—夹头体；2—螺母；3—弹簧套。 1—拉杆；2—变锥套。

第 4 节　铣削运动及铣削用量

一、铣削运动

铣削运动分为主运动和进给运动。铣刀的旋转运动是铣削的主运动，进给运动是指工件随着工作台缓慢的直线移动，如图 7－18 所示。

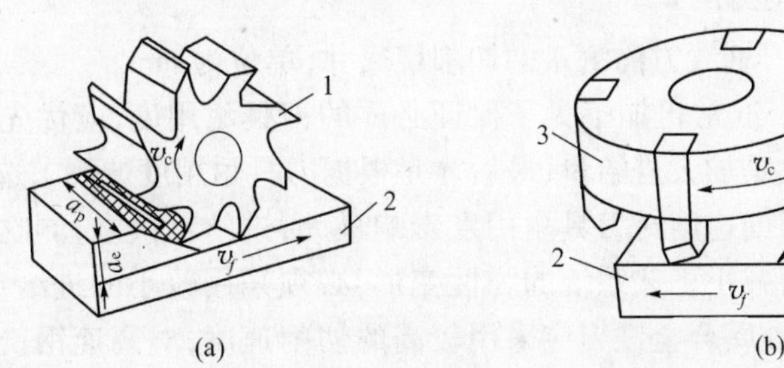

图 7－18　铣削运动

(a) 卧铣铣平面的铣削运动；(b) 立铣铣平面的铣削运动。

1—圆柱铣刀；2—工件；3—端面铣刀。

二、铣削用量

铣削用量是由铣削速度 v_c、进给量 f、背吃刀量（铣削深度）a_p 和侧吃刀量 a_c（又称铣削宽度）四要素组成。在铣削加工中应根据工件的材料特性、铣刀的类型等多种因素来选择适当的切削用量，以获得最佳加工效率。

1. 铣削速度 v_c

铣削速度即为铣刀最大直径处的线速度，可由下式计算

$$v_c = \pi dn/1000\,(\mathrm{m/min})$$

式中：v_c 为切削速度（m/min）；d 为铣刀直径（mm）；n 为铣刀每分钟转数（r/min）。

2. 进给量 f

铣削时，工件在进给运动方向上相对刀具的移动量即为铣削时的进给量。由于铣刀为多刃刀具，计算时按单位时间不同，有以下 3 种度量方法。

(1) 每齿进给量 f_Z：指铣刀每转过一个刀齿时，工件对铣刀的进给量（即铣刀每转过一个刀齿，工件沿进给方向移动的距离），其单位为 mm/z。

(2) 每转进给量 f_n：指铣刀每转过一周，工件对铣刀的进给量（即铣刀每转一周，工件沿进给方向移动的距离），其单位为 mm/r。

(3) 每分钟进给量 v_f：又称进给速度，指工件对铣刀每分钟进给量（即每分钟工件沿进给方向移动的距离），其单位为 mm/min。

上述三者的关系为

$$v_f = f \cdot n = f_Z Z \cdot n$$

式中：Z 为铣刀齿数；n 为铣刀每分钟转速（r/min）。

3. 背吃刀量（又称铣削深度 a_p）

铣削深度为平行于铣刀轴线方向测量的切削层尺寸（切削层是指工件上正被刀刃切削着的那层金属），单位为 mm。因周铣与端铣时相对于工件的方位不同，故铣削深度的表示也有所不同。

4. 侧吃刀量（又称铣削宽度 a_e）

铣削宽度是垂直于铣刀轴线方向测量的切削层尺寸，单位为 mm。

铣削用量选择的原则：通常粗加工为了保证必要的刀具耐用度，应优先采用较大的侧吃刀量或背吃刀量，其次是加大进给量，最后才是根据刀具耐用度的要求选择适宜的切削速度，这样选择是因为切削速度对刀具耐用度影响最大，进给量次之，侧吃刀量或背吃刀量影响最小；精加工时为减小工艺系统的弹性变形，必须采用较小的进给量，同时为了抑制积屑瘤的产生。对于硬质合金铣刀应采用较高的切削速度，对高速钢铣刀应采用较低的切削速度，如铣削过程中不产生积屑瘤时，也应采用较大的切削速度。

第5节 铣削加工

一、工件的安装

铣削加工常用的工件安装方法，除了采用专用的附件和夹具装夹工件外，常用的装夹方法有平口钳装夹、压板和螺栓装夹、V 形铁装夹。

1. 用平口钳安装

小型工件和形状规则的工件多用平口钳安装，图 7－19 所示为用平口钳装夹工件后铣削的示意图。

用平口钳装夹工件时，工件必须要高出平口钳的钳口，以免铣削时铣着钳口，若工件高度不够，可用平行垫铁将工件垫高，使工件高出平口钳的钳口，为了安装时能夹紧工件，要注意把平整的平面紧贴在垫铁和钳口上，以防止铣削时工件移动，为了保护钳口免受损坏，可在钳口处垫铜皮，在夹紧已加工的表面时也要在钳口处垫铜皮。在夹紧工件时，应边夹紧工件边用手锤轻击工件的上面，在锤击已加工过的表面时，应使用铜锤或木锤，在工件下面有垫铁时，夹紧后用手挪动垫铁检查夹紧程度，如有松动，应松开平口钳重新夹紧，对刚性不足的工件，夹紧时要支实，避免在夹紧时工件变形。

2. 用 V 形铁安装夹紧

在铣削轴类零件的键、轴肩或在轴上铣削平面时，常把轴类零件夹持在 V 形铁上铣削，如图 7－20 所示。

3. 用压板安装夹紧

如图 7－21 所示，对于较大或形状特殊的工件，可用压板 1、螺栓 2 直接安装在铣床的工作台上，并使用挡块 3 挡在铣削受力方向，防止工件在铣削时发生滑动。图 7－22 所示为用压板装夹工件铣平面。

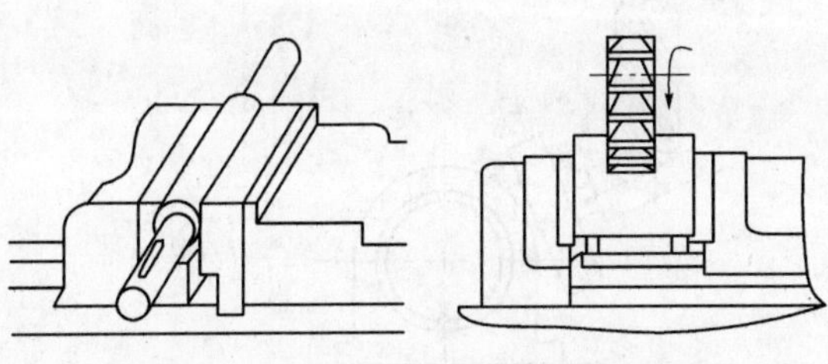

图 7－19　用平口钳安装工件铣削

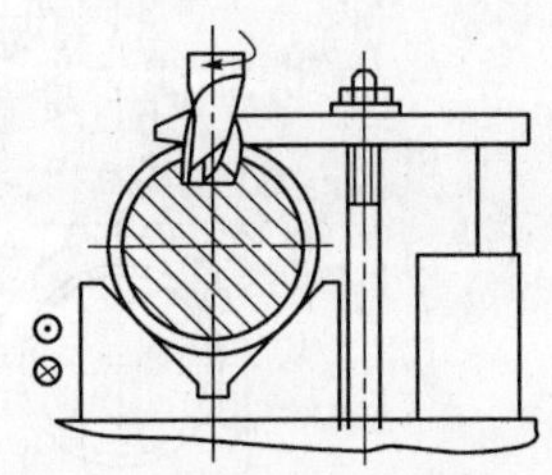

图 7－20　V 形铁安装

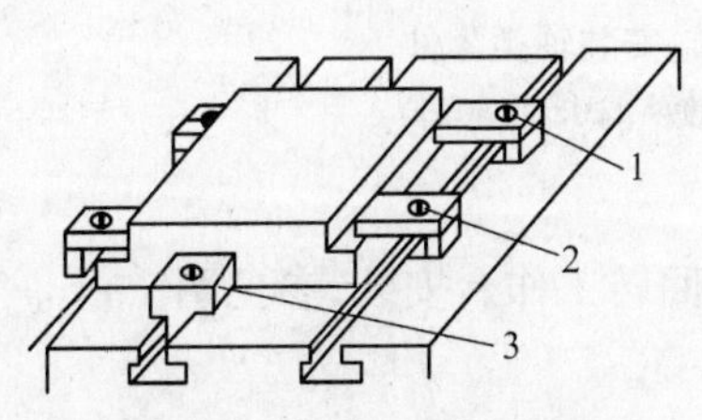

图 7－21　压板装夹工件

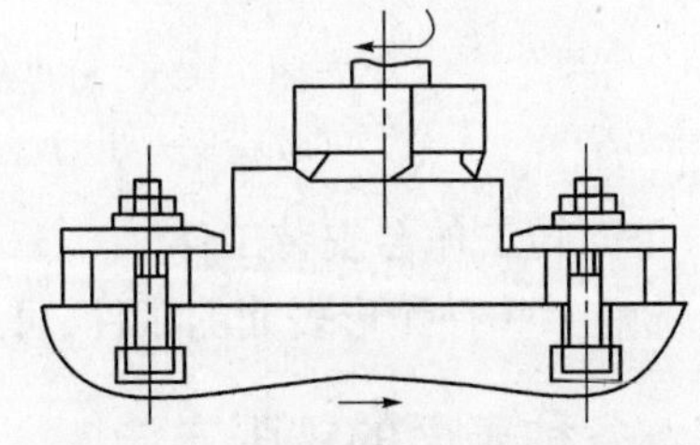

图 7－22　压板装夹工件铣平面

用压板或 V 形铁安装夹紧，一般都使用压板，压板的位置要安放得当，尽可能靠近切削面，且夹紧力大小要适当，粗加工时压紧力大些，精加工时，为了防止工件变形，可小些。在工件夹紧后，要用划针检查工件是否与工作台平行，避免工件在压紧过程中变形。

用压板或 V 形铁安装夹紧，压板必须压在垫铁上，以免工件受力变形，工件如果放在垫铁上，要检查工件与垫铁是否贴紧，若没有贴紧，必须垫上铜片，直到贴紧为止。

用压板或 V 形铁安装夹紧薄壁工件时，应避免工件在铣削时产生振动或变形。

4. 用夹具安装

用各种简易和专用夹具安装工件，如图 7－23 所示，可提高生产效率和加工精度。

当零件的批量较大时，一般就会采用专用夹具或组合夹具安装工件，这样既能提高生产效率，又能保证生产质量。

5. 用分度头安装工件

铣削加工各种需要分度工作的工件，可用分度头安装，图 7－24 所示为用分度头和顶尖安装工件进行铣齿轮。

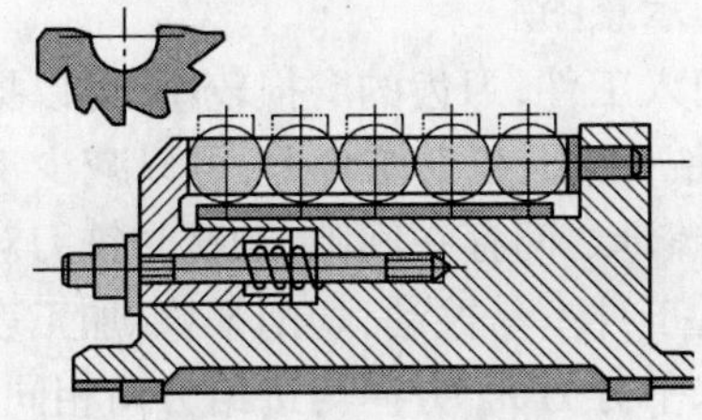

图 7－23　用夹具安装工件

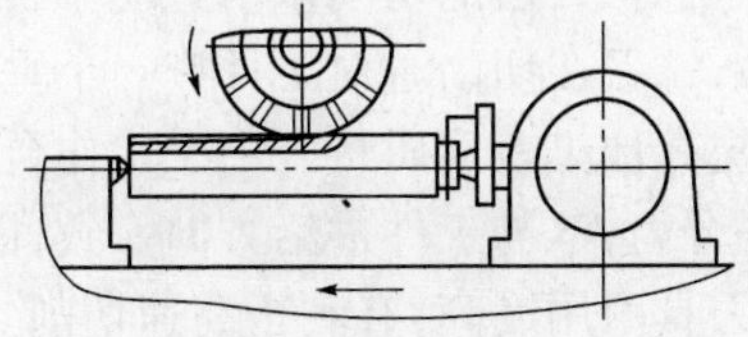

图 7－24　用分度头顶尖安装工件铣削

用分度头还可配合卡盘一起安装轴类零件，由于分度头的主轴可以在垂直平面内转动，因此可以用分度头在水平、垂直及倾斜位置安装工件，如图 7－25 所示。

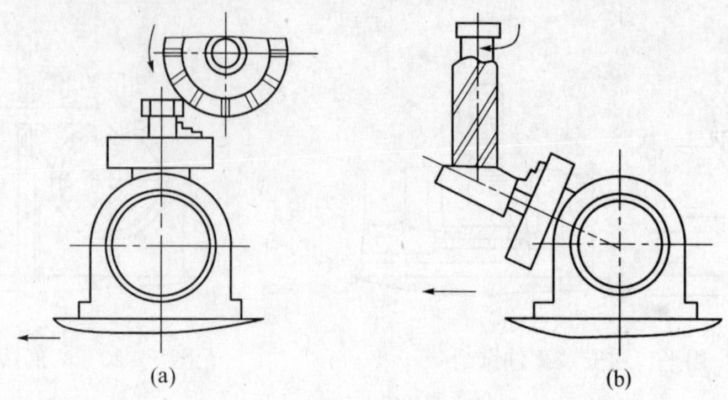

图 7-25 分度头配合卡盘一起安装轴类零件
(a) 分度头与卡盘(直立);(b) 分度头与卡盘(倾斜)。

6. 用回转工作台安装工件

当铣削一些有弧形表面的工件,可通过圆形的回转工作台安装,参见图 7-6。

二、各种表面的铣削方法

在铣床上利用各种附件和使用不同的铣刀,可以铣削平面、沟槽、成形面、螺旋槽、钻孔和镗孔等。

1. 平面铣削

在铣床上铣削平面时,通常使用的刀具有圆柱铣刀或端面铣刀、套式立铣刀,此外还有三面刃铣刀和立铣刀。在卧式和立式铣床均可铣削平面。

1) 圆柱铣刀铣削平面

在卧式铣床铣削平面,铣出的平面与工作台台面平行。圆柱形铣刀的刀齿有直齿与螺旋齿两种,由于螺旋齿刀齿在铣削时是逐渐切入工件的,铣削较平稳,因此,铣削平面时均采用螺旋齿圆柱形铣刀。图 7-26 所示为用圆柱铣刀铣削平面的示意图。

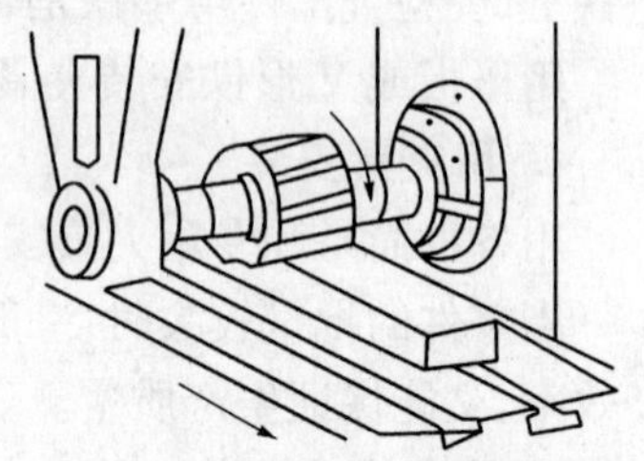

图 7-26 圆柱铣刀铣削平面

用圆柱铣刀铣平面有顺铣和逆铣两种方式。用圆柱铣刀铣平面是用铣刀周边刀齿进行切削,称为周铣法,当刀齿的旋转方向与工件的进给方向相同时为顺铣;当刀齿的旋转方向与工件的进给方向相反时为逆铣。图 7-27 所示为顺铣与逆铣的工作示意图。

顺铣时,刀齿的切削量由大变小,使刀齿易于切入工件,刀齿的磨损较小,可以提高刀具寿命,铣刀在切削时对工件有一个垂直分力 F_v,将工件压在工作台上,可以减少工件的振动,提高加工表面质量。由于工作台进给丝杆与螺母之间存在间隙,顺铣时铣刀对工件的水平分力 F_h 与工件进给方向一致,因此,顺铣时,工件不易振动,切削平稳,加工表面质量好,刀具耐用度高,有利于高速切削。但这时的水平分力 F_h 方向与进给方向相同,当工作台丝杆与螺母有间隙时,容易使进给丝杆与螺母之间的工作面发生脱离,工作台产生窜动,使切削不平稳,甚至打刀,进给量发生突变,也易造成啃刀现象,严重时造成刀具或机床损坏。当铣削加工余量较小,对工件表面加工质量要求高,机床具有进给丝杆与螺母消隙机构时,另外还要求工件表面无硬皮时,才能采用顺铣。

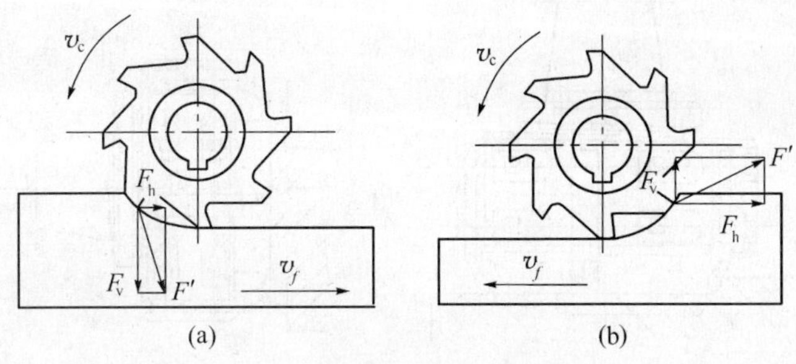

图 7－27　圆柱铣刀铣削方式
（a）顺铣；（b）逆铣。

逆铣时，刀齿的切削量由小变大，由于刀齿切削刃有一定的钝圆，所以刀齿要滑行一段距离才能切入工件，就使刀齿切入工件有一段滑行挤压过程，刀刃与工件摩擦严重，使刀齿的磨损较大，同时也使已加工表面的粗糙度增大。铣刀在切削时对工件的垂直分力 F_v 是向上的，使工件产生上台趋势，造成周期性振动，影响表面加工质量。逆铣时铣刀对工件的水平分力 F_h 与工件进给方向相反，使进给丝杆与螺母相互压紧，工作台不会发生窜动现象。当铣削加工余量较大，对工件表面加工质量要求不高时，一般都采用逆铣加工。

综上所述，从提高刀具耐用度和工件表面质量以及增加工件夹持的稳定性等观点出发，一般以采用顺铣法为宜。但需要注意的是，铣床必须具备丝杠与螺母的间隙调整机构，且间隙为零时才能采取顺铣。目前，除万能升降台铣床外，尚没有消除丝杠与螺母之间间隙的机构，所以，在生产中仍多采用逆铣法。另外，当铣削带有黑皮的工件表面时，如对铸件或锻件表面进行粗加工，若用顺铣法，因刀齿首先接触黑皮将会加剧刀齿的磨损，所以应采用逆铣法。

2）端铣刀铣削平面

用铣刀端面刀齿进行切削，为端铣法。用端铣刀加工平面，因其刀杆刚性好，同时参加切削的刀齿较多，铣削平稳，振动小，加上端面刀齿副切削刃有修光作用，加工表面的质量好，工件表面粗糙度较低，可以采用较大的切削量进行铣削加工，铣削效率较高，加工较大平面时应优先采用，如图 7－28 所示。端铣平面是平面加工的最主要方法。

3）其他铣刀铣平面的方法

其他铣刀铣平面的方法，主要有套式立铣刀，此外还有三面刃铣刀和立铣刀铣削平面及孔内腔平面。如图 7－29 所示为套式立铣刀铣平面。

4）铣削平面的步骤及操作要点

（1）选择铣刀。根据工件的形状及加工要求选择铣刀，加工较大平面应选择端铣刀，加工较小的平面一般选择铣削平稳的圆柱螺旋铣刀。铣刀的宽度应尽量大于待加工表面的宽度，减少走刀次数。

（2）安装铣刀。

（3）选择夹具及装夹工件。根据工件的形状、尺寸及加工要求选择平口钳、回转工作台、分度头或螺栓压板等。

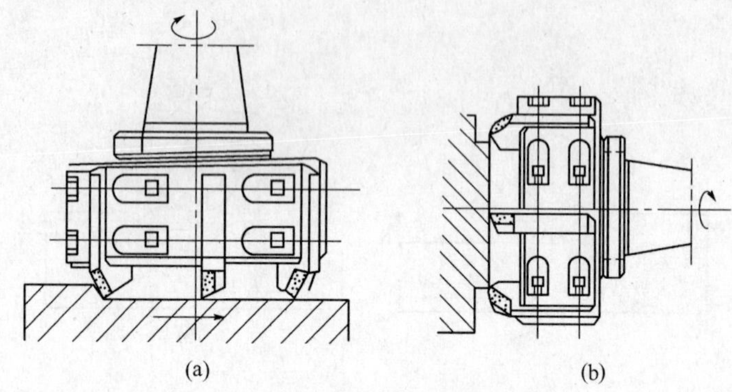

图 7-28 铣端面
(a) 在立铣床上铣端面；(b) 在卧铣床上铣端面。

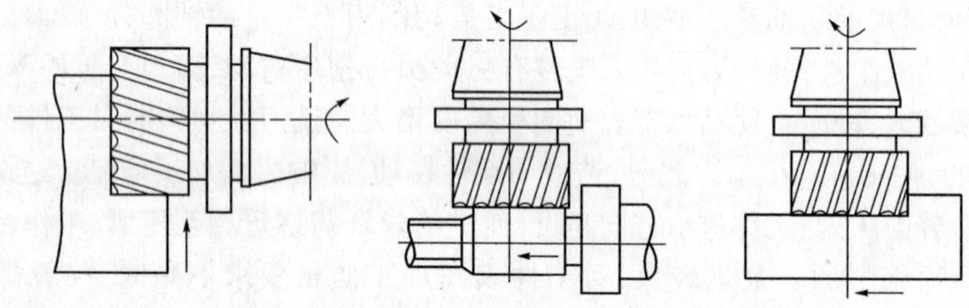

图 7-29 套式立铣刀铣平面

(4) 选择铣削用量。根据工件材料特性、刀具材料特性、加工余量、加工要求等制定合理的加工顺序和切削用量。

(5) 调整机床。检查铣床各部件及手柄位置，调整主轴转速及进给速度。

(6) 铣削操作。① 开车使铣刀旋转，升高工作台，让铣刀与工件轻微接触。

② 水平方向退出工件，停车，将垂直进给丝杆刻度盘对准零线。

③ 根据刻度盘刻度将工作台升高到预定的切削深度，紧固升降台和横向进给手柄。

④ 开车使铣刀旋转，先手动纵向进给，当工件被轻微切削后改用自动进给。

⑤ 铣削一遍后，停自动进给，停车，下降工作台。

⑥ 测量工件尺寸，观察加工表面质量，重复对工件进行铣削加工达到合格尺寸。

⑦ 卸下工件，去毛刺，检查工件尺寸是否达到零件图纸的要求。

2. 铣削台阶面

在铣床上铣台阶面时，可用三面刃铣刀或立铣刀，在成批生产中，也可用组合铣刀同时铣削几个台阶面，如图 7-30 所示。

3. 铣削斜面

斜面是指工件上即不水平，又不垂直的平面。铣削斜面常采用以下 3 种方法进行加工：

(1) 将工件的斜面装夹成水平面进行铣削，装夹方法有

① 将斜面垫铁 3 垫在工件 1 基面下，使被加工斜面垫成水平面，转化为用加工平面的方法加工斜面，如图 7-31(a)所示。

② 将工件装夹在分度头上，利用分度头将工件的斜面转到水平面，如图 7-31(b)所示。

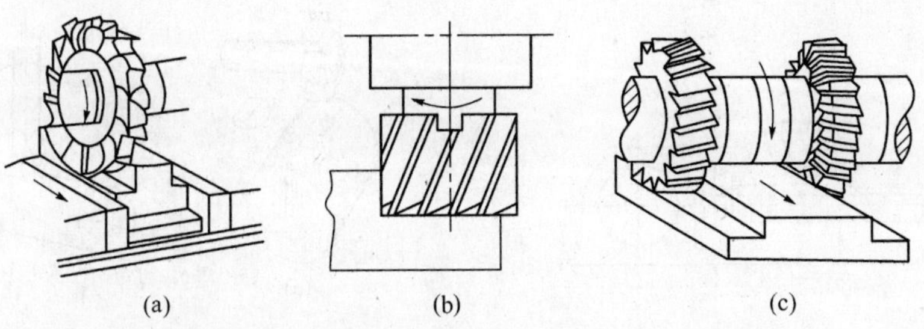

图 7－30　铣台阶面

（a）用一把三面刃铣刀铣阶台；（b）用端铣刀铣阶台；（c）用组合三面刃铣刀铣阶台。

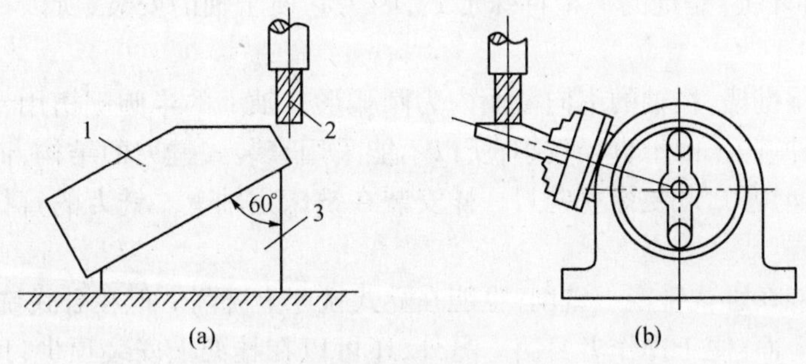

图 7－31　铣削斜面

（a）用垫铁方法；（b）用分度头方法。

用此方法加工斜面，要先将待加工的工件斜面划出加工线来，然后用垫铁、平口钳、分度头或专用夹具倾斜安装工件，按划线校正或由夹具定位确定加工位置，即可铣削加工出所需的斜面。

（2）利用具有一定角度的角度铣刀 1 可铣削相应角度的斜面，如图 7－32 所示，一般可以铣削较小的斜面。

（3）利用万能立铣头铣削斜面，将立铣头的主轴旋转一定角度可铣削相应的斜面，如图 7－33 所示。

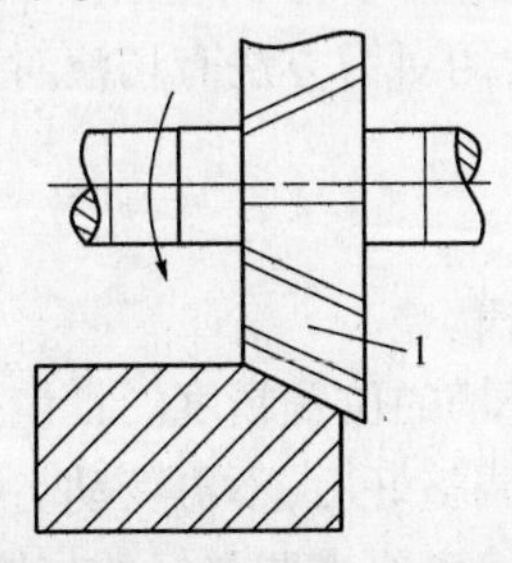

图 7－32　角度铣刀铣斜面

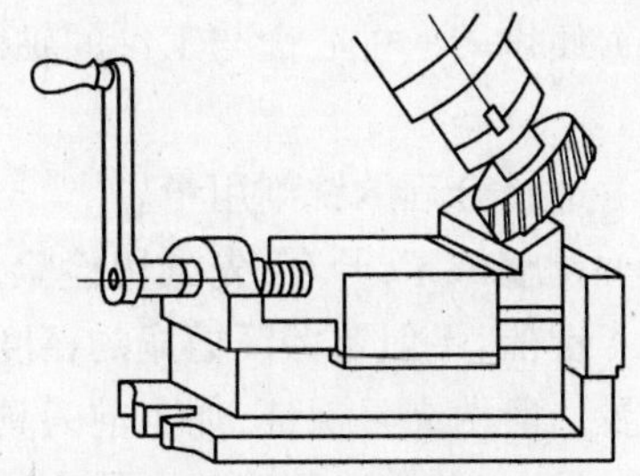

图 7－33　用万能立铣头铣削斜面

4. 铣削沟槽

1）铣削键槽

常见的键槽有敞口式和封闭式两种，敞口式键槽可在卧式铣床上用三面刃铣刀铣削，工件可用平口钳和分度头进行安装，如图 7－34 所示。对于封闭式键槽，一般在立式铣床上采用键槽铣刀或在卧铣上用半圆键铣刀铣削，如图 7－35 所示。

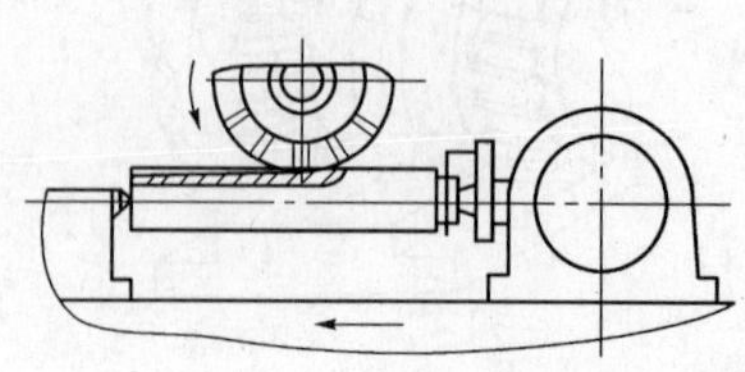

图 7-34 敞口式键槽的铣削

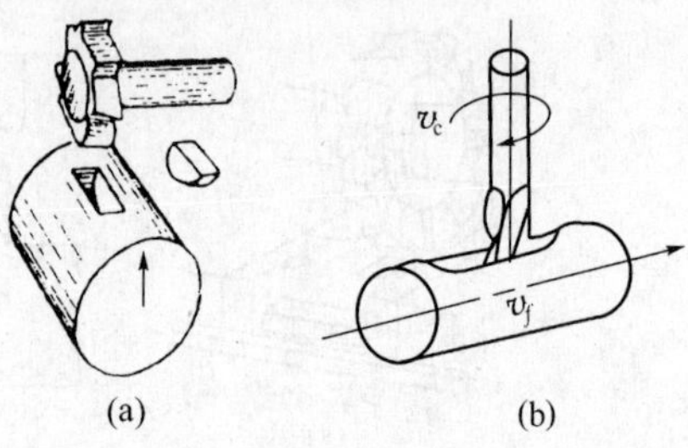

图 7-35 用键铣刀铣削封闭式键槽
(a) 半圆键铣刀铣键;(b) 键槽铣刀铣键。

半圆键(月牙键)是键的一种特殊形式,因为它便于轴的安装,所以在机械传动中被广泛地采用。

轴上的半圆键槽,在轴的纵向截面内为圆弧形。轴上的半圆键槽用专门的半圆键槽铣刀铣削。这种铣刀,由于直径较小,所以不能采用套装式铣刀的结构,而是做成带有圆柱柄的整体带柄铣刀,以便像立铣刀一样安装在铣床主轴上。铣刀的直径应与半圆键槽的圆弧直径相同。

半圆键槽能在卧式铣床上铣削,也能在立式铣床上铣削。但在卧式铣床上铣削时,铣刀是在工件的上面,便于操作者目测。另外,还可以在挂架上安装顶尖,顶牢铣刀前端的中心孔,以增加铣刀刚性,故用得较多。

在卧式铣床上铣削时,工件只作垂直进给,由工作台纵向和横向移动来调整半圆键槽铣刀的准确位置。铣削时,切削量逐渐加大,所以应特别注意。当到深度还有 0.5mm ~ 1mm 时,应改为缓慢进给,否则会因铣削过深而出现废品。

键槽的铣削方法:

(1) 选择铣刀。根据键槽的形状及加工要求选择铣刀,如铣削半圆键槽应采用半圆键槽铣刀,铣削封闭式键槽选择键槽铣刀。

(2) 安装铣刀。

(3) 根据工件的形状、尺寸及加工要求选择装夹方法。

(4) 使铣刀的中心面与工件的轴线重合,即对刀,常用对刀方法有切痕对刀法和划线对刀法。

(5) 选择合理的铣削用量。

(6) 调整机床,开车,先试切检验,再铣削加工出键槽。

加工键槽,不但要保证槽宽的精度,而且还要保证键槽的位置精度。批量生产时工件安装位置一般由夹具保证,加工前刀具与夹具相对位置调整好后,不再变动。但由于工件直径有差异,安装方法不当就会使不同直径的工件中心偏离原来调整好的位置,结果使键槽位置亦产生了偏差。

轴上键槽也通常用键槽铣刀在专用的键槽铣床上加工完成。此外,花键键槽也可以在铣床上加工。

2) 铣削 T 形槽

T 形槽应用广泛,如铣床、钻床和刨床的工作台多具有 T 形槽,以便配置螺纹,安装夹具或工件。

铣削 T 形槽步骤：

(1) 在立式铣床上用立铣刀或在卧式铣床上用三面刃盘铣刀铣出直角槽，如图 7－36(a)、(b)所示。

(2) 在立式铣床上用 T 形槽铣刀铣出 T 形底槽，如图 7－36(c)所示。

(3) 用倒角铣刀对槽口进行倒角，如图 7－36(d)所示。

由于 T 形槽铣刀的颈部较细，排屑较困难，且 T 形槽铣刀的强度较差，易折断，铣 T 形槽时铣削条件差，因此应选择较小的铣削用量，并在铣削过程中应充分冷却和及时排除切屑。

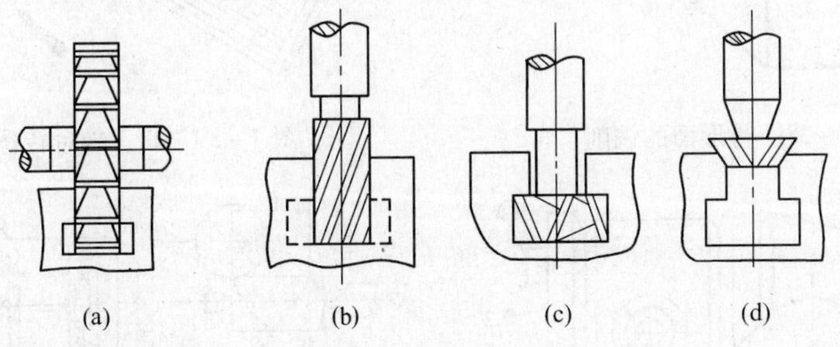

图 7－36　铣削 T 形槽

5. 周边具有曲线轮廓的工件的铣削

有些工件的周边轮廓是曲线、或曲线与直线的组合。若曲面的母线是较短的直线，则可以在立式铣床上用立铣刀加工，一般是配合回转工作台铣削或用成型铣刀进行铣削加工。图 7－37 所示为这些工件的一般加工方法。

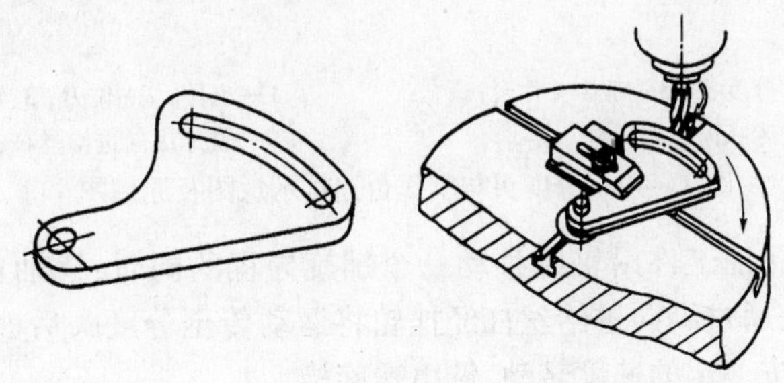

图 7－37　曲线轮廓的工件的铣削

若工件表面是如图 7－38 所示的特形面，特形面的母线是曲线，那么就要采用成形铣刀在卧式铣床上加工。

6. 铣削螺旋槽

在铣削加工中经常会遇到铣削螺旋槽工件，如麻花钻的沟槽、螺旋齿轮的沟槽等。铣刀是专门设计的，工件用分度头安装。在万能铣床上利用万能分度头铣螺旋槽时，根据螺旋成形原理，为获得正确的槽形，圆盘成形铣刀旋转平面必须与工件螺旋槽切线方向一致。所以须将工作台转过一个工件的螺旋角 β，如图 7－39 所示。

分度头挂轮轴与工作台纵向丝杠利用挂轮连接，使工作台带动工件作纵向进给时，将丝杠运动通过配换挂轮及分度头主轴带工件作相应回转，即可加工螺旋槽。图 7－40 为分度头与工作台连接示意图及原理图。

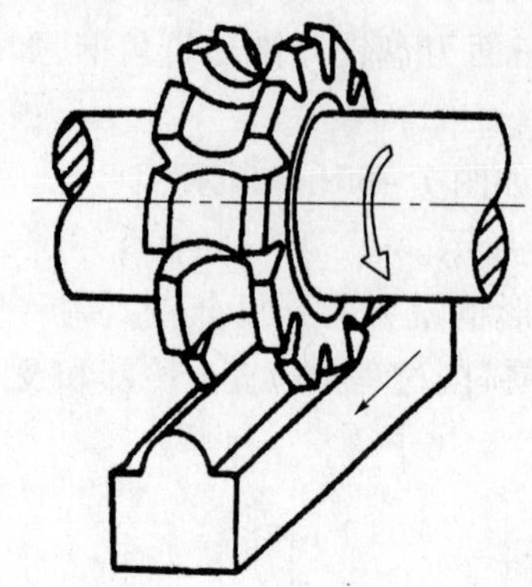

图 7-38 特形面的铣削

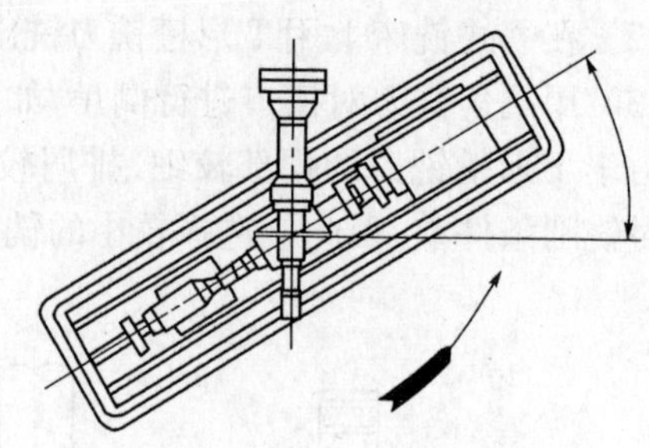

图 7-39 将工作台转螺旋角 β

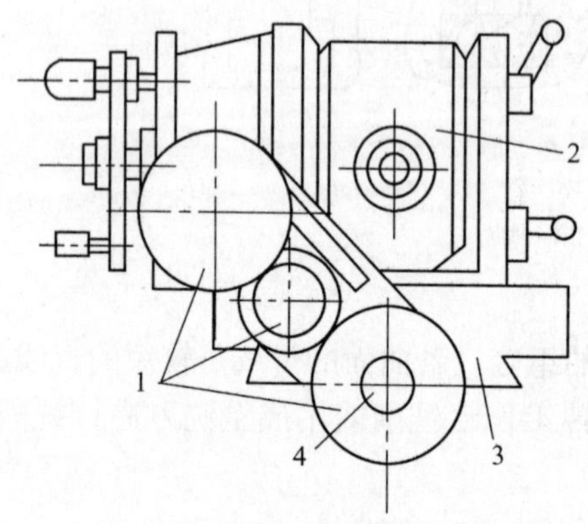

1—挂轮；2—分度头；3—铣床工作台；
4—铣床纵向进给丝杠。

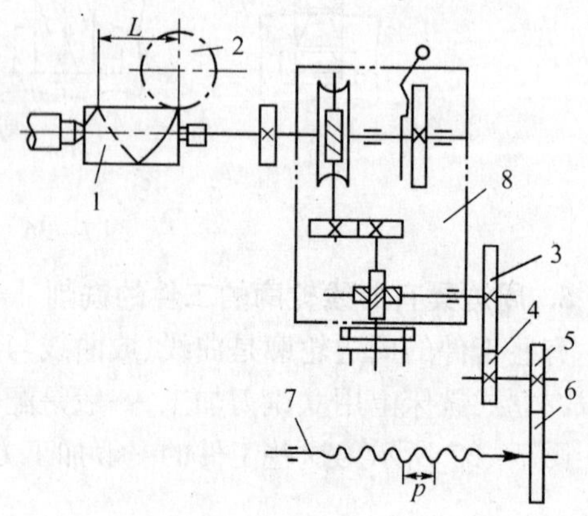

1—工件；2—铣刀；3,4,5,6—挂轮；
7—铣床纵向进给丝杠；8—分度头。

图 7-40 分度头与工作台连接示意图及原理图

铣削加工时，要保证工件沿轴线移动一个螺旋导程的同时，绕轴自转一周的运动关系。这种运动关系是通过纵向进给丝杠经挂轮将运动传至分度头后面的挂轮轴，再传到主轴和工件，使工件按一定的速度转动，铣出螺旋槽。

交换齿轮的选择应满足如下关系：

$$\frac{Z_4 \times Z_6}{Z_3 \times Z_5} = \frac{40P}{L}$$

式中：Z_4、Z_6 为主动齿轮的齿数；Z_3，Z_5 为从动齿轮的齿数；P 为铣床工作台丝杆螺距；L 为工件螺旋槽导程。

如果加工多头螺旋槽，铣完一条螺旋槽后，进行分度，再铣第二条螺旋槽。但要求必须保证工作台移动一个螺旋线导程 L 时工件旋转 1 周。

7. 齿形铣削

齿轮的种类很多，其加工方法也有很多，齿轮加工的关键是齿面的加工。目前，齿面加工的主要方法是使用刀具切削加工和用砂轮磨削加工。前者由于加工效率高，加工精度较高，因而是目前广泛采用的齿面加工方法。后者主要用于齿面的精加工，效率一般比较低。按照加工原理,齿面加工可以分为成形法和展成法两大类。

1) 成形法

成形法是利用与被加工齿轮的齿槽断面形状一致的刀具,在齿坯上加工出齿面的方法。成形铣削一般在普通铣床上进行,铣削时工件安装在分度头上,铣刀旋转对工件进行切削加工,工作台作直线进给运动,加工完一个齿槽,分度头将工件转过一定角度,再加工另一个齿槽,依次加工出所有齿槽。

铣削斜齿圆柱齿轮必须在万能铣床上进行。铣削时工作台偏转一个角度,使其等于齿轮的螺旋角 β,工件在随工作台进给的同时,由分度头带动做附加旋转运动而形成螺旋齿槽。

常用的成形齿轮刀具有盘形铣刀和指状铣刀,如图 7-41 所示。在卧式铣床上采用圆盘式齿轮铣刀,在立式铣床上采用指状齿轮铣刀。当加工模数大于 8mm 的齿轮时,采用指状铣刀进行加工。指状铣刀也适于加工大模数的直齿、斜齿齿轮,特别是人字齿轮。

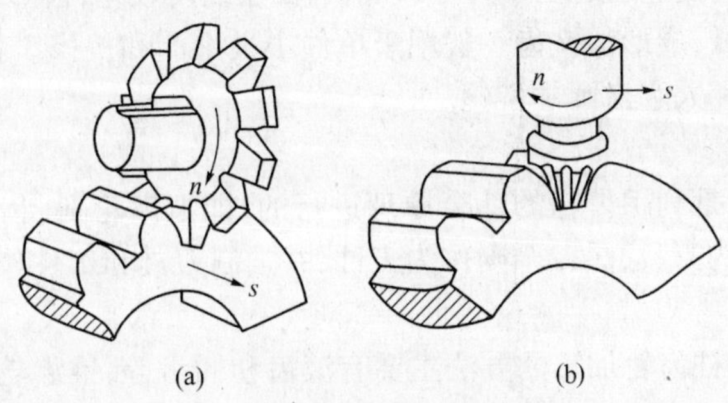

图 7-41　成形齿轮刀

(a) 盘形铣刀; (b) 指状铣刀。

下面以直齿圆柱齿轮为例说明用成形法加工齿轮的步骤:

(1) 先将齿轮毛坯紧固在芯轴上并把芯轴安装在分度头与尾架的顶尖之间,如图 7-42所示。

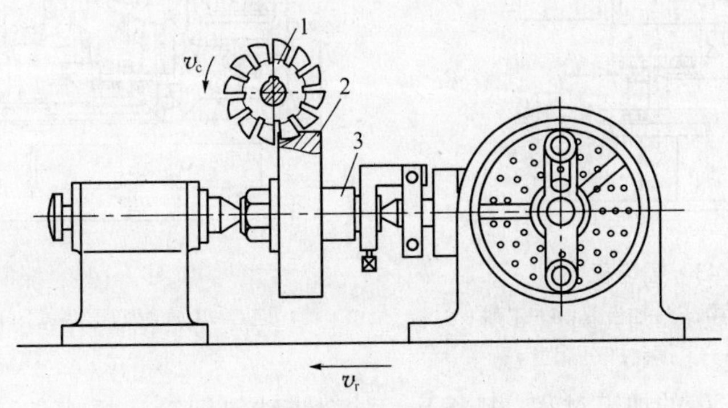

图 7-42　加工直齿圆柱齿轮安装与铣削

1—齿轮铣刀; 2—齿轮坯; 3—圆柱芯轴。

(2) 选择和安装刀具。铣削直齿圆柱齿轮要用专用的齿轮铣刀,用成形铣刀加工齿轮时,齿轮的齿廓精度是由铣刀切削刃形状来保证的,而渐开线齿廓的形状是由齿轮的模数和齿数决定的。所以齿轮的模数、齿数不同,渐开线齿廓就不一样,因此,要加工出准确的齿廓,每一个模数,每一种齿数的齿轮,就相应地需要用一种形状的齿轮铣刀。这样做显然是行不通的。在实际生产中,是将同一模数的齿轮,按其齿数分为8组,如表7-2所列,每一组只用一把铣刀,由于每种编号的刀齿形状均按加工齿数范围中的最小齿数设计,因此,加工该范围内其他齿数的齿轮时,就会有一定的齿廓误差。

表7-2 齿轮铣刀号数与铣齿数的关系

铣刀号数	1	2	3	4	5	6	7	8
齿轮齿数	12~13	14~16	17~20	21~25	26~34	35~54	55~135	>135

(3) 利用分度头进行分度,每铣完一个齿后,纵向退刀后进行分度,在铣下一个齿,依次铣完所有的齿型。

成型法加工的齿轮精度较低(IT11~IT9),齿面粗糙度较差,齿形存在一定误差,且生产率较低,生产成本低,成形法铣齿一般用于单件小批生产和机修工作中,修配精度要求不高的的直齿、斜齿和人字齿圆柱齿轮。

2) 展成法

展成法加工齿轮是利用齿轮的啮合原理进行的,即把齿轮副(齿条-齿轮或齿轮-齿轮)中的一个制作为刀具,另一个则作为工件,并强制刀具和工件作严格的啮合运动而展成切出齿廓。

用展成法加工圆柱齿轮加工的方法主要有滚齿和插齿等,锥齿轮的加工方法有加工直齿圆锥齿轮的刨齿、铣齿、拉齿和加工弧齿轮的铣齿。

圆柱齿轮加工机床有插齿机(图7-43)和滚齿机(图7-44),加工精度可达8~7级,生产效率高,适合批量大的齿轮加工。

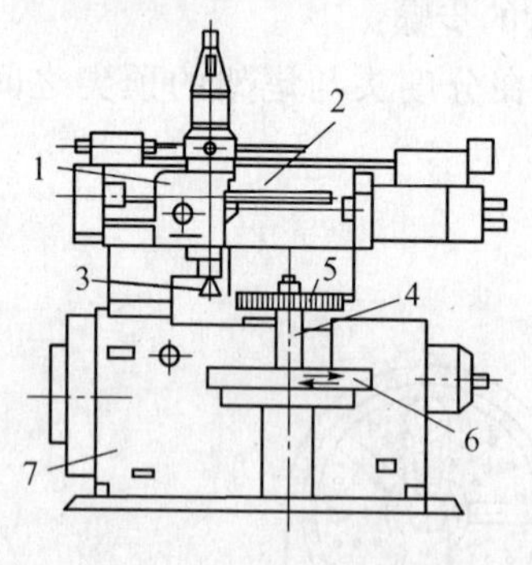

图7-43 插齿机图

1—刀架;2—横梁;3—插齿刀;4—芯轴;5—工件;6—工作台;7—床身。

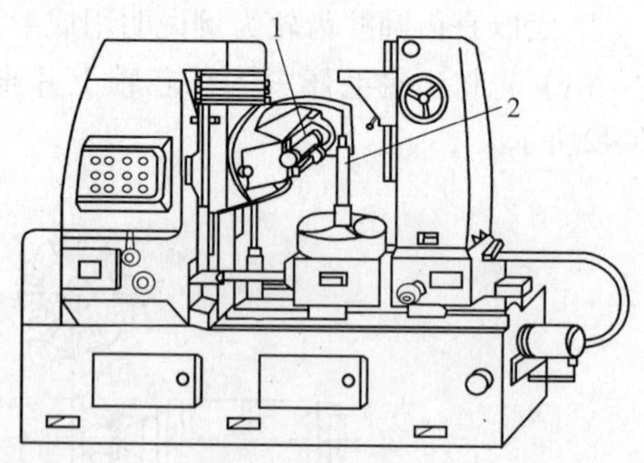

图7-44 滚齿机

1—滚刀杆;2—工件芯轴。

在滚齿机上滚齿的加工过程,相当于一对交错轴斜齿轮互相啮合运动的过程,如图7-45(a)所示,只是其中一个斜齿轮的齿数极少,且分度圆上的螺旋升角也很小,所以它便成为如图7-45(b)所示的蜗杆。再将蜗杆开槽并铲背、淬火、刃磨,便成为如图7-45(c)所示的齿轮滚刀。

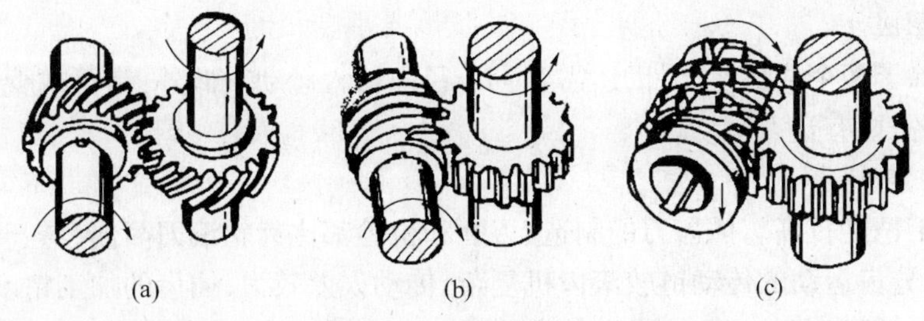

图7-45　滚齿原理

滚齿机主要用于滚切直齿和斜齿圆柱齿轮和蜗轮。图7-46所示为滚齿机滚齿的示意图，把滚刀安装在滚齿机的滚刀杆上，工件安装在工件芯轴上，调整机床的配换齿轮就可进行滚齿了。滚齿时，切出的齿廓是滚刀切削刃运动轨迹的包络线。所以，滚齿时齿廓的成形运动是滚刀旋转运动和工件旋转运动组成的复合运动。再加上滚刀沿工件轴线垂直方向的进给运动，就可切出整个齿长。

滚齿的工艺特点：

（1）加工精度高。滚齿是利用展成原理的齿轮加工方法，与铣齿相比，没有理论性齿形误差，因此，加工精度比铣齿高，一般为8~7级，高的可达5~4级；齿面的表面粗糙度 R_a 值为3.2μm~0.8μm，最小可达0.4μm。

（2）生产率高。滚齿是多刃刀具的连续切削加工，生产率在一般情况下比铣齿、插齿高。

（3）滚刀通用性强。每一模数的滚刀可以滚切同一模数任意齿数的齿轮。

（4）适用性好。适于滚制直齿、斜齿圆柱齿轮和蜗轮，但不能加工内齿轮，且不适宜间距较近的台阶齿轮（如双联、三联齿轮）的滚切。

展成法中的插齿原理如图7-47所示，插齿原理类似一对圆柱齿轮相啮合，其中一个是工件，另一个是具有齿轮形状的插齿刀，插齿刀安装在刀架的刀轴上，作上、下往复直线运动和回转运动。刀架可带动插齿刀向工件径向切入。工件安装在工作台中央的心轴上，在作回转运动的同时，随工作台水平摆动让刀。

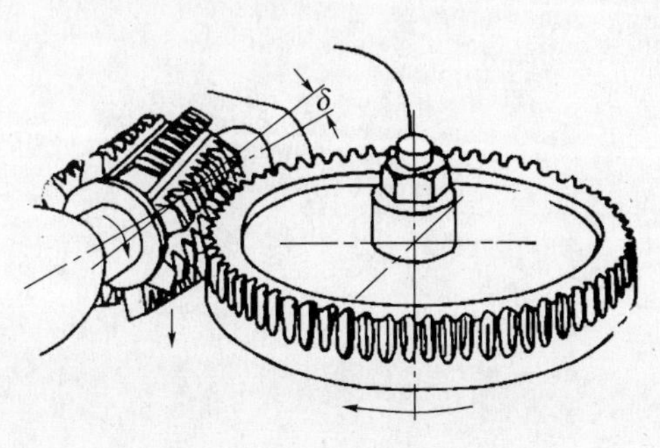

图7-46　滚齿机滚齿的示意图

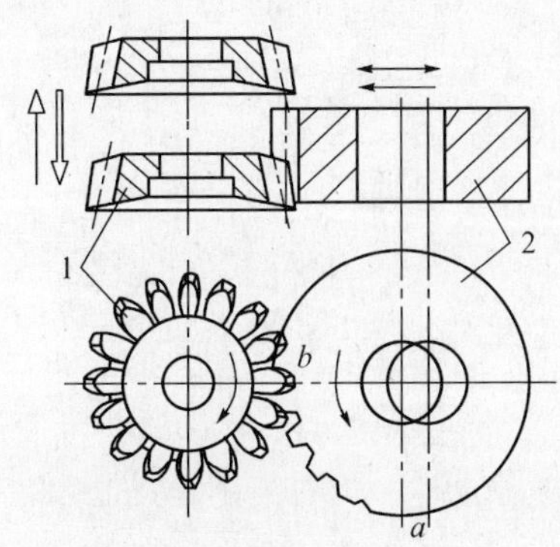

图7-47　插齿原理

1—工作坯料；2—插齿刀。

插齿刀实质上是一个端面磨有前角，齿顶及齿侧均磨有后角的齿轮，它的模数和压力角与被加工齿轮相同。齿廓渐开线是在插齿刀刀刃多次相继切削中，由刀刃各瞬时位置的包络线所形成。

插齿机除了两个成形运动外，还需要一个径向切入运动。此外，为了减少切削刃的磨损，机床上还需要有让刀运动。

插齿的工艺特点：

（1）加工精度较高。插齿刀的制造、刃磨和检验都比齿轮滚刀简便，易于保证制造精度，但插齿机分齿运动的传动链较滚齿机复杂，传动误差较大，插齿的加工精度比铣齿高，与滚齿相近，一般为IT8～IT7，最高可达IT6；齿面的表面粗糙度 R_a 值一般为1.6μm～0.8μm，小的可达0.4μm～0.2μm。

（2）生产率较低。插齿刀往复运动有返回行程，即为断续切削，运动方向的改变存在死点而影响速度的提高，因此，在一般情况下，生产率低于滚齿。

（3）适用性较好。适于加工内、外啮合的直齿圆柱齿轮、多联齿轮、扇形齿轮和齿条。用插齿方法加工斜齿轮需有专用靠模，极不方便，因此，一般不用于斜齿圆柱齿轮的加工。

第 8 章　刨削、插削和拉削

第 1 节　概　述

刨削是用刨刀对工件作水平相对直线往复运动的切削加工方法，刨削在刨床上进行，刨床分为牛头刨床、龙门刨床两大类。

一、刨削加工的特点

刨削加工是一种不连续的切削加工方式，返回行程刨刀不进行切削，刨刀在切削过程中，需要承受较大的冲击力，故刨削的切削速度较低，导致刨削生产率较低。但是由于刨削机床的结构简单，刀具刃磨和安装简单，调整和操作方便，价格低廉，刨床切削时不需要切削液，因此刨削加工仍广泛应用于单件、小批量生产及维修中。但是在龙门刨床上进行多道、多件加工，其生产效率可较铣床铣削要高。

刨削加工精度可达 IT9 ~ IT8，表面粗糙度 R_a 值为 12.5μm ~ 3.2μm，用宽刀刨削时，R_a 值可达 1.6μm，此外，刨削加工还可保证一定的相互位置精度，如面与面的平行度和垂直度。

在牛头刨床加工时，刨刀的直线运动是主运动（v），工件的横向移动是进给运动（f），在龙门刨床加工中，工件的直线运动是主运动，而刀具在工件返回行程结束后的横向运动为进给运动，如图 8 – 1 所示。

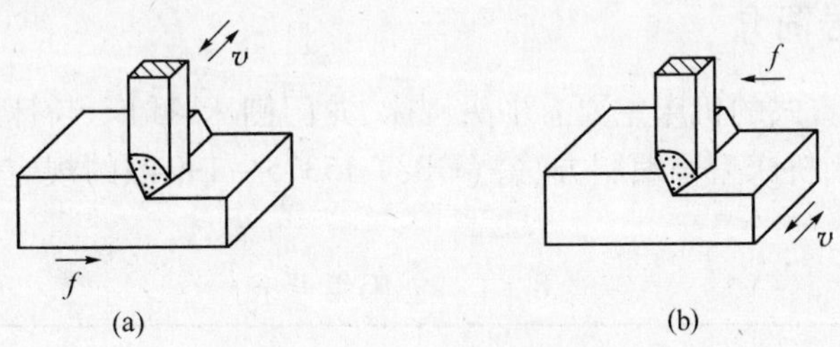

图 8 – 1　主运动和进给运动

（a）在牛头刨床上刨削平面；（b）在龙门刨床上刨削平面。

二、刨削加工范围

在金属切削加工中，刨削主要用来加工平面、斜面、沟槽及成型面，还可加工精度要求较低的齿轮，如图 8 – 2 所示。

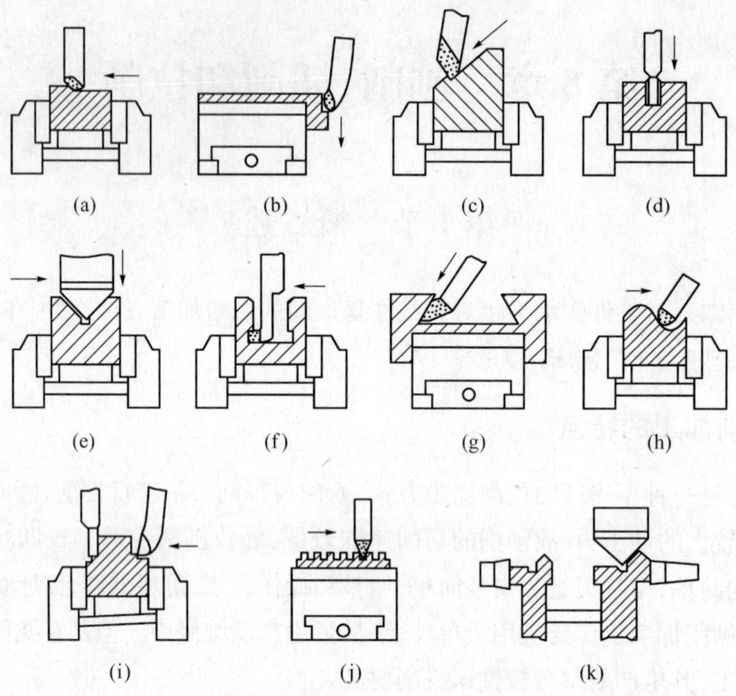

图 8－2　刨削加工范围

（a）平面刨刀刨平面；（b）偏刀刨垂直面；（c）偏刀刨斜面；（d）切刀刨直槽；（e）偏刀刨 V 形槽；（f）弯切刀刨 T 形槽；（g）偏刀刨燕尾槽；（h）刨曲面；（i）刨台阶；（j）刨齿条；（k）刨复合面。

第 2 节　机床简介

一、机床型号简介

采用刨削加工方式的机床主要有牛头刨床、龙门刨床、插床、拉床和刨齿机。刨床的编号按照《金属切削机床型号编制方法》（GB/T 15375－1994）的规定表示。刨床的编号如表 8－1 所列。

表 8－1　刨床编号表

类		组		系	主参数	
代号	名称	代号	名称	代号	折算系数	名称
B	刨插床	2	龙门刨床	0	1/100	最大刨削宽度
		5	插床	0	1/10	最大插削长度
		6	牛头刨床	0	1/10	最大刨削长度

例如刨床型号为 B6050，表示该型机床为牛头刨床基型，最大的刨削长度为 500mm。

二、牛头刨床

牛头刨床在金属切削加工中应用较广，适合刨削长度不超过 1000mm 的中小型工件。

1. 牛头刨床的结构

牛头刨床主要由床身、滑枕、刀架、横梁和工作台组成。其外形如图 8－3 所示。

（1）床身：用于连接固定和支承刨床各部件，床身内部有主运动变速机构和摆杆机构，顶端的水平导轨供滑枕作往复运动，其侧面的垂直导轨供横梁作升降用，从而带动工作台上下移动。

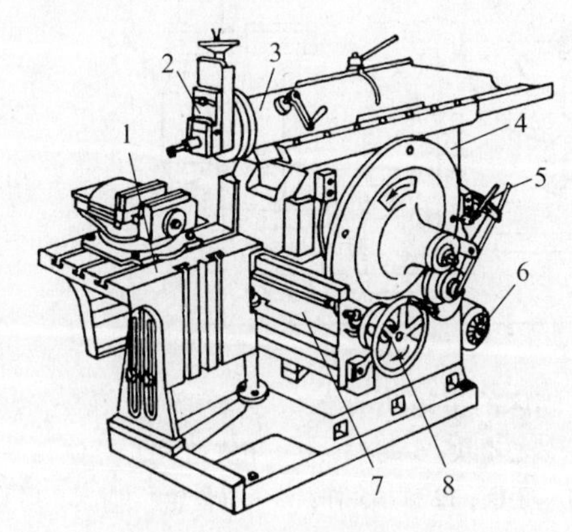

图 8－3　牛头刨床

1—工作台；2—刀架；3—滑枕；4—床身；5—变速手柄；6—电动机；7—横梁；8—进给手柄。

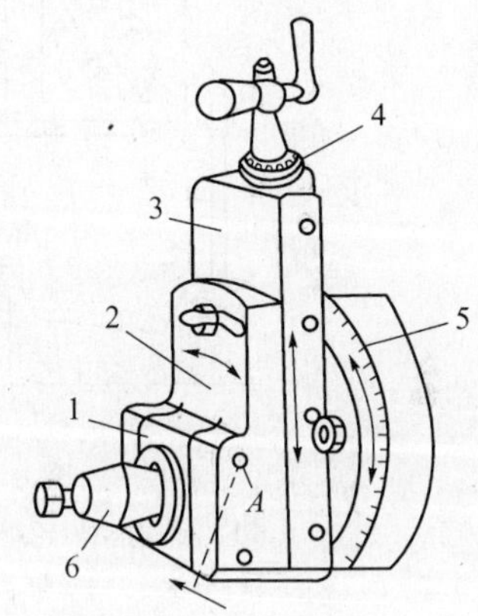

图 8－4　牛头刨床的刀架

1—抬刀板；2—刀座；3—滑板；4—刻度盘；5—转盘；6—刀夹。

（2）滑枕：前端安装刀架，可沿床身水平导轨作直线往复运动，用来带动刨刀作直线往复运动，实现刨削。滑枕行程的长度和位置以及往复运动的快慢，可根据加工需要进行调整。

（3）刀架：又称牛头，主要作用是夹持刨刀，其结构如图 8－4 所示。

刀架装在滑枕上，由转盘、滑板、刀座、抬刀板、刀夹、手柄和刻度盘等组成，上有刻度手柄，可调节吃刀深度，后面有刻度转盘，可左右旋转 ±60°，用来加工斜面。当转盘转过一定角度后，可使刨刀倾斜一定角度，用来加工斜面，滑板可以带着刨刀沿着转盘上的导轨上下移动，以调整切削深度或加工垂直面时作进给运动，滑板上还装有可偏转的刀座，抬刀板可绕刀座上的轴 A 向上抬起，使刨刀在返回行程时离开工件已加工表面，以减少与工件的摩擦，防止划伤已加工好的工件的表面。

（4）横梁：横梁可沿床身垂直导轨垂直移动，在横梁上装有工作台，工作台可沿着横梁一侧的导轨作间歇进给运动。

（5）工作台：用来安装工件，可沿横梁横向移动和与横梁一起沿床身垂直导轨升降，以便调整工件位置。在横向进给机构驱动下，工作台可实现横向进给运动。横向进给机构采用曲柄摇杆机构。

2. 牛头刨床传动系统

牛头刨床的主运动为滑枕带动刨刀作直线往复运动，其传动路线为：电动机→皮带轮→齿轮变速机构→曲柄摆杆机构。进给运动为工作台作水平或垂直运动，其传动路线为：电动机→皮带轮→齿轮变速机构→棘轮机构→进给丝杆→工作台。

图 8-5 所示为 B6065 牛头刨床的主传动系统。

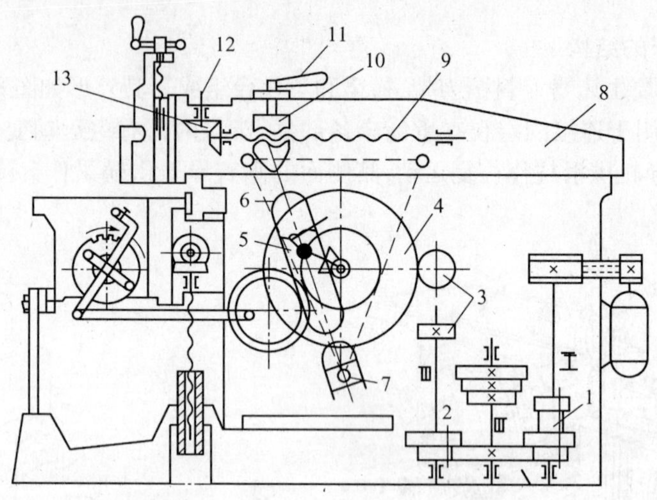

图 8-5 B6065 牛头刨床的主传动系统

1，2—滑动齿轮组；3，4—齿轮；5—偏心滑块；6—摆杆；7—下支点；8—滑枕；9—丝杠；10—丝杠螺母；11—手柄；12—方头杆；13—锥齿轮。

牛头刨床的传动机构主要由以下几种机构组成：

（1）齿轮变速机构。牛头刨床变速机构由图 8-5 中 1、2 两组滑动齿轮组，轴Ⅲ（与滑动齿轮组 2 相连）有 3×2=6 种转速，使滑枕变速。通过调整齿轮的不同组合来改变齿轮变速机构的传动比，使刨床可以获得不同的切削速度。

（2）曲柄摆杆机构。曲柄摆杆机构如图 8-6 所示。

曲柄摆杆机构由摆杆齿轮、摆杆、偏心滑块组成，摆杆机构中齿轮 5 转动，带动滑块 2 绕支点 6 作圆周运动，且滑块 2 在摆杆 3 的槽内滑动，并带动摆杆 3 绕下支点 1 转动，于是带动滑枕作往复直线运动。当摆杆齿轮旋转一周时，偏心滑块带动摆杆来回摆动一次，与摆杆连接的滑枕就往复运动一次。

在这个过程中滑枕的往复速度是不同的，在滑枕的工作行程中，摆杆齿轮转过的角度为 α，在返回行程摆杆齿轮转过的角度为 β，由于 $\alpha>\beta$，所以返回行程滑枕的速度大于工作行程，因此回程时间较工作行程短，即慢进快回，这种特点对提高刨削加工的效率是有利的。

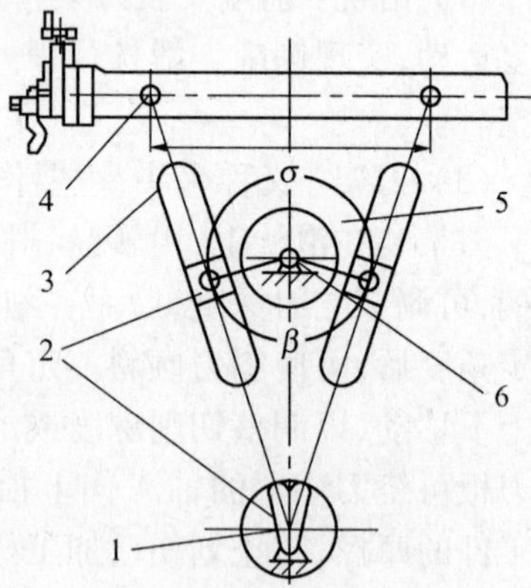

图 8-6 曲柄摆杆机构

1—下支点；2—滑块；3—摆杆；4—上支点；5—大齿轮；6—支点。

摆杆下支点通过滑块与床身连接，因为如果摆杆与床身铰接，则摆杆上支点的运动路线为圆弧线，所以摆杆必须可以沿其轴线滑移，才能保证滑枕作直线运动。通过调整偏心滑块的偏心距可以改变滑枕的行程，偏心距变小，摆杆摆动的角度变小，滑枕的行程也就变短。

（3）棘轮机构。棘轮机构由棘轮、棘爪、连杆、棘轮罩组成，其作用是使工作台在滑枕返回行程结束后，工作行程开始前，实行间歇进给。

棘轮机构工作原理如图8－7所示。齿轮7带动齿轮8转动，齿轮8带动连杆使棘爪往复摆动，棘爪前进时，其垂直面接触轮齿，拨动棘轮，使棘轮旋转，棘轮通过键与进给丝杆联接，带动进给丝杆使工作台横向运动，棘爪返回时，其斜面接触轮齿，只能从轮齿上滑过，不能拨动棘轮，工作台静止不动，完成间歇进给。

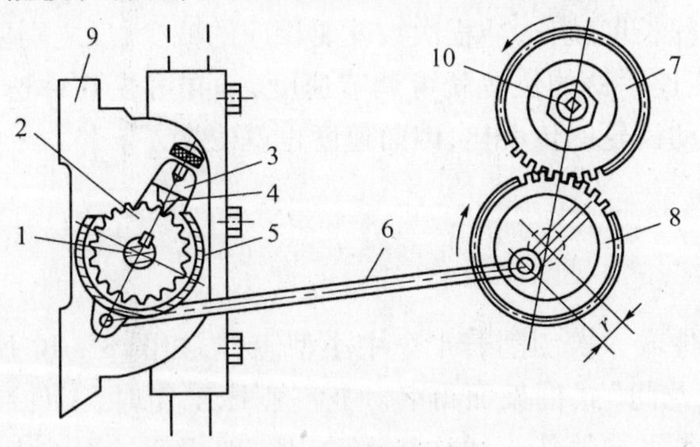

图8－7　棘轮机构

1—横向进给丝杆；2—棘轮；3—遥杆；4—棘爪；5—棘轮罩；6—连杆；7—齿轮；8—齿轮；9—衡梁；10—轴。

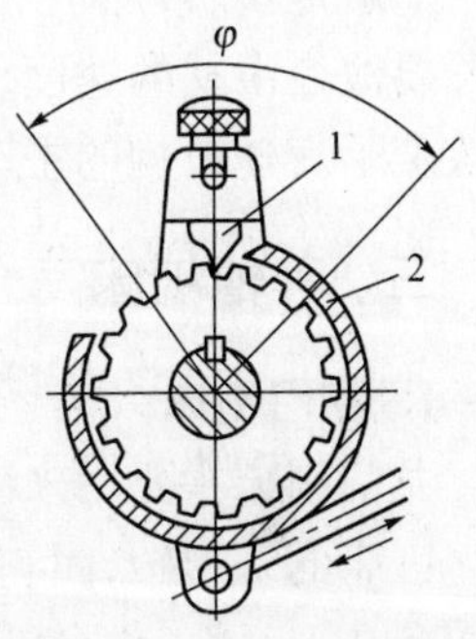

图8－8　棘轮及护盖

工作台横向进给量的大小取决于滑枕每往复一次时棘爪所能拨动的棘轮齿数。因此调整横向进给量，实际是调整棘轮护盖的位置。横向进给量的调整范围为0.33mm～3.3mm。

改变进给速度可通过调节棘轮罩2的位置，改变棘爪1拨动的齿数，即可改变进给丝杆的转动角度。改变进给方向则只需将棘爪提起，转过180°再放下即可，如图8－8所示。

3. 滑枕的调整

1）滑枕行程长短的调整

被加工工件有长有短，滑枕行程可做相应的调整，调整时先松开床身方头杆上的滚花螺帽，然后摇方头杆，顺摇行程则长，反摇行程则短，调好后再固紧滚花螺帽方能开车。其原理如图8－9所示，从其结构上看，方头的前端固有一个伞齿轮，这个伞齿轮在大齿轮的中心位置上和另一个固定在丝杆上的伞齿相啮合，带动小丝杠转动使偏心滑块移动，曲柄销带动偏心滑块改变偏心位置，丝杆上套有偏心滑块（是一个螺母），曲柄销的一端接在其上，另一端在滑块的中心位置，而滑块装在摆槽内，并带动摆杆作往复摆动，所

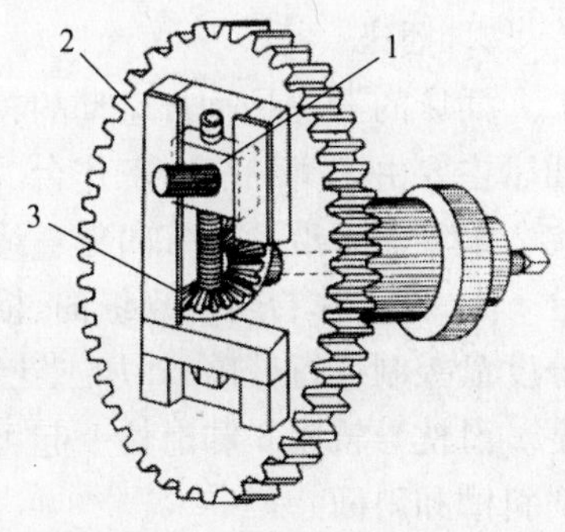

图8－9　滑枕行程长度的调整

1—偏心滑块；2—摇臂齿轮；3—锥齿轮。

以,当旋转方头杆时改变了滑块在大齿轮上的偏心位置,偏心越大,行程越长,反之则越短。

2）滑枕前后位置的调整

被加工工件在工作台的前后位置经常发生变化,滑枕的前后位置也要作相应的调整,参看图 8－5,调整时先松开滑枕上的固定手柄,然后摇其上的方头杆 12,通过锥齿轮 13 转动丝杠 9,由于固定在摆杆上的丝杠螺母不动,丝杠 9 带动滑枕改变起始位置。顺摇滑枕向后,反摇滑枕向前,调好后,再锁紧固定手柄。

3）滑枕速度的调整

一般地讲,被加工工件越长,行程长度就长,冲程次数就要相应的减少,反之则要增大些。要改变滑枕的速度,只需改变变速手柄的位置就可调节速度,一共可变 6 种速度,由于改变了变速机构的主动齿轮与被动齿轮的传动比,因而速度也就改变了。

三、其他刨床简介

1. 龙门刨床

龙门刨床主要用来刨削大型工件或一次刨削若干个中小型工件,如图 8－10 所示为龙门刨床的外形图,因它具有一个“龙门”式框架而得名。龙门刨床工作时,工件装夹在工作台 9 上,随工作台沿床身 10 的水平导轨作直线往复运动以实现切削过程的主运动。龙门刨床的工作台由一套复杂的电气控制系统控制,可进行无级调速。装在横梁 2 上的垂直刀架 5,6 可沿横梁导轨作间歇的横向进给运动,用以刨削工件的水平面,垂直刀架的溜板还可使刀架上下移动,作切入运动或刨竖直平面。此外,刀架溜板还能绕水平轴调整至一定角度位置,以加工斜面或斜槽。横梁 2 可沿左右立柱 3、7 的导轨作垂直升降以调整垂直刀架位置,调整横梁在立柱上的高低位置,以适应不同高度工件的加工需要。装在左右立柱上的侧刀架 1,8 可沿立柱导轨作垂直方向的间歇进给运动,以刨削工件竖直平面。

与牛头刨床相比,龙门刨床具有形体大、动力大、结构复杂、刚性好、工作稳定、工作行程长、适应性强和加工精度高等特点。龙门刨床的主参数是最大刨削宽度。它主要用来加工大型零件的平面,尤其是窄而长的平面,也可加工沟槽或在一次装夹中同时加工数个中、小型工件的平面。加工精度和生产效率都比牛头刨床高。

2. 插床

插床的滑枕是垂直运动的,实际上是一种立式刨床, 图 8－11 所示为插床的外形图。插床主要由床身、底座、工作台、滑枕等组成。插削加工时,插刀安装在滑枕的刀架上,滑枕 2 带动插刀沿垂直方向作直线往复运动,实现切削过程的主运动。工件安装在圆工作台 1 上,圆工作台可实现纵向、横向和圆周方向的间歇进给运动,工作台的旋转运动可由分度盘控制进行分度,如加工花键等。此外,利用分度装置 5,圆工作台还可进行圆周分度。滑枕导轨座 3 和滑枕一起可以绕销轴 4 在垂直平面内相对立柱倾斜 0°～8°,以便插削斜槽和斜面。

插床的主参数是最大插削长度。插削主要用于单件、小批量生产中加工工件的内表面,如方孔、多边形孔和键槽等。在插床上加工内表面,比刨床方便,但插刀刀杆刚性差,为防止“扎刀”,前角不宜过大,因此加工精度比刨削低。

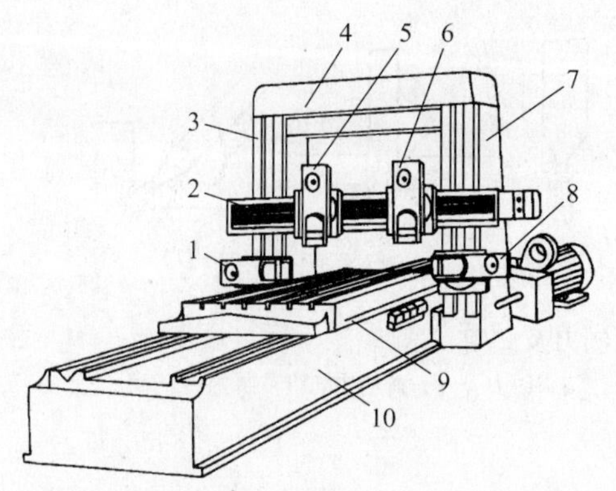

图8-10 龙门刨床

1,8—左、右侧刀架；2—横梁；3,7—立柱；4—顶梁；5,6—垂直刀架；9—工作台；10—床身。

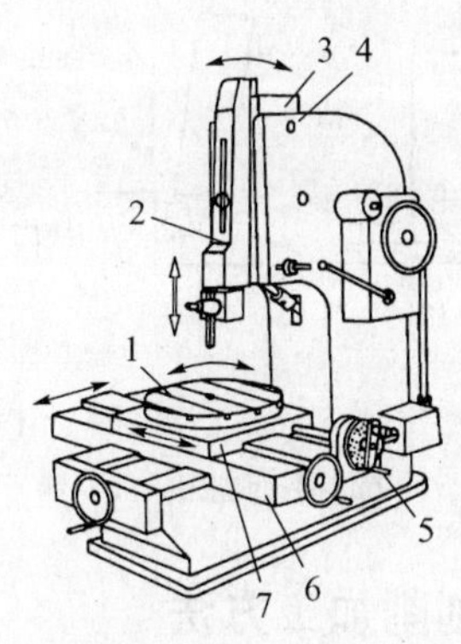

图8-11 插床

1—圆工作台；2—滑枕；3—滑枕导轨座；4—销轴；5—分度装置；6—床鞍；7—溜板。

第3节 刨削加工

一、刨削用量

刨削用量是指刨削速度、进给量和刨削深度，如图8-12所示。

(1) 刨削速度 V_c：指工件和刀具沿主运动方向的平均速度，公式为

$$v_c = \pi Ln/1000$$

式中：v_c 为刨削速度；L 为工件长度；n 为刨刀每分钟往复行程次数。

(2) 进给量 f：指刨刀每往复一次，工件沿进给方向所移动的距离，单位为mm/min。

(3) 刨削深度 a_p：指刨刀切削工件的深度，也就是工件已加工表面与待加工表面的垂直距离，单位为mm。

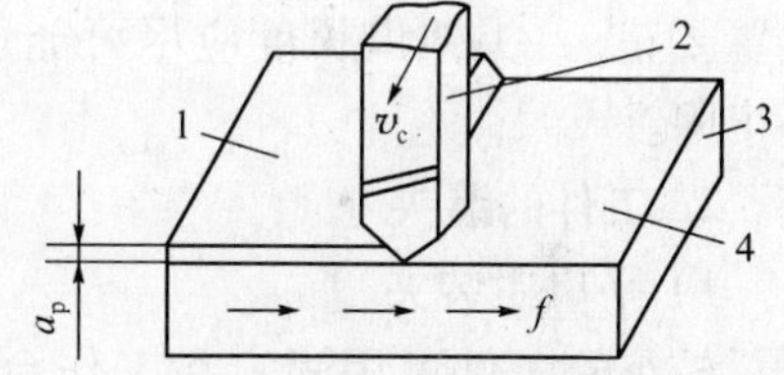

图8-12 刨削用量

1—待加工面；2—刨刀；3—工件；4—已加工表面。

二、刨刀介绍

刨刀种类很多，常用的有平面刨刀、切刀、成形刀、偏刀、角度刀和弯头刀等，如图8-13所示。平面刨刀是用来刨削平面的刀具，切刀是用来切断工件或加工直角凹槽等，而成形工件在刨床上用成型刀具加工，如用来刨削V形槽和特殊形状的表面的刀具。偏刀是用来刨削垂直面、台阶面和外斜面等，角度刀是用来刨削角度形工件如燕尾槽和内斜槽。弯头刀是用来刨削T形槽和侧面割槽。

刨刀的结构、几何形状与车刀相似，但是由于刨削过程有冲击力，刀具容易损坏，所以刨刀截面一般为车刀的1.25倍~1.5倍。刨刀的前角 γ_o 比车刀稍小(一般为5°~10°)，刃倾角 λs 取较大的负角，以增加刀具的强度。主偏角 κ_r 一般为30°~70°。当采用较大的进给量时应该取较小的值。

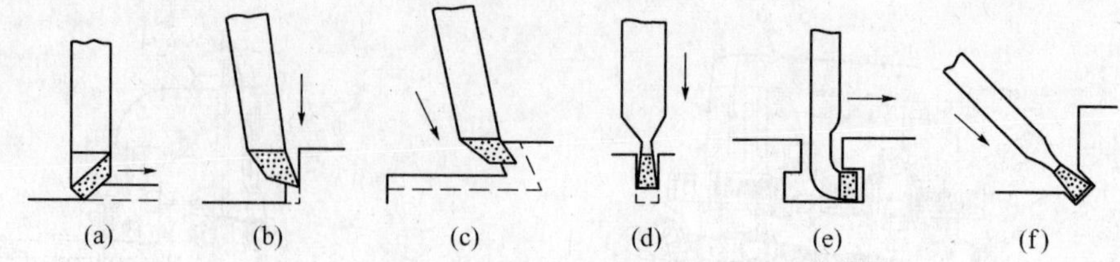

图 8－13　常见刨刀及应用

(a) 平面刨刀; (b) 偏刀; (c) 角度偏刀; (d) 切刀; (e) 弯头刀; (f) 切刀。

三、刨削加工方法

在刨床上可以刨平面(水平面、垂直平面和斜面)、沟槽(直槽、V 形槽、燕尾槽和 T 形槽)和曲面等。

1. 刨刀的装夹

刨刀属单刃刀具,其几何形状与车刀大致相同。由于刨刀在切入工件时要受较大的冲击力,所以刀杆截面积一般比较大。为避免刨削时产生“扎刀”而造成工件报废,刨刀常制成如图 8－14(a)所示的弯颈形式,而直头刨刀在刨削时受到变形易啃入工件,使刀刃或工件受到损坏。刨刀装夹时应注意:位置要正,刀头伸出长度应尽可能短,夹紧要牢固。

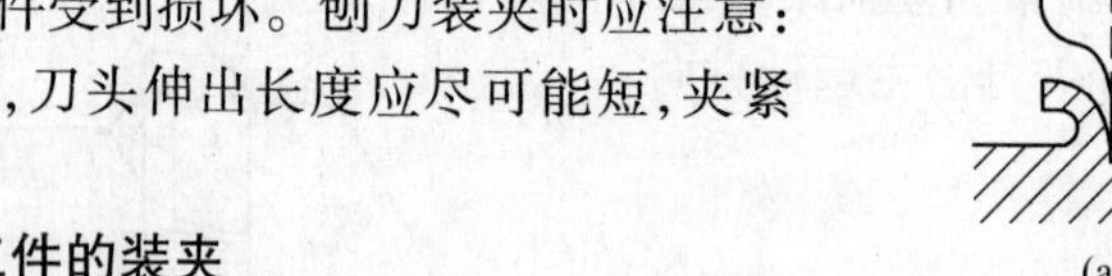

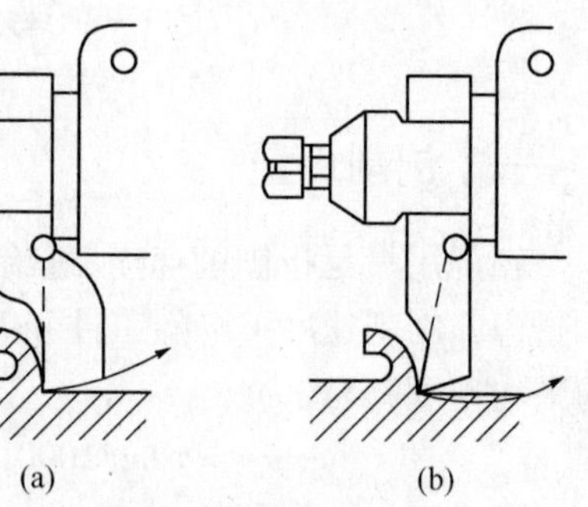

图 8－14　刨刀的装夹

2. 工件的装夹

1) 平口钳装夹

较小的工件可用固定在工作台上的平口钳装夹。平口钳在工作台上位置应正确,装夹工件时应注意工件高出钳口或伸出钳口两端不宜太多,以保证夹紧可靠,使用垫铁夹紧工件,应使工件紧贴垫铁,如图 8－15 所示。

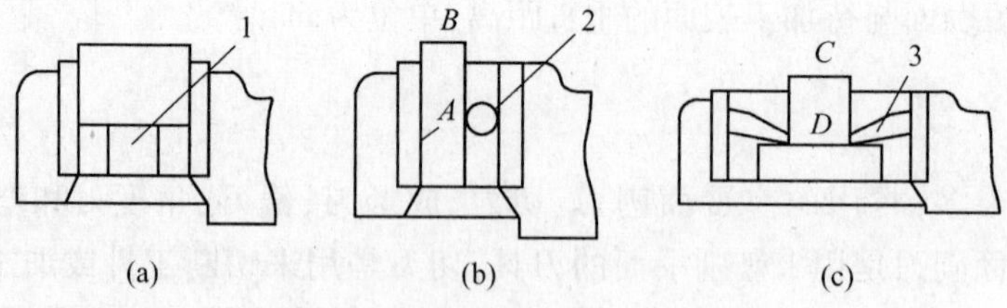

图 8－15　平口钳装夹

(a) 刨削一般平面; (b) A、B 面有垂直度要求; (c) C,D 面间有平行度要求。

1—平行垫铁; 2—圆柱棒; 3—斜口撑板。

如果工件按划线加工,可用划线盘和卡钳校正工件,如图 8－16 所示。

2) 压板装夹

较大的工件可置于工作台上,用压板、螺栓、挡块等直接装夹,如图 8－17 所示。

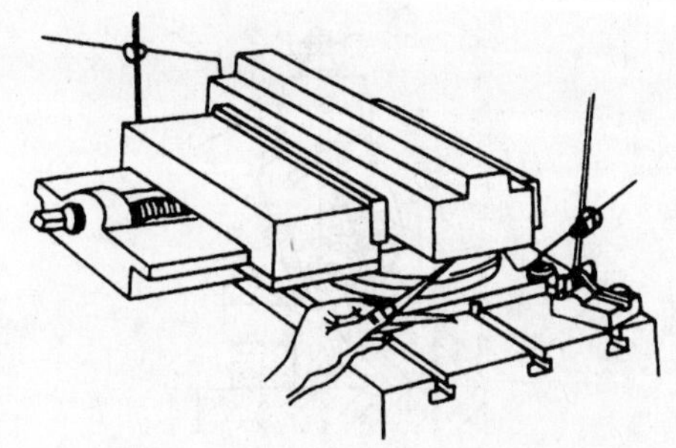

图8-16　用划线盘和卡钳校正工件

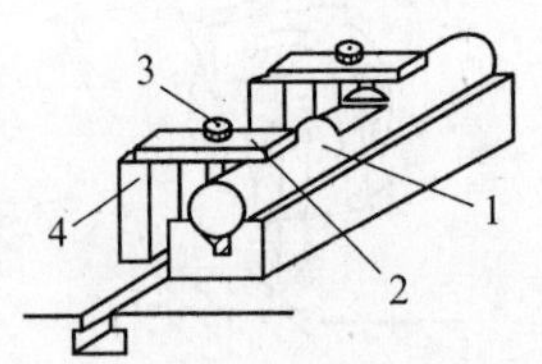

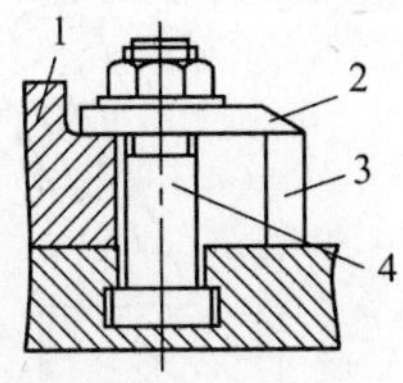

图8-17　工件的压板装夹

1—工件；2—压板；3—压紧螺钉；4—垫铁。

刨削时要根据工件的形状和大小来选择安装方法，对于小型工件通常使用平口钳进行装夹。对于大型工件或平口钳难以夹持的工件，可使用T形螺栓和压板将工件直接固定在工作台上。为保证加工精度，在装夹工件时，应根据加工要求，使用划针、百分表等工具对工件进行找正。

3. 刨削平面

刨削水平面时进给运动由工作台（工件）横向移动完成，切削深度由刀架控制。刨刀一般采用两侧刀刃对称的尖头刀，以便于双向进给，减少刀具的磨损和节省辅助工时。将刨刀安装在刀夹上，如图8-18所示。刀头不能伸出太长，以免刨削时产生较大振动，刀头伸出长度一般为刀杆厚度的1.5倍~2倍。由于刀夹是可以抬起的，所以无论是装刀还是卸刀，用扳手拧刀夹螺丝时，施力方向都应向下。

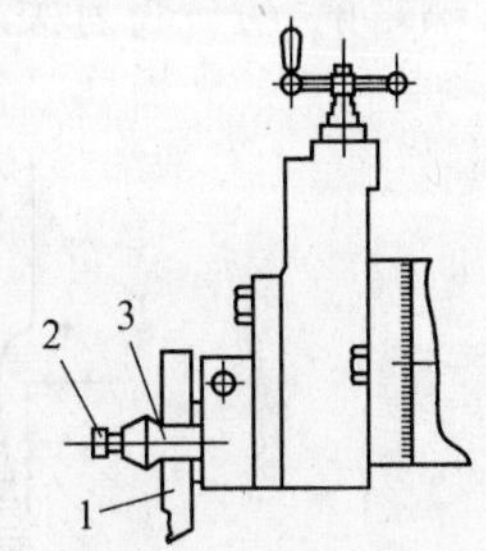

图8-18　平面刨刀的安装

1—刨刀；2—刀夹螺钉；3—刀夹。

将刀架刻度盘刻度对准零线，根据刨削长度调整滑枕的行程及滑枕的起始位置，设置合适的行程速度和进给量，调整工作台将工件移至刨刀下面，开动机床，转动刀架手柄，使刨刀轻微接触工件表面。停车，转动刀架手柄，使刨刀进至选定的切削深度并锁紧。刨削工件1mm~1.5mm宽时，先停机床，检测工件尺寸，再开机床，完成平面刨削加工。

4. 刨削斜面

刨削斜面时，有两种方法：一是倾斜装夹工件，使工件被加工斜面处于水平位置，用刨水平面的方法加工；一是将刀架转盘2旋转所需角度，摇动刀架手柄使刀架滑板（刀具）作手动倾斜进给，如图8-19所示。将刀架转盘倾斜至加工要求的角度，切削深度由工作台横向移动来调整，通过转动刀座手柄来实现进给运动，以刨出斜面。

5. 刨垂直面

刨垂直面，如图8-20所示，应选择偏刀。为保证加工平面的垂直度，加工前应将刀架转盘刻度对准零线，位置精度要求较高时，在刨削时应按需要微调纠正偏差。将刀架刻度盘刻度对准零线后，刀座偏转一定角度（10°~15°），以避免刨刀回程时划伤已加工表面，切削深度由工作台横向移动来调整，通过转动刀座手柄或工作台垂直方向的移动实现进给运动。

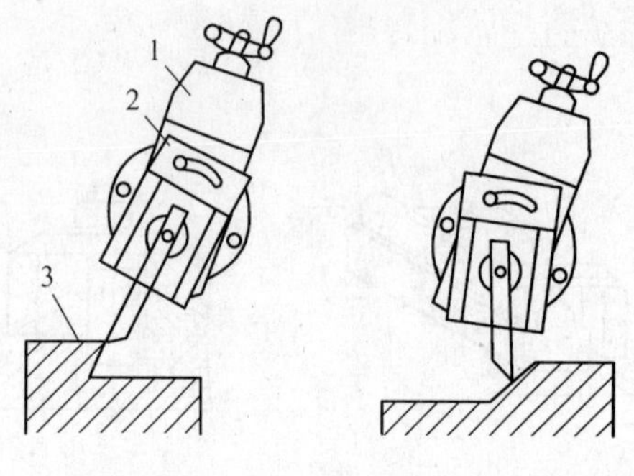

图 8-19 刨削斜面

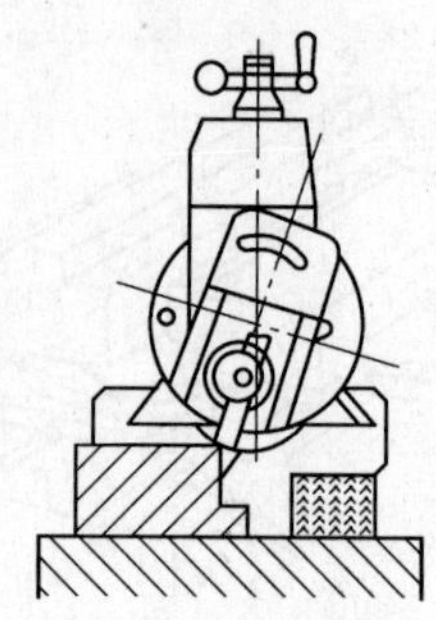

图 8-20 刨垂直面

6. 刨削沟槽

在刨削沟槽时，一般先在工件端面划出加工线，然后装夹找正。为保证加工精度，应在一次装夹中完成加工。刨直槽时，选用切槽刀，刨削过程与刨垂直面方法相似，如果沟槽宽度不大，可用宽度与槽宽相当的直槽刨刀直接刨到所需宽度，旋转刀架手柄实现垂直进给；如果沟槽宽度较大，则可横向移动工作台，分几次刨削达到所需槽宽。

刨 T 形槽，如图 8-21 所示，先用切槽刀刨出直槽，使其宽度等于 T 形槽的宽度，深度等于 T 形槽的深度，然后用左、右弯头刀刨出凹槽，最后用 45°刨刀刨出倒角。在刨削 T 形槽之前，应先将有关表面加工完成，并划出刨削 T 形槽的加工线。

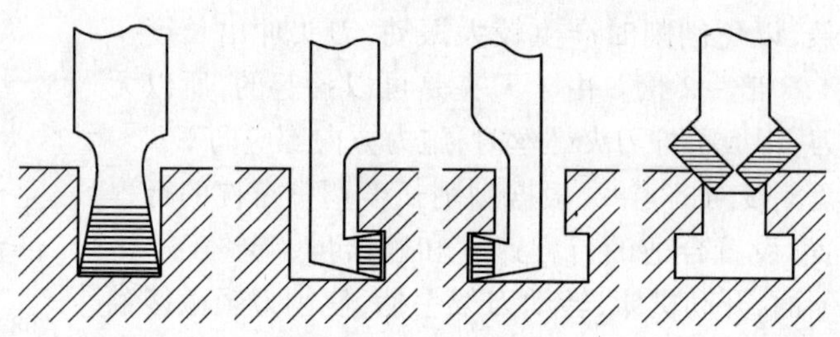

图 8-21 刨 T 形槽

刨 V 形槽，如图 8-22 所示，其刨削方法是将刨平面与刨斜面的方法综合进行，即：

（1）先用刨平面的方法刨出 V 形槽轮廓。

（2）用切槽刀切出 V 形槽的退刀槽。

（3）用刨斜面的方法刨出左、右斜面。

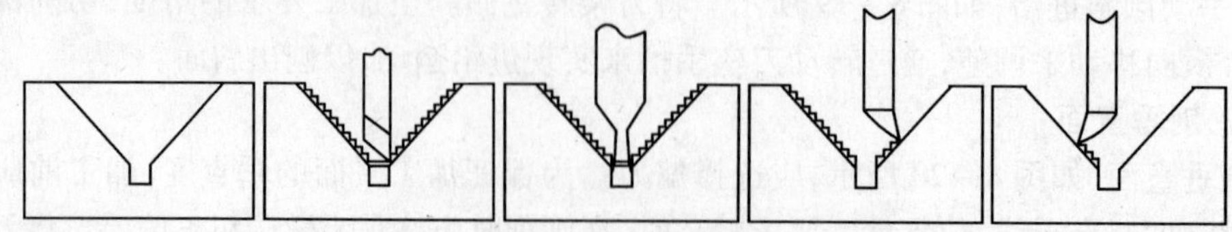

图 8-22 刨 V 形槽

刨燕尾槽的方法与刨 V 形槽相似，采用左、右偏刀按划线分别刨削燕尾斜面，其加工顺序如图 8-23 所示。

7. 刨曲面

(1) 按划线通过工作台横向进给和手动刀架垂直进给配合刨出曲面。

(2) 用成形刨刀刨曲面,如图 8－24 所示。

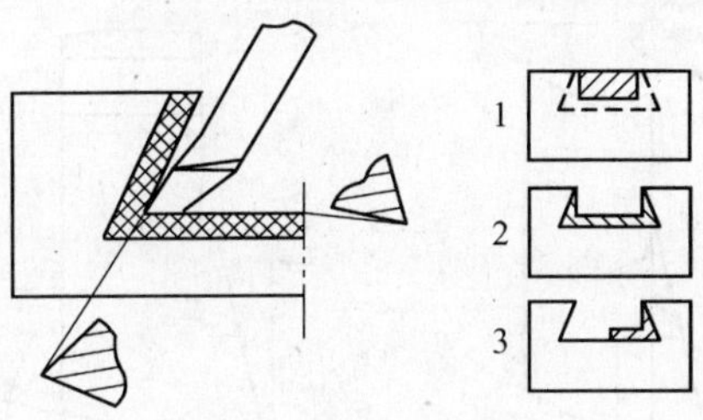

图 8－23　刨燕尾槽

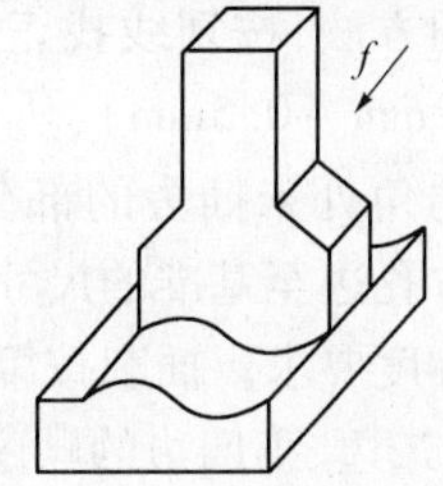

图 8－24　用成形刨刀刨曲面

第 4 节　插　削

插削加工使用的机床是插床,插床的主运动是滑枕的垂直直线往复运动。进给运动是上滑座和下滑座的水平纵向或横向移动,以及圆工作台的水平回转运动。

一、插削方法

插削和刨削的切削方式相同,只是插削是在铅垂方向进行切削的。在插床上可以插削孔内键槽、方孔、多边形孔和花键孔等,如图 8－25 所示。

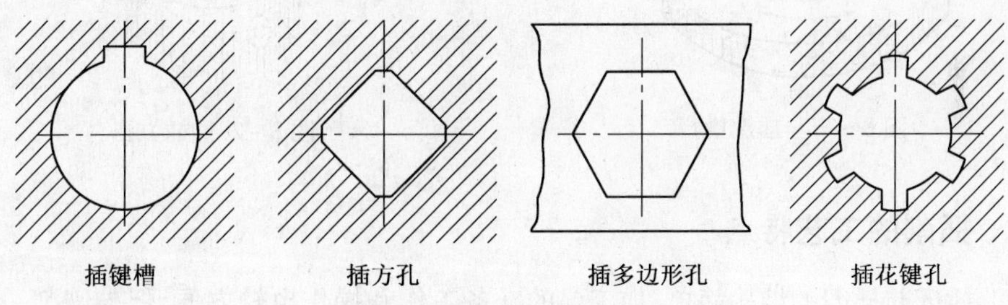

图 8－25　插削的主要内容

1. 插刀

插刀也属单刃刀具,常用的插刀如图 8－26 所示。与刨刀相比,插刀的前面与后面位置对调。为了避免刀杆与工件已加工表面碰撞,其主切削刃偏离刀杆正面。插刀的几何角度一般是:前角 $\gamma_o = 0° \sim 12°$,后角 $\alpha_o = 4° \sim 8°$。常用的尖刃插刀主要用于粗插或插多边形孔,平刃插刀主要用于精插或插直角沟槽。

2. 插键槽

如图 8－27 所示,装夹工件并按划线校正工件位置,然后根据工件孔的长度(键槽长度)和孔口位置,手动调整滑枕和插刀的行程长度和起点及终点位置,防止插刀在工作中冲撞工作台而造成事故。键槽插削一般应分粗插及精插,以保证键槽的尺寸精度和键槽对工件轴线的对称度要求。

3. 插方孔

插小方孔时，可采用整体方头插刀插削，如图 8－28 所示。插较大的方孔时，采用单边插削的方法，按划线找正先粗插（每边留余量 0.2mm～0.5mm），然后用 90°刀头插去 4 个内角处未插去的部分。粗插时应注意测量方孔边至基准的尺寸，以保证尺寸精度和对称度要求。插削按第一边、第三边（对边）、第二边、第四边的顺序进行。

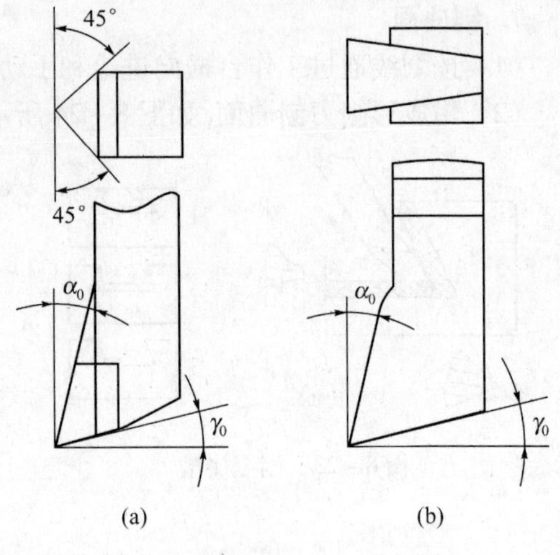

图 8－26 插刀

(a) 尖刀插刀（尖刀）；(b) 平刃插刀（切刀）。

4. 插花键

插花键的方法与插键槽大致相同。不同的是花键各键槽除了应保证两侧面对轴平面的对称度外，还需要保证在孔的圆周上均匀分布，因此，插削时常用分度盘进行分度。

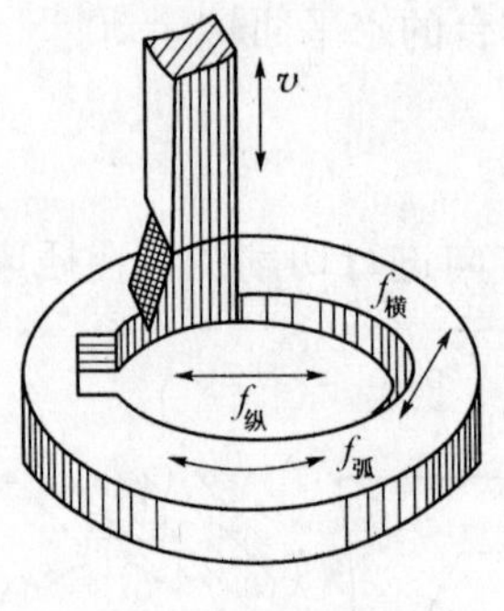

图 8－27 插键槽

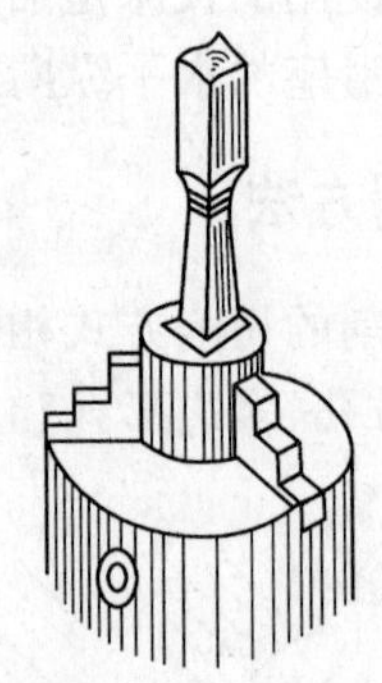

图 8－28 插方孔

二、插削的工艺特点

（1）插床与插刀的结构简单，加工前的准备工作和操作也较方便，但与刨削一样，插削时也存在冲击和空行程损失，因此，主要用于单件、小批量生产。

（2）插削工作行程受刀杆刚性限制，槽长尺寸不宜过大。

（3）刀架没有抬刀机构，工作台没有让刀机构，因此插刀在回程时与工件相摩擦，工作条件较差。

（4）除键槽、型孔以外，插削还可以加工圆柱齿轮、凸轮等。

（5）插削的经济加工精度为 IT9～IT7，表面粗糙度 R_a 值为 6.3μm～1.6μm。

第 5 节 拉 削

一、拉床及拉削方法

拉削是用拉刀加工工件内、外表面的方法，拉削是用拉力切削材料的高精度、高效率的加工方法。

拉削在拉床上进行。拉床分卧式和立式两类,图 8－29 所示为卧式拉床。拉削时工作拉力较大,所以拉床一般采用液压传动。常用拉床的额定拉力有 100kN、200kN、400kN 等。

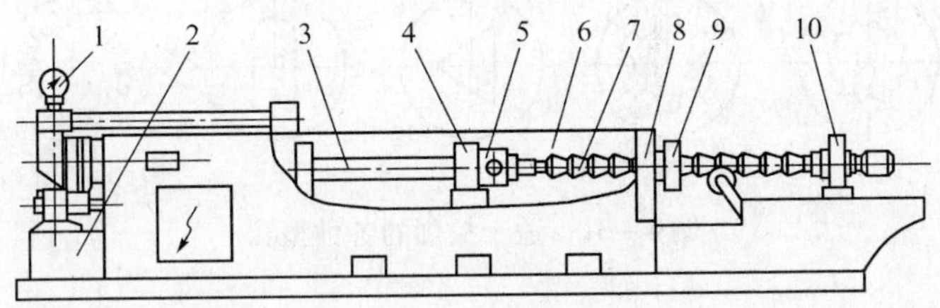

图 8－29　卧式拉床示意图

1—压力表; 2—液压传动部件; 3—活塞拉杆; 4—随动支架;
5—刀架; 6—床身; 7—拉刀; 8—支撑; 9—工件; 10—随动刀架。

拉削用的刀具称为拉刀,如图 8－30 所示,由以下几部分组成:

(1) 柄部: 拉刀安装于拉床时被刀架夹持的部分。

(2) 前导部: 用来引导拉刀切削部分进入工作位置(如工件孔内),防止拉刀歪斜。

(3) 切削部: 由许多刀齿组成,包括粗切齿和精切齿,后排刀齿比前排刀齿分别高出一个齿升量(一般为 0.02mm～0.1mm)。加工中各排刀齿依次切除一层金属,并在一次行程中切除全部加工余量。

(4) 校准部: 起校正和修光作用,以提高加工精度和减小表面粗糙度。

(5) 后导部: 保持拉刀在拉削过程中最后的准确位置,防止拉刀在即将离开工件时,因拉刀下垂而损伤已加工表面和拉刀刀齿。

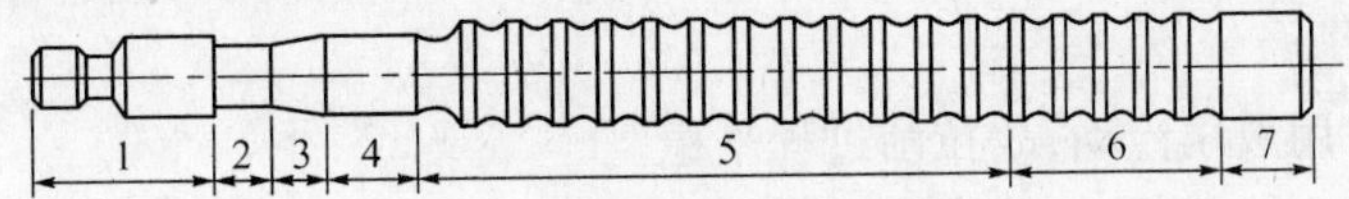

图 8－30　拉刀

1—柄部; 2—颈部; 2—过渡锥; 4—前导部; 5—切削部; 6—校准部; 7—后导部。

此外,拉刀在柄部和前导部之间还有过渡锥及连接过渡锥与柄部的颈部,对于长而重的拉刀,在后导部后还有带顶尖孔的尾部,可在拉削开始到拉刀进入工件 2/3 时,用顶尖及中心架支承,以减小拉刀的摆尾。

在拉床上可以拉削各种型孔(直通孔),如图 8－31 所示,还可以拉削平面、半圆弧面,以及一些用其他加工方法不便加工的内外表面。

拉削孔时,工件一般不需夹紧,只以工件的端面支承。因此,预加工孔的轴线与端面之间应有一定的垂直度要求。如果垂直度误差较大,则可将工件端面贴紧在一个球面垫圈上,利用球面自动定位,如图 8－32 所示。拉削加工的孔径通常为 10m～100m,孔的长度与孔径之比不宜超过 3。预留孔不需要精确加工,钻削或粗镗后即可进行拉削。

拉削外表面时,一般为非对称拉削,拉削力偏离拉刀和工件轴线,因此,除对拉刀采用导向板等限位外,还须将工件夹紧,以避免拉削时工件位置偏离。图 8－33 所示为拉削 V 形槽时,使用导向板和压板的情形。

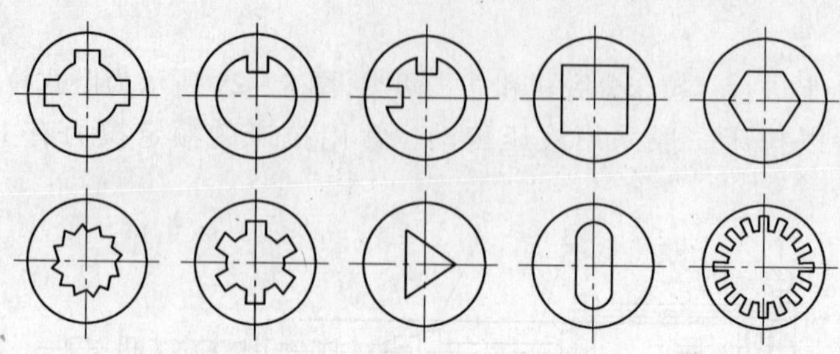

图 8－31　适于拉削的各种型孔

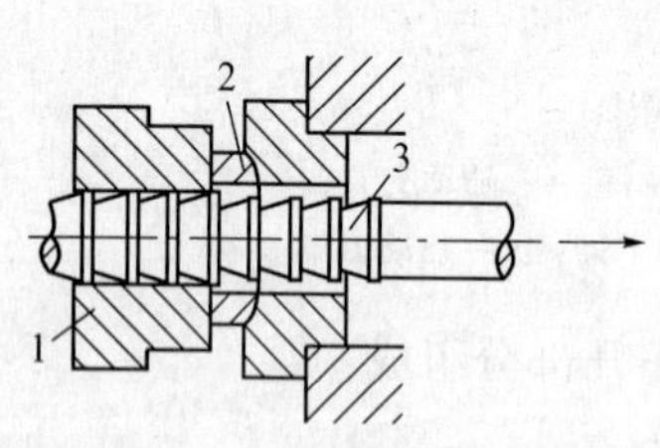

图 8－32　圆孔的拉削

1—工件；2—球面垫圈；3—拉刀。

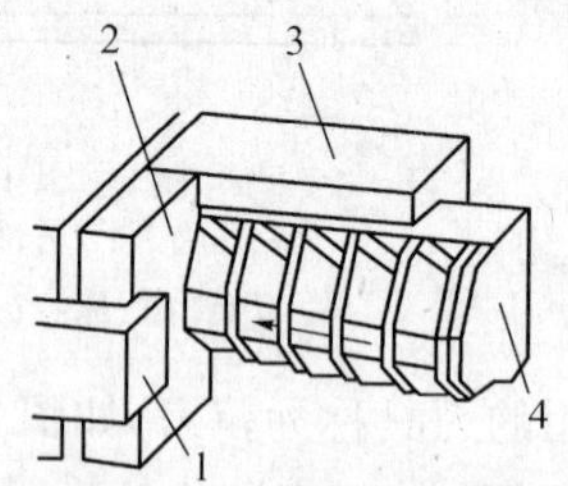

图 8－33　拉削 V 形槽

1—压紧元件；2—工件；3—导向板；4—拉刀。

二、拉削的工艺特点

（1）拉刀在一次行程中能切除加工表面的全部余量，故拉削生产效率较高。

（2）拉刀制造精度高，切削部分有粗切和精切之分；校准部分又可对加工表面进行校正和修光，所以拉削加工精度较高，精度可达 IT9～IT7，表面粗糙度 R_a 值为 1.6μm～0.4μm。

（3）拉床采用液压传动，故拉削过程平稳。

（4）拉刀适应性差，一把拉刀只适于加工某一种尺寸和精度等级的一定形状的加工表面，且不能加工阶台孔、盲孔和特大直径的孔，拉刀结构复杂，制造费用高，刀具成本较大，因此只有在大批量生产中才能显示其经济、高效的特点。

（5）拉削力很大，拉削薄壁孔时容易变形，故不宜采用拉削。

第9章　磨削加工

第1节　概　述

磨削就是利用高速旋转的磨具(砂轮、砂带、磨头等)从工件表面切削下细微切屑的加工方法。磨具是以磨料为主制造而成的切削工具,分固结磨具(如砂轮、磨头、油石、砂瓦等)和涂覆磨具(砂带)两类。本章主要是介绍应用最普遍的以砂轮为磨具的普通磨削。

磨削时,砂轮的回转是主运动。进给运动包括:砂轮的轴向、径向移动,工件的回转运动,工件的纵向、横向移动等。磨削在各类磨床上实现。

磨削的加工范围很广,用于粗加工时,主要用于材料的切断、倒角、清除工件的毛刺、铸件上的浇、冒口和飞边等工作,用于精加工时,可磨削零件的内外圆柱面、内外圆锥面和平面、齿轮、叶片等成形表面等,还可加工螺纹。磨削的主要加工方法如图9－1所示。

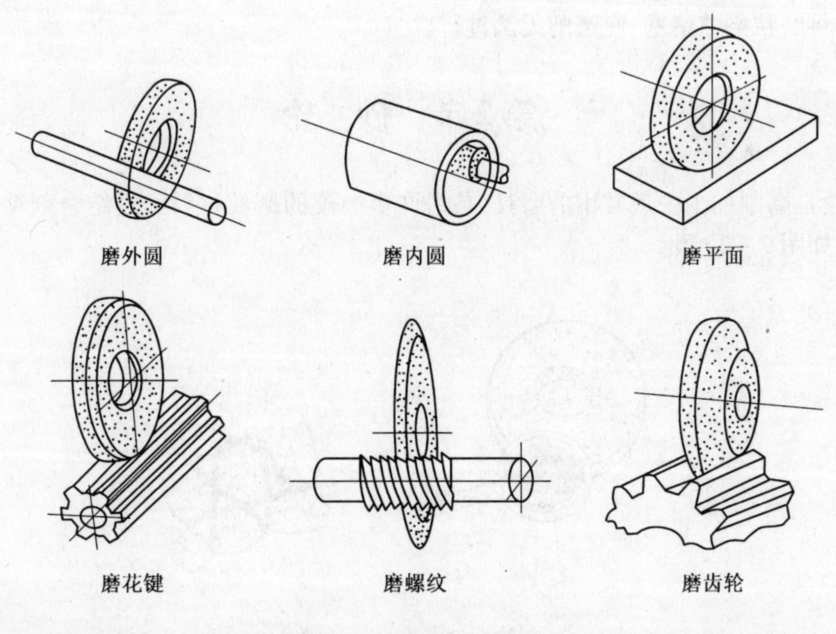

图9－1　磨削加工范围

磨削加工的特点

在机械制造业中,磨削加工是对工件进行精密加工的主要方法之一。磨削加工具有以下特点:

1. 切削速度高

磨削加工时,砂轮以1000m/min~3000m/min的高速旋转,由于切削速度很高,产生大量的切削热,工件加工表面温度可达1000℃以上。为防止工件材料在高温下发生性能改变,在磨削时应使用大量的冷却液,降低切削温度,保证加工表面质量。

2. 多刃、微刃切削

磨削用的砂轮是由许多细小的硬度很高的磨粒用结合剂粘结而成,砂轮表面每平方厘米的磨粒数量为60颗~1400颗,每个磨粒的尖角相当于一个切削刀刃,形成多刃、微刃切削。

3. 加工精度高,表面质量好

由于磨粒体积微小,其切削厚度可以小到几微米,所以磨削加工的精度较高,可达IT6~IT5,表面质量较好,表面粗糙度 R_a 值可达0.2μm~0.8μm。高精度磨削时 R_a 值可达0.008μm~0.1μm。

4. 磨粒硬度高

砂轮的磨粒材料通常采用 Al_2O_3、SiC、人造金刚石等硬度极高的材料,因此磨削不仅可以加工碳钢、铸铁和有色金属等常用金属材料,而且可以加工其他切削方法不能加工的各种硬材料,如淬硬钢、硬质合金、超硬材料、宝石、玻璃等。

5. 磨削不宜加工较软的有色金属

一些有色金属由于硬度低而塑性很好,砂轮进行磨削时,磨屑会粘在磨粒上而不脱落,很快将磨粒空隙堵塞,使磨削无法进行。

第2节 砂 轮

砂轮是磨削加工中最常用的磨具,是由许多极硬的磨粒材料经过结合剂粘结而成的多孔体,如图9-2所示。

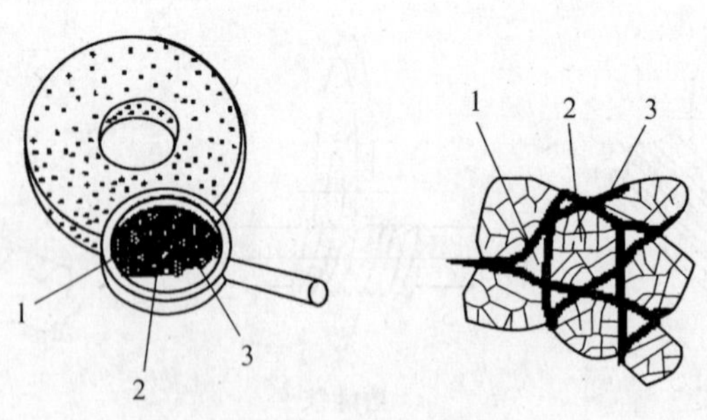

图9-2 砂轮的结构

1—气孔;2—磨料;3—结合剂。

一、砂轮的特性

砂轮特性包括磨料、粒度、结合剂、硬度、组织、形状和尺寸等。砂轮的特性直接影响工件的加工精度、表面粗糙度等。

1. 磨料

磨具(砂轮)中磨粒的材料称为磨料。磨料经压碎后,成为各种粗细不同且具有锐利锋口的磨粒,它是砂轮的主要成分。由于磨削时要承受强烈的挤压、摩擦和高温的作用,因此磨料应具有极高的硬度、耐磨性、耐热性,以及相当的韧性和化学稳定性。制造砂轮的磨料主要是人造磨料,按成分一般分为氧化物(刚玉)、碳化物和超硬材料3类。磨料的选择主要与工件材料及其热处理方法有关,常用的磨料的种类、代号及应用如表9-1所列。

表9-1 常用的磨料种类、代号、性能及应用

类别	磨料名称	代号	颜色	特 性	应用范围
刚玉(氧化物)	棕刚玉	A	棕褐	硬度高、韧性好,磨粒切削刃锋利,加工件表面粗糙度较好	磨削碳钢、合金钢、可锻铸铁等
	白钢玉	WA	白色	硬度较棕刚玉高、韧性较棕刚玉差,磨削力和磨削热较小	磨削淬硬钢、高速钢等
	铬刚玉	PA	粉红	韧性好,磨粒切削刃锋利,加工件表面粗糙度较好	适用于各种淬硬钢的精磨
	单晶刚玉	SA	浅灰 浅黄	切削刃硬度高,韧性大,切削能力强	磨削韧性好的材料如不锈钢
	微晶刚玉	MA	棕黑	韧性和强度高的小晶体集合而成,切削刃较多	磨削不锈钢、轴承钢等较难磨的材料
碳化物类	黑碳化硅	C	黑色 深蓝	硬度高、韧性小,切削刃锋利,导热性好	磨削铸铁、黄铜、青铜及非金属材料
	绿碳化硅	GC	绿色	强度高,刃口锋利,导热性好	磨削硬质合金、钛合金、光学玻璃等硬质材料
高硬度类	人造金刚石	SD	无色透明、淡黄、淡绿	硬度极高,摩擦因数小,磨削性能好	磨削硬质合金、光学玻璃等硬质材料
	立方氮化硼	LD	棕黑色	硬度好,化学稳定性好,颗粒棱角锋利	磨削高硬度、高韧性的材料

2. 粒度

粒度是指磨料颗粒的大小。粒度用筛选法分类,以1英寸^2(1英寸=2.54厘米(cm))的筛子上的孔眼数来表示,粒度号越大,磨粒越细。

为提高磨削加工效率和加工表面质量,应根据实际情况选择合适的粒度号砂轮。一般来说粗磨或磨削质软、塑性大的材料宜用粗粒度,精磨或磨削质硬、脆性材料宜用细粒度。

3. 结合剂

结合剂是用来将分散的磨料颗粒粘结成具有一定形状和足够强度的磨具的物质。结合剂的性能决定了砂轮的强度、耐热性、耐冲击性及耐腐蚀性等性能。常用的结合剂有陶瓷结合剂(代号为V)、树脂结合剂(代号为B)和橡胶结合剂(代号为R)。陶瓷结合剂由于耐热、耐水、耐油、耐酸碱腐蚀,且强度大,应用范围最广。

4. 硬度

砂轮硬度是指结合剂对磨粒粘接的牢固程度,即砂轮在工作时受到外力作用下磨料颗粒脱落砂轮本体的难易程度。磨粒易脱落,则砂轮的硬度低,不易脱落则砂轮的硬度高。在磨削时,应根据工件材料的特性和加工要求来选择砂轮的硬度。一般情况下磨削较硬材料应选择软砂轮,可使磨钝的磨粒及时脱落,及时露出具有尖锐棱角的新磨粒,有利于切削顺利进行,同时防止磨削温度过高“烧伤”工件。磨削较软材料则采用硬砂轮。精密磨削应采用软砂轮。砂轮硬度代号以英文字母表示,字母顺序越大,砂轮硬度越高。GB2484—94 对磨具硬度由软至硬按 A,B,C,D,E,F,G,H,J,K,L,M,N,P,Q,R,S,T,Y 分为 19 级。

5. 组织

砂轮的组织表示磨粒、结合剂和气孔三者之间的体积比例,是指砂轮内部结构的疏密程度。砂轮的组织号以磨粒所占砂轮体积的百分比来确定。砂轮组织分成紧密(0~4)、中等(5~8)和疏松(9~14)三大类 15 级,以阿拉伯数字 0~14 表示,组织号越大,磨粒所占砂轮体积的百分比越小,砂轮组织越松。0 号组织磨粒体积占砂轮体积的百分比(磨粒率)为 62%,以后依次按 2% 递减。

一般磨削加工使用中等组织的砂轮,精密磨削应采用紧密组织砂轮,磨削较软的材料应选用疏松组织的砂轮;磨削硬度低、韧性大的工件,或砂轮与工件接触面积大以及粗磨时,应选用疏松组织的砂轮。

6. 强度

砂轮的强度是指在惯性力作用下,砂轮抵抗破碎的能力。砂轮回转时产生的惯性力,与砂轮的圆周速度的平方成正比。因此,砂轮的强度通常用最高工作速度(亦称安全圆周速度)表示。GB/T 2494—1995《磨具安全规则》规定了磨具的最高工作速度。

7. 形状与尺寸

为了磨削各种形状和尺寸的工件,砂轮可制成各种形状和尺寸。表 9-2 所列为常用砂轮的形状、代号。

表 9-2 常用砂轮的形状、代号

砂轮名称	代号	简图	主要用途
平形砂轮	1		用于磨外圆、内圆、平面、螺纹及无心磨等
双斜边形砂轮	4		用于磨削齿轮和螺纹
薄片砂轮	41		主要用于切断和开槽等
筒形砂轮	2		用于立轴端面磨
杯形砂轮	6		用于磨平面、内圆及刃磨刀具
碗形砂轮	11		用于导轨磨及刃磨刀具
碟形砂轮	12a		用于磨铣刀、铰刀、拉刀等,大尺寸的用于磨齿轮端面

二、砂轮标记和选用

1. 砂轮标记

通常在砂轮的非工作表面标示砂轮的特性代号，按 GB/T 2485－1994 规定，砂轮标志的顺序为：形状代号、尺寸、磨料、粒度号、硬度、组织号、结合剂、允许的磨削速度。

例如，外径 300mm、厚度 50mm、孔径 75mm、棕刚玉、粒度 60、硬度为 L、5 号组织、陶瓷结合剂、最高工作速度为 35m/s 的平形砂轮，其标记为

砂轮 1—300×50×75—A60L5V—35m/s　GB2485

2. 砂轮的选用

选用砂轮时，应综合考虑工件的形状、材料性质及磨床条件等各种因素，具体可根据表 9－3 的推荐加以选择。

表 9－3　砂轮的选用

磨削条件	粒度		硬度		组织		结合剂		
	粗	细	软	硬	松	紧	V	B	R
外圆磨削				●			●		
内圆磨削			●				●		
平面磨削			●				●		
无心磨削				●			●		
粗磨、打磨毛刺	●		●						
精密磨削		●		●		●	●	●	
高精密磨削		●		●		●	●	●	
超精密磨削		●		●		●	●	●	
镜面磨削		●	●			●		●	
高速磨削		●		●					

三、砂轮的安装和修整

1. 砂轮的检查

砂轮工作时转速很高，因此安装前必须先进行外观检查和裂纹检查，以防止高速旋转时砂轮破裂导致安全事故。检查裂纹时，可将砂轮用绳索穿过内孔，吊起悬空。用木柄轻轻敲击其侧面，声音清脆的为没有裂纹的砂轮；若声音破哑，说明砂轮有裂纹，有裂纹的砂轮不允许使用。

2. 砂轮的平衡

由于砂轮的制造误差和在法兰盘上安装所产生的安装误差，砂轮的重心与其旋转中心往往不重合，会造成砂轮不平衡，砂轮高速回转时因不平衡引起很大的惯性力，这样会造成砂轮在高速旋转时产生振动，轻则影响加工质量，严重时会导致砂轮破裂和机床损坏。所以砂轮在安装前必须对砂轮进行静平衡试验。

如图 9－3 所示，砂轮装在法兰盘上后，将法兰盘套在心轴上，再放在平衡架导轨上。如果不平衡，砂轮较重的部分总是会转到下面，移动法兰盘端面环形槽内的平衡块位置，

调整砂轮的重心进行平衡,反复进行,直到砂轮在导轨上任意位置都能静止不动,此时砂轮达到静平衡。

安装新砂轮时,砂轮要进行两次静平衡。第一次静平衡后,装上磨床用金刚石笔对砂轮外形进行修整,然后卸下砂轮再进行一次静平衡才能安装使用。

3. 安装砂轮

如图9-4所示,直径较大的砂轮,通常采用法兰盘安装,法兰盘的底盘和压盘直径必须相同,且不小于砂轮外径的1/3,砂轮和法兰之间应垫上0.5mm~3mm厚的弹性材料如皮革或耐油橡胶弹性垫片,砂轮内孔与法兰盘之间要有适当间隙,以免磨削时主轴受热膨胀而将砂轮胀裂,紧固时螺母不能拧得过紧,以保证砂轮受力均匀,不致压裂。直径较小的砂轮则用粘结剂紧固。

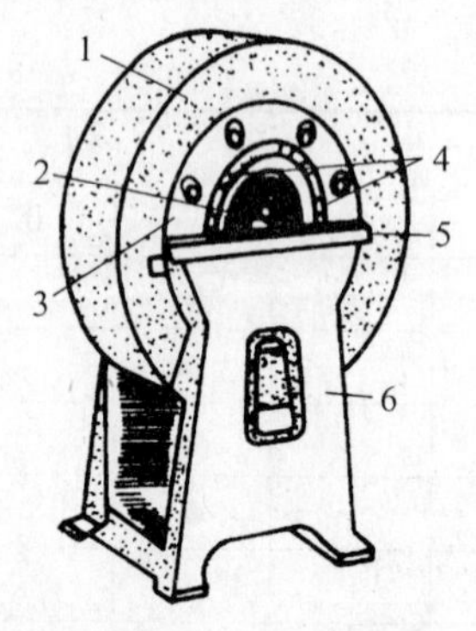

图9-3 砂轮的平衡

1—砂轮;2—心轴;3—法兰盘;4—平衡块;5—导轨;6—平衡架。

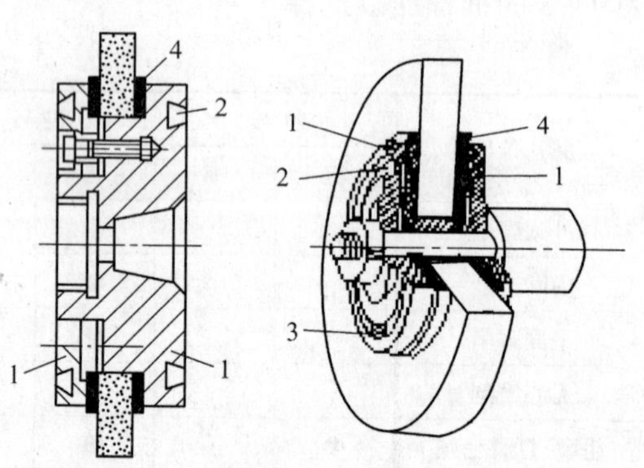

图9-4 砂轮的安装

1—法兰盘;2—环形槽;3—平衡块;4—弹性垫片。

4. 修整

砂轮在磨削过程中,工作表面的磨粒将逐渐变钝(微刃不再锋利),磨屑将砂轮表面空隙堵塞,磨粒所受切削抗力随之增大,因而急剧且不均匀地脱落。部分磨粒脱落后,新露出的磨粒以锋利的棱角继续切削(即为砂轮的自锐性),而未脱落的磨粒继续变钝,使砂轮磨削能力下降,外形也会发生变化,砂轮与工件间的摩擦加剧,工件表面产生烧伤和振动波纹,造成磨削质量和生产率都下降。因此,磨钝的砂轮须及时进行修整。修整砂轮通常用金刚石笔进行,利用高硬度的金刚石将砂轮表层的磨料及磨屑清除掉,修出新的磨粒刃口,恢复砂轮的切削能力,并校正砂轮的外形。

第3节 常用磨削机床

一、磨削机床型号

磨床有外圆磨床、内圆磨床、平面磨床、齿轮磨床、导轨磨床、无心磨床、工具磨床等多种类型,常用磨床编号如表9-4所列。

表 9－4　常用磨床编号

类		组		系		主参数	
代号	名称	代号	名称	代号	名称	折算系数	名称
M	磨床	1	外圆磨床	4	万能外圆磨床	1/10	最大磨削直径
		2	内圆磨床	1	内圆磨床基型	1/10	最大磨削孔径
		7	平面磨床	1	卧轴矩台平面磨床	1/10	工作台面宽度

二、万能外圆磨床

1. 万能外圆磨床的结构

万能外圆磨床可以加工工件的外圆柱面、外圆锥面、内圆柱面、内圆锥面、台阶面和端面。外圆磨床主要由以下几部分组成，如图 9－5 所示。

（1）床身：用来支承机床各部件。内部装有液压传动系统，床身上面有纵向导轨和横向导轨，分别为磨床工作台 9 和砂轮架 7 的移动导向。床身上部装有工作台和砂轮架等部件。

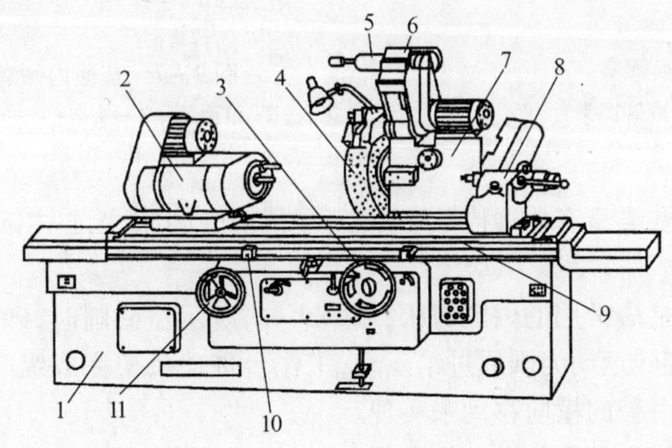

图 9－5　万能外圆磨床

1—床身；2—头架；3—横向进给手轮；4—砂轮；5—内圆磨具；6—内圆磨头；7—砂轮架；8—尾座；9—工作台；10—挡块；11—纵向进给手轮。

（2）头架：头架安装在上层工作台上，头架内装有主轴，主轴前端可安装卡盘、顶尖、拨盘等附件，用于装夹工件。主轴由单独的电动机经变速机构带动旋转，实现工件的圆周进给运动。头架可绕垂直轴线逆时针回转 0°～90°。

（3）工作台：工作台由上、下两层组成，下层工作台可沿床身导轨作纵向直线往复运动，上层工作台可绕下层中心轴线在水平面偏转一定的角度（±8°），以便磨削小锥度的圆锥面。工作台的纵向进给运动由床身内的液压传动装置驱动。

（4）砂轮架：砂轮安装在砂轮架主轴上，可沿床身横向导轨移动，实现砂轮的径向（横向）进给。砂轮由单独的电动机通过皮带传动带动砂轮高速旋转，实现切削主运动。砂轮架安装在床身的横向导轨上，可沿导轨作横向进给，还可水平旋转 ±30°，用来磨削较大锥度的圆锥面。

（5）内圆磨头：安装在砂轮架的前上方，不用时翻上去，需要磨削孔的内表面时翻下来,其主轴前端可安装内圆砂轮,由单独电动机带动旋转,用于磨削内圆表面,如图 9-6 所示。

(6) 尾架:安装在上层工作台,套筒内安装尾顶尖,用以支承工件另一端。后端装有弹簧,利用可调节的弹簧力顶紧工件,也可在长工件受磨削热影响而伸长或弯曲变形的情况下便于工件装卸。装卸工件时,可采用手动或液动方式使尾座套筒缩回。

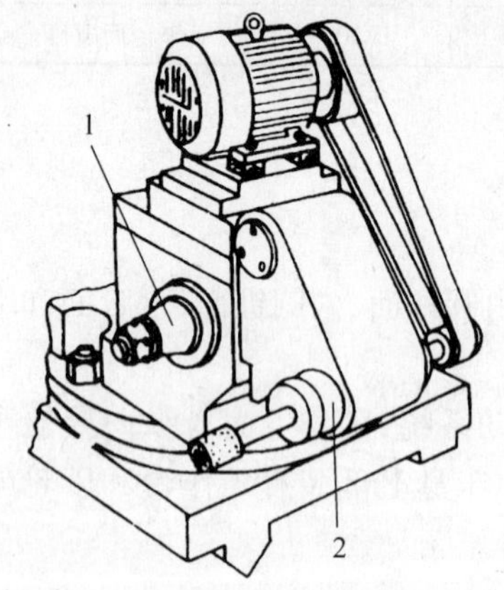

图 9-6 内圆磨头

1—砂轮主轴; 2—内圆磨头。

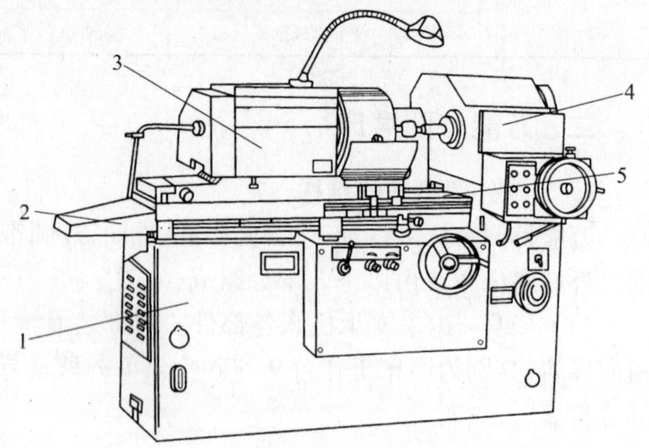

图 9-7 普通内圆磨床

1—床身; 2—工作台; 3—头架; 4—砂轮架; 5—滑鞍。

2. 内圆磨床

内圆磨床的主要类型有普通内圆磨床、行星式内圆磨床、无心内圆磨床和专门用途的内圆磨床。

普通内圆磨床是最常用的内圆磨床,如图 9-7 所示。磨削时,砂轮轴的旋转为主运动,头架带动工件旋转运动为圆周进给运动,工作台带动头架完成纵向进给运动,横向进给运动由砂轮架沿滑鞍的横向移动来实现。

普通内圆磨床的头架 3 装在工作台 2 上,头架沿床身 1 的导轨作纵向往复运动。头架主轴由电动机经皮带传动,使夹持在头架主轴卡盘上的工件作圆周进给运动。砂轮架 4 上磨削内孔的砂轮主轴,由电动机经皮带传动。砂轮架沿滑鞍 5 横向进给,可以是液动或手动。每当工作台往复运动一次,砂轮架作间歇的横向进给一次。

头架绕竖直轴调整至一定角度,以磨削锥孔。

普通精度内圆磨床的加工精度:对于最大磨削孔径为 50mm ~ 200mm 的机床,如试件的孔径为机床最大削磨孔径的 1/2,磨削孔深为机床最大磨削深度的 1/2 时,精磨后能达到圆度小于等于 0.006mm,圆柱度小于等于 0.005mm 及表面粗糙度 $R_a = 0.32\mu m \sim 0.63\mu m$。

普通的内圆磨床的自动化程度不高,磨削尺寸通常是靠工人测量来加以控制的。仅适用于单件和小批生产中 。

3. 平面磨床

根据平面磨床工作台的形状和砂轮工作面的不同,普通平面磨床可分为 4 种类型,即卧轴矩台式平面磨床(图 9-8(a));卧轴圆台式平面磨床(图 9-8(b));立轴圆台式平面磨床(图 9-9(a));立轴矩台式平面磨床(图 9-9(b))。

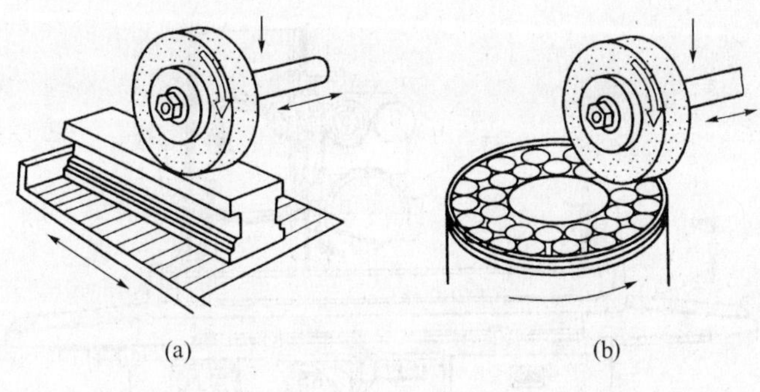

图9-8　周磨

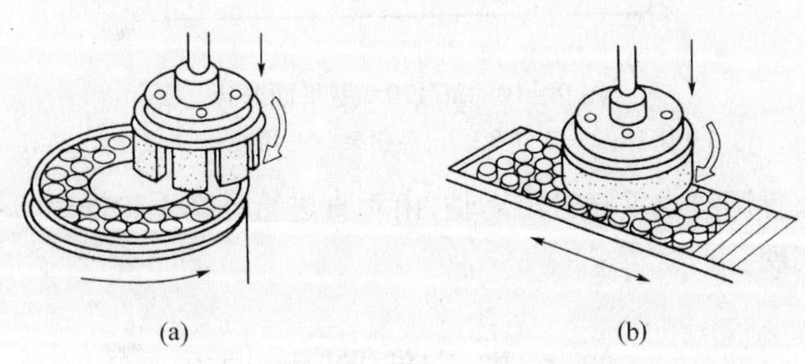

图9-9　端磨

根据砂轮工作面的不同,平面磨削分为周磨(图9-8)和端磨(图9-9)两类。

周磨是采用砂轮的圆周面对工件平面进行磨削。这种磨削方式,砂轮与工件的接触面积小,磨削力小,磨削热小,冷却和排屑条件较好,而且砂轮磨损均匀。

端磨是采用砂轮端面对工件平面进行磨削。这种磨削方式,砂轮与工件的接触面积大,磨削力大,磨削热多,冷却和排屑条件差,工件受热变形大。此外,由于砂轮端面径向各点的圆周速度不相等,砂轮磨损不均匀。

图9-10所示为M7120A型平面磨床,是一种常用的卧轴矩台平面磨床。它由床身、立柱、工作台、磨头和砂轮修整器等主要部件组成。

(1) 床身:承载机床各部件,内部安装液压传动系统。

(2) 工作台:矩形工作台安装在床身的水平纵向导轨上,由液压传动系统驱动,可沿床身导轨作直线往复运动,利用行程挡块自动控制换向。此外,工作台也可用驱动工作台手轮通过机械传动系统手动操纵往复移动或进行调整工作。其上安装有电磁吸盘,利用电磁吸力固定、装夹工件或夹具。

(3) 砂轮架:安装砂轮,装有砂轮主轴的磨头可沿床鞍上的水平燕尾导轨移动,磨削时的横向步进进给和调整时的横向连续移动,由液压传动系统实现,也可用横向进给手轮手动操纵。

(4) 滑座:砂轮架安装在滑座水平导轨上,可沿水平导轨移动,滑座安装在立柱上,可沿立柱导轨垂直移动。

(5) 立柱:其侧面有垂直导轨,滑鞍安装其上。

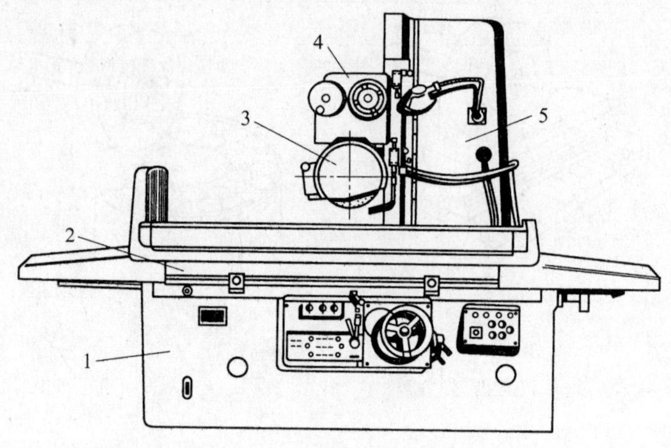

图 9－10　M7120A 型平面磨床

1—床身；2—工作台；3—砂轮架；4—滑座；5—立柱。

磨头的高低位置调整或垂直进给运动，由垂直进给升降手轮操纵，通过床鞍沿立柱的垂直导轨移动来实现。

第 4 节　磨削加工

一、外圆磨削

外圆表面磨削一般在外圆磨床或无心外圆磨床上进行，也可采用砂带磨床磨削。这里只介绍用万能外圆磨床磨削外圆及磨削斜锥面的的几种方法，对其他磨床不作介绍。

1．磨削运动

磨削加工时，一般有 1 个主运动和 3 个进给运动，这 4 个运动的参数组成磨削运动，如图 9－11 所示。磨削时应根据工件材料的特性、加工要求等因素来选择磨削用量，如表 9－5 所列。

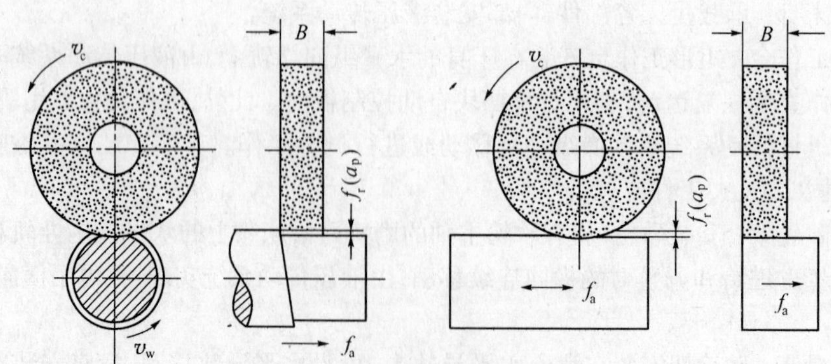

图 9－11　磨削运动

表9-5 磨削用量的选择(B=砂轮宽度)

磨削用量	粗磨	精磨	选择磨削用量原则
纵向进给速度(f_a)	$(0.4\sim0.8)B$	$(0.2\sim0.4)B$	磨细长件时,取大 a_p;精磨时,f 取小些;反之取大些
横向进给量(f_r)	0.01~0.06	0.0025~0.01	磨细长件、硬件、韧性材料及精磨时,a_p 取小些;反之取大些
圆周进给速度	0.3~0.5	0.08~0.3	磨细长件、大直径件、硬件、重件、端磨、韧性材料时,用大 a_p;精磨时,V_w 取小些;反之取大些
磨削速度	≤35		

1) 主运动

砂轮的旋转运动为主运动,砂轮外圆相对于工件表面的瞬时速度称为磨削速度(V_c),即砂轮外圆处的线速度,表达式为

$$V_c = \frac{\pi dn}{1000 \times 60}(\mathrm{m/s})$$

式中:d 为砂轮的外径(mm);n 为砂轮的转速(r/min)。

2) 圆周进给运动

圆周进给速度指工件绕本身轴线作低速旋转的速度(V_w),即工件外圆处的线速度,由头架提供,其表达式为

$$V_w = \frac{\pi d\mathrm{wnw}}{1000 \times 60}$$

式中:d_w 为工件的外径(mm);n_w 为工件的转速(r/min)。

3) 纵向进给运动

工作台提供的工件直线运动为纵向进给运动,纵向进给速度(f_a)称为纵向进给量,单位为mm/r。

4) 背吃刀量 a_p

对于外圆磨削、内圆磨削、无心磨削而言,背吃刀量又称横向进给量(径向进给量 f_r),即切削深度,也就是工作台每次纵向往复行程终了时,砂轮在横向移动的距离。背吃刀量大,生产率高,但对磨削精度和表面粗糙度不利。通常,磨外圆时,粗磨 a_p=0.01mm~0.025mm,精磨 a_p=0.005mm~0.015mm;磨内圆时,粗磨 a_p=0.005mm~0.03mm,精磨 a_p=0.002mm~0.01mm;磨平面时,粗磨 a_p=0.015mm~0.15mm,精磨 a_p=0.005mm~0.015mm。

2. 磨削外圆操作

1) 工件的装夹

磨削外圆时一般磨削加工精度高,因此,工件装夹是否正确、稳固,直接影响工件的加工精度和表面粗糙度。在某些情况下,装夹不正确还会造成事故。通常采用以下4种装夹方法,如图9-12所示。

(1) 用前、后顶尖装夹。用前、后顶尖顶住工件两端的中心孔,中心孔应加入润滑脂,工件由头架拨盘、拨杆和鸡心夹头(卡箍)带动旋转。由于磨床所用的前、后顶尖都是固定不动的,尾座顶尖又是依靠弹簧顶紧工件,使工件与顶尖始终保持适当的松紧程度,故

可避免磨削时因顶尖摆动而影响工件的精度。因此,两顶尖装夹工件的方法,定位精度高,装夹工件方便,应用最为广泛。

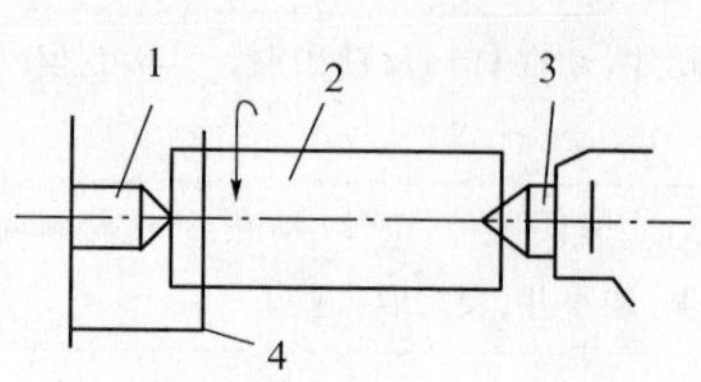

1—前顶尖;2—工件;3—后顶尖;4—卡箍。

用前、后顶尖装夹

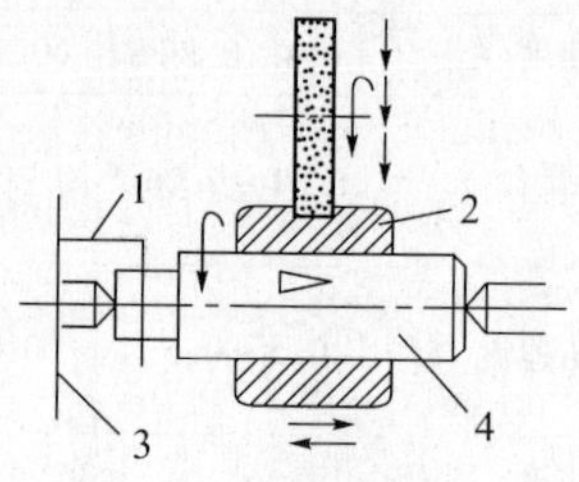

1—卡箍;2—工件;3—心轴;4—拨盘。

用心轴装夹

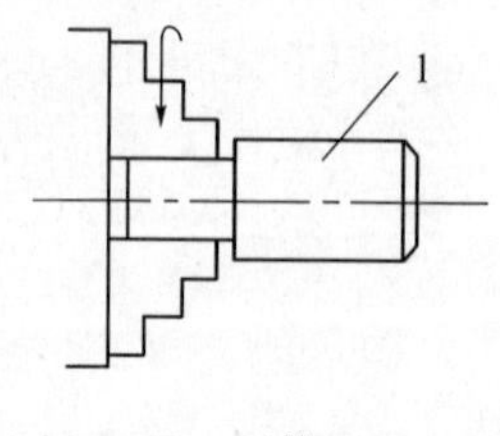

1—工件。

用三爪卡盘或四爪卡盘装夹

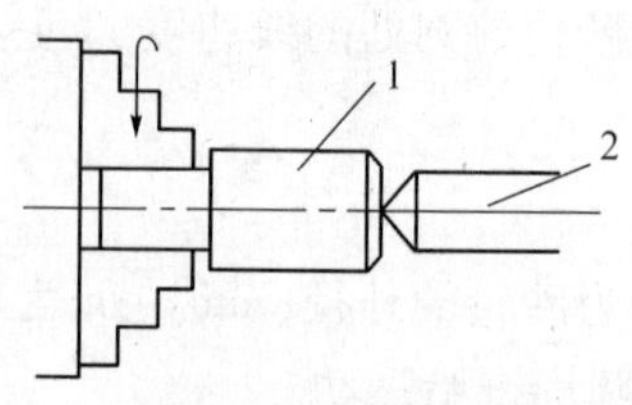

1—工件;2—顶尖。

用卡盘和顶尖装夹

图 9-12 工件装夹方法

(2) 用心轴装夹。磨削套筒类零件时,以内孔为定位基准,将零件套在心轴上,心轴再装夹在磨床的前、后顶尖上。

(3) 用三爪卡盘或四爪卡盘装夹。对于端面上不能打中心孔的短工件,可用三爪卡盘或四爪卡盘装夹。四爪卡盘特别适于夹持表面不规则工件,但校正定位较费时。

(4) 用卡盘和顶尖装夹。当工件较长,一端能打中心孔,一端不能打中心孔时,可一端用卡盘,一端用顶尖装夹工件。

2) 调整机床

根据工件材料的特性、加工要求等因素来选择合适的磨削用量,调整头架主轴转速,调整工作台直线运动速度和行程长度,调整砂轮架进给量。

3) 磨削外圆

在外圆磨床上磨外圆有 4 种方法,即纵向磨削法、横向磨削法、综合磨削法和深度磨削法等。

(1) 纵磨法。磨削时,砂轮高速旋转,工件作圆周进给运动,工作台作纵向进给运动,每次纵向行程或往复行程结束后,砂轮作一次小量的横向进给,当工件尺寸达到要求时,再无横向进给而只是纵向往复磨削几次,直至火花消失,停止磨削。纵磨法的磨削深度小,磨削力小,磨削温度低,最后几次无横向进给的光磨行程,能消除由机床、工件、夹具弹性变形而产生的误差,所以磨削精度较高,表面粗糙度小,适合于单件小批量生产和细长轴的精磨,如图 9-13 所示。

纵向磨削时,在砂轮的周边,磨粒的工作情况不同,只有处于纵向进给方向一侧的磨粒担负主要切削工作,其余磨粒只起修光(减小表面粗糙度值)作用。因此,砂轮的每次横向进给量(背吃刀量)很小,生产效率低。纵向磨削的磨削力小,磨削热少,散热也快,加上最后几次往复行程采取无进给磨削(光磨),可获得较高的加工精度和较小的表面粗糙度值,在生产中应用最广泛。

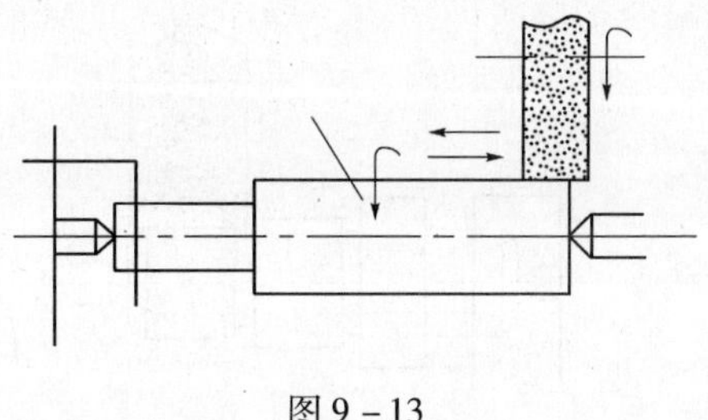

图9-13

纵磨法磨削外圆步骤:

① 启动机床油泵电动机。

② 启动砂轮电动机。

③ 启动快速进退阀,将砂轮快速移近工件,供冷却液。

④ 启动工作台作纵向进给运动,摇进给手轮,让砂轮轻微接触工件表面。

⑤ 调整切削深度。

⑥ 先进行试磨,边磨边调整锥度,直至消除锥度误差。

⑦ 粗磨,每次切深为0.01mm~0.025mm。

⑧ 精磨至规定尺寸,每次切深为0.005mm~0.015mm。

⑨ 进行光磨,无横向进给,直至火花消失。

⑩ 停止机床,检验工件。

(2) 横磨法(切入磨法)。磨削时,采用比工件被加工表面宽(或等宽)的砂轮连续地或间断地以较慢的速度作横向进给运动,工件不作纵向进给运动,直至磨掉全部加工余量。如图9-14所示。

横向磨削时,砂轮与工件接触长度内的磨粒的工作情况相同,均起切削作用,因此生产效率较高,但磨削力和磨削热大,工件容易产生变形,甚至会发生烧伤现象,磨削时应使用大量冷却液。此外,由于工件无纵向进给运动,砂轮表面修整的形态会复映到工件表面上,使加工精度降低,表面粗糙度值增大。受砂轮厚度的限制,横向磨削法只适用于磨削长度较短的外圆表面及不能用纵向进给的工件,如磨削有阶台的轴颈和成形磨削等。

(3) 分段综合磨削法。是横向磨削与纵向磨削的综合。磨削时,先采用横磨法对工件外圆表面进行分段磨削,每段都留下0.01mm~0.03mm的精磨余量,然后再用纵向磨削法精磨到规定的尺寸。分段磨削法利用了横向磨削生产率高的特点对工件进行粗磨,又利用了纵向磨削精度高、表面粗糙度值小的特点对工件精磨,因此适用于磨削余量大、刚度大的工件,但磨削长度不宜太长,通常以分成2段~4段进行横向磨削为宜。

(4) 深磨法。将砂轮的一端外缘修成锥形或阶梯形,选择较小的圆周进给速度和纵向进给速度,在工作台一次行程中,将工件的加工余量全部磨除,达到加工要求尺寸。深磨法的生产率比纵磨法高,加工精度比横磨法高,但修整砂轮较复杂,只适合大批量生产,刚性较好的工件,而且被加工面两端应有较大的距离方便砂轮的切入和切出,如图9-15所示。

二、在万能外圆磨床上磨削锥面

在万能外圆磨床上磨削锥面,工件的装夹方法与磨削外圆和内圆的装夹方法相同。

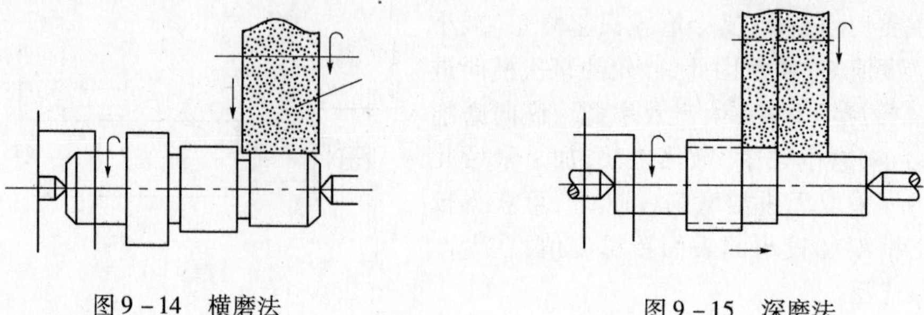

图 9-14　横磨法　　　　图 9-15　深磨法

1. 磨外圆锥面

在万能外圆磨床上磨外圆锥面有 3 种方法。

(1) 转动工作台法(图 9-16)。将工件装夹在前、后两顶尖之间,圆锥大端在前顶尖侧、小端在后顶尖侧,将上工作台相对下工作台逆时针转动一个角度(等于圆锥半角 $\alpha/2$)。磨削时,采用纵向磨削法或分段磨削法,从圆锥小端开始试磨。转动工作台法适用于磨削锥度不大的长工件。

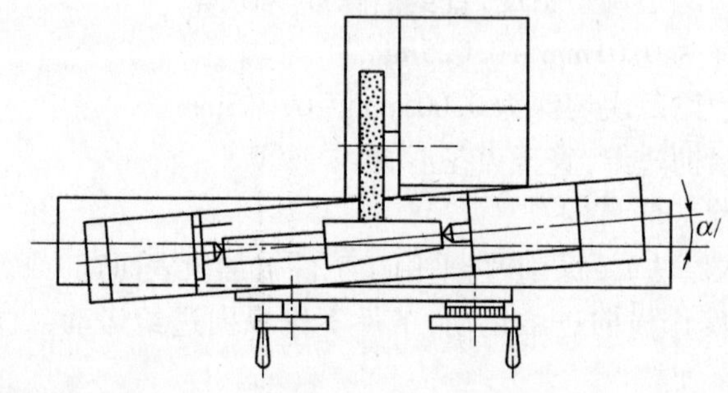

图 9-16　转动工作台法磨外圆锥面

(2) 转动头架法(图 9-17)。适用于磨削锥度较大而长度较短的工件。将工件装夹在头架的卡盘中,头架逆时针转动 $\alpha/2$ 角,磨削方法同转动工作台法。

(3) 转动砂轮架法(图 9-18)。当工件较长且工件的锥度较大时,只能用转动砂轮架法来磨削外圆锥面。将砂轮架偏转 $\alpha/2$ 角,用砂轮的横向进给进行圆锥面磨削(工作台不允许纵向进给),如果锥面素线长度大于砂轮厚度,则需用分段接刀的方法进行磨削。

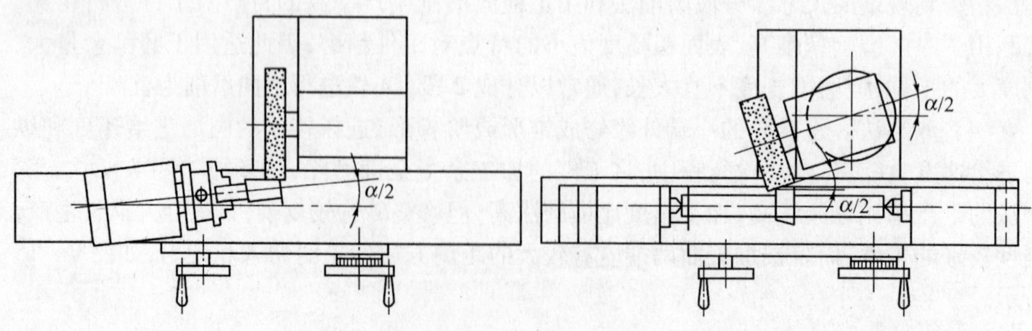

图 9-17　转动头架法磨外圆锥面　　　　图 9-18　转动砂轮架磨外圆锥面

2. 磨削内锥面

在万能外圆磨床上磨削内圆锥面的方法有两种方法。

(1) 转动工作台法(图 9-19)。适用于磨削锥度不大的内圆锥面。磨削时,工作台偏转角度 $\alpha/2$,工作台带动工件作纵向往复运动,砂轮作横向进给。

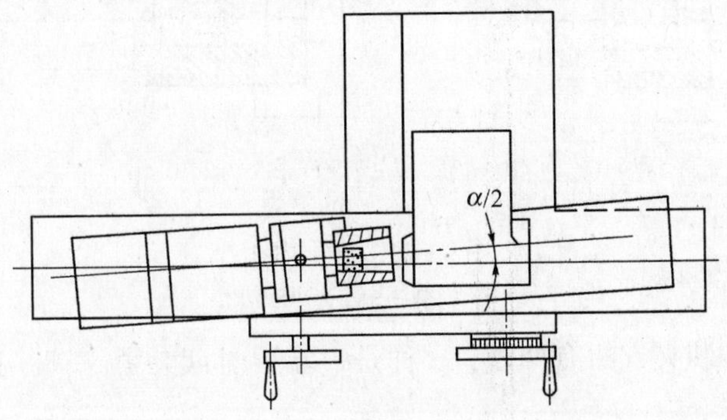

图 9-19　转动工作台法磨削内圆锥面

(2) 转动头架法(图 9-20)。将头架偏转角度 $\alpha/2$,磨削时工作台作纵向往复运动,砂轮作横向进给,适用于磨削锥度较大的内圆锥面。用这种方法也可在内圆磨床上磨削各种锥度的内圆锥面。

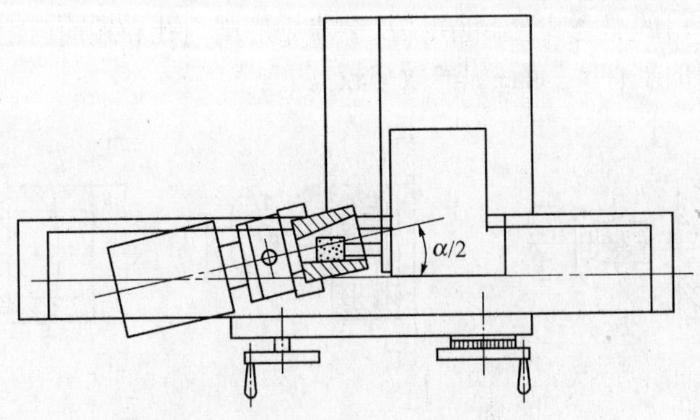

图 9-20　转动头架法磨削内圆锥面

三、磨削内圆

内圆表面的磨削可以在内圆磨床上进行,也可以在万能外圆磨床上进行。在万能外圆磨床上用内圆磨头磨内圆主要用于单件、小批量生产,在大批量、大量生产中则宜采用内圆磨床磨削。内圆磨削是常用的内孔精加工方法,可以加工工件上的通孔、不通孔、阶台孔及端面等。

1. 在万能外圆磨床上可以磨削内圆

在万能外圆磨床上可以磨削内圆。与磨削外圆相比,由于砂轮直径较小,切削速度大大低于外圆磨削,加上磨削时散热、排屑困难,磨削用量不能选择太高,所以生产效率较低。此外,由于砂轮轴悬伸长度大,刚性较差,因此,加工精度较低。如图 9-21 所示。

(1) 工件的装夹。在万能外圆磨床上磨削内圆,短工件用三爪卡盘或四爪卡盘找正

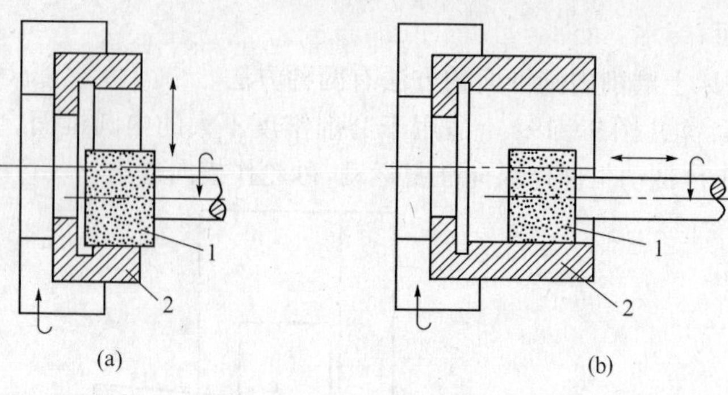

图 9-21 磨削内孔
(a) 横磨法；(b) 纵磨法。

外圆装夹,长工件的装夹方法有两种：一种是一端用卡盘夹紧,一端用中心架支承,另一种是用 V 形夹具装夹。

(2) 磨内孔的方法。磨削内孔一般采用纵向磨和切入磨两种方法。磨削时,工件 1 和砂轮 2 按相反的方向旋转。

2. 普通内圆磨床磨削外圆

普通内圆磨床是生产中应用最广的一种,图 9-22 所示为普通内圆磨床的磨削方法。磨削时,根据工件的形状和尺寸不同,可采用纵磨法(图(a))、横磨法(图(b)),有些普通内圆磨床上备有专门的端磨装置,可在一次装夹中磨削内孔和端面(图(c)),这样不仅容易保证内孔和端面的垂直度,而且生产效率较高。

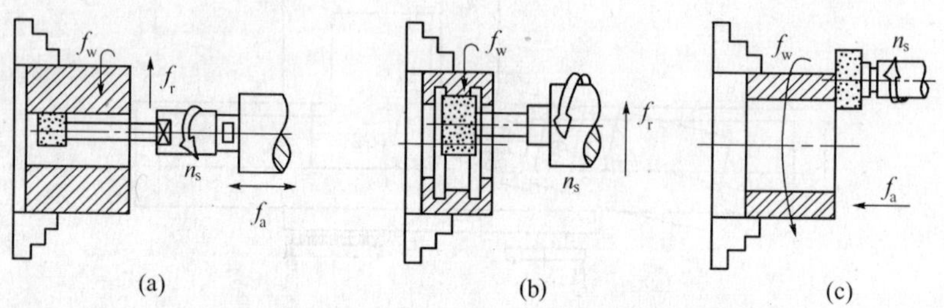

图 9-22 普通内圆磨床的磨削方法

如图(a)所示,纵磨法机床的运动有：砂轮的高速旋转运动作主运动 n_s；头架带动工件旋转作圆周进给运动 f_w,砂轮或工件沿其轴线往复作纵向进给运动 f_a,在每次(或几次)往复行程后,工件沿其径向作一次横向进给运动 f_r。这种磨削方法适用于形状规则、便于旋转的工件。

横磨法无需纵向进给运动 f_a,如图(b)所示,横磨法适用于磨削带有沟槽表面的孔。

内圆磨削与外圆磨削相比,加工条件比较差,内圆磨削有以下一些特点：

(1) 砂轮直径受到被加工孔径的限制,直径较小。砂轮很容易磨钝,需要经常修整和更换,增加了辅助时间,降低了生产率。

(2) 砂轮直径小,即使砂轮转速高达每分钟几万转,要达到砂轮圆周速度 25m/s ~ 30m/s 也是十分困难的,由于磨削速度低,因此内圆磨削比外圆磨削效率低。

(3) 砂轮轴的直径尺寸较小,而且悬伸较长,刚性差,磨削时容易发生弯曲和振动,从而影响加工精度和表面粗糙度。内圆磨削精度可达 IT8 ~ IT6，表面粗糙度 R_a 值可达 0.8μm ~ 0.2μm。

(4) 切削液不易进入磨削区，磨屑排除较外圆磨削困难。

虽然内圆磨削比外圆磨削加工条件差，但仍然是一种常用的精加工孔的方法，特别适用于淬硬的孔、断续表面的孔(带键槽或花键槽的孔)和长度较短的精密孔加工。磨孔不仅能保证孔本身的尺寸精度和表面质量，还能提高孔的位置精度和轴线的直线度；用同一砂轮，可以磨削不同直径的孔，灵活性大。内圆磨削可以磨削圆柱孔(通孔、盲孔、阶梯孔)、圆锥孔及孔端面等。

四、平面磨削及操作

平面磨床主要用于磨削平面，磨削加工时，砂轮的旋转运动为主运动 V_c(m/s)，工作台提供的工件直线运动为纵向进给运动 V_w(m/s)，砂轮的横向进给运动 $f_{横}$(mm/r)和砂轮的垂直进给运动 $f_{垂}$(mm)，这 4 个运动的参数组成平面磨削的磨削用量。

卧轴矩台或圆台平面磨床的磨削属圆周磨削，砂轮与工件的接触面积小，生产效率低，但磨削区散热、排屑条件好，因此磨削精度高。

1. 磨削平面步骤

1) 装夹工件

磁性工件可以直接吸在电磁吸盘上，对于非磁性工件(如有色金属)或不能直接吸在电磁吸盘上的工件，可使用精密平口钳或其他夹具装夹后，再吸在电磁吸盘上。

2) 调整机床

根据工件材料的特性、加工要求等因素来选择合适的磨削用量，调整工作台直线运动速度和行程长度，调整砂轮架横向进给量。

3) 启动机床

启动工作台，摇进给手轮，让砂轮轻微接触工件表面，调整切削深度，磨削工件至规定尺寸。

4) 停车

测量工件，退磁，取下工件，检验。

2. 卧轴矩台平面磨床磨削平面的主要方法

1) 横向磨削法(图 9-23)

每当工作台纵向行程终了时，砂轮主轴作一次横向进给，待工件表面上第一层金属磨去后，砂轮再按预选磨削深度作一次垂直进给，以后按上述过程逐层磨削，直至切除全部磨削余量。

横向磨削法是最常用的磨削方法，适于磨削长而宽的平面，也适于相同小件按序排列，作集合磨削。

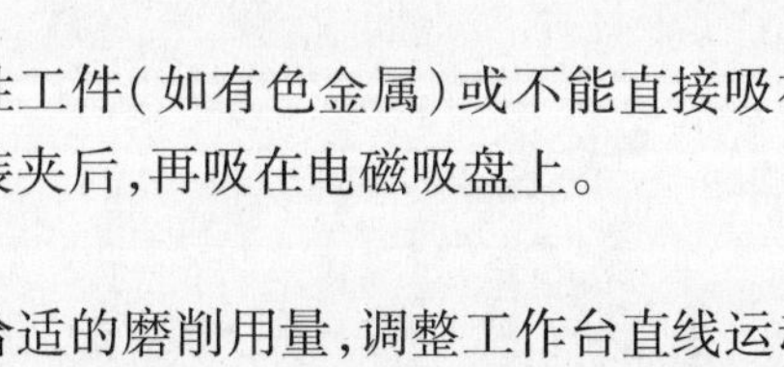

图 9-23　横向磨削法

2) 深度磨削法(图 9-24)

先粗磨将余量一次磨去，粗磨时的纵向移动速度很慢，横向进给量很大，约为(3/4 ~ 4/5)T(T 为砂轮厚度)。然后再用横向磨削法精磨。深度磨削法垂直进给次数少，生产效率高，但磨削抗力大，仅适于在刚性好、动力大的磨床上磨削平面尺寸较大的工件。

3）阶梯磨削法(图 9－25)

将砂轮厚度的前一半修成几个阶台,粗磨余量由这些阶台分别磨除,砂轮厚度的后一半用于精磨。这种磨削方法生产效率高,但磨削时横向进给量不能过大;由于磨削余量被分配在砂轮的各个阶台圆周面上,磨削负荷及磨损由各段圆周表面分担,故能充分发挥砂轮的磨削性能。由于砂轮修整麻烦,其应用受到一定限制。

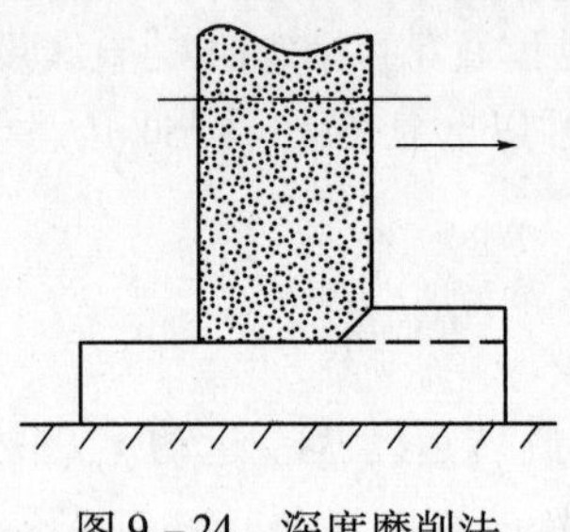

图 9－24 深度磨削法

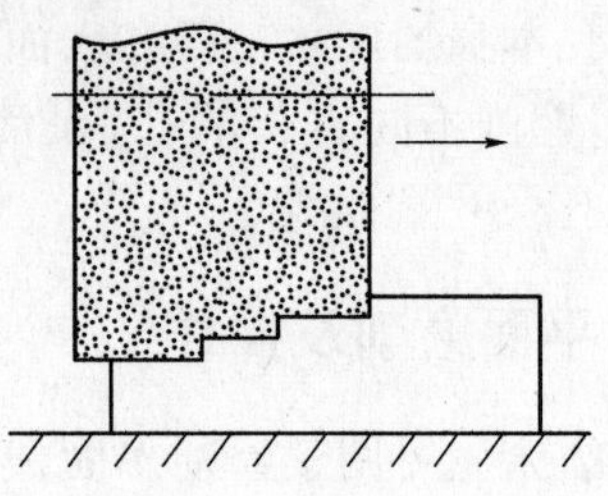

图 9－25 阶梯磨削法

第10章　塑料成型基础

第1节　概　述

塑料工业是一个新兴的领域,又是一个发展迅速的领域。塑料已广泛应用于国民经济及人们日常生活的各个领域,上至航天航空器件,下至儿童玩具和日常用品,处处均有塑料的身影。特别是第二次世界大战以后,石油化工迅速发展,促进五花八门的塑料新产品诞生。塑料是应用最广泛的材料,产量已居世界首位,超过了钢铁、铝、铜等金属材料的总和,成为名副其实的第一大材料工业。

塑料是可塑性材料的简称,以合成树脂或天然树脂(或天然高分子物质)为基本成分,在成型加工过程中的某一阶段能流动成型或聚合或固化而定型,其成品状态为柔韧性或刚性固体,但又非弹性体。塑料的特点是质轻,具有耐磨、耐腐蚀、绝缘性好等性能。塑料的主要成分是树脂,占总质量的40% ~100%。生产合成树脂的基本原料常称为单体,单体的性质决定了大分子物质的基本特性,所以在命名和区分塑料时,在单体名称前面加个"聚"字,就形成某种树脂或塑料的名称,如:聚乙烯、聚丙烯、聚氯乙稀等。有时直接在单体简称的后面加树脂或塑料即可,如:酚醛树脂,脲醛树脂、环氧树脂等。

第2节　塑料的组成及分类

一、塑料的组成

塑料是以树脂为主要成分,在一定的温度和压力作用下,组成的有机高分子材料,高分子聚合物(或称合成树脂)是塑料的主要成分。此外,为了改进塑料的性能,还要在聚合物中添加各种辅助材料,如填料、增塑剂、润滑剂、稳定剂、着色剂等,才能成为性能良好的塑料。因此通常所用的塑料并不是一种纯物质,它是由许多材料配制而成的。

塑料的基本性能主要决定于树脂的本性,但添加剂也起着重要作用。有些塑料基本上是由合成树脂所组成,不含或少含添加剂,如有机玻璃、聚苯乙烯等。

1. 合成树脂

合成树脂是塑料的最主要成分,其在塑料中的含量一般在40% ~100%。由于含量大,而且树脂的性质常常决定了塑料的类型(热塑性或热固性)和主要性能,树脂是一种未加工的原始聚合物,它不仅用于制造塑料,而且还是涂料、胶黏剂以及合成纤维的原料。塑料除了极少一部分含100%的树脂外,绝大多数的塑料,除了主要组分树脂外,还需要加入其他物质。

2. 填料

填料又称填充剂,它的主要作用是可以提高塑料的强度和耐热性能,改善塑料性能并降低成本。例如酚醛树脂中加入木粉后可大大降低成本,使酚醛塑料成为最廉价的塑料之一,同时还能显著提高机械强度。填料可分为有机填料和无机填料两类,对填料的要求是易被树脂浸润,与树脂有很好的黏附性、本身性质稳定、价格便宜、来源丰富,常用的填料有木粉、碎布、纸张和各种织物纤维、玻璃纤维、硅藻土、石棉、炭黑等,填料一般在塑料中的含量在10%~50%。

3. 增塑剂

增塑剂可增加塑料的可塑性和柔软性,能显著提高塑料的拉伸强度和挠曲强度,降低脆性,使塑料易于加工成型。增塑剂一般是能与树脂混溶,无毒、无臭,对光、热稳定的高沸点有机化合物,最常用的是邻苯二甲酸酯类。例如生产聚氯乙烯塑料时,若加入较多的增塑剂便可得到软质聚氯乙烯塑料,若不加或少加增塑剂(用量$<10\%$),则得硬质聚氯乙烯塑料。

4. 稳定剂

为了抑制合成树脂在加工储存和使用过程中,因受外界光和热的作用引起塑料的性能变化,防止老化现象,延长使用寿命,在塑料中加入稳定剂。常用的稳定剂有光稳定剂(抑制和防止树脂降解);热稳定剂(加工中防止受热降解,使用中防止或延缓受光、热、氧作用引起分解,提高寿命);抗氧剂(延缓或抑制树脂在制造、储存、加工和使用中氧化降解的速度)。常用的稳定剂有硬脂酸盐类、铅的化合物、环氧化合物等,稳定剂在塑料中的含量一般在2%左右。

5. 着色剂

着色剂又称色料,可使塑料获得长期稳定的所需的色彩和抗紫外线的作用。常用有机染料和无机颜料作为着色剂,着色剂在塑料中的含量为0.01%~0.02%。

6. 润滑剂

润滑剂的作用是改善塑料流动性,并减小成型时对金属模具的黏附,使塑料的表面光滑美观,改进塑件表面质量。润滑剂的组成有内润滑剂,起塑化和软化作用;外润滑剂,作用是降低摩擦。常用的润滑剂有硬脂酸及其钙镁盐等,润滑剂在塑料中的含量为0.05%~0.15%。

7. 硬化剂

硬化剂又称固化剂,在热固性塑料成型时,线性分子结构的合成树脂需转化成体型分子结构,这个过程称为硬化(有时也称固化、交联反应),添加固化剂的作用是促进交联反应。

除了上述助剂外,塑料中的助剂还有防静电剂、阻燃剂、增强剂、发泡剂等,以满足不同的使用要求。

二、塑料的分类

塑料的品种很多,可以从不同结构对塑料进行分类。

1. 按使用特性分类

根据名种塑料不同的使用特性,通常将塑料分为通用塑料、工程塑料和特种塑料3种类型。

1)通用塑料

一般将产量大、用途广、成型性好、价格便宜的塑料称为通用塑料,有六大品种,即聚乙烯(PE)、聚丙烯(PP)、聚氯乙烯(PVC)、聚苯乙烯(PS)、丙烯腈—丁二烯—苯乙烯共聚合物(ABS)及酚醛塑料(PF)。

2）工程塑料

可以用作工程结构的塑料称为工程塑料,一般具有较高的机械强度和良好的机械性能和耐高、低温,耐磨、耐腐蚀等性能,尺寸稳定性较好,可替代某些金属构件。

在工程塑料中又将其分为通用工程塑料和特种工程塑料两大类。

通用工程塑料包括:聚酰胺、聚甲醛、聚碳酸酯、改性聚苯醚、热塑性聚酯、超高分子量聚乙烯、甲基戊烯聚合物、乙烯醇共聚物等。

特种工程塑料有交联型和非交联型之分。交联型的有:聚氨基双马来酰胺、聚三嗪、交联聚酰亚胺、耐热环氧树脂等。非交联型的有:聚砜、聚醚砜、聚苯硫醚、聚酰亚胺、聚醚醚酮(PEEK)等。

3）特种塑料

一般将在特种环境中,具有特殊性能的塑料称为特种塑料,主要有医用塑料、光敏塑料、导磁塑料、高耐热性塑料及高频绝缘性塑料等,可用于航空、航天等特殊应用领域。如氟塑料具有突出的耐高温、自润滑等特殊功用;增强塑料和泡沫塑料具有高强度、高缓冲性等特殊性能,这些塑料都属于特种塑料的范畴。

(1) 增强塑料。增强塑料原料在外形上可分为粒状(如钙塑增强塑料)、纤维状(如玻璃纤维或玻璃布增强塑料)、片状(如云母增强塑料)3 种。按材质可分为布基增强塑料(如碎布增强或石棉增强塑料)、无机矿物填充塑料(如石英或云母填充塑料)、纤维增强塑料(如碳纤维增强塑料)3 种。

(2) 泡沫塑料。泡沫塑料可以分为硬质、半硬质和软质泡沫塑料 3 种。硬质泡沫塑料没有柔韧性,压缩硬度很大,只有达到一定应力值才产生变形,应力解除后不能恢复原状;软质泡沫塑料富有柔韧性,压缩硬度很小,很容易变形,应力解除后能恢复原状,残余变形较小;半硬质泡沫塑料的柔韧性和其他性能介于硬质泡沫塑料和软质泡沫塑料之间。

2. 根据塑料中树脂的分子结构和热性能不同分类

根据各种塑料中树脂的分子结构和热性能,可以把塑料分为热固性塑料和热塑性塑料两种类型。

1）热塑性塑料

热塑性塑料是指加热后会软化并熔化,成为可流动的液体,在模具中冷却成型,再加热后又会熔化的塑料,即运用加热及冷却,使其产生可逆变化(液态⟷固态),是物理变化。受热时变软,冷却时变硬,能反复软化和硬化并保持一定的形状。可溶于一定的溶剂,具有可熔可溶的性质。热塑性塑料具有优良的电绝缘性,特别是聚四氟乙烯(PTFE)、聚苯乙烯(PS)、聚乙烯(PE)、聚丙烯(PP)都具有极低的介电常数和介质损耗,宜于作高频和高电压绝缘材料。热塑性塑料易于成型加工,但耐热性较低。为了克服热塑性塑料的这些弱点,满足在空间技术、新能源开发等领域应用的需要,各国都在开发可熔融成型的耐热性树脂,如聚醚醚酮(PEEK)、聚醚砜(PES)、聚芳砜(PASU)、聚苯硫醚(PPS)等。以它们作为基体树脂的复合材料具有较高的力学性能和耐化学腐蚀性,能热成型和焊接,层间剪切强度比环氧树脂好。如用聚醚醚酮作为基体树脂与碳纤维制成复合材料,耐疲劳性超过环氧/碳纤维。它的耐冲击性好，在室温下具有良好的耐蠕变性，加工性好，可在240℃～270℃连续使用，是一种非常理想的耐高温绝缘材料。用聚醚砜作为基体树脂与碳纤维制成的复合材料在200℃具有较高的强度和硬度，在－100℃尚能保持良好的耐冲击性；无毒，不燃，发烟最少，耐辐射性好，预期可用做航天飞船的关键部件，还可模塑加工成雷达天线罩等。

甲醛交联型塑料包括酚醛塑料、氨基塑料(如脲－甲醛及三聚腈胺－甲醛等)。

其他交联型塑料包括不饱和聚酯、环氧树脂、邻苯二甲二烯丙酯树脂等。

2) 热固性塑料

热固性塑料是指在受热或其他条件下能固化或具有不熔特性的塑料，如酚醛塑料、环氧塑料等。热固性塑料又分甲醛交联型和其他交联型两种类型。热加工成型后形成具有不熔不溶的固化物，其树脂分子由线型结构交联成网状结构，再加强热则会分解破坏。典型的热固性塑料有酚醛、环氧、氨基、不饱和聚酯、呋喃、聚硅醚等材料，还有较新的聚苯二甲酸二丙烯酯塑料等。它们具有耐热性高、受热不易变形等优点。缺点是机械强度一般不高，但可以通过添加填料，制成层压材料或模压材料来提高其机械强度。

以酚醛树脂为主要原料制成的热固性塑料，如酚醛模压塑料(俗称电木)，具有坚固耐用、尺寸稳定、耐除强碱外的其他化学物质作用等特点。可根据不同用途和要求，加入各种填料和添加剂。如要求高绝缘性能的品种，可采用云母或玻璃纤维为填料；如要耐热的品种，可采用石棉或其他耐热填料；如要求抗震的品种，可采用各种适当的纤维或橡胶为填料及一些增韧剂以制成高韧性材料。此外还可以采用苯胺、环氧、聚氯乙烯、聚酰胺、聚乙烯醇缩醛等改性的酚醛树脂以满足不同用途的要求。用酚醛树脂还可以制成酚醛层压板，其特点是机械强度高，电性能良好，耐腐蚀，易于加工，广泛应用于低压电工设备。

氨基塑料有脲甲醛、三聚腈胺甲醛、脲素三聚腈胺甲醛等。它们具有质地坚硬、耐刮痕、无色、半透明等优点，加入色料可制成色彩鲜艳的制品，俗称电玉。由于它耐油，不受弱碱和有机溶剂的影响(但不耐酸)，可在70℃下长期使用，短期可耐110℃～120℃，可用于电工制品。三聚腈胺甲醛塑料比脲甲醛塑料硬度高，有更好的耐水、耐热、耐电弧性，可做耐电弧绝缘材料。

以环氧树脂为主要原料制成的热固性塑料品种很多，其中以双酚A型环氧树脂为基材的约占90%。它具有优良的粘接性、电绝缘性、耐热性和化学稳定性，收缩率和吸水率小，机械强度好等特点。

不饱和聚酯和环氧树脂都可以制成玻璃钢，具有优异的机械强度。如不饱和聚酯的玻璃钢，其机械性能良好，密度小(只有钢的1/5～1/4，铝的1/2)，易于加工成各种电器零件。以苯二甲酸二丙烯酯树脂制成的塑料的电性能和机械性能均优于酚醛和氨基热固性塑料。它吸湿性小，制品尺寸稳定，成型性能好，耐酸碱及沸水和一些有机溶剂。模塑料适于制造结构复杂、既耐温又有高绝缘性的零件，一般可在－60℃～180℃的温度范围长期使用，耐热等级可达F级～H级，比酚醛和氨基塑料的耐热性都高。

聚硅醚结构形式的有机硅塑料在电子、电工技术中的应用较多。有机硅层压塑料多以玻璃布为补强材料；有机硅模压塑料多以玻璃纤维和石棉为填料，用以制造耐高温、高频或潜水电动机、电器、电子设备的零部件等。这类塑料的特点是介电常数较小，受频率影响小，用于电工和电子工业中耐电晕和电弧，即使放电引起分解，产物是二氧化硅而不是能导电的炭黑。这类材料有突出的耐热性，可以在250℃连续使用。聚硅醚的主要缺点是机械强度低，胶粘性小，耐油性差。已开发出许多改性有机硅聚合物，例如聚酯改性有机硅塑料等在电工技术上得到应用。有的塑料既是热塑性又是热固性的塑料。例如聚氯乙烯，一般为热塑性塑料，日本已研制出一种新型液态聚氯乙烯是热固性的，模塑温度为60℃～140℃；美国一种叫伦德克斯的塑料，既有热塑性加工的特征，又有热固性塑料的物理性能。

3. 按加工方法分类

根据各种塑料不同的成型方法，可以分为模压、层压、注射、挤出、吹塑、浇铸塑料和反应注射塑料等多种类型。

模压塑料多为物理性能与加工性能与一般热固性塑料相类似的塑料；层压塑料是指浸有树脂的纤维织物，经叠合、热压而结合成为整体的材料；注射、挤出和吹塑多为物理性能和加工性能与一般热塑性塑料相类似的塑料；浇铸塑料是指能在无压或稍加压力的情况下，倾注于模具中能硬化成一定形状制品的液态树脂混合料，如MC尼龙等；反应注射塑料是用液态原材料，加压注入膜腔内，使其反应固化成为一定形状制品的塑料，如聚氨酯等。

4. 其他分类法

(1) 烃类塑料。属非极性塑料，具有结晶性和非结晶性之分，结晶性烃类塑料包括聚乙烯、聚丙烯等，非结晶性烃类塑料包括聚苯乙烯等。

(2) 含极性基因的乙烯基类塑料。除氟塑料外，大多数是非结晶型的透明体，包括聚氯乙烯、聚四氟乙烯、聚醋酸乙烯酯等。乙烯基类单体大多数可以采用游离基型催化剂进行聚合。

(3) 热塑性工程塑料。主要包括聚甲醛、聚酰胺、聚碳酸酯、ABS、聚苯醚、聚对苯二甲酸乙二醇酯、聚砜、聚醚砜、聚酰亚胺、聚苯硫醚等，聚四氟乙烯、改性聚丙烯等也包括在这个范围内。

(4) 热塑性纤维素类塑料。主要包括醋酸纤维素、醋酸丁酸纤维素、塞璐珞、玻璃纸等。

第3节　塑料成型方法

塑料的成型加工是指由合成树脂合成的聚合物制成最终塑料制品的过程。加工方法（通常称为塑料的一次加工）包括压塑（模压成型）、挤塑（挤出成型）、注塑（注射成型）、吹塑（中空成型）、压延等。

一、注射成型

注射成型是将塑料加热熔融塑化后，在柱塞或螺杆加压下，物料通过机筒前端的喷嘴快速注入温度较低的闭合模具内，经过冷却定型后，开启模具即得制品。这种成型方法是一种间歇式的操作过程，可生产结构复杂的制品，其成型制品占目前全部塑料制品的20%～30%，是塑料成型加工中重要方法之一。

注射成型具有成型周期短、生产率高、能一次成型外形复杂、尺寸精确，带有金属或非金属嵌件的塑件,易于实现自动化生产,生产适应性强等优点。但是注射成型所需设备昂贵,模具结构也比较复杂,且制造成本高,因此注射成型特别适合大批量生产。

注射成型所使用的设备为注射机,一般使用的有柱塞式注射机(图 10－1)和螺杆式注射机(图 10－2)。

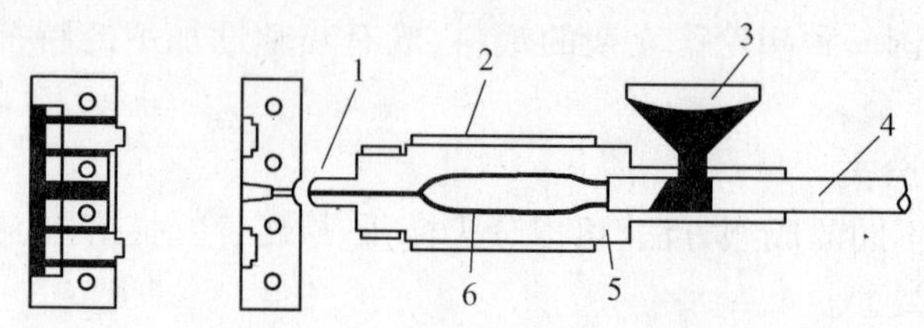

图 10－1 柱塞式注射机

1—喷嘴;2—加热器;3—料斗;4—柱塞;5—加热筒;6—芯子。

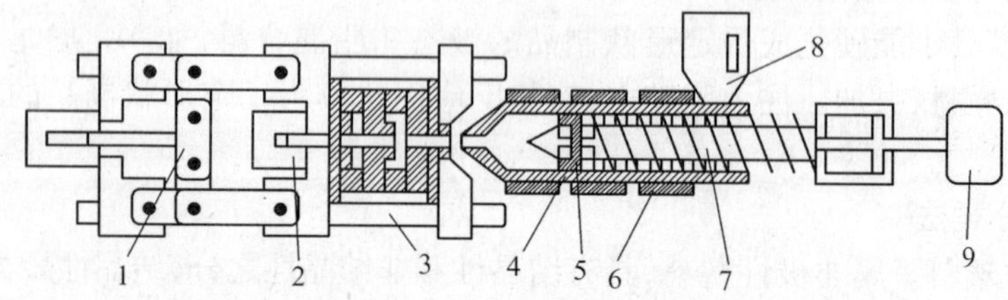

图 10－2 螺杆式注射机

1—直角接套;2—脱模机构;3—拉杆;4—汽缸;5—止反流阀;6—加热器;7—螺杆;8—料斗;9—电动机。

注射成型工艺过程如图 10－3 所示。成型周期为:加料－加热塑化－闭模－加热注射－保压－冷却定型－开模取出制品。可分为塑化和注射充模两个阶段。

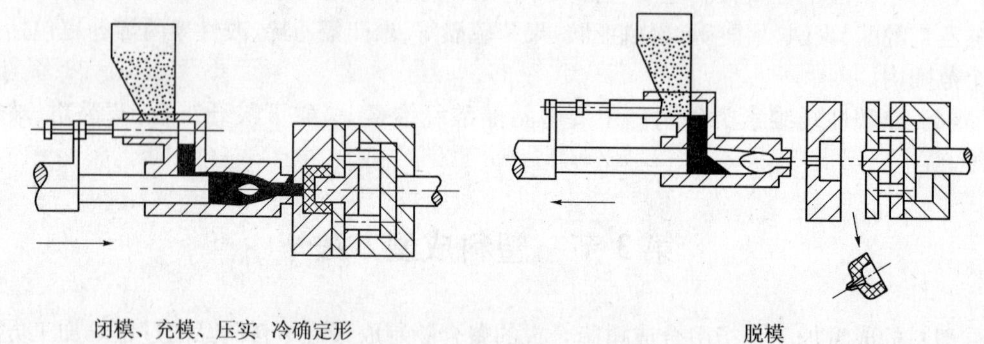

图 10－3 注射成形的工艺过程

1. 塑化

物料在料筒内加热至流动状态并且具有良好可塑性的全过程。

2. 注射充模

1) 充模阶段

这一阶段从柱塞(螺杆)开始向前移动起(时间为零)直至塑料充满模腔为止(时间为 t_1)。充模开始一段时间模腔中没有压力,待模腔充满时,料流压力迅速上升而达到最大值。

2）压实（保压）阶段

这一阶段，从熔体充满模腔起（时间 t_1）至柱塞（螺杆）撤回时为止（时间 t_2）。这段时间内，塑料熔体会因受到冷却而发生收缩，但因塑料仍然处于柱塞（或螺杆）的施压下，机筒内的熔料必然会向塑模内继续流入以补足因收缩而留出的空隙。压实阶段对于提高制品的密度、降低收缩和克服制品表面缺陷都有影响，此外，由于塑料还在流动，而且温度又在不断下降，取向分子容易被冻结，所以这一阶段是大分子取向形成的主要阶段。这一阶段拖延时间越长，分子取向程度也越大。

3）倒流阶段

这一阶段是从柱塞（螺杆）后退时开始（时间 t_2）到浇口处熔料冻结时为止（时间 t_3）。这时模腔内的压力比流道内高，因此就会发生塑料熔体的倒流，从而使模腔内压力迅速下降。如果柱塞（螺杆）后退时浇口处熔料已冻结，或者在喷嘴中装有止逆阀，则倒流阶段就不存在。

4）冻结后的冷却阶段

这一阶段是从浇口的塑料完全冻结时起（时间 t_3）到制品从模腔中顶出时（时间 t_4）止。模内塑料在这一阶段内主要是继续进行冷却，以便制品在脱模时具有足够的刚度而不致发生变形。在这一阶段内，虽无塑料从浇口流出或流进，但模内还可能有少量的流动，因此，依然能产生少量的分子取向。由于模内塑料的温度、压力和体积这一阶段中均有变化，到制品脱模时，模内压力不一定等于外界压力，模内压力与外界压力的差值称为残余压力。残余压力的大小与压实阶段的时间长短有密切关系。残余压力为正值时，脱模比较困难，制品容易被刮伤或破裂；残余压力为负值时，制品表面容易产生凹陷或内部有真空泡。所以只有在残余压力接近零时脱模才较顺利，并获得满意的制品。

二、塑料的挤出成型

挤出成型在塑料加工中又称为挤塑，是指物料通过挤出机料筒和螺杆的作用，边受热塑化，边被螺杆向前推送，连续通过机头而制成各种截面制品或半制品的一种加工方法。

料自料斗进入料筒，在螺杆旋转作用下，通过料筒内壁和螺杆表面摩擦剪切作用向前输送到加料段，在此松散固体向前输送同时被压实；在压缩段，螺槽深度变浅，进一步压实，同时在料筒外加热和螺杆与料筒内壁摩擦剪切作用，料温升高开始熔融，压缩段结束；均化段使物料均匀，定温、定量、定压挤出熔体，到机头后成型，经定型得到制品。挤出法主要用于热塑性塑料的成型，也可用于某些热固性塑料。挤出的制品都是连续的型材，如管、棒、丝、板、薄膜、电线电缆包覆层等。此外，还可用于塑料的混合、塑化造粒、着色、掺合等。

塑料挤出机的主机是挤塑机，它由挤压系统、传动系统和加热冷却系统组成。此外还有供料、定性、冷却、牵引、切割和卷取等辅助设备。在实际生产中，主机和辅助设备往往连在一起组成一个机组使用。图10-4所示为管材挤出机组示意图。

通常，挤出成型工艺过程包括塑化、挤出成型、冷却定性3个阶段。挤出成型在塑料成型加工中占有很重要的地位，约占塑料制品的30%。它可以生产出如电线、电缆等塑料包裹层的工业产品以及各种塑料型材，近年来，挤出成型在汽车和建筑业的应用也越来越广泛。挤出成型的特点是生产过程连续、高效，操作简单、投资少、见效快。

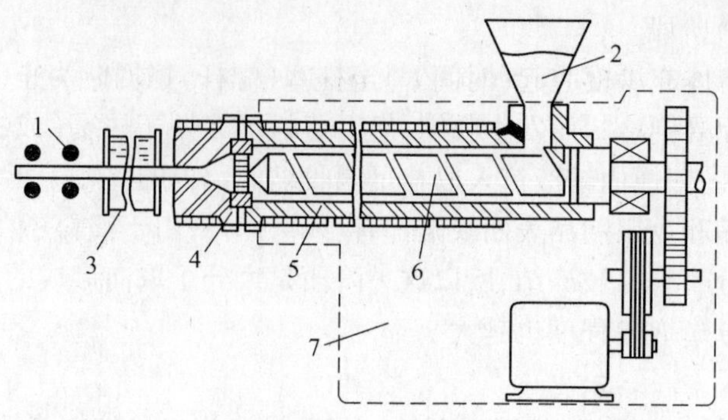

图 10－4 管材挤出机组

1—牵引装置；2—料斗；3—冷却水槽；4—定径套；5—机筒；6—螺杆；7—挤出机。

三、塑料制品的压缩成型和压注成型

1. 压缩成型

压缩成型又称模压成型，主要用于热固性塑料制品的生产。物料经过加热使其熔化，加压充模，再经加热交联固化，脱模后即得制品。

这种方法是将粉状、粒状、碎屑状或纤维状的塑料放入加热的阴模中，合上阳模后加热使其熔化，并在压力的作用下，使物料充满模腔，形成与模腔形状一样的模制品，再经加热或冷却，脱模后即得制品。从工艺角度看，上述过程可分为 3 个阶段，即流动阶段、胶凝阶段、硬化阶段。

几乎所有热固性塑料都可用压缩成型方法加工。常见的有酚醛、脲醛、环氧塑料、不饱和聚酯、氨基塑料、聚酰亚胺、有机硅等，也可用于热塑性的聚四氟乙烯和 PVC 唱片生产；适于形状复杂或带有复杂嵌件的制品，如电器零件，电话机件、收音机外壳等；无翘曲变形的薄壁平面热塑性塑料制品。

压缩成型主要设备是压模和预压机。压缩成型的优点是：设备投资少，工艺简单，易操作；压力损失小，多用以成型大型平面制品及多型腔制品；材料取向小；无流道及浇口，材料浪费少；适用的材料广泛（可成型带碎屑状、片状及纤维状填料制品）。缺点是：固化时间长，生产效率低；精度不高；合模面处易产生飞边；对形状复杂或带嵌件的制品不易成型；自动化程度低。对于热塑性塑料也可以采用压缩成型，但由于生产效率低，很少采用。图 10－5 所示为压缩成型过程，图 10－5(a) 为加料示意图，图 10－5(b) 为压缩示意图，

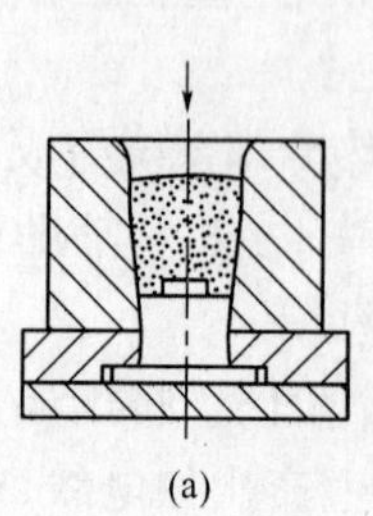

(a)

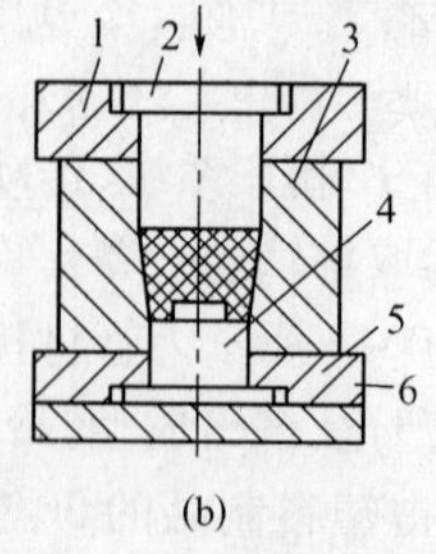

(b)

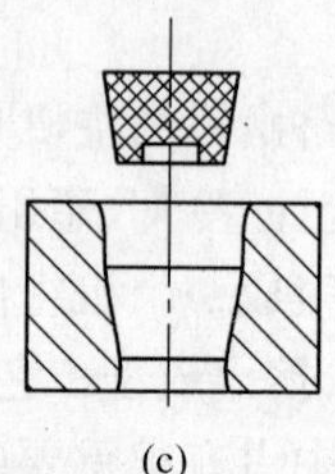

(c)

图 10－5 压缩成型

1—上模座；2—上凸模；3—凹模；4—下凸模；5—下模板；6—下模座。

图 10－5(c)为脱模示意图。

2. 压注成型

压注成型主要用于生产热固性塑料制品，其成型原理如图 10－6 所示，先将固态成形物料加入封闭的压注模型上的加料腔内，使其受热软化为黏流状，在压力机柱塞的压力作用下，经过浇注系统后充满模具的型腔，塑料在型腔内继续受热受压，产生交联反应而固化定形，最后开模取出塑料。

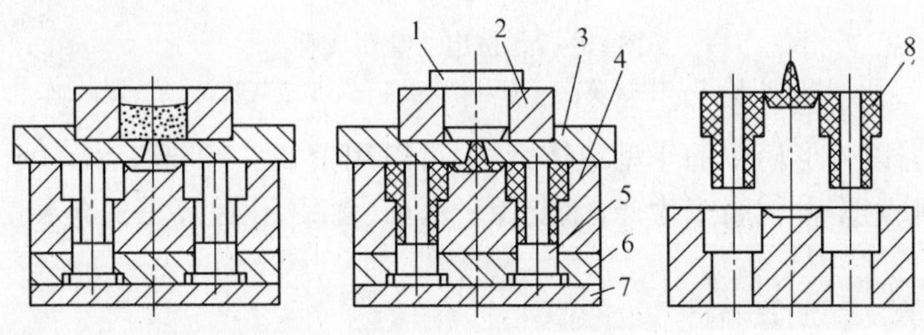

图 10－6　压注成型

1—压柱柱塞；2—加料腔；3—上模座；4—凹模；5—凸模；6—凸模固定板；7—下模座；8—塑件。

四、中空吹塑

中空吹塑工艺是将挤出或注射成型所得的半熔融态管坯（型坯）置于各种形状的模具中，在管坯中通入压缩空气将其吹胀，使之紧贴于模腔壁上，再经冷却脱模得到中空制品的成型方法。其成型过程包括塑料型坯的制造和型坯的吹塑。这种成型方法可生产口径不同、容量不同的瓶、壶、桶等各种包装容器，日常用品和儿童玩具等。

用于中空吹塑的塑料品种有聚乙烯、聚氯乙烯、聚丙烯、聚苯乙烯、线形聚酯、聚碳酸酯、聚酰胺、醋酸纤维素和聚缩醛树脂等。其中高密度聚乙烯的消耗量占首位，它广泛应用于食品、化工和处理液体的包装。高分子量聚乙烯适用于制造大型燃料罐和桶等。聚氯乙烯因为有较好的透明度和气密性，所以在化妆品和洗涤剂的包装方面得到普遍应用。随着无毒聚氯乙烯树脂和助剂的开发，以及拉伸吹塑技术的发展，聚氯乙烯容器在食品包装方面的用量迅速增加，并且已经开始用于啤酒和其他含有二氧化碳气体饮料的包装。线形聚酯材料是近几年进入中空吹塑领域的新型材料，由于其制品具有光泽的外观、优良的透明性、较高的力学强度和容器内物品保存性较好，废弃物焚烧处理时不污染环境等方面的优点，所以在包装瓶方面发展很快，尤其在耐压塑料食品容器方面的使用最为广泛。聚丙烯因其树脂的改性和加工技术的进步，使用量也逐年增加。

中空吹塑基本上可以分为两大类：挤出—吹塑和注射—吹塑。两者的主要区别在于型坯的制备方法不同，前者采用挤出方法成型，而后者采用注射方法制备型坯。在这两种成型方法的基础上发展起来的有：挤出—拉伸—吹塑（简称挤—拉—吹），注射—拉伸—吹塑（简称注—拉—吹）以及多层映塑等，挤出—吹塑成型如图 10－7 所示。

注射—吹塑（简称注—吹）塑料瓶是采用注射成型法先将塑料制成有底型坯，再把型坯趁热移到吹塑模中吹塑成型的中空制品。注—吹中空容器没有飞边，尺寸稳定性好，瓶口与螺纹质量优异，型坯厚度可预先调节，制品光泽度好，节省原料。但注—吹成型不适合生产大型和形状复杂的容器，又因为要使用注射和吹塑两副模具，所以设备投资较大。

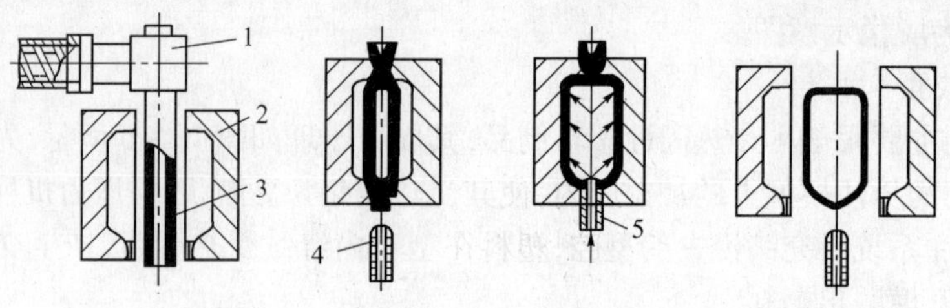

图 10－7　挤出—吹塑成型

1—挤出机头；2—吹塑模；3—管状型坯；4—压缩空气吹管；5—塑件。

注—吹中空容器以外形筒单的小型瓶体为主，可以用聚氯乙烯、聚乙烯、聚丙烯和聚苯乙烯、聚酯、聚酰胺等多种树脂来生产，主要用于医药、食品、化妆品等的包装。

五、薄膜吹塑成型

薄膜吹塑成型是生产塑料薄膜广泛使用的方法，它是利用挤出机头将熔融塑料成型为薄膜管坯后，从机头中心向管坯吹入压缩空气，使管坯在高温高压下发生吹胀变形，并转变为管状薄膜，这种管状薄膜在牵引力的作用下运动到人字板处，开始被压叠，然后经由牵引辊、导辊到达卷取辊，经卷取辊卷成薄膜制品，薄膜吹塑成型如图 10－8 所示。

吹塑成型可以生产聚氯乙烯、聚乙烯、聚苯乙烯、聚丙烯等各种塑料薄膜。

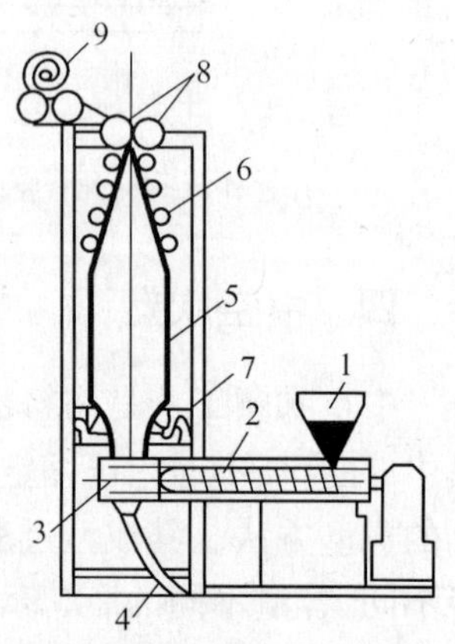

图 10－8　薄膜吹塑成型

1—料斗；2—螺杆；3—吹塑机头；4—空压管；5—吹塑薄膜；6—导辊；7—冷却系统；8—夹料辊；9—卷取辊。

六、压延成型

压延成型是生产塑料薄膜和片材的主要方法。它是将已经塑化好的接近黏流温度的热塑性塑料通过一系列相向旋转着的水平辊筒间隙，使物料承受挤压和延展作用，而使其成为规定尺寸的连续片状制品的成型方法。

用做压延成型的塑料大多数是热塑性非晶态塑料，其中以聚氯乙烯用得最多，另外还有聚乙烯、ABS、聚乙烯醇、醋酸乙烯和丁二烯的共聚物等塑料。压延制品广泛地用做农业薄膜、工业包装薄膜、室内装饰品、地板、录音唱片基材以及热成型片材等。薄膜与片材之间的区分主要在于厚度，大抵以 0.25mm 为分界线，薄者为薄膜，厚者为片材。聚氯乙烯薄膜与片材又有硬质、半硬质与软质之分，由所含增塑剂量而定。含增塑剂 0～5 份为硬制品，25 份以上者则为软制品。压延成型适用于生产厚度在 0.05mm～0.5mm 范围内的软质聚氯乙烯薄膜和片材，以及 0.3mm～0.7mm 范围内的硬质聚氯乙烯片材。制品厚度大于或低于这个范围内的制品一般均不采用压延成型，而是用挤出成型法来生产。

压延成型在塑料成型中占有相当重要的地位，它的特点是加工能力大、生产速度快、产品质量好、能连续化生产。一台 $\phi700\times1800$mm 的四辊压延机的年加工能力可达 5000t～10000t。压延产品厚薄度均匀，厚度公差可控制在 10% 以内，而且表面平整。若与轧花或印刷配套还可直接得到具有各种花纹图案的制品。此外，压延机生产的自动化程度高，先进的压延成型联动装置只需一二人操作。压延成型的主要缺点是设备庞大、投资高、维修复杂、制品宽度受到压延辊筒长度的限制等。另外生产流水线长、工序多。所以在生产连续片材方面不如挤出机成型技术发展快。

压延过程可分为前后两个阶段：前阶段是压延前的准备阶段，主要包括所用塑料的配制、塑化和向压延机供料等：后阶段包括压延、牵引、轧花、冷却、卷取、切割等。

压延机通常以辊筒的数目及排列的方式分类。根据辊筒数目的不同，压延机有双辊、三辊、四辊、五辊甚至六辊压延机。双辊压延机通常称为开放式炼塑机，简称开炼机，主要用于原料的塑炼和压片。压延成型通常以三辊、四辊压延机为主。由于四辊压延机对塑料的压延较三辊压延机多一次，因而可生产较薄的薄膜，并且厚度均匀，表面光滑，辊筒的转速可以大大提高，生产效率提高较大。三辊压延机的辊速一般只有 30m/min，而四辊压延机能达到它的 2 ~ 4 倍。此外，四辊压延机还可以完成一次双面贴胶工艺。因此它正在逐步取代三辊压延机。至于五辊、六辊压延机的压延效果就更好了，可是设备的复杂程度同时增加，而且设备庞大，设备投资费用较高，目前使用尚不普遍。辊筒的排列方式很多，通常三辊压延机的排列方式有 I 型、三角型等几种。四辊压延机则有 I 型、倒 L 型、正 L 型、T 型、斜 Z 型（S 型）等，如图 10 – 9 所示。

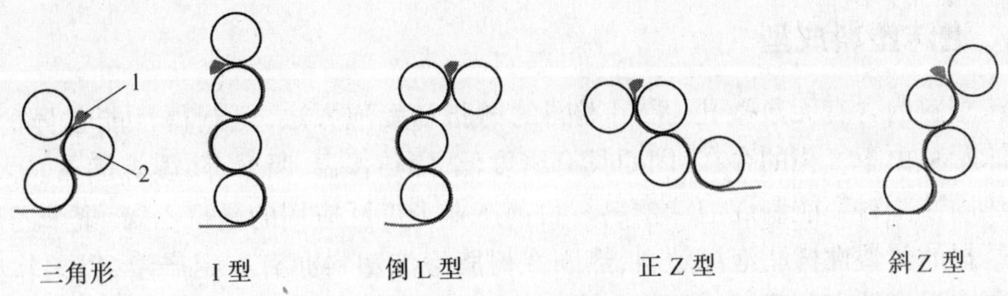

图 10 – 9　压延机辊筒的排列方式

排列辊筒的主要原则是尽量避免各个辊筒在受力时彼此发生干扰，并应充分考虑操作的要求和方便，以及自动供料需要等。

压延机主要由机座、机架、主轴承、辊筒、辊筒调节装置、轴交叉和预应力装置、卷取装置、测厚装置、传动系统、润滑系统、加热和冷却系统等组成。

压延过程中，借助了辊筒间产生的剪切力，使物料多次受到挤压、剪切，在逐步塑化的基础上延展成薄型制品。在压延过程中受热熔化的物料由于与辊筒的摩擦和物料内部的剪切摩擦会产生大量的热，局部过热会使塑料发生分解，因而要注意辊筒的温度，辊筒的速度比等，以便很好地控制辊温。图 10 – 10 所示为生产软质聚氯乙烯压延成型的示意图。

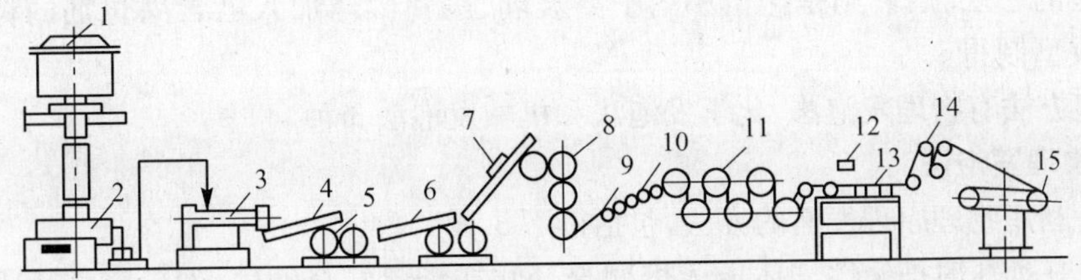

图 10 – 10　生产软质聚氯乙烯（PVC）压延薄膜的工艺流程

1—高速热混合机；2—高速冷混合机；3—挤出塑化机；4—运输带；5—两辊开炼机；6—运输袋；7—金属探测器；8—四辊压延机；9—牵引辊；10—托辊；11—冷却辊；12—测厚仪；13—传送带；14—张力装置；15—中心卷取机。

七、层压成型和增强塑料成型

层压成型指用层叠的、浸有或涂有树脂的片状底材以及塑料片在加热、加压下制成结实而又近于均匀的板状、管状、棒状或其他简单形状的制品。浸有或涂有树脂的底片也称为附胶材料。常用的底材有纸张、棉布、木材薄片、玻璃布或玻璃毡、石棉毡和石棉纸以及合成纤维的织物以及碳、硼纤维及陶瓷纤维等。所用的树脂绝大部分为热固性的,如酚醛树脂、环氧树脂、不饱和聚酯树脂等。另外为了改善性能及降低成本还可以加入碳酸钙、滑石粉以及氧化铝等填料。

层压成型的基本工艺过程包括叠料、进料、热压、出料等过程,热压中又分预热、保温、升温、恒温、冷却等5个阶段。该工艺虽然比较简单,但如何控制制品的质量是个较复杂的问题,因此工艺操作上的要求是严格的。此法的不足之处是只能生产板状材料,而且规格受压机热板尺寸所限,不可能生产大于热板的制品。

增强塑料是指用加有纤维性增强物的塑料所制得的制品,其强度远比不加增强物的高。

八、泡沫塑料成型

泡沫塑料内含有无数微孔,采用不同的树脂和发泡方法,可制得性能各异的泡沫塑料。泡沫塑料由于气相的存在,因而具有密度低、隔热保温、吸音、防震等优点。大部分热塑性和热固性塑料都能制成泡沫塑料。目前工业上广泛应用的是聚乙烯、聚苯乙烯、聚氨酯等做基材的热塑性树脂泡沫塑料,热固性树脂泡沫塑料亦有一定产量,但柔软性差,主要用于要求强度较高和阻燃性好的场合。

泡沫塑料有多种分类方法,按其密度可分为低发泡、中发泡和高发泡的泡沫塑料。密度小于0.1g/cm^3 的称为高发泡泡沫塑料,密度在0.1g/cm^3 ~0.4g/cm^3 称为中发泡泡沫塑料,密度大于0.4g/cm^3 的称为低发泡泡沫塑料。泡沫塑料按其结构不同又可分为开孔型泡沫塑料和闭孔型泡沫塑料。泡沫塑料内各个气孔是相互连通的称为开孔型泡沫塑料,如果泡沫是互相分隔的,则称为闭孔型泡沫塑料。泡沫塑料按其硬度不同又可分为软质泡沫塑料、半硬质泡沫塑料和硬质泡沫塑料。如按弹性模量为标准,在23℃和5%相对湿度时,弹性模量高于686MPa称为硬质泡沫塑料,弹性模量为68.6MPa~686MPa称为半硬质泡沫塑料,弹性模量小于68.6MPa的称为软质泡沫塑料。此外,还有结构泡沫塑料和组合性泡沫塑料之分,前者具有不发泡或少发泡的皮层和发泡的芯层,后者则是把微小的中空玻璃、陶瓷微球加入已含固化剂的树脂中,然后固化成型制得。

发泡方法有物理发泡法、化学发泡法和机械发泡法3种。

1. 物理发泡法

是指利用物理原理发泡的方法,包括以下3种:

(1)在加压时把惰性气体压入熔融聚合物或糊状复合物中,然后降低压力,升高温度,使溶解的气体释放膨胀而发泡。目前聚氯乙烯和聚乙烯泡沫塑料等采用这种方法生产的,优点是气体在发泡后不会留下残渣,不影响泡沫塑料的性能和使用。缺点是需要高的压力和比较复杂的高压设备。

(2) 利用低沸点液体蒸发汽化而发泡。把低沸点液体压入聚合物中或在一定的压力、温度下,使液体溶入聚合物颗粒中,然后将聚合物加热软化,液体也随之蒸发汽化而发泡,此法又称为可发性珠粒法。目前采用该法生产的有聚苯乙烯泡沫塑料和交联聚乙烯泡沫塑料。作发泡剂用的低沸点液体有:脂肪族烃类(丁烷、戊烷等)。含氯脂肪族烃类(如二氯甲烷)和含氟脂肪族烃类(如 F-11,F-12,F-114 等)。此外,脂环烃类、芳香烃类、醇类、醚类、酮类和醛类等也可使用。

(3) 在塑料中加入中空微球后经固化而制成泡沫塑料。此种泡沫塑料称为组合泡沫塑料。

2. 化学发泡法

发泡气体是由混合原料中的某些组分在成型过程中发生的化学作用而产生的。包括以下两种。

(1) 发泡气体是由加入的热分解型发泡剂受热分解而产生的,这种发泡剂称为化学发泡剂。常见的有碳酸氢钠、碳酸铵、偶氮二甲酰胺(俗称 AC 发泡剂)、偶氮二异丁腈和 *N*,*N*-二甲基、*N*,*N*-二亚硝基对苯二甲酰胺等。化学发泡剂的分解温度和发气量,决定其在某一塑料中的应用。

理想的分解型发泡剂应具有以下性能,即:发泡剂分解温度范围应比较狭窄稳定;释放气体的速率必须能控制并且应合理,发泡剂分解时的发气量应较大;放出的气体应无毒、无腐蚀性和具有难燃性;发泡剂分解时不应大量放热;发泡剂在树脂中具有良好的分散性,价廉,在运输和储藏中稳定,对发泡聚合物的物理和化学性能无影响。

(2)发泡组分间相互作用产生气体的化学发泡法。此法是利用发泡体系中的两个或多个组分之间发生化学反应,生成惰性气体而使聚合物膨胀发泡。发泡过程中为控制聚合反应和发泡反应平衡进行,保证制品有较好的质量,尚需加入少量催化剂和泡沫稳定剂(或称表面活性剂)。聚氨酯泡沫塑料常用此法生产。

3. 机械发泡法

此法是采用强烈的机械搅拌使空气卷入树脂乳液、悬浮液或溶液中成为均匀的泡沫体,然后再经过物理或化学变化使之胶凝,固化成为泡沫塑料。为缩短时间可通入空气、加入乳化剂或表面活性剂。常用该法生产的有聚甲醛、聚乙烯醇缩甲醛、聚醋酸乙烯、聚氯乙烯溶胶等泡沫塑料。

九、塑料的其他成型方法

1. 铸塑

这种方法是将已准备好的浇铸原料(通常是单体、初步聚合或缩聚的预聚体或聚合物、单体的溶液等)注入模具中使其固化(完成聚合或缩聚反应),从而得到与模具型腔相似的制品。铸塑包括静态浇铸、嵌铸、离心浇铸、搪塑及滚塑等。聚甲基丙烯酸甲酯(有机玻璃)、环氧树脂等常采用静态浇铸的方法生产各种型材和制品;在此基础上发展起来的有嵌塑,即以透明塑料铸塑来保存生物或医学标本、工艺美术品和精密电子元器件等;用离心浇铸法生产管状物、中空制品和齿轮、轴承等;用搪塑生产玩具和中空软质制品;用滚塑生产大型容器等。图 10-11~图 10-13 所示为几种铸塑方法。

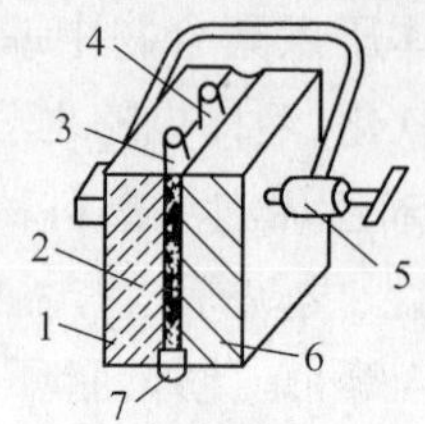

图 10－11 侧立式浇铸

1—模具；2—产品；3—排气口；4—浇口；5—G 形夹；6—模具或基体；7—密封物。

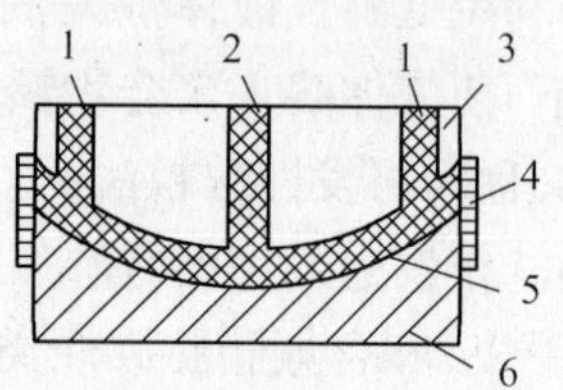

图 10－12 水平式浇铸

1—排气口；2—浇口；3—基体；4—密封板；5—环氧塑料；6—阴极。

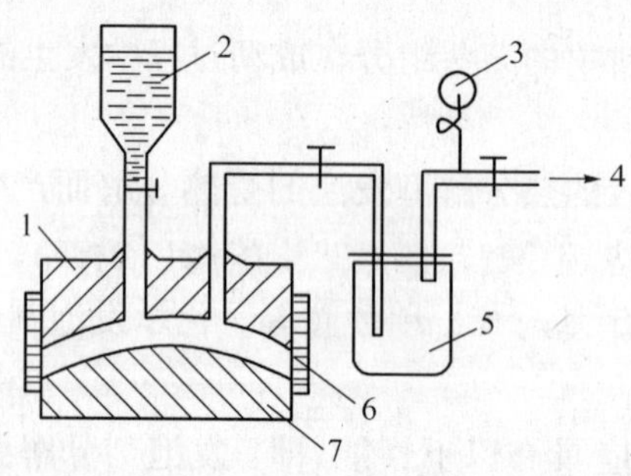

图 10－13 真空浇铸示意图

1—阴模或基体；2—容器；3—真空表；4—连接真空装置；5—过滤罐；6—密封板；7—阳极。

铸塑的特点是所用设备较简单,成型时一般不需要加压设备,对模具强度的要求也较低。铸塑对制品尺寸的限制较少,宜生产小批量的大型制品。制品的内应力较低,质量良好,缺点是成型周期长,制品尺寸的精确性较差等。

铸塑成型基本上可分为 4 个步骤：① 模具的准备；② 原料的配制：③ 浇铸及固化；④ 制品的后处理。

铸塑成型工艺包括静态浇铸、嵌铸、离心浇铸、流延浇铸、搪塑、滚塑。静态浇铸是浇铸成型中比较简便和使用比较广泛的成型方法。

2. 热成型

热成型是将热塑性塑料片材夹在框架内加热至软化温度,在外力作用下使加热软化的片材压在模具的轮廓上冷却而制得制品的一种方法。由于热成型工作压力不很高,因此对模具刚度的要求比较低,这样,用做制模的材料就不限定用钢材,常用的制模材料还有木材(硬木和压缩木料)、石膏、塑料(酚醛、环氧树脂、聚酯、氨基等塑料)、铝等,选用制模材料的依据是制品的生产数量和质量。

3. 涂层

利用塑性溶胶或有机溶胶涂覆于布或纸等基材的表面,制成仿皮革制品、漆布或塑料壁纸等,或将粉状塑料涂覆于金属表面的工艺都称为塑料的涂层工艺。

塑料的金属涂层制品,在某种程度上既可保持金属原有的特点,又具有塑料的特性,如耐腐蚀性、耐磨损性、电绝缘性和自润滑性等。这些涂层制品性能好、成本低,对国民经济各部门有很大意义,近年来发展很快,应用范围也不断扩大。常见的塑料涂层制品有人造革、漆布、塑料壁纸及各种金属涂层制品。

十、塑料的二次加工

在一定的条件下,将塑料片、膜、管、板、棒及模制品等型材或坯件通过再次加工成制品的方法,称为塑料的二次加工。二次加工有机械加工、焊接、粘接、印刷、热转印、金属化及塑料的复合和薄膜再制品的加工等。

塑料的二次加工主要是对塑料进行修饰和装配。

1. 对塑料进行修饰

(1) 锉削:用做塑料制品和片材修平,去除毛边、废边,修改尺寸等。

(2) 转鼓滚光:将制品与菱形木块与模料等放入六角转鼓内,靠转动圆角,去除废边和铸口残根,减少尺寸以及搓光表面等。

(3) 磨削:用砂轮或砂带去除模塑制品废边或铸口残根,也常用为磨平表面、磨出斜角或圆角、修改尺寸和糙化表面等。

(4) 抛光:用表面附有磨蚀料或光膏的旋转布轮对塑料制品表面进行处理的作业。

(5) 溶浸增亮和透明涂层:将热塑性塑料制品在一种可溶的有机溶剂中浸约1min,再在一种不溶的液体内浸少许时间以去除其表面上附着的溶剂,则制品表面上的细小不规则物,如机械加工的刀痕等,就能借此除去。这种处理方法称为溶浸增亮。如果将树脂溶液直接喷涂于制品的表面,就成为透明涂层。

(6) 彩饰:对塑料制品表面添加彩色花纹或图案的一种作业。目的是使塑料增添美观或便于区别。彩饰的方法有:热压印、绢印、照相凹板印刷、橡胶凸板印刷、转印、填漆、漆花。

(7) 涂盖金属:以金属被覆塑料制品表面的方法都为涂盖金属。目的是装饰以及消除塑料某些不需要的性能,组成一种兼具塑料和金属某些性能的复合材料。

(8) 植绒:在涂有胶黏剂的塑料表面上散布作为绒毛的短纤维后,经干燥或固化使绒毛整齐地固定在制品表面的作业。

2. 对塑料进行装配

(1) 粘合:通过胶黏剂使塑料与塑料或其他材料彼此联结的作业。粘合可使简单部件成为复杂完整的大件。

(2) 焊接:加热熔化使塑料部件间接合的作业。

(3) 机械连接:借机械力使塑料部件之间或与其他材料的部件连接的方法称为机械连接。

第11章　现代机械制造技术

第1节　概　述

近几年,随着现代科学技术的高速发展,特别是微电子技术、计算机技术和信息技术等与制造技术的深度结合,制造业的面貌发生了根本的变化,形成了现代先进制造技术体系。本章从自动化技术和特种加工技术两个方面扼要介绍现代机械制造技术。

自动化技术主要包括数控技术、柔性制造技术、信号识别技术和工业机器人技术等新技术。制造自动化是取代人的部分体力和智力,自动完成特定如存储、运输、加工等各个生产环节的工作,以降低生产成本,提高生产效率,降低劳动者的劳动强度。

特种加工是20世纪40年代随着材料科学、高新技术的发展而发展起来的,由于各种新材料、新结构、形状复杂的精密机械零件大量涌现,对机械制造业提出了一系列迫切需要解决的新问题。于是,人们一方面通过研究高效加工的刀具和刀具材料、自动优化切削参数、提高刀具可靠性、开发新型切削液、研制新型自动机床等途径,进一步改善切削状态,提高切削加工水平,并解决了一些问题;另一方面,不断地寻求新的加工方法,于是一种本质上区别于传统加工的特种加工便应运而生,并不断获得发展。后来,由于新颖制造技术的进一步发展,人们就从广义上来定义特种加工。现代机械加工制造技术中的特种加工技术也多采用自动化控制技术。

第2节　现代机械自动化制造技术

一、数控加工技术

1. 数控机床的组成

数控机床是指装备了数控系统的机床。数控系统是用数字控制技术自动识别并处理使用规定的文字编码和数字的程序,数控系统控制数控机床,根据这些程序完成预定的加工工序。

如图11－1所示,数控机床由数控系统和机床两部分组成,数控系统又由输入装置、数控装置、伺服系统和辅助控制装置组成。

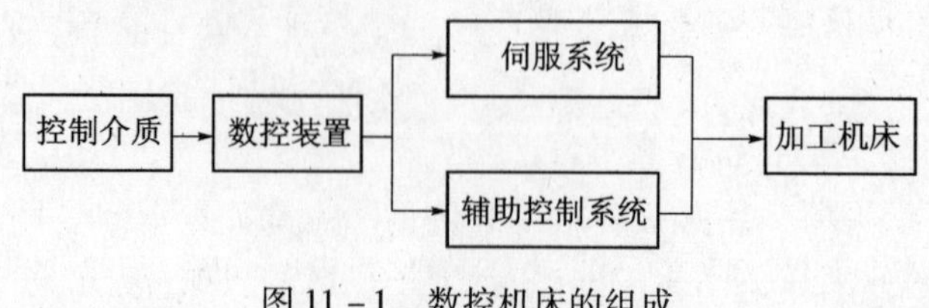

图11－1　数控机床的组成

为了提高机床的加工精度,在上述系统中再加入一个测量装置,这样就构成了闭环控制的数控机床框图。开环控制系统的工作过程是这样的:将控制机床工作台运动的位移量、位移速度、位移方向、位移轨迹等参量通过控制介质输入给机床数控装置,数控装置根据这些参量指令计算得出进给脉冲序列,然后经伺服系统转换放大,最后控制工作台按所要求的速度、轨迹、方向和距离移动。若为闭环系统,则在输入指令值的同时,反馈检测机床工作台的实际位移值,反馈量与输入量在数控装置中进行比较,若有差值,用比较后的差值进行补偿,直到差值消除为止,实现移动部件的精确定位。

1) 控制介质

数控机床工作时,要自动地执行人们的意图,这就必须在人和数控机床之间建立某种联系,这种联系的媒介物称为控制介质(或称输入装置),也就是控制介质的作用是输入加工程序和加工数据。

以前的数控机床使用的控制介质是 8 单位的标准穿孔带,还有磁盘和磁带,对应的输入装置是光电阅读器、软盘驱动器和录音机。常用的穿孔带是纸质的,所以又称纸带。纸带宽为 25.4mm,厚 0.108mm,每行除了必须有一个 $\phi1.17$mm 的同步孔外,最多可以有 8 个 $\phi1.33$mm 的信息孔。用每行 8 个孔有无的排列组合来表示不同的代码(纸带上孔的排列规定,称为代码)。把穿孔带输入到数控装置的读带机,再由读带机把穿孔带上的代码转换为数控装置可以识别和处理的电信号,并传送到数控装置中去,便完成了指令信息的输入工作。

现代数控机床可用操作面板上的键盘直接将程序和数据输入,随着 CAD/CAM 技术的发展,近年来许多数控机床可利用 CAD/CAM 软件在通用计算机上编程,然后通过计算机与数控机床之间的传送,将程序与数据直接传送给数控机床。

2) 数控装置

数控装置是数控机床的中枢,在普通数控机床中一般由输入装置、存储器、控制器、运算器和输出装置组成。数控装置接收输入介质的信息,并将其代码加以识别、储存、运算,输出相应的指令脉冲以驱动伺服系统,进而控制机床动作。现代数控机床一般采用微型计算机作为数控装置。

3) 伺服系统

伺服系统是数控机床的重要组成部分,其作用是把来自数控装置的脉冲信号转换为机床移动部件的运动,使工作台(或溜板)精确定位或按规定的轨迹作严格的相对运动,最后加工出符合图纸要求的零件。

伺服系统包括驱动装置和执行装置两部分,驱动装置接受来自数控装置的指令信息,经功率放大后,严格按照指令信息的要求驱动机床的移动部件,以加工出符合图样要求的零件。执行装置采用直流或交流伺服电动机作为执行机构,经功率放大的指令信息,驱动电动机运转,通过机械传动装置拖动工作台和刀架运动。每一坐标方向的进给都要配备一套进给伺服驱动系统。

4) 辅助控制装置

辅助控制装置的主要作用是接收数控装置输出的开关量指令信号,经过编译、逻辑判别和运算,再经功率放大后驱动相应的电器,带动机床的机械、液压、气动等辅助装置完成指令规定的开关量动作。这些控制包括主轴运动部件的变速、换向和启停指令,刀具的选择和交换指令,冷却、润滑装置的启停,工件和机床部件的松开、夹紧,分度工作台转位分度等开关辅助动作。现代数控机床广泛采用可编程控制器(PLC)作数控机床的辅助控制装置。

5)机床本体

数控机床的机床本体与传统机床相似,由主轴传动装置、进给传动装置、床身、工作台以及辅助运动装置、液压气动系统、润滑系统、冷却装置等组成。但是数控机床还有一些特殊部件,如储备刀具的刀库、自动换刀装置和回转工作台等。

2. 数控机床的分类及工作过程

数控机床是从普通机床的基础上发展起来的,在金属切削机床中,除插床外,其他机床都开发了数控机床,种类很多,现代机械制造技术中常使用数控车床、数控铣床及数控加工中心。

数控机床的工作过程经过4个步骤:

(1)准备阶段。根据加工零件的图纸,确定有关加工数据,选用合适的夹具和刀具等。

(2)编程阶段。根据加工工艺信息,用机床数控系统识别的语言编写数控加工程序。

(3)准备信息载体。通过键盘或其他输入装置将加工程序以及加工参数传给数控系统,若数控加工机床与计算机联网时,可直接将信息传给数控系统。

(4)加工阶段。完成夹具工件的安装,调整刀具,执行程序,数控机床自动完成零件的加工。

数控机床通过程序调试、试切,进入正常批量加工时,操作者只需进行工件的装卸,再进行程序的自动循环,机床就能自动完成整个加工过程。

数控机床是高度自动化的机床,它的加工精度高,质量稳定,生产效率高,劳动强度低,因此在现代机械制造业中得到广泛的应用。

二、柔性制造技术(FMS)

机械自动化是从单一品种的大批、大量生产,加工过程自动化开始的,后来发展到自动生产线、自动车间和自动工厂,这种自动化以大批、单品种、连续生产为前提,由半自动机床、自动机床和组合机床自动线来实现,通过大量生产来取得经济效益,这种自动化称为刚性自动化。

随着生产和科学技术的发展,产品的生命周期越来越短,多品种、小批量生产已成为现代机械制造业的主要特征,这需要具有高度适应能力的数控机床和加工中心,采用成组技术来制造产品,这种由数控加工设备、物料运输装置和计算机控制系统组成的自动化制造系统就是柔性制造系统,它包括多个柔性制造单元,能根据制造任务和生产环境的变化迅速进行调整,适用于多品种、小批量的生产。

1. 柔性制造系统的组成

(1)加工系统。加工系统是按照输入的加工程序,自动地完成工件的加工过程,包括自动装卸工件和换刀。加工系统中所需的设备数量、类型均由被加工零件的类型、尺寸和批量大小来决定。由于柔性制造系统加工的零件多种多样,且其自动化水平相差较大,因此构成柔性制造系统的机床也是多种多样,可以是单一的机床类型,也可以是由多种数控机床类型构成。根据系统规模的不同,系统的机床数量也相差较大,多数的柔性制造系统机床数量为 2 台 ~20 台。

(2) 物流系统。是物料运输及管理系统的简称,主要是对毛坯、夹具、工件、刀具等的搬运、装卸工作。在大多数柔性制造系统中,进入系统的工件在装卸站装夹到托盘夹具上,然后由工件传递系统进行运输和搬运,该系统可以是工件在机床之间、加工单元之间、自动仓库与机床之间的运输和搬运,它与传统的生产流水线不同,传统的生产流水线强制性的按固定的顺序输送工件。

(3) 信息系统。信息系统有过程监控和过程监视两个子系统,可以监视和监控工件在加工过程的实施,包括零件的加工过程和部件与整机的装配,可以检测加工过程中刀具使用情况及换刀,以及加工完成后工件的装卸、检验等。

2. 柔性制造系统主要类型

1) 柔性制造单元(FMC)

柔性制造单元是在加工中心的基础上,增加了存储工件的自动料库、输送系统。图 11 -2 所示为一个配有托盘交换系统的柔性制造单元。托盘上装夹有工件,在加工过程中,它与工件一起传动,环形工作台用于工件的输送与存储,每个托盘座上都有地址识别码,当一个工件加工完成后,数控机床将发出信号,由托盘交换装置将工件由托盘拖到回转工作台的空位处,,然后转到装卸工位,将待加工的工件推到机床的加工位置。

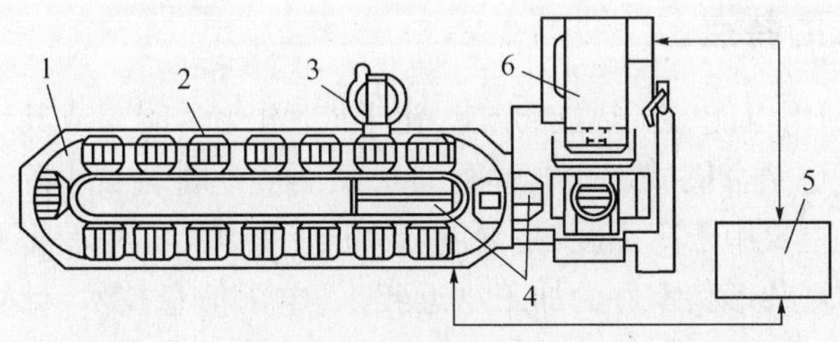

图 11 -2　柔性制造单元

1—环形交换工作台;2—托盘座;3—托盘输送装置;4—托盘交换装置;5—单元控制计算机;6—机床。

FMC 适用于多品种、小批量工件的生产,具有规模小、成本低,便于扩展等优点。但是 FMC 的信息自动化程度低,加工柔性不高,只能完成品种有限的零件加工。

2) 柔性制造系统(FMS)

图 11 -3 所示为一个典型的柔性制造系统,它由 4 台加工中心、物料储运系统和刀具预调、储运系统组成,全部加工过程和物料、刀具运送由计算机控制实现。

柔性制造系统是将柔性制造单元扩展,增加计算机控制机床的数量,配备完善的物料和刀具运送管理系统,通过一整套计算机控制系统管理全部生产计划进度,并对物料搬运和机床群的加工过程实现综合控制,它能通过简单的改变软件的方法便能制造出多种零件中的任何一种。

由于柔性制造系统备有较多刀具、夹具以及数控加工程序,因此能完成不同零件的加工,解决了多品种、中小批量生产的生产率与柔性间的矛盾,对新产品的开发特别有意义,在生产中集中控制,加工过程中工件和刀具更换实现了自动化,提高了生产的连续性和数控设备利用率,因此生产周期短,成本低。在加工中采用自动检测设备,可随时发现机床

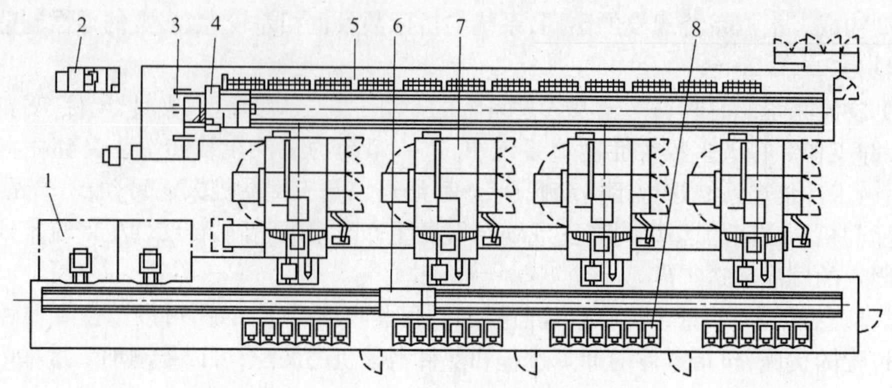

图 11-3 柔性制造系统

1—工件装卸站；2—刀具预调仪；3—刀具更换站；4—换刀机器人；5—中央刀库；
6—运料小车；7—加工中心；8—托盘库。

精度、刀具磨损及加工质量等出现的问题，能及时采取措施，使加工质量得到保证。

第3节 现代机械制造特种加工技术

一、特种加工的特点

特种加工是指利用电能、磁、热能、光能、化学能、电化学能等或其组合施加在工件的被加工部位上(有时也结合机械能如电解磨削)，从而实现材料被去除、变形、改变性能等的非传统加工方法，主要用于高强度、高硬度、高韧性、高脆性、耐高温、耐磁性等难切削材料，以及精密细小和复杂形状零件的加工。近年来，电子信息技术、计算机技术等新技术与特种加工技术的渗透和融合，使特种加工技术得到了新的发展。

(1) 多数特种加工技术不用机械能，与加工对象的机械性能无关：有些加工方法，如激光加工、电火花加工、等离子弧加工、电化学加工等，是利用热能、化学能、电化学能等，这些加工方法与工件的硬度强度等机械性能无关，故可加工各种硬、软、脆、热敏、耐腐蚀、高熔点、高强度、特殊性能的金属和非金属材料。

(2) 非接触加工，不一定需要工具，有的虽使用工具，但与工件不接触。因此，工件不承受大的作用力，工具硬度可低于工件硬度，故使刚性极低元件及弹性元件得以加工。

(3) 微细加工工件，加工工件表面质量高：有些特种加工，如超声、电化学、水喷射、磨料流等，加工余量都是微细进行，故不仅可加工尺寸微小的孔或狭缝，还能获得高精度、极低粗糙度的加工表面。

(4) 不存在加工中的机械应变或大面积的热应变：可获得较低的表面粗糙度，其热应力、残余应力、冷作硬化等均比较小，尺寸稳定性好。

特种加工已经成为当前机械制造领域不可缺少的加工方法，为新产品设计与开发提供了许多加工手段，为新材料的研制提供了应用基础。

特种加工可分为电火花加工、电化学加工、激光加工、电子束加工、离子束加工、等离子弧加工、激光加工和化学加工等。

二、数控电火花加工

1. 电火花加工的基本原理和特点

1）电火花加工的基本原理

电火花加工是直接利用电能对零件进行加工的一种方法，其加工方法是在一定的介质中，通过工具电极和工件电极之间的脉冲放电的电蚀作用，对工件进行加工的方法。

图 11－4 所示为电火花加工装置原理图，加工时工具电极 4 与工件 1 一起置于介质 5（煤油或其他液体）中，将脉冲电源 2 的负极和正极分别与工具和工件相连接。加工时，送进机构 3 移动工具电极使其逐渐趋近工件，当工具电极与工件之间的间隙小到一定程度时，介质被击穿，在间隙中发生脉冲放电。放电的持续时间极短，只有 10^{-8}s～10^{-6}s，而瞬时的电流密度极大，温度可高达 10000℃以上，足以使工件表面局部金属材料被软化、熔化甚至汽化，使熔融的金属工件在瞬时放电的爆炸力作用下，被抛入液体介质，冷凝成微小的颗粒，并从放电间隙中排除出去，被工作液带走，形成电蚀，如此不断地进行放电腐蚀，最终达到加工成型的目的。

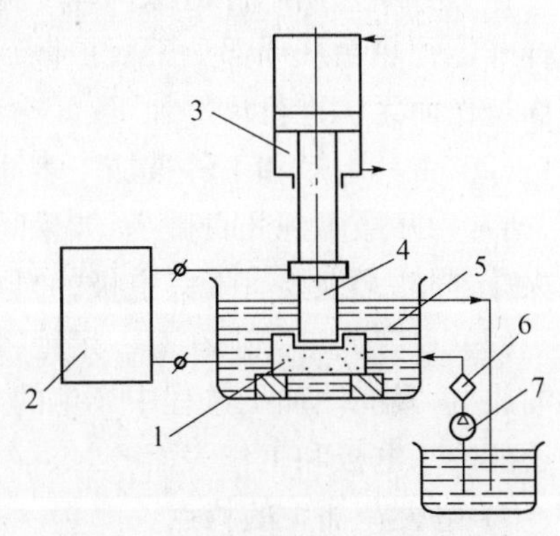

图 11－4　电火花加工原理示意图

1—工件；2—脉冲电源；3—自动进给调节装置；4—工具电极；5—工作液；6—过滤器；7—工作液泵。

放电腐蚀时，工具和工件作为两个电极，有两种接法，当工件接电极的正极时，用于精加工，接负极时用于粗加工。

每次放电即在工件表面形成一个微小的凹坑（称为电蚀），如图 11－5 所示，连续不断的脉冲放电，使工件表面不断地被蚀除，因而逐渐完成加工要求。脉冲放电过程中，由间隙自动调节器驱动工具电极自动进给，保持其与工件的间隙，再进行火花放电，除去熔融的金属。这样依次循环，构成电火花加工的全部过程。在保持工具电极与工件之间恒定放电间隙的条件下，一边蚀除工件金属，一边使工具电极不断地向工件进给，最后便加工出与工具电极形状相对应的形状来。因此，只要改变工具电极的形状和工具电极与工件之间的相对运动方式，就能加工出各种复杂的型面。工具电极常用导电性良好、熔点较

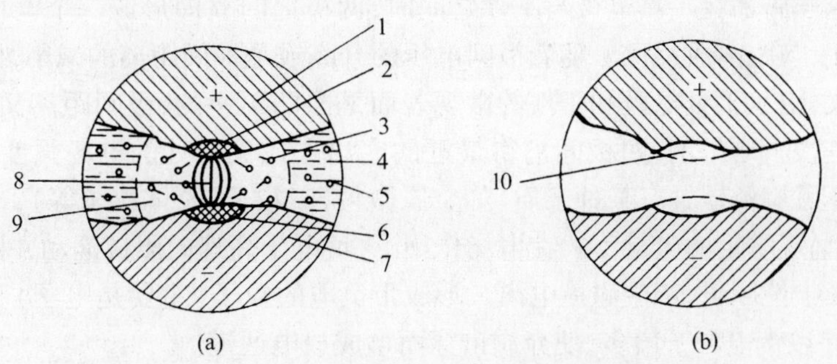

图 11－5　电火花加工表面局部放大图

1—阳极；2—阳极腐蚀区；3—熔化金属微粒；4—液体介质；5—金属微粒；6—阴极腐蚀区；7—阴极；8—放电通道；9—气泡；10—凹坑。

高、易加工的耐电蚀材料,如铜、石墨、铜钨合金和钼等。图 11 - 5(a)所示为脉冲放电状况示意图,图 11 - 5(b)所示为多次放电后的电极表面。

在加工过程中,工具电极也有损耗,但小于工件金属的蚀除量,甚至接近于无损耗。

工作液作为放电介质,在加工过程中还起着冷却、防止热变形、排屑等作用。常用的工作液是黏度较低、闪点较高、性能稳定的介质,如煤油、去离子水和乳化液等。

2) 电火花加工必须具备的条件

(1) 必须采用脉冲电源。脉冲宽度一般为 10^{-3}s ~ 10^{-7}s,相邻脉冲之间有一个间隔,这样才能把热量从局部加工区扩散到非加工区,否则,就会像持续电弧放电一样,使工件表面烧伤而无法进行尺寸加工。

(2) 工具电极和工件被加工表面之间必须保持一定的间隙。这一间隙随加工条件而定,通常为几微米到几百微米,如果间隙过大,极间电压无法击穿极间介质,因而不会产生电火花,因此必须要有工具电极的自动进给和调节装置。

(3) 火花放电必须在有一定绝缘性能的液体介质中进行。这样做既有利于产生脉冲性的放电,又能使加工过程中产生的金属屑、焦油、炭黑等电蚀产物从电极间隙中排出,同时还能冷却电极和工作表面。

3) 电火花加工的特点

(1) 电火花放电产生的高温足以熔化、汽化任何材料,能够加工传统切削加工难于加工或无法加工的高硬度、高强度、高脆性、高韧性的材料。

(2) 由于电火花直接利用电能和热能来去除材料的加工部分,与工件材料的强度和硬度关系不大,因此可以用较软的工具去加工硬的工件,实现"以柔克刚"。

(3) 加工时,工具与工件不直接接触,没有传统切削加工方法的机械力,有利于加工微孔、窄缝和低刚度的工件。

2. 电火花加工的过程和步骤

在接负极的电极和接正极的工件之间加上高压脉冲电压,使两电极间间隙最小的凸点产生火花放电,放电时释放的能量把熔化和汽化了的金属微粒迅速抛离电极表面,在工件表面形成一个很小的凹坑。如些重复进行,并随着工具电极不断地向工件进给,工具电极的轮廓便可精确地复印在工件上,达到加工的目的。电火花加工分为如下 4 个步骤:

1) 极间介质的电离、击穿,形成放电通道

当脉冲电压施加在工具电极与工件之间时,两极之间立即形成一个电场。电场强度与电压成正比,与距离成反比。随着极间电压的升高或是极间距离的减小,极间电场强度也将随着增大,由于工具电极和工件的微观表面是凸凹不平的,极间距离又很小,因而极间电场强度是很不均匀的,两极间离得最近的突出点或尖端处的电场强度一般为最大。液体介质中不可避免地含有某种杂质(如金属微粒、碳粒子、胶体粒子等),也有一些自由电子,使介质呈现一定的电导率。在电场作用下,负电子高速向阳极运动并撞击工作液介质中的分子或中性原子,产生碰撞电离。形成带负电的粒子(主要是电子)和带正电的粒子(正离子)导致带电粒子增多,使介质击穿而形成放电通道。

2) 介质热分解、电极材料熔化汽化热膨胀

极间介质一旦被电离、击穿、形成放电通道后,脉冲电源使通道间的电子高速奔向正极,正离子奔向负极。电能变成动能,动能通过碰撞又转变为热能。于是在通道内、正极

和负极表面分别成为瞬时热源,分别达到很高的温度。通道高温首先把工作液介质汽化,正负极表面的高温也使金属材料熔化、直至沸腾汽化。这些汽化后的工作液和金属蒸汽,瞬时间体积猛增,迅速热膨胀,发生类似爆炸的现象。

3）电极材料的抛出

通道和正负极表面放电点瞬时高温使工作液汽化和金属材料熔化、汽化,热膨胀产生很高的瞬时压力。通道中心的压力最高,使汽化了的气体体积不断向外膨胀,形成一个扩张的"气泡",气泡上下、内外的瞬时压力并不相等,压力高处的熔融金属液体和蒸汽,就被排挤、抛出而进入工作液中。

4）极间介质的消电离

随着脉冲电压的结束,脉冲电流也迅速降为零,标志着一次脉冲放电的结束,但此后仍应有一段间隔时间,使间隙介质消除电离,即放电通道中的带电粒子复合为中性粒子,恢复本次放电通道处间隙介质的绝缘强度,以免总是重复在同一处发生放电而导致电弧放电,这样可以保证按两极相对最近处或电阻率最小处形成下一击穿放电通道。

3. 电火花加工的分类

电火花加工机床种类和应用形式是多种多样的,但按其工艺过程中工具与工件相对运动的特点和用途不同,可分为如下几类：电火花成形(包括电火花穿孔和型腔加工)、电火花线切割、电火花磨削、电火花展成加工、电火花表面强化、非金属电火花加工以及其他电火花加工等。

1）电火花成形加工

电火花成型加工是利用成型工具电极,把工具电极的形状和尺寸复制到工件上,从而加工出所需要的零件。加工时工具电极作单方向的进给,同时又作快速的回退,通过多次放电及重复动作,最终在工件的表面加工出凹坑或穿透工件的孔。

这种加工方法是通过工具电极相对于工件做进给运动,其特点是工具电极和工件之间只有一个相对的伺服进给运动,工具电极为成形电极,与被加工表面有相应的截面和形状。这种加工方法又分为型腔加工和穿孔加工,型腔电火花加工主要用于各类型腔模以及各种复杂的型腔、型面零件,如塑料模、锻模、压铸模、挤压模、胶木模、以及整体叶轮、叶片等各种曲面零件。机床数量约占电火花机床总数的30%。

2）电火花磨削

这种加工方法实质上是应用机械磨削的成形运动进行电火花加工。其特点是工具和工件有径向和轴向的进给运动,工具电极与工件电极之间作相对运动,其中之一或二者作旋转运动,在加工过程中,不需要电火花成形那样的伺服进给运动。电火花磨削又分为内孔磨削、外圆磨削和成形磨削,主要用来加工高精度、良好表面粗糙度的小孔,如拉丝模、挤压模、微型轴承内环、偏心钻套等;同时也可以加工外圆、小模数滚刀等。

3）电火花高速小孔加工

电火花高速小孔加工是采用细管电极,管内冲入高压水基工作液或油性工作液,细管电极旋转的同时作 Z 方向快速进给,宏观上不间断地向下加工,类似于铣床钻孔,但穿孔速度比钻削速度高得多。

数控精密电火花小孔机技术已发展到了八轴数控,同时直线电动机的高响应性实现了小孔机连续的高精度微细孔加工。实现了加工性能的优化和操作的简易化。AEC(自动电极交换装置)的搭载可实现电极的自动交换,并进行电极自动修正,确保了长时间的连续加工和多孔加工。还可加工微通孔,能使用 ϕ0.08mm 铜管电极的高厚径比微通孔加工。具有 W 轴功能,可进行回转加工,可加工出一些独特的工件。

4) 电火花线切割

电火花线切割是用移动着的线状电极丝按预定的轨迹进行切割加工。其运动轨迹可以用靠模、光电、数字程序等方式来控制。由于这种加工方法省去了制造成形工具电极的麻烦,而且工具电极丝的损耗还可在很大程度上得到补偿,因而具有很大的优越性。其特点是工具电极为顺电极丝轴线移动的线电极,工具电极丝和工件在两个水平方向上同时有相对伺服进给运动。主要用于切割各种冲模和具有直纹面的零件,同时用于下料、截割和窄缝加工。机床数量约占电火花机床总数的 60%。图 11-6 所示为电火花线切割示意图。

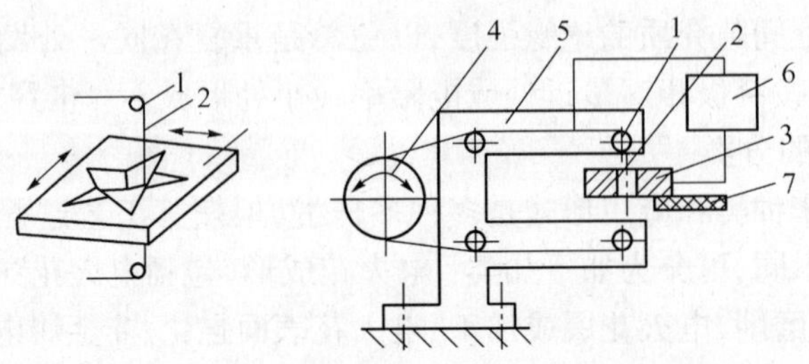

图 11-6　电火花线切割示意图

1—导向轮;2—切割丝;3—工件;4—传动轮;5—支架;6—脉冲电源;7—绝缘底板。

数控电火花线切割机床是在电火花加工基础上用数控装置控制靠火花放电对工件进行切割,故称为电火花线切割,有时简称线切割。控制系统是进行电火花线切割加工的重要组成部分。

数控线切割加工机床由机床部分、脉冲电源、控制部分和工作液循环系统等几部分组成。

机床部分。机床主机部分由运丝机构、工作台、床身、工作液系统等组成。

脉冲电源。脉冲电源又称高频电源,其作用是把普通的 50Hz 交流电转换成高频率的单向脉冲电压。加工时,钼丝接脉冲电源负极,工件接正极。

数控装置。数控装置以 PC 机为核心,配备有其他一些硬件及控制软件。加工程序可用键盘输入或磁盘输入。通过它可实现放大、缩小等多种功能的加工,其控制精度为 ±0.001mm,加工精度为 ±0.001mm。

电火花成型加工和电火花线切割加工及电火花高速穿孔加工放电加工原理相同,只是其各自的实现手法不同。

三、快速成型技术

快速自动成型(Rapid Prototyping)技术是近年来发展起来的直接根据 CAD 模型快速生产样件或零件的成组技术总称,它集成了 CAD 技术、数控技术。激光技术和材料技术等现代科技成果,是先进制造技术的重要组成部分。与传统制造方法不同,快速成型是首先生成一个产品的三维 CAD 实体模型或曲面模型文件,或者直接从 CAD 文件切出一系列的片层,从零件的 CAD 几何模型出发,通过软件分层离散和数控成型系统,用激光束或其他方法将材料堆积而形成实体零件,因此,快速自动成型可定义为一种将计算机中储存的任意三维型体信息通过材料逐层添加法直接制造出来。由于它把复杂的三维制造转化为一系列二维制造的叠加,因而可以在不用模具和工具的条件下生成几乎任意复杂的零部件,极大地提高了生产效率和制造柔性。

快速成型技术是快速制造的核心,能在几小时或几十小时内直接从 CAD 三维实体模型制作出原型。快速自动成型技术问世不到十年,已实现了相当大的市场,发展非常迅速。与数控加工、铸造、金属冷喷涂、硅胶模等制造手段一起,快速自动成型已成为现代模型、模具和零件制造的强有力手段,在航空航天、汽车摩托车、家电等领域得到了广泛应用。

1. 快速成型的工艺过程

快速成型的工艺过程具体如下:

(1) 产品三维模型的构建。由于快速成型系统是由三维 CAD 模型直接驱动,因此首先要构建所加工工件的三维 CAD 模型。该三维 CAD 模型可以利用计算机辅助设计软件(如 Pro/E ,I - DEAS ,Solidwork ,UG 等)直接构建,也可以将已有产品的二维图样进行转换而形成三维模型,或对产品实体进行激光扫描、CT 断层扫描,得到点云数据,然后利用反求工程的方法来构造三维模型。

(2) 三维模型的近似处理。由于产品往往有一些不规则的自由曲面,加工前要对模型进行近似处理,以方便后续的数据处理工作。三维模型的近似处理一般采用 STL 格式文件,由于 STL 格式文件简单、实用,目前已经成为快速成型领域的准标准接口文件。它是用一系列的小三角形平面来逼近原来的模型,每个小三角形用 3 个顶点坐标和一个法向量来描述,三角形的大小可以根据精度要求进行选择。STL 文件有二进制码和 ASCII 码两种输出形式,二进制码输出形式所占的空间比 ASCII 码输出形式的文件所占用的空间小得多,但 ASCII 码输出形式可以用来阅读和查阅。典型的 CAD 软件都带有转换和输出 STL 格式文件的功能。

(3) 三维模型的切片处理。根据被加工模型的特征选择合适的加工方向,在成型高度方向上用一系列一定间隔的平面切割近似后的模型,以便提取截面的轮廓信息。间隔一般 0.05mm ~ 0.5mm,常用 0.1mm 。间隔越小,成型精度越高,但成型时间也越长,效率就越低,反之则精度低,但效率高。

(4) 成型加工。根据切片处理的截面轮廓,在计算机控制下,相应的成型头(激光头或喷头)按各截面轮廓信息做扫描运动,在工作台上一层一层地堆积材料,然后将各层相粘结,最终得到原型产品。

(5) 成型零件的后处理。从成型系统里取出成型件,进行打磨、抛光、涂挂,或放在高温炉中进行后烧结,进一步提高其强度。

快速成型技术具有以下几个重要特征: ① 可以制造任意复杂的三维几何实体;② 快速性;③ 高度柔性;④ 快速成型技术实现了机械工程学科多年来追求的两大先进目标,即材料的提取(气、液、固相)过程以及制造过程一体化和设计(CAD)与制造(CAM)一体化。

2. 成型方法

1) 光固化立体造型(Stereo lithography,SL)

该技术以光敏树脂为原料,将计算机控制下的紫外激光按预定零件各分层截面的轮廓为轨迹对液态树脂逐点扫描，使被扫描区的树脂薄层产生光聚合反应而固化，从而形成零件的一个薄层截面。当第一层固化完毕，工作台移动一个层厚的距离，再在原先固化好的树脂表面再敷上一层新的液态树脂，以便进行下一层扫描固化。新固化的一层牢固地粘合在前一层上，如此重复，直到整个零件原型制造完毕。

光固化立体造型是第一个投入商业应用的快速成型技术，也是目前应用最为广泛的快速成型方法。光固化立体造型的特点是制造精度高、表面质量好。原材料利用率将近100%，能制造形状特别复杂（如空心零件）、特别精细的零件，其基本原理如图 11－7所示。

2）分层实体制造

分层实体制造工艺将单面涂有热熔胶的纸片通过加热辊加热粘接在一起，位于上方的激光器按照 CAD 分层模型所获数据，用激光束将纸切割成所制零件的内外轮廓，然后新的一层纸再叠加在上面，通过热压装置和下面已切割层粘合在一起，激光束再次切割，这样反复逐层切割—粘合—切割，直至整个零件模型制作完成，如图 11－8 所示。

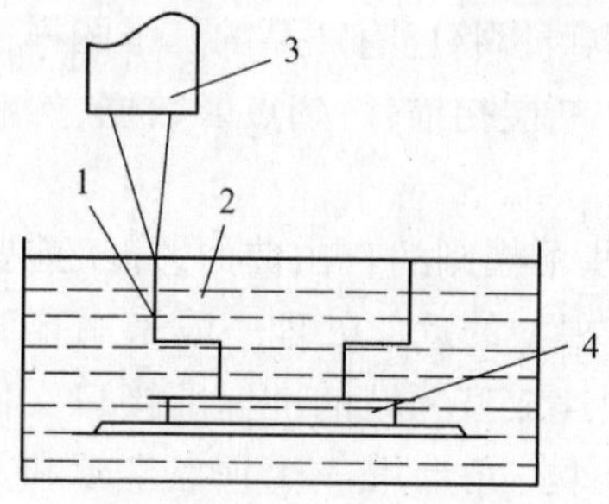

图 11－7　光固化立体造型原理图

1—成型零件；2—光敏树脂；3—激光器；4—工作台。

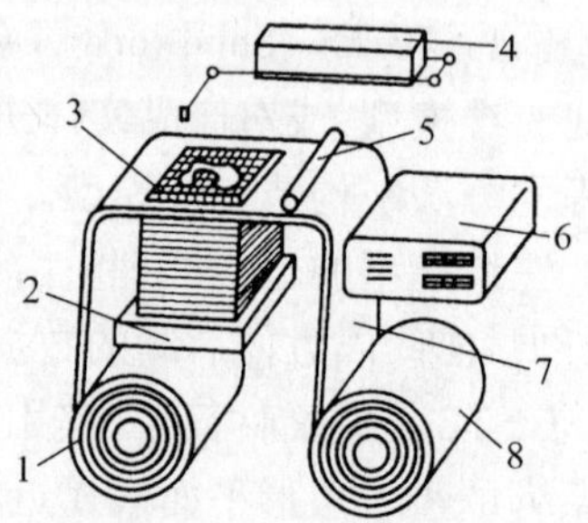

图 11－8　分层实体制造原理图

1—收料轴；2—升降台；3—加工面；4—CO_2激光器；5—热压辊；6—控制计算机；7—料带；8—供料轴。

分层实体制造能够加工尺寸较大的零件，成型率高，成本低，但是材料的利用率较低，表面质量较差。

3）选择性激光烧结

该法采用 CO_2 激光器作能源，目前使用的造型材料多为各种粉末材料。在工作台上均匀铺上一层很薄（100μm～200μm）的粉末，再在平整滚筒的作用下将粉末铺平压实，激光束在计算机控制下按照零件分层轮廓有选择性地进行烧结，一层完成后再进行下一层烧结。全部烧结完后去掉多余的粉末，再进行打磨、烘干等处理便获得零件。目前，成熟的工艺材料为蜡粉及塑料粉，用金属粉或陶瓷粉进行粘接或烧结的工艺还正在实验研究阶段，如图 11－9 所示。

4）熔融沉积造型

熔融沉积造型工艺的关键是保持半流动成型材料刚好在熔点之上（通常控制在比熔点高 1℃左右）。熔融沉积造型喷头受 CAD 分层数据控制使半流动状态的熔丝材料（丝材直径一般在 1.5mm 以上）从喷头中挤压出来，凝固形成轮廓形状的薄层。每层厚度范围为 0.025mm～0.762mm，一层叠一层最后形成整个零件模型，如图 11－10 所示。

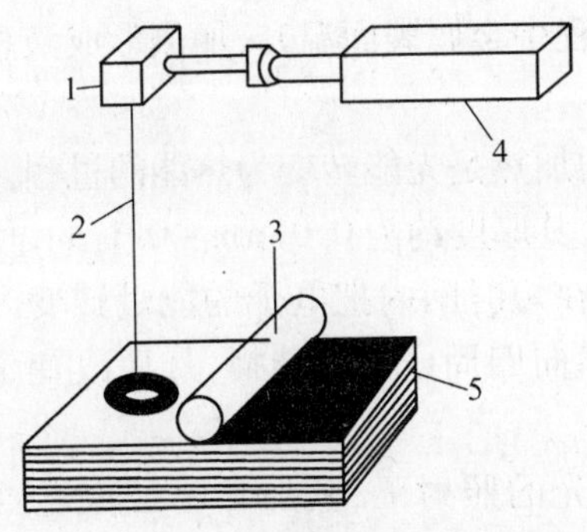

图 11-9　选择性激光烧结原理图
1—扫描镜；2—激光束；
3—平整滚筒；4—激光器；5—粉末。

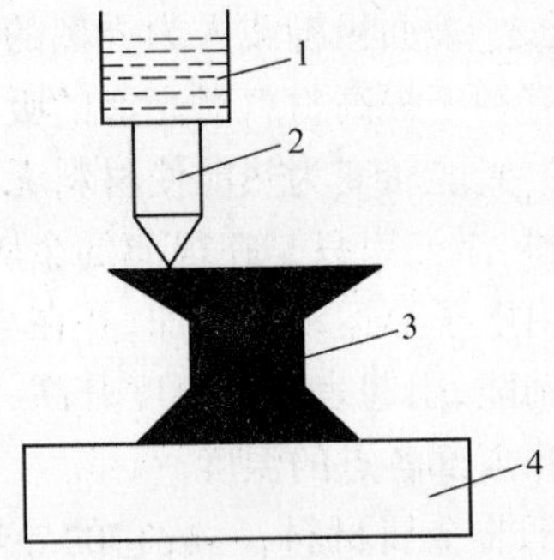

图 11-10　熔融沉积造型原理图
1—加热器；2—喷头嘴；
3—模型；4—工作台。

快速成型属于离散/堆积成型。它从成型原理上提出一个全新的思维模式，即将计算机上制作的零件三维模型，进行网格化处理并存储，对其进行分层处理，得到各层截面的二维轮廓信息，按照这些轮廓信息自动生成加工路径，由成型头在控制系统的控制下，选择性地固化或切割一层层的成型材料，形成各个截面轮廓薄片，并逐步顺序叠加成三维坯件，然后进行坯件的后处理，形成零件。

快速成型技术不仅可以用于设计模型和新产品的快速制造，以供设计者和用户进行直观的检验、分析和对产品的改进，还可直接制造铸造模型及其他模具，其优点是节约材料、缩短制造周期，降低成本。

四、激光加工

高能束流加工(High - Energy Beam Machining, HBM)是利用能量密度高的激光束、电子束和离子束等去除材料的特种加工方法总称，激光加工与电子束、离子束、等离子弧加工一道组成了高能束流加工。激光自 20 世纪 60 年代被发明之后，由于不仅具有普通光的共性，还具有其他独特的特点，如亮度高、单色性好、相干性好、方向性好，已经发展成为机械加工中最具有竞争力的先进制造技术，目前在材料的打孔、切割、焊接、热处理和精密测量中获得广泛应用。

1. 激光加工的基本原理和特点

1）激光加工的原理

激光加工是把激光作为热源，对材料进行热加工，其加工过程基本分为激光束照射材料，材料吸收光能；光能转变为热能使材料无损加热；通过气化和熔融溅出使材料去除或破坏。图 11-11 所示为激光加工原理示意图。

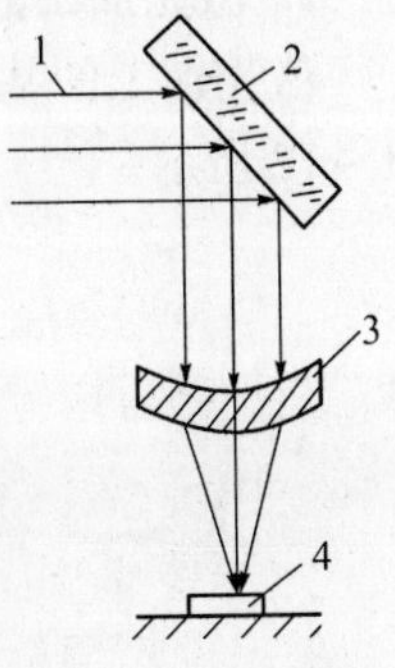

图 11-11　为激光加工原理示意图
1—激光束；2—反射镜；
3—透镜；4—工件。

(1) 激光束照射材料，材料吸收光能。激光束照射到材料表面时，一部分从材料表面反射，一部分透入材料内被材料吸收，透入材料内部的光通量对材料起加热作用，还有一部分因热传导而损失。不同的材料对光波的吸收与反射有很大的差别，一般而言，导电率高的金属材料对光波的反射率也高，表面光亮度高的材料其反射率也高；反之，表面粗糙或人为弄黑的表面，在加工过程中金属表面温升、加热形成液相或气相等都有利于提高材料对光能的吸收。

(2) 光能转变为热能使材料无损加热。材料的加热是光能转变为热能的过程。对于金属材料，激光束只是在很薄的金属表面层被吸收，其厚度约为0.01μm～0.1μm，使金属中的自由电子热运动动能增加，并在与晶格的碰撞中在短时间内把电子的能量转变为晶格的热振动能，引起表面的温度升高，并按热传导规律向四周或内部传播，从而改变金属材料表面和内部各点的温度。

对于非金属材料，一般它的导热性很小，在激光的照射下，其加热不是依靠自由电子。在激光波较长时，光能可以直接被材料的晶格吸收而使热振荡加剧，在激光波较短时，光能激励原子壳层上的电子，这种激励通过碰撞而传播到晶格上，使光能转换为热能。

(3) 通过汽化和熔融溅出使材料去除或破坏。用足够功率密度的激光照射在材料表面上时，材料表面达到熔化、汽化温度，使材料汽化蒸发或熔融溅出，当激光功率密度较大时，材料在表面上汽化，不是在深层熔化；如果激光的功率密度过低，能量会扩散分布和加热面积过大，致使材料表面焦点处熔化深度很小。

对于非金属材料，因反射率比金属材料低，使得进入材料内部的激光能量比金属多得多，有机材料因吸收光能使内部原子振荡激烈，通过聚合作用形成的巨分子又起解聚作用，部分材料迅速汽化，如激光切割有机玻璃。

2) 激光加工的特点

(1) 激光功率密度高，几乎可以熔化任何金属、非金属材料，透明材料只需经过一些色化和打毛措施，也能加工。

(2) 激光光斑大小可以聚焦到微米级，输出功率可以调节，因此可以用做精密微细加工。

(3) 加工所用工具是激光束，是非接触加工，无明显的机械力，无工具损耗，还能通过透明体进行加工，如对真空管内部进行焊接加工等。

(4) 激光加工是一种热加工，影响因素很多，做精微加工时，精度不易得到保证。此外，激光对人体有害，须采取相应的防护措施。

2. 激光加工的基本设备

激光加工的基本设备由激光器、激光电源、光学系统和机械系统等四部分组成，如图11－12所示。

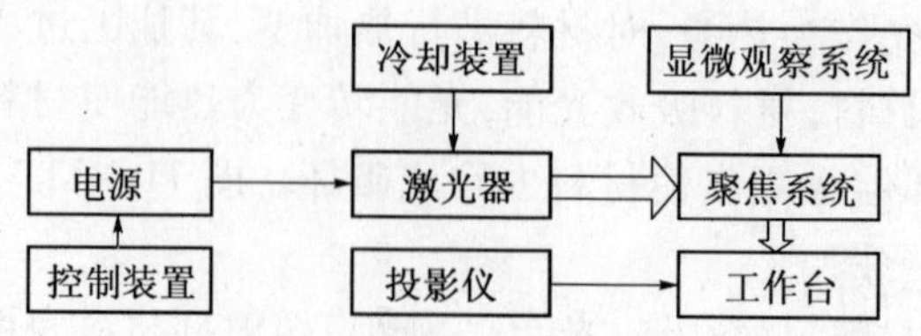

图11－12　激光加工结构示意图

(1) 激光器。是激光加工中的重要设备，把电能转变为光能，产生激光束。激光器按照激活介质的种类可以分为固体激光器和气体激光器，按照激光器的工作方式大致分为连续激光器和脉冲激光器。目前，常用于材料加工的激光器是二氧化碳气体激光器和固体激光器。

(2) 激光电源。电源根据加工工艺的要求为激光器提供能量,包括电压控制、时间控制及触发器等。

(3) 光学系统。将光束聚焦并能观察和调整焦点位置,包括显微镜的瞄准,激光束聚焦及加工位置的显示等。

(4) 机械系统。包括床身,可在多坐标范围内运动的工作台和机电控制系统,随着计算机技术的发展,大多数已采用计算机来控制工作台的移动,实现激光加工的连续操作。

3. 激光加工的应用

1) 激光打孔

利用激光几乎可以对任何材料进行微型小孔和窄缝等精密微细加工,目前主要应用在火箭发动机和柴油机的燃料喷嘴加工,化学纤维喷丝头打孔,钟表及仪表中的宝石轴承打孔,金刚石拉丝模加工,集成电路碳化钨劈刀引线小孔加工等方面。激光打孔的效率很高,例如直径为 0.12mm ~ 0.18mm,深度为 0.6mm ~ 1.2mm 的宝石轴承孔,若工件自动传送,每分钟可加工数十件;在聚晶金刚石拉丝模坯料的中央加工直径为 0.04mm 的小孔,仅需十几秒。激光还大量用于汽车零部件打孔,如许多汽车底盘要配到不同座位和不同传动装置的各种型号汽车上,用激光可打出不同的孔。

2) 激光切割

激光切割的原理和激光打孔基本相同,在生产实践中,一般都是移动工件,若是直线切割,可借助于柱面透镜将激光束聚焦成线,以提高切割速度。其特点是:可以切割多种材料和各种形状的工件;切缝狭窄且切边平滑不带毛刺;被切工件不受机械力,故变形小;生产效率高,经济性好。图 11-13 所示为激光切割的示意图。

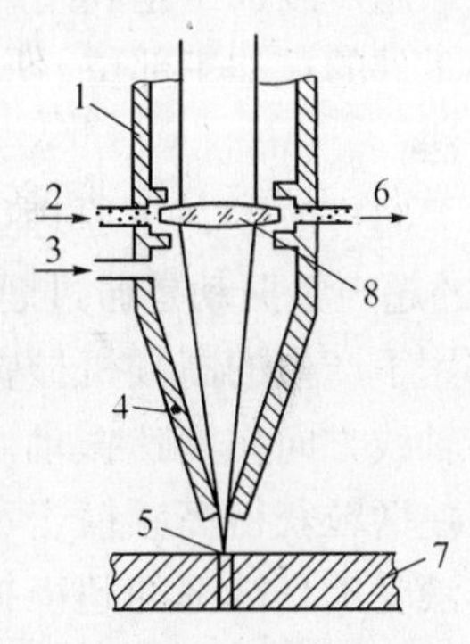

图 11-13 激光切割的示意图

1—透镜支架;2—冷却水进口;3—气体入口;4—喷嘴;5—聚焦光束;6—冷却水出口;7—工件;8—透镜。

3) 激光焊接

激光焊接时需要的能量密度比较低,工件材料不需汽化蚀除,只须把工件加工区的材料烧熔使其粘合在一起,可通过调节焦点位置来减小工件被加工点的能量密度。

激光焊接的优点如下:

(1) 激光照射时间短,焊接过程极为迅速,它不仅有利于提高生产率,而且被焊材料不易氧化,热影响区极小,适合于对热敏感很强的晶体管元件焊接。

(2) 激光焊接既没有焊渣,也不需去除工件的氧化膜,甚至可以透过玻璃进行焊接,适用于微型精密仪表中的焊接。

(3) 激光不仅能焊接同种材料,而且还可以焊接不同的材料,甚至还可焊接金属与非金属材料。例如用陶瓷作基体的集成电路,由于陶瓷熔点很高,又不宜施加压力,采用其他焊接方法很困难,而用激光焊接是比较方便的。

4) 激光表面处理

激光表面处理主要是指激光表面淬火、激光涂覆、激光表面合金化等。

激光表面淬火是采用激光束瞬时加热工件表面,然后迅速冷却而形成淬火层。激光淬火与普通表面淬火所得的淬火层性能完全不同,因为激光加热区的金属材料瞬时熔化时,熔融材料对杂质的溶解度很大,材料中的杂质几乎被完全溶解。普通表面淬火把杂质的不均匀状态及其相应的金相组织固定下来,而激光表面淬火的表面层是合金元素过饱和的、结晶极为细小的特殊性能层。这种独特的表面层,一般不易受腐蚀剂侵蚀,硬度高,耐磨性极好。

激光涂覆是指将粉末撒在金属工件表面,利用激光束加热至全部熔化,同时工件表面亦有微量熔融,光束离开后迅速冷却凝固,形成与基体牢固结合的涂覆层(不是与基体形成新的合金表层)。常用于一些重要零件的有效使用方面,如对镍基合金涡轮叶片,利用激光涂覆钴基合金后,提高叶片的耐热、耐磨损性能,并可消除热作用导致的裂纹。

激光加工除了主要应用于打孔、切割、焊接、材料表面处理、雕刻和微细加工外,还可用于打标,对电阻和动平衡进行微调、激光快速成形等方面。随着新型激光器的出现和发展,激光加工必将开辟更多的应用领域。

五、超声(波)加工

1. 超声波加工的基本原理

超声波加工是利用产生超声振动的工具,带动工件和工具间的磨料悬浮液,冲击和抛磨工件的被加工部位,使其局部材料破坏而成粉末,以进行穿孔、切割和研磨等的加工方法。

超声波的加工原理如图 11 - 14 所示。工具 4 的超声频振动是通过超声换能器 1 在高频电源作用下产生的高频机械振动,经变幅杆 2 使工具沿轴线方向作高速振动。工具的超声频振动,除了使磨粒获得高频撞击和抛磨作用外,还可使工作液受工具端部的超声振动作用而产生高频、交变的液压正负冲击波。正冲击波迫使工作液钻入被加工材料的细微裂缝处,加强机械破坏作用;负冲击波造成局部真空,形成液体空腔,液体空穴闭合时又产生很强的爆裂现象,而强化加工过程,从而逐步地在工件上加工出与工具断面形状相似的孔穴。

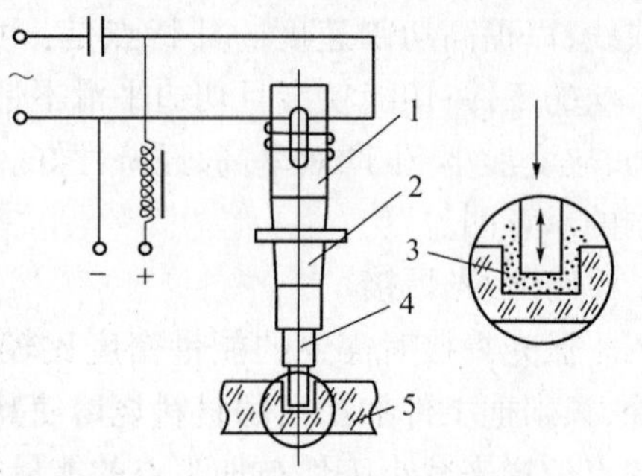

图 11 - 14 超声波加工原理

1—超声换能器;2—变幅杆;3—磨料悬浮液;4—工具;5—工件。

2. 超声波加工的特点

(1) 主要适于加工各种硬脆材料,如玻璃、石英、陶瓷(氧化铝、氧化硅等)、硅、锗、玛瑙、宝石、金刚石等。对于质硬的金属材料如淬火钢、硬质合金等也能加工,但生产率较低。

(2) 能加工各种形状复杂的型孔、型腔、成形表面等。采用中空形状的工具还可以实现各种形状的套料加工。

(3) 加工过程中工具对工件的宏观作用力小,热影响小,适于加工不能承受较大机械应力的薄壁、薄片等零件。

（4）生产率低于电火花加工，但加工精度高，表面粗糙度值小。

3. 超声波加工的应用

（1）型孔、型腔加工。工具的形状和尺寸，取决于被加工面的形状和尺寸。加工孔径范围为 0.1mm ~ 90mm，深度可达 200mm。

（2）超声波切割加工。主要用于切割脆硬的半导体材料。

（3）超声波焊接。用于焊接尼龙、塑料以及表面易生成氧化膜的铝制品等。此外，还可在陶瓷等非金属表面挂锡、挂银和涂熔化的金属薄层。

（4）超声波复合加工。与电解复合加工小孔、深孔可大大提高加工速度与加工质量；在切削加工中引入超声振动（如对耐热钢等硬韧材料进行车削、钻孔、攻螺纹），可降低切削力，改善表面质量，提高加工速度和延长刀具寿命。

（5）超声波清洗。由于超声波在液体中会产生冲击波和超声空化现象，这两种作用产生的冲击可以清洗物体表面的污渍，特别适用于清洗小孔和窄缝。

六、电子束加工

1. 电子束加工的基本原理

电子束加工是在真空条件下，利用电子枪中产生的电子经加速、聚焦，形成高能量大密度的细电子束以轰击工件被加工部位，使该部位的材料熔化和蒸发，从而进行加工，或利用电子束照射引起的化学变化而进行加工的方法。

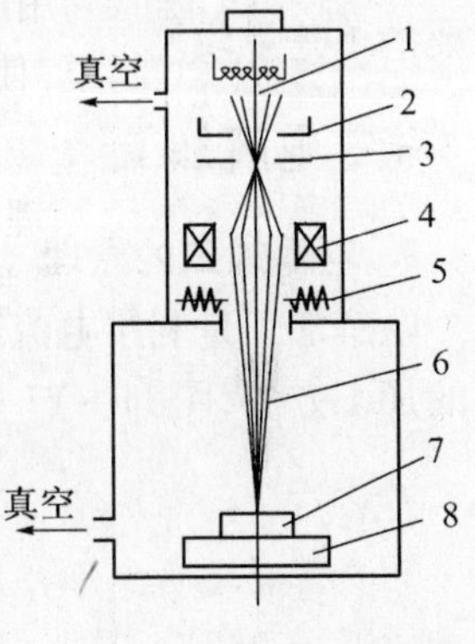

电子束加工原理如图 11－15 所示。在真空条件下，用电流加热阴极 1，产生的电子在高能电场的作用下加速，并经电磁透镜 4 聚焦成高能量、高速度的电子束流，冲击工件 7 表面极小的面积，冲击过程中其动能转换成热能加热工件，在冲击处形成局部高温，使材料熔化甚至汽化，实现加工。电磁透镜实质上是一个通以直流电源的多匝线圈，电流通过线圈形成磁场，利用磁场力的作用使电子束聚焦，其作用与光学玻璃透镜相似。偏转器 5 也是一个多匝线圈，当通以不同的交变电流时，产生不同的磁场方向，使电子束按照加工需要作相应的偏转。

图 11－15　电子束加工原理
1—阴极；2—控制栅极；3—阳极；4—电磁透镜；5—偏转器；6—电子束；7—工件；8—工作台及驱动系统。

2. 电子束加工的特点

（1）电子束直径极小，经聚焦后可达微米级，故可加工微孔、窄缝。

（2）电子束功率密度高，在几个微米的集束斑点上可达 $10^9 W/cm^2$，足以使任何材料熔化和汽化，因而能加工高硬度、难熔的金属和非金属材料。

（3）电子束加工时工件受力小、变形小。

（4）加工在真空环境中进行，可防止被加工工件氧化及周围环境对工件材料的污染。

（5）加工过程容易实现自动化。

（6）设备复杂，价格昂贵，须具备高真空度（$1.33 \times 10^{-2} Pa \sim 1.33 \times 10^{-4} Pa$）和高电压（数万伏）的条件。此外，还须防止 X 射线的逸出。

3. 电子束加工的应用

(1) 电子束打孔及型面加工。高能电子束可以加工各种微细孔(孔径 0.003mm ~ 0.02mm)和型孔、斜孔、弯孔和特殊表面。加工速率高,不受材料特性限制,且加工精度高,表面粗糙度值小。图 11-16 所示为用电子束加工异型孔示例。

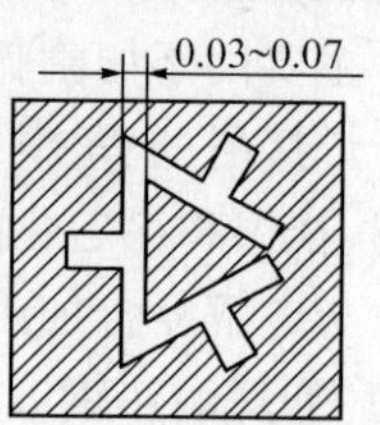

图 11-16 用电子束加工的喷丝头异型孔

(2) 电子束焊接。电子束焊接的可焊材料范围广,除能对普通碳钢、合金钢、不锈钢焊接外,还适用于高熔点金属(钛、钼、钨等及其合金)、活泼金属(锆、铌等)、异种金属(铜-不锈钢、银-铂等)、半导体材料和陶瓷等绝缘材料的焊接。由于电子束的高功率密度和可以在焊缝内侧壁聚焦,因此还能进行窄缝隙、大厚度材料的"深焊"。

(3) 电子束蚀刻。电子束可用来对陶瓷、半导体材料进行精细的蚀刻,加工精细的沟槽和孔。此外还可用来在金属镀层上刻制混合电路的电阻,这是电子计算机制造中一项重要的工艺手段。

七、电解加工

1. 电解加工的原理

电解加工是利用电流通过电极和电解液时产生阳极溶解的电化学反应对工件进行电解的加工方法,图 11-17 所示为电解加工原理的示意图。

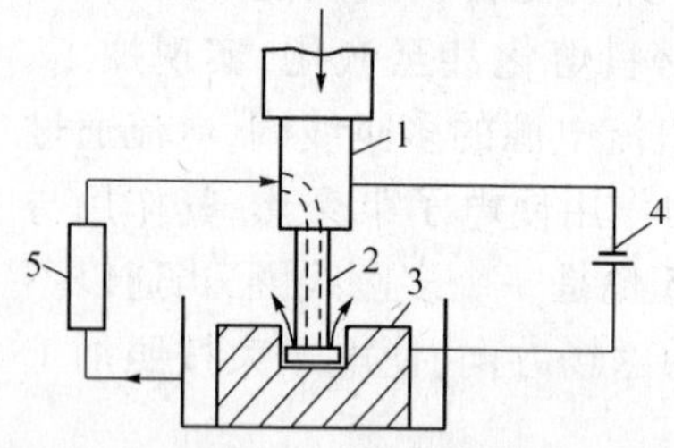

图 11-17 电解加工原理

1—主轴头; 2—工具阴极; 3—工件; 4—直流电源; 5—电解液系统。

电解时工件为阳极,工具为阴极,当工具向工件不断进给时,在相对于工具的工件表面上,将按工具型面的形状不断地被溶解,电解产物则被两级狭小间隙内高速流动的电解液带走,于是在工件的表面上就加工出和工具型面相反的形状,如图 11-18 所示。

电解加工钢时,常用 10% ~20% 的氯化钾水溶液作为电解液,其阳极反应如下:

$$Fe + 2Cl \rightarrow FeCl_2 + 2e$$

$$FeCl_2 + 2OH^- \rightarrow Fe(OH)_2 \downarrow + 2Cl^-$$

从阳极反应式中可以看出,工件材料中的 Fe 最终和水溶液中的 OH^- 结合成 $Fe(OH)_2$

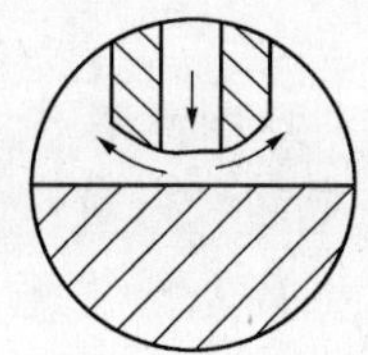
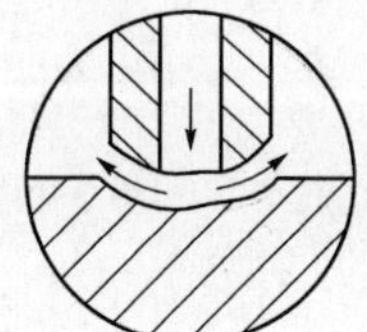
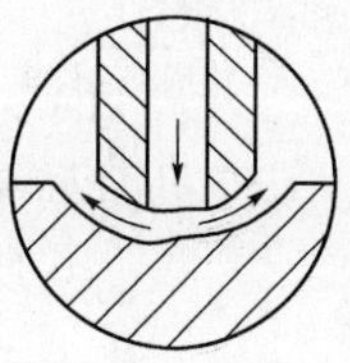

图 11－18　电解成型过程

而除去。

电解加工的主要参数特点是工作电压低(6V～24V),工作电流大(30A～200A),两级间隙小(0.1mm～0.8mm),电解液的流动速度(5m/s～60m/s)快,并具有较高的压力(50MPa～200MPa)。

2. 电解加工的特点

电解加工的特点在许多方面与电火花加工相同,但也有自己的特点:

(1) 阴极(工具)不损耗。

(2) 加工型面的生产率高,可以加工出形状复杂的型面或型腔。

(3) 电解加工误差的影响因素很多,如工作电压和电流、两级间隙、电解液的流动速度等都对加工质量的稳定有很大的影响,因此,加工精度难控制。

(4) 机械设备和工件的防锈、防蚀及电解液的回收和处理等后续工序处理较麻烦,另一方面设备投资较高,消耗较大。

3. 电解加工的应用

电解加工可以加工任何硬度、强度、脆性和高熔点的导电材料,可以加工出各种型腔、复杂型面、小深孔。